安山韵·岐江曲

——广东省中山市老安山片区城市更新设计

2020

主　编　漆　平　赵　炜

副主编　骆尔提　陈　桔　江婉平　王量量

西南交通大学出版社

·成　都·

图书在版编目（CIP）数据

安山韵·岐江曲：广东省中山市老安山片区城市更新设计／漆平，赵炜主编．—成都：西南交通大学出版社，2021.3

ISBN 978-7-5643-7812-7

Ⅰ．①安…　Ⅱ．①漆…②赵…　Ⅲ．①城市规划－建筑设计－中山　Ⅳ．①TU984.265.3

中国版本图书馆 CIP 数据核字（2020）第 211642 号

Anshanyun · Qijiangqu
——Guangdong Sheng Zhongshan Shi Lao'anshan Pianqu Chengshi Gengxin Sheji

安山韵·岐江曲

——广东省中山市老安山片区城市更新设计

主编　漆　平　赵　炜

责任编辑	孟秀芝
封面设计	漆　平
出版发行	西南交通大学出版社 （四川省成都市金牛区二环路北一段 111 号 西南交通大学创新大厦 21 楼）
发行部电话	028-87600564　028-87600533
邮政编码	610031
网　　址	http://www.xnjdcbs.com
印　　刷	四川玖艺呈现印刷有限公司
成品尺寸	250 mm × 250 mm
印　　张	15
字　　数	280 千
版　　次	2021 年 3 月第 1 版
印　　次	2021 年 3 月第 1 次
书　　号	ISBN 978-7-5643-7812-7
定　　价	150.00 元

序 言

毕业设计是同学们在大学学习过程最后阶段一种总结性的学习实践环节，不仅是对在校几年所学基础知识和专业知识的综合应用，更是对同学们所学知识的检测，是综合的再学习、再提高的过程，对每一名即将踏入社会的大学生来说，具有重要意义。广东省城乡规划设计研究院作为省级综合大院，十分重视搭建产学研平台。联合毕业设计竞赛活动不仅是我院“南粤杯”系列品牌学术活动的主要内容，更是我们鼓励技术创新、推动人才培养的重要抓手。

2020年是“南粤杯”联合毕业设计竞赛创办的第八个年头。八年来，我们的活动规模不断扩大，从当初的两校联动到现在的六校联合，涵盖了城乡规划、建筑设计、环境艺术等多个专业学科，已经形成了一套相对成熟的校企合作模式以及教学组织方式。第八届“南粤杯”六校联合毕业设计竞赛依托“中山市老安山片区规划设计”项目，是典型的珠三角城市的“三旧”改造项目。来自广州大学、昆明理工大学、南昌大学、厦门大学、四川大学、西安建筑科技大学6所高校共8支队伍的50多位学生参与竞赛。本次竞赛历时三个月，经历了竞赛启动、初期方案汇报、中期方案汇报和成果答辩及评奖四个阶段，并于今日编纂出版此成果作品集。

受新冠肺炎疫情影响，本次联合毕业设计活动全程采用线上指导和评审，专家和老师们通过网络平台来指导同学们设计时间；同学们也无法进行实地踏勘，只能通过手头有限的基础资料来进行方案设计。但我们很高兴地看到：在老师们的有序组织和专家们的精心指导下，参赛的同学们克服了种种的困难，体现出良好的专业素质，以严谨认真的态度、勤勉踏实的作风、团结合作的精神，提交出了一份份优秀的毕业设计作品。我们也高兴地看到：正是参赛同学们在联合毕业设计过程中表现出来的团结协作、共同努力的团队精神，互相尊重、彼此包容的思想品质，才成就了如此优秀的设计成果。

本次联合毕业设计竞赛能够成功举行，得益于六所高校领导的高度重视，得益于专家和老师们的悉心指导，更要归功于同学们的努力付出。祝贺第八届“南粤杯”六校联合毕业设计作品集出版，祝愿同学们在未来的人生道路上砥砺前行，不断实现自己的人生价值，为规划建设行业发展贡献自己的一份力量！

是为序。

广东省城乡规划设计研究院院长

2020年8月

前言

南粤杯六校联合毕业设计来到第八个年头，经历了一场始料未及的考验。席卷全球的疫情已持续了约半年时间，时间段与毕业设计相重叠。在全面防控的形势下，如何保证教学质量，完成这种跨地域的联合毕业设计，对于整个教学团队来说是一个全新的课题。

今年参与六校联合毕业设计的高校有广州大学、昆明理工大学、南昌大学、厦门大学、四川大学和西安建筑科技大学，以城乡规划专业为主，包括建筑学、风景园林等专业，由本科生和研究生共55人组成。教学指导团队中有六校教师13人，广东省城乡规划设计研究院规划六所专家4人。

今年的选题是“中山市老安山城市更新片区规划设计”，主题是：老城区、新活力。城市更新是城市发展过程中的必由之路，也是近年来城市建设与发展的热点。作为中山市老城区的“三旧”改造项目，与以往的历史城区保护、乡村规划等课题相比有很大不同，涉及“三旧”改造政策研究、土地与开发的价值评判、原住民的利益保证、历史遗存的保护利用、地域文化的传承与活化等诸多因素。由于现场调研无法大规模组织师生全面开展，只能由部分老师和广东省城乡规划设计研究院专家组成小型团队进行短暂的调研，并结合广东省城乡规划设计研究院项目组前期收集的资料进行场地分析和研判。

借助视频会议功能，教学团队与学生多次进行线上教学指导，包括开题仪式、调研与初步构思汇报、网上工作营初步成果汇报、工作营中期成果线上评阅、工作营中期成果线上汇报、最终成果线上答辩、线上颁奖仪式等主要环节，成果包括设计文本、动画演示、装置艺术几个部分，历时三个月时间。在全体师生的努力下，同学们克服了种种未曾遇到过的困难，保持了高度的热情和默契的配合，拿出了令人信服的优秀成果。各小组发挥了自身的优势和专业特点，深入分析了场地、历史和市场情况，结合相关的政策，提出了各具特色的理念，有研究性、探索性和落地性，在最终答辩中，得到了与会嘉宾、专家和指导教师的高度评价。过程曲折，成果喜人，值得骄傲。

由广东省城乡规划设计研究院专家和六校教师组成的教学团队同心协力、尽心尽责、不计得失。正是由于有这样强有力的教学团队，我们才有足够的信心把联合毕业设计越办越好。

在答辩过程中，我们邀请了原中国城市规划设计研究院李晓江院长、贵阳市自然资源局高杨书记、广东省城乡规划设计研究院王浩副院长三位嘉宾，他们高屋建瓴的精彩点评是整个答辩过程中的高光时刻。

六校联合毕业设计走到今天，离不开广东省城乡规划设计研究院多年来矢志不渝、始终如一的大力支持，为高校的规划教育事业提供了一个优质的教学平台，从院领导到所里的专家都对其教学活动全过程给予了高度的关注和有力的支持，其优秀的企业文化给各校师生留下了深刻的印象。

教学与时代的发展相结合，教学与学术研究相结合，教学与生产实践相结合，教学与创新探索相结合是我们多年来的努力方向，希望我们的探索能为教学改革做出些许贡献。

广州大学建筑与城市规划学院

2020年6月

解 题

——广东省城乡规划设计研究院

中山，史称香山。自南宋1152年设立香山县始，中山建城至今（2020年）已有868年历史。1983年12月22日经国务院批准，中山县改为县级市。1988年1月7日经国务院批准，中山市升格为地级市，中山市成为中国唯一一座以名人名字命名的城市。

中山初建城池于石岐中部，几经扩建后的城墙从西山起，沿扒沙街、月山、上河泊、长泰街、治安街、弓箭巷，再回到西山，这个城墙一直沿用到清朝末年。新中国成立后，中山着力把商业性城镇改造为工业城市，大力发展交通建设。1953年3月，石岐改为市建制。1958年底石岐市并入中山县后，石岐的建制虽多次变更，仍始终按县城的需求进行建设。改革开放以后，尤其是1983年12月中山由县改为市建制以后，城区建设成为全市城乡建设的中心，翌年2月石岐镇被撤销，城区建设由市政府直接指挥，制定了总体规划，进行了大规模的建设。

中山作为岭南边陲的城市，一方面带来了本土文化的边缘性（例如体现在多种方言民系的共存），同时也在近代西方文化影响上升之时得风气之先，具有中西交融的岭南文化的共性。中山现存的古代建筑以清代修建的居多。明、清之际，中山的经济繁荣，所以房屋建筑不仅讲究宽敞、高大，也十分注重装饰，这在祠堂、庙宇和豪门大宅中尤其突出。随着时代的发展，中山市与外界的沟通越来越多，华侨也越来越多，西方思想影响了中山市的建筑风格，使得中山市的一些建筑中融入了南洋气息。至今，遍布全市的重点文物保护单位、历史建筑、名人故居是历史的积淀，是弥足珍贵的文化遗产。

本次项目所在地为中山市石岐区的老安山片区。石岐曾为中山县城，老安山位于彼时的县城南郊。近代以来，石岐河沿河地带快速发展，随着通商口岸的开放，沿河地区聚集了大量的商铺和商人。20世纪90年代至今，老安山片区因传统工商业不适应现代化转型的诉求而被围困其中。项目的区域位置独特，历史文化遗存丰富，但是现状粗放的土地利用形式和建筑形式与石岐河两岸的滨水城市形象格格不入。

项目区域面积26.20公顷，位于石岐区旧城滨河地段，东起悦安街，西至岐江河边，南起博爱二路，北至中山二路。基地邻近岐江河，又近逢源商业街，位置优越，是石岐区连接中山市南区、西区的主要过渡地段。

图1　规划区域现状鸟瞰图

项目区域内有2331户，共8000多人。现状用地类型以村庄建设用地为主，主要分布在基地东侧，即北部的老安旧村和南部的老安新村。西侧临江的地块自北向南分布有石岐粮仓、职工宿舍、老安山市场等。基地现状建筑以村民住宅为主，有少量的旧厂房及其他配套设施，大部分为低层和多层建筑，北部的老安旧村及周边的建筑年代较为久远，建筑质量较差。老安山片区属于传统的产业重地，汇集了不少制衣厂、电子仪器厂、玩具厂、工程贸易公司、粮油公司、物流公司等，其经济成分、产权结构、经济总量和组织形式繁杂。

在本次规划设计中，需全面梳理改造范围内的历史文化遗存。文化空间载体主要有位于基地西北部的中山市不可移动文物——老安古庙、历史建筑——哀光瞽目院和工业遗存建筑——石岐粮仓。

老安古庙为2012年1月10日公布的中山市不可移动文物，建于清乾隆五十四年（1789年）。该建筑基本上保存了清代的建筑风格。青砖墙，硬山顶，博古垂脊，青釉瓦当、滴水。头门于20世纪七八十年代重修，内设屏门。后进为抬梁与穿斗混合式梁架，由四根木质金柱支撑。

哀光瞽目院历史上为教授视力障碍人士相关生活技能及职业技能的社会福利事业基地。据《中山市志》记载，哀光瞽目院成立于1921年9月，先后搬迁到牛角巷礼贤会、花王巷，后又搬至下基（老安山）、安澜。

石岐粮仓为优秀级别的工业遗存建筑，占地面积12 856.6平方米，建筑面积3 582.17平方米。该建筑群规模较大且工业风貌遗存较完整，历史文化价值突出，在中山市的历史文化中具有较大的影响力。

该片区面临历史文化遗存价值认知不足、缺乏有效保护，空间资源供给紧张，道路交通拥堵严重，配套设施负荷超载，人居环境品质落后，低端业态转型升级等问题。

随着城镇化进程的加快，“土地资源紧

图2 老安古庙

图3 哀光瞽目院

张，供需矛盾突出”逐渐成为大多数城市面临的问题，“增量规划”正逐步转向“存量规划”。2009年9月，广东省政府出台了《关于推进“三旧”改造促进节约集约用地的若干意见》(粤府〔2009〕78号)，提出“旧城镇”“旧厂房”和“旧村居”进行改造的“三旧”改造政策，在全国率先开展“三旧”改造。随后，广东省各地根据文件指示，相继出台地方“三旧”改造办法以及政策，全面推动“三旧”改造的进行。

“三旧”改造中，历史文化保护也逐渐引起公众的重视，进而影响公共政策。2016年7月14日，《中山市人民政府关于印发中山市“三旧” 改造实施办法（试行）的通知》（中府〔2018〕55号）印发实施，提出“三旧” 改造应当坚持以人为本、公益优先，推动传统产业优化升级，提升产业创新发展空间，保护传承历史文化。

通过本次联合毕业设计竞赛，我们希望学生们能结合片区社会经济发展需求，以及省、市“三旧改造”相关政策文件精神，明晰片区更新改造的目标，对改造单元的功能定位、用地布局、开发建设指标、公共配套设施、城市基础设施、历史文化保护、空间形象以及分期实施等方面做出规划和实施计划，保障公共利益，协调各方利益，提升片区改造（更新）的综合效益：

- 衔接上位规划，提出改造目标和规划设计理念，明确功能定位。
- 了解中山市“三旧”改造政策，在满足公益性用地的基础上，考虑经济可行性，明确开发建设指标，提出初步的经济测算方案。
- 提出对现行控制性详细规划的调整方案（如涉及调整），完善用地布局。
- 按照国家和地方有关要求，完善基础设施和公共服务设施布局。
- 正确处理保护与发展的关系，考虑经济投入产出，提出确实可行、彰显城市特色的规划设计方案。
- 分期实施安排。

图4 石岐粮仓

目 录

广州大学

Guangzhou University

蔡淇琦

叶芷茵

曾　念

赖婉露

罗巧靖

佘　睿

—热心女市民—

“为建设幸福美好城市而奋斗”

2020

蔡淇琦 今年的六校联合毕业设计就这样落下帷幕了。说起来这三个月会是我永生难忘的经历，正好遇上疫情，所有讨论和汇报都是线上进行，这是全新的挑战，好在一切都顺利完成，即使有磕磕碰碰也还是站起来向前奔跑。说起来也有瓶颈期，所幸有一群和我并肩作战的可爱队友，还有永远悉心指导我们，称要吃“速效救心丸”的骆尔提老师，不断鞭策我们前进的漆平老师，总是给予我们许多意见的李希琳老师。在此非常感谢三位老师与省规院各位专家的指导，也很高兴认识其他学校的小伙伴，最大的遗憾就是没法一起吃顿火锅了！预祝各位前程似锦，我们有缘江湖再见！

叶芷茵 三个月来的毕业设计匆匆落下了帷幕，疫情的原因让我们体验了一把“云毕设”，虽然小组成员都没有聚在一起工作，但是许多个会议号都记录下了深夜激情讨论或者沉默赶图的我们，距离并不会缩短小组成员的默契与友情。每周的汇报让人既忐忑又期待，忐忑的是自己的想法是否能得到老师的认可，期待的是从汇报中学习到更多的东西。每一次的六校联合汇报更让人受益匪浅，感受其他小组的优秀与自己的不足并加以改进，是我们努力的动力。感谢省规院领导、各校老师及同学的指导，也感谢小组成员与自己这三个月来的努力与付出，祝大家毕业快乐，前程似锦！

曾　念 2020年，充满了机遇和挑战，三个月付出的努力，结成了六个月的果。以新形式为我们提供交流平台的六校联合毕业设计，让我不断地看清自己，并不断地去学习。同时，因为有队友的相互配合、鼓励，整个毕设在紧张之际充满了欢笑。半年已过，我要感谢三位老师一直以来不厌其烦的解惑，亦师亦友的陪伴，特别是骆老师，他所说的话是我们不断前行的动力。最后，毕业在即，盼自己足够勇敢、保持专注、加倍努力，去成为更好的自己。祝 各位专家、老师、同学心想事成，万事顺意！

赖婉露 联合毕业设计是一件很神奇的事情，从一开始被抽中的有点难以接受到现在的无比庆幸、十分喜爱。这三个月以来，所有的活动都是线上进行的，充满着各种不同的困难与挑战，好在我拥有一群可爱的小伙伴。十分感谢这三个月以来队友们的陪伴，尤其感激各位老师、各位专家不厌其烦的解惑，我真实地感受到让你们费心了。很可惜这次大型网友聚会场面没能实现，希望日后有缘再见，亲爱的伙伴们。预祝各位前程似锦，努力成为自己内心所希望的样子。

罗巧靖 这次的六校联合毕业设计在云汇报、云答辩的过程中结束了。突如其来的疫情打乱了原有的计划，但六校联合毕业设计不息。我十分感谢这三个月以来老师们的热情辅导，一起合作的小伙伴们的相知相伴相助，以及每一次汇报时同学们的无私分享。对我而言，这一次联合毕业设计让我更加了解到自己的不足，也回顾统筹了大学五年所学到的知识，更重要的是找到了自己想做的事情。不忘初心，希望大家在今后的日子也能铭记这次经历，生活事业红红火火。

佘　睿 长达三个月的毕业设计终于结束了，全程线上交流的方式是以前没有经历过的，疫情给我们带来新的挑战与体验。整个毕业设计从最初的迷茫到中期的卡顿，过程说不上顺利，但是所幸最后完成还算圆满，这个过程离不开组员们的陪伴与打气。感谢天天在群里加油鼓励的小伙伴们！更要感谢各位老师与专家的指导，集指导、控场、关怀、鼓励为一体的老师们真的辛苦了！最后，这次毕业设计唯一的遗憾就是大家没能好好聚在一起见个面吃个火锅了，希望未来有缘再见！

岐遇桃源

——基于邻里交往的中山市老安山片区城市更新规划设计

作　　者：蔡淇琦　曾　念　罗巧靖　赖婉露　佘　睿　叶芷茵

指导教师：骆尔提　李希琳　漆　平

学　　校：广州大学

项目背景及区位

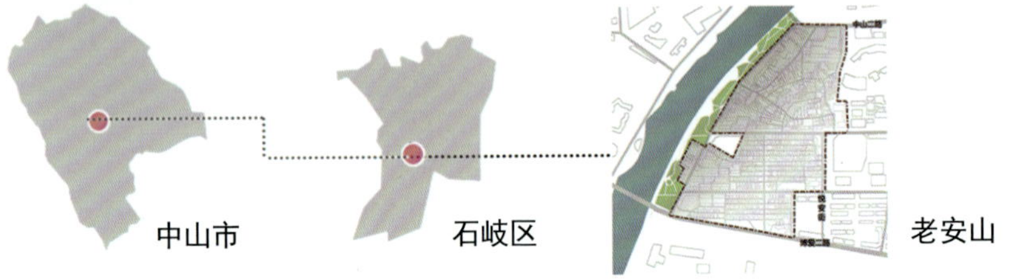

老安山片区位于广东省中山市旧城岐江公园对岸、东起悦安街，西至岐江边，南起博爱二路，北至中山二路，邻近岐江河，靠近逢源商业街，属于石岐区核心地段，位置优越，是石岐区连接南区、西区的主要过渡地段，总占地面积为26.20ha。

上位规划解读

国土开发强度

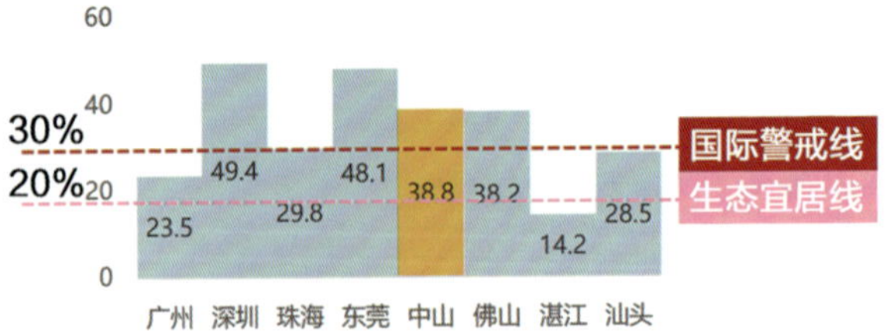

珠三角多城市土地开发强度超越警戒线

其中中山市38.8%，受建设用地总量、基本农田、四线等政策控制，新增建设用地成本增高，难度增大。

为促进土地集约节约利用，三旧改造势在必行。

中山市发展定位

《粤港澳大湾区发展规划纲要》

《广东省国民经济和社会发展第十三个五年规划纲要》

《2020年广东省政府工作报告》

《2019年中山市政府工作报告》

小结

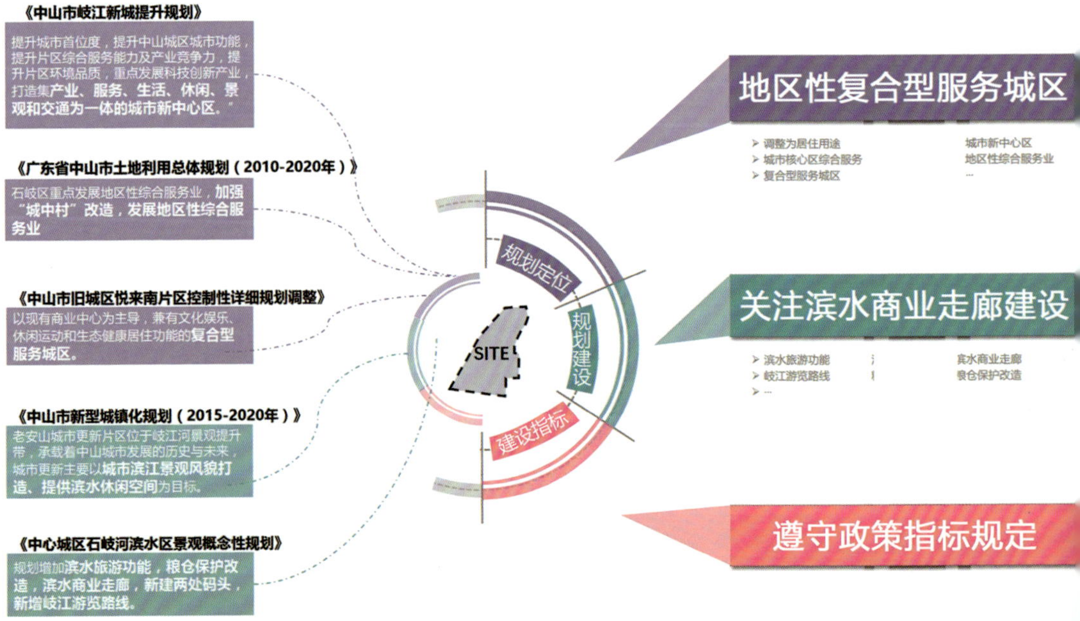

历史沿革

龙舟文化

龙舟活动是老安山最隆重的民俗活动之一。

每年在四月份，老安山百姓就选好吉日，在宗祠、庙宇拜祭龙头、龙尾后，由村内最年长的老人率众将埋藏在河涌龙舟坞里起龙舟，顿时，老安山村内鞭炮齐鸣。但是起龙舟活动对于年轻一辈甚是陌生，呈没落趋势，需加强年轻人对龙舟文化的关注。

岐江河

岐江的功能：

生存——生活；物质——精神。

滨江天际线越来越丰富，人们越来越注重绿化景观以及精神上的美好体验。

老安山

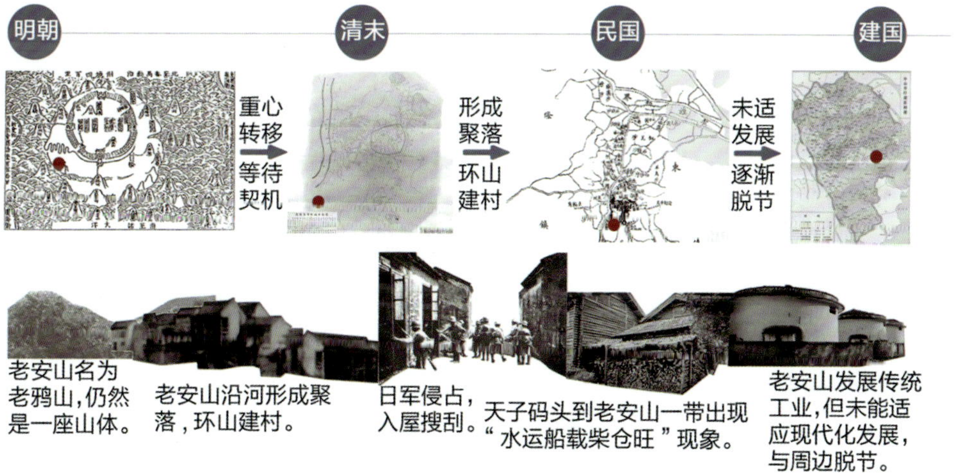

其他文化

精神文化　墟市文化　舞狮文化　祭祀文化　工业文化

交通现状

基地道路现状图

停车设施

现状道路一览表

道路名称	等级	红线宽度	车道性质	路面停车	道路功能
博爱二路	主干道	24	双6（辅道双2）	无	交通性
中山二路	主干道	20	双6（辅道双2）	无	交通性
光华路	次干道	18	双4	单侧	交通性
南安路	次干道	12	双2	单侧	生活性
南江路	次干道	12	双2	单侧	生活性
悦安街	支路	12	双2	单侧	生活性
安山大街	支路	10	双2	单侧	生活性
华光路	支路	10	双2	双侧	生活性
老安山街	支路	6	单1	单侧	生活性
光华街	巷道	5.4	双4	单侧	生活性

建筑概况

建筑立面

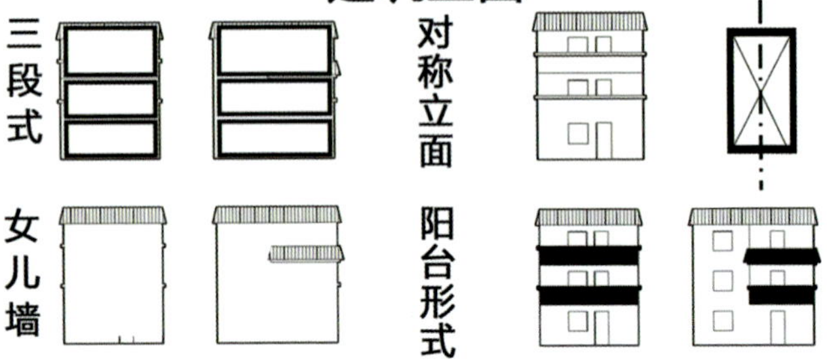

建筑质量现状图

建筑层数现状图

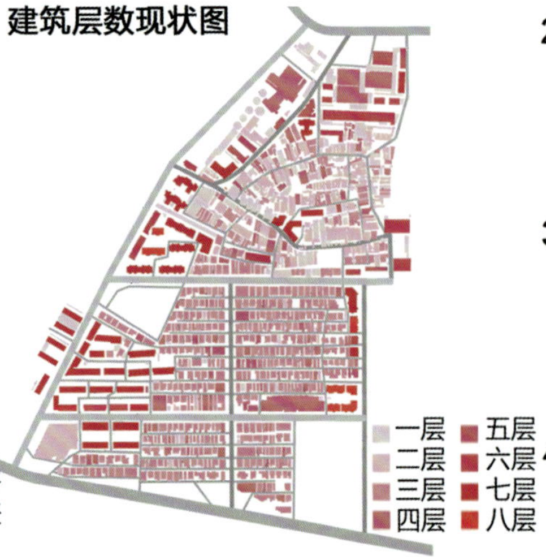

建筑风貌

1 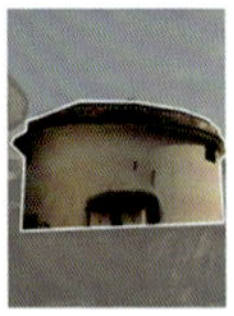

粮仓建筑目前已废弃。

建筑的未有明显保护痕迹，受自然侵蚀情况较为严重，但整体形态仍较好。

2 

老安古庙周边建筑以老建筑为主。新老建筑夹杂。老建筑的加建、违建情况常见。

3 

西南部街边住宅以80-90年代建造的建筑为主，沿大多设置底层商铺。建筑多用马赛克、铝合金窗、水刷石等建造。

4 

南部新村住宅以90年代建造的建筑为主。建筑间有1.5m宽的巷道，有明显的规划痕迹，多为“面对背”形式。

公共服务设施

地块内公共服务设施现状分布图

公共空间布局现状

公共空间类型	特征	例子
点状空间	以局部空间为单元的空间形式，主要为公共建筑内部空间	粮仓、老安古庙、老安市场
线状空间	以线状空间为单元的空间形式，构成老城区公共空间的肌理系统，主要为街道结构	车行道，人行道
面状空间	以面域为单元的空间形式，主要包括广场和绿地空间	滨江步道，绿地

	点状空间节点	线状空间节点	面状空间节点
肌理提取			

人群活动分析

“寻找新鲜”的M游客

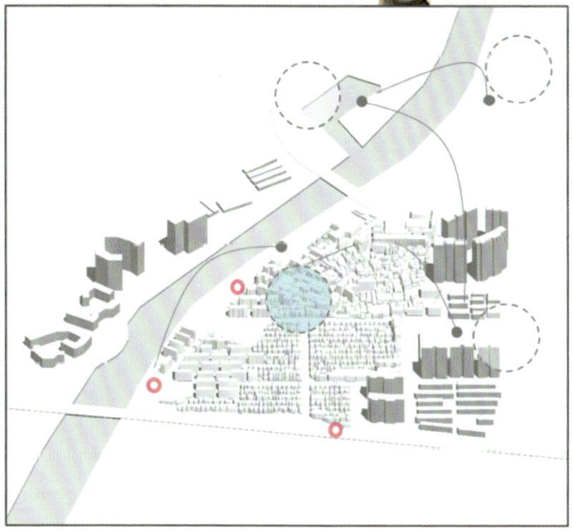

“追寻梦想”的S青年

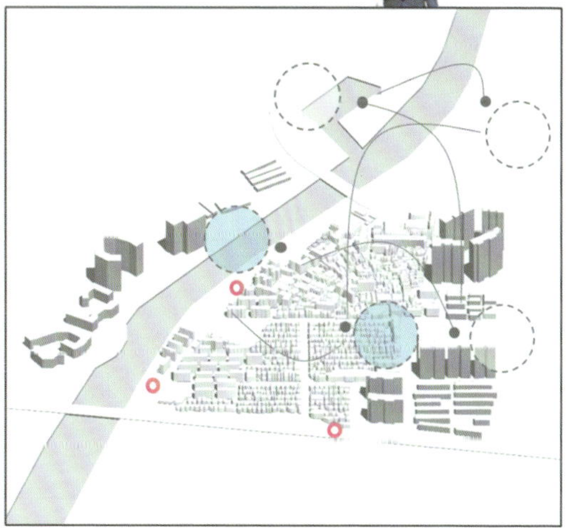

“安享晚年”的Q老人

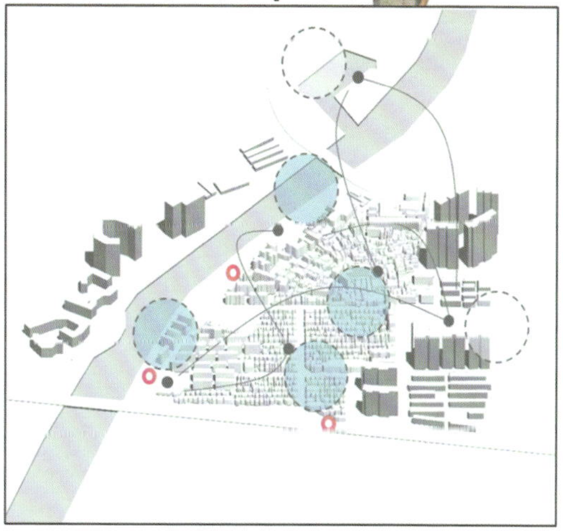

现状问题	预想活动	空间的多种可能性
基地内缺少休闲娱乐、观赏游览、互动交流的场所及设施	景区游玩、看展/演出	文化馆、露天剧场、展览厅
	购物、餐饮、交流	步行街、健身公园、墟市、菜场
	赛龙舟、舞狮、祭祀	文化广场、古庙

片区肌理

片区南北肌理差异较大，南部有明显规划痕迹。

片区肌理反映出整个片区以居住为主，且住宅楼层较为低矮。

北部肌理混乱，建筑排布紧密且楼层极低。

北部肌理混乱，路网混杂，缺乏公共空间。

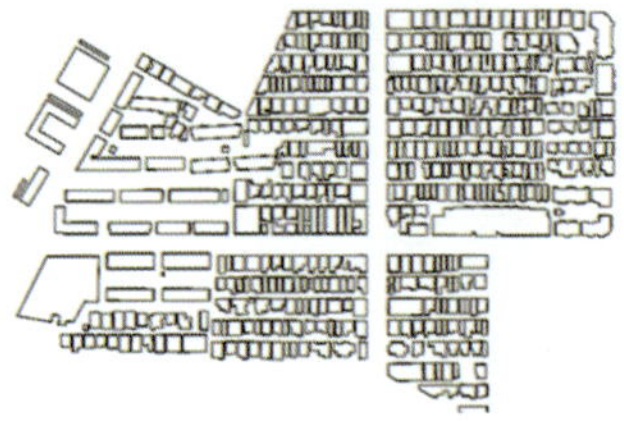

南部肌理为明显网格状，建筑排布紧密。

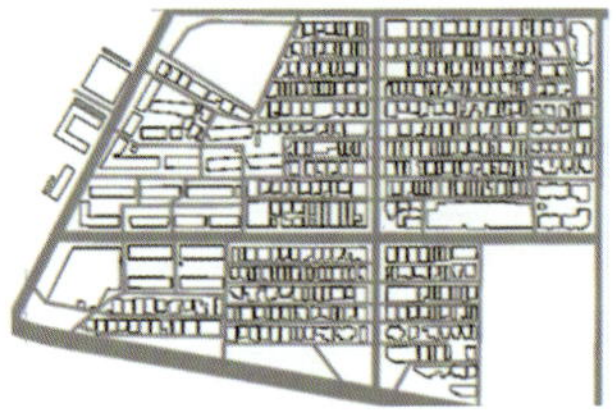

南部路网规律，但缺乏公共空间。

地块价值评估研究范围

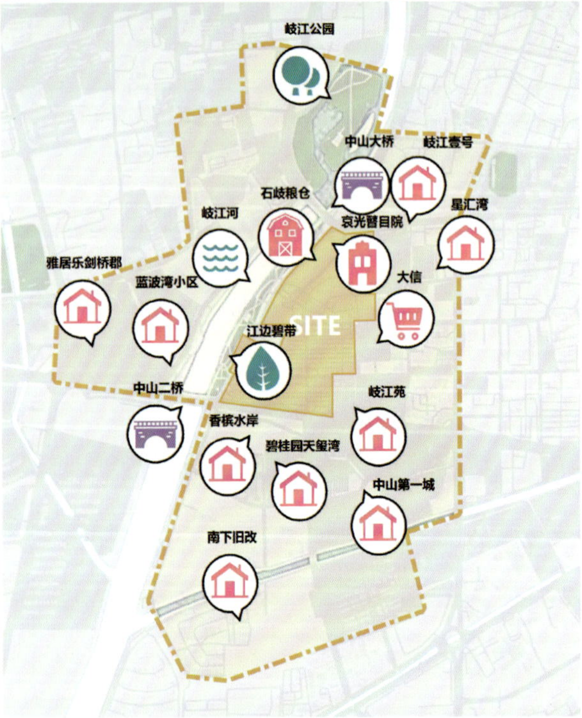

我们选取的研究范围为对老安山有影响力或可借鉴的区域，其中重点包括岐江公园、岐江河、周边楼盘及基地对岸部分区域。

评估对象包括但不限于公园、水体、商业、居住区、重要交通区域、工业等。

地块价值评估——住宅市场评估

石岐区的平均单价一直在1.5万元/m^2到1.67万元/m^2之间，平均价位高于中山市平均单价，在中山排行第五，是中高档物业的集中区域。

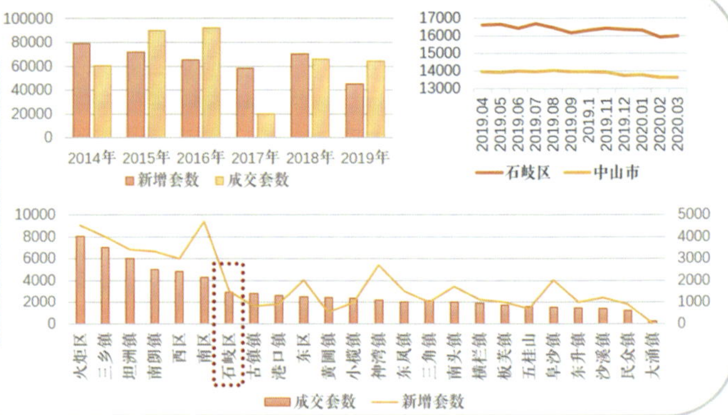

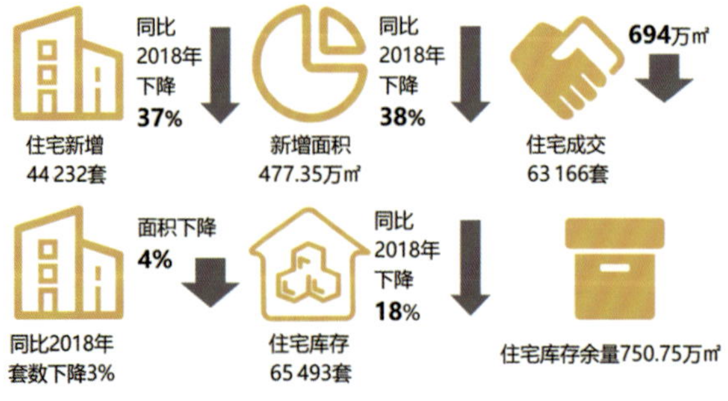

中山住宅市场供应量下降
价格进入调整深水期

1. 房地产开发小幅升温，市场销售增速同比放缓，区内整体生活环境和配套条件良好。
2. 成交量与价格保持均线状态，供应量下降明显，住宅库存量得以控制，价格进行调整。

住宅发展趋势总结：中高端、高层及超高层、80~100㎡三室户型

土地利用现状

土地利用现状图

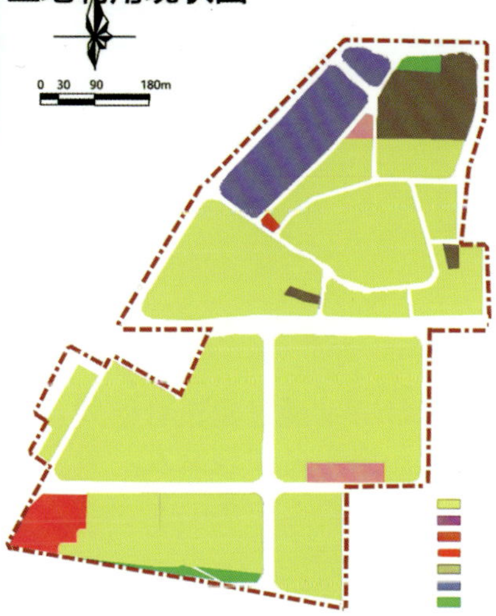

用地性质	面积/公顷	比例
R2 二类居住用地	12.54	46.9%
A1 行政办公用地	0.36	1.41%
A7 文物古迹用地	0.03	0.12%
B 商业服务业用地	1.31	5.13%
M2 二类工业用地	1.52	5.95%
W 仓储用地	1.64	6.42%
S 道路广场用地	8.4	32.89%
G2 防护绿地	0.3	1.17%

SWOT 分析

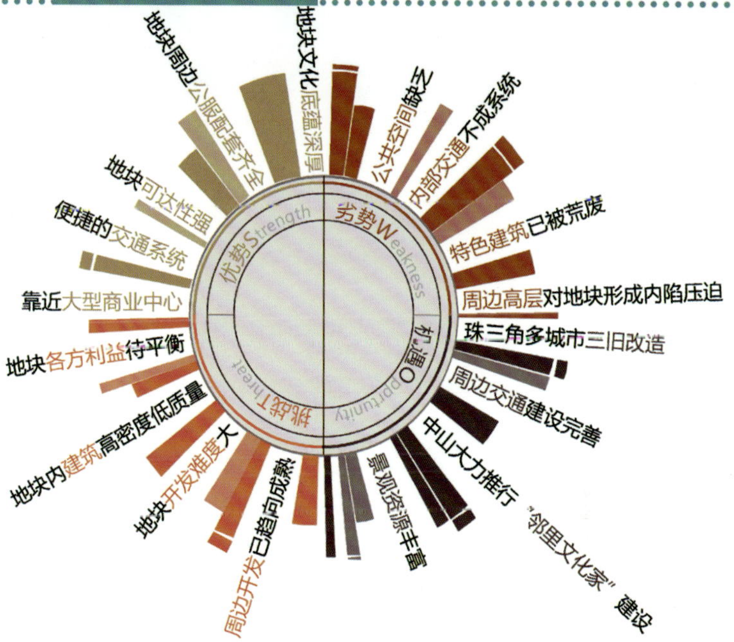

项目规划分析

历史建筑改造图

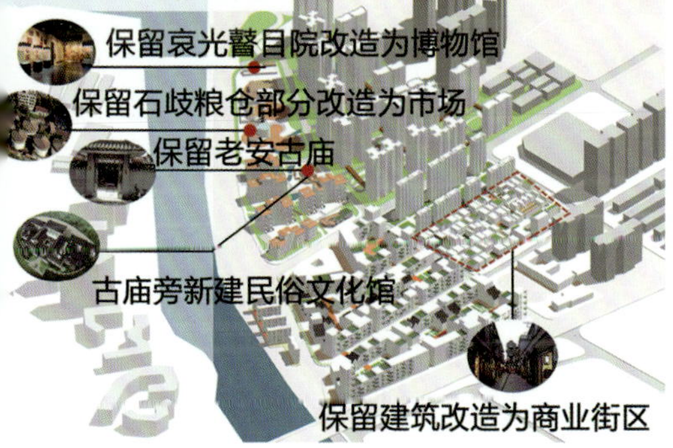

功能分析图

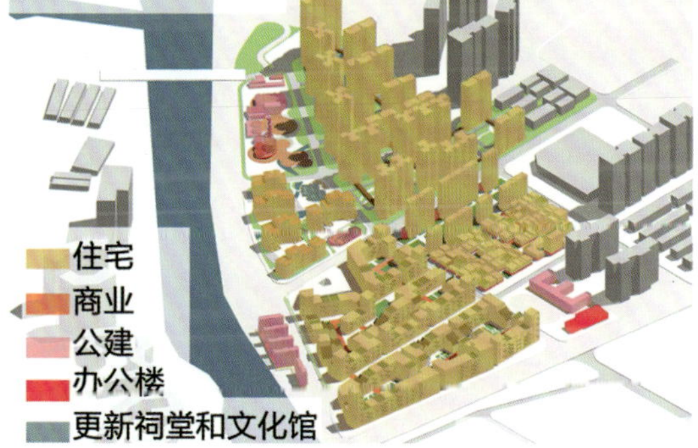

功能混合分析图

公共服务设施规划图

以高标准配套公共服务设施，公共服务设施均匀分布在片区内。

建筑高度图

江边及南部控制建筑高度，高层住宅分布在东北部。

还迁住宅分布图

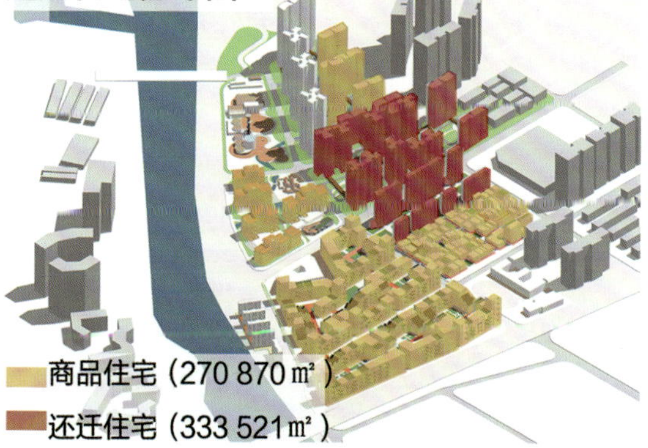

还迁住宅主要集中在商业街区北部，建筑品质与商品住宅保持一致。

六大特征

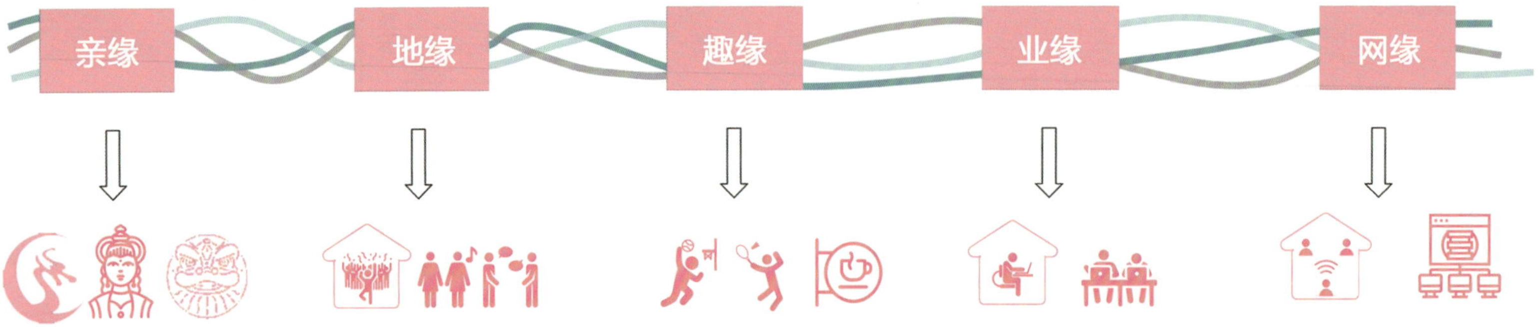

协同组织参与祭祖、龙舟等老安山传统民俗活动。

通过组织同一社区的人参加社区活动，营造让人想停留的氛围以及交往的空间。

组织相同兴趣的人参加各种类型的兴趣协会，组织不同类型的比赛，提供足够的活动场地。

社区提供工作交流的地方，从事同一行业的人共同协作经营。

通过建设社区网络平台实现交友、分享、工作等。

01 多样化的街区

02 多样清晰的住宅组团

03 公共场所形成中心效应

04 围合不封闭的街区内院

05 高通达性的步行路网

06 活动混合的区域

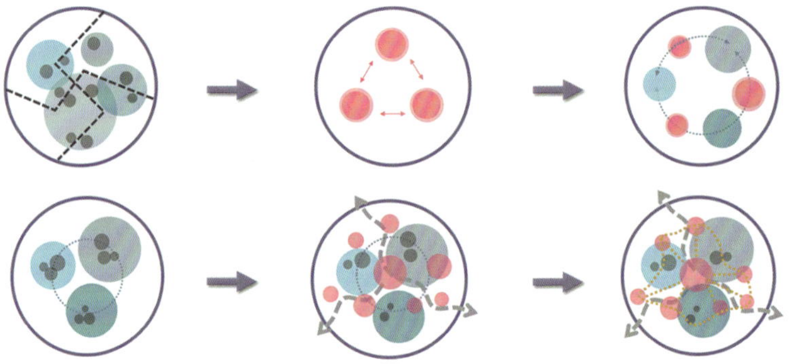

我国正在从“熟人社会”进入“陌生人社会”，从“单位人”转成“公共人”，从过去的血缘相亲逐渐转变为地缘联系，熟人社会瓦解，邻里关系逐渐淡漠。为了保留老安山社区邻里之间的交流和联系，同时极大程度地改善居住环境，提出打造新型邻里社区的构想。

规划目标

中山老安山片区经济技术指标

项目			指标	单位	占比
用地面积			261998	㎡	
总计容建筑面积			778067	㎡	
其他	住宅建筑面积		604391	㎡	77.7%
	其中	可售住宅面积	270870	㎡	
		还迁住宅面积	333521	㎡	
	商业建筑面积		98264	㎡	12.6%
	其中	可售商业	92709	㎡	
		还迁商业	5555	㎡	
	配套公建建筑面积		75412	㎡	9.7%
	其中	小学建筑面积	48000	㎡	24班X1
		幼儿园建筑面积	5000	㎡	9班X1
		粮仓、老安古庙、哀光替目院改造	12407	㎡	
		物业管理用房	1000	㎡	
		社区服务中心	500	㎡	
		老安市场	5555	㎡	
		社区卫生中心	1000	㎡	
		文化活动中心	1500	㎡	
		公共厕所	180	㎡	
		垃圾收集点	180	㎡	
		再生资源回收点	90	㎡	
容积率			3.4		地块毛容积率
总户数			5078	户	
停车数			1360	个	
地下车库面积			169985	㎡	
总建筑面积			948052	㎡	含地下室

01 多样化的街区

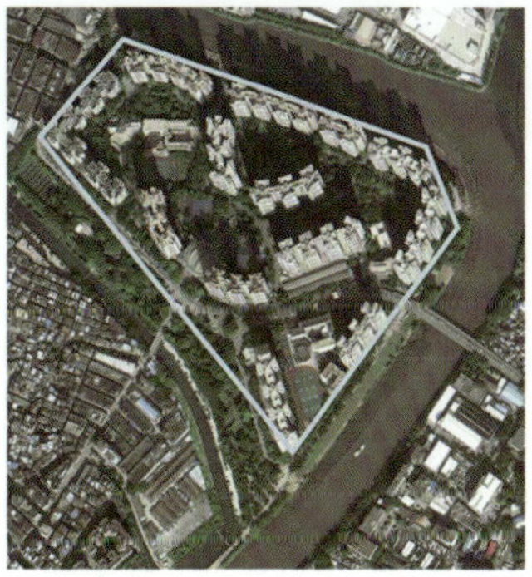

“封闭道路 + 封闭组团”

“开放社区 + 封闭单元”

“封闭组团 + 开放性市政道路”

	“封闭道路 + 封闭组团”	“开放社区 + 封闭单元”	“封闭组团 + 开放性市政道路”
开放度：	●	●●●●	●●●
共享度：	●●	●●●	●●●
融合度：	●●	●●●	●●●●
安全感：	●●●●	●●	●●●

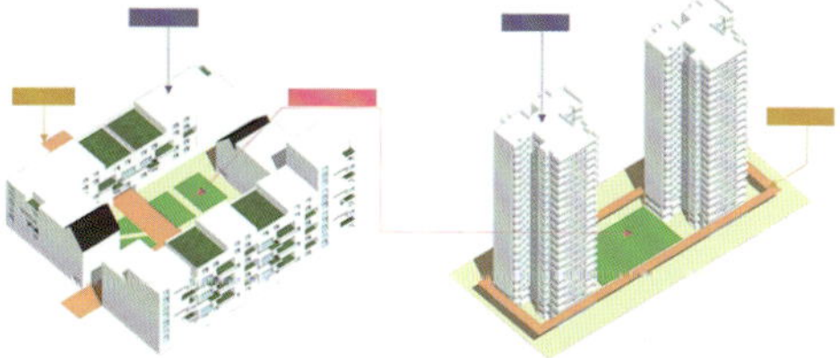

①“线线”围合

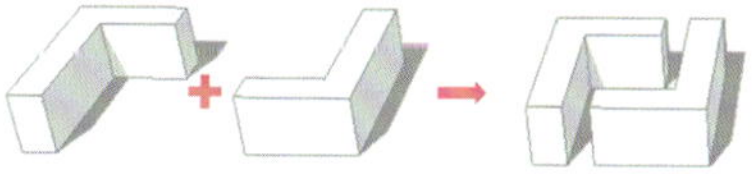

②“线圈”围合

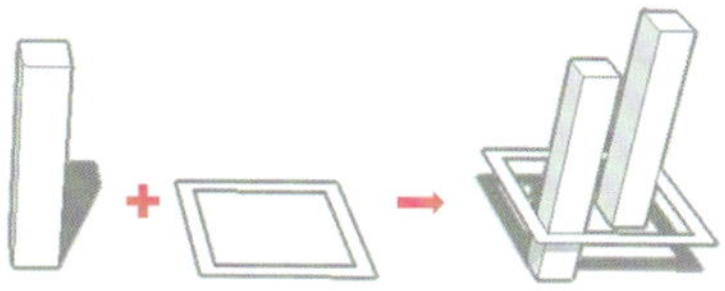

上部分：高容量的建筑

+

下部分：丰富的市民生活

02 多样清晰的住宅组团

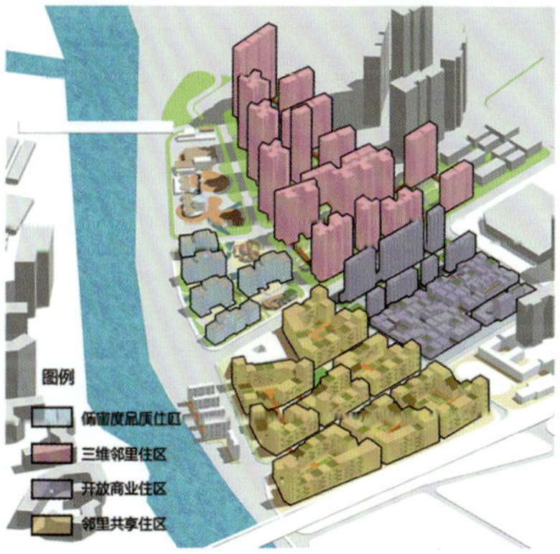

03 公共场所形成中心效应

04 围合不封闭的街区内院

“一轴一带一环多核心”

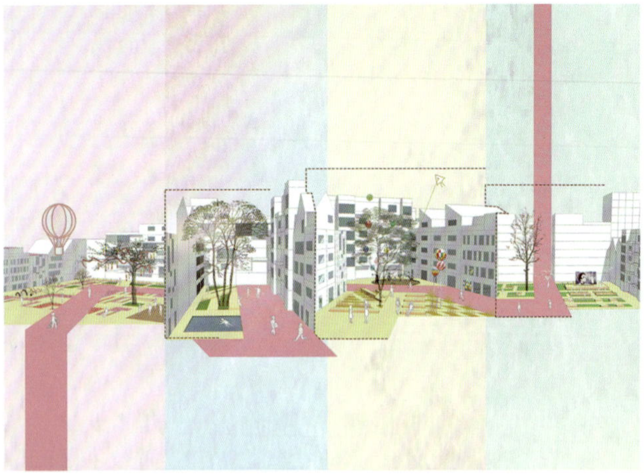

首先，确定地块的大小和性质，然后以Arcgis计算结果为基础，根据经济可行性分析对各个地块的容积率进行调节和确定，最终汇总为总体的经济技术指标。

中山市老安山片区各分地块指标控制					
地块编码	用地代码	用地名称	用地面积（㎡）	容积率	建筑限高(m)
1-1	A2	文化设施用地	11783	1.02	12
1-2	A2	文化设施用地	3681	2.13	30
2-1	B1	商业用地	4608	0.93	24
3-1	R2	二类居住用地	31022	4.78	100
3-2	R2	二类居住用地	20040	1.78	45
3-3	R2	二类居住用地	18668	4.44	100
3-4	R2	二类居住用地	4969	4.29	100
3-5	R2	二类居住用地	35891	3.17	80
3-6	R2	二类居住用地	35573	2.69	80
3-7	R2	二类居住用地	29926	3.57	80
4-1	A7	文物古迹用地	2565	0.16	12
5-1	A3	教育科研用地	7918	1.00	30
6-1	A1	行政办公用地	3361	2.00	30
7-1	S1	道路用地	52401	0.50	12

05 高通达性的步行路网

Arcgis分析

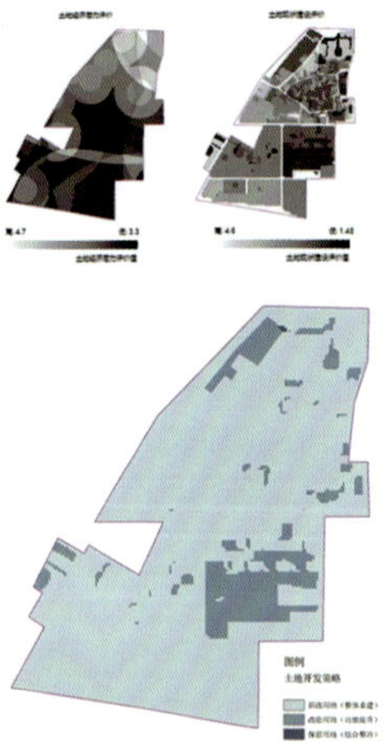

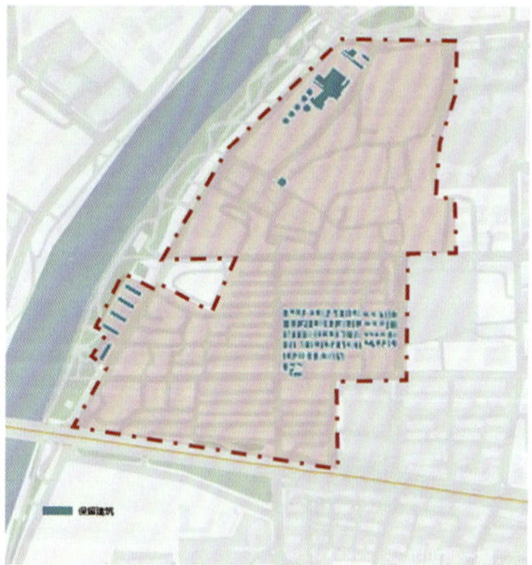

规划设计建议：

经济潜力高的区域建设高层以吸引更多的人，经济潜力低的区域建设特色住宅以提升经济价值。

通过Arcgis计算结果，我们建议项目的拆建留区域如左图所示。

06 活动混合的区域

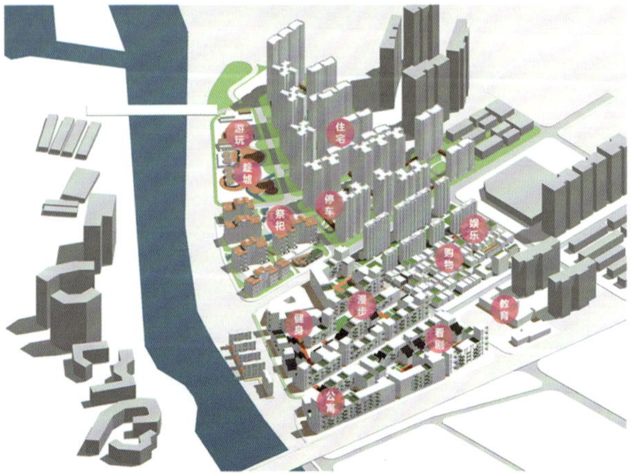

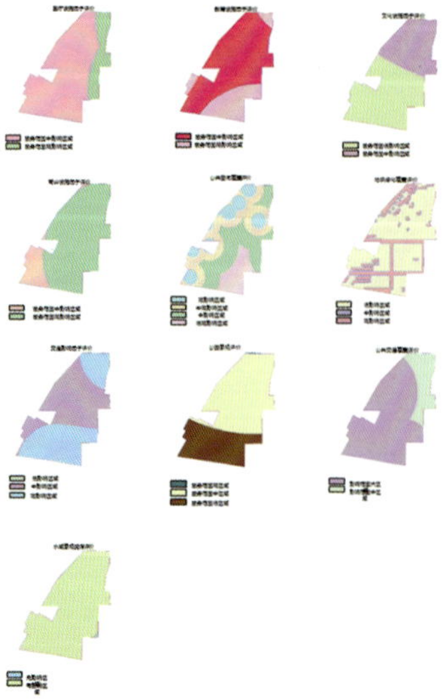

通过Arcgis计算结果，我们建议项目容积率如下图所示。

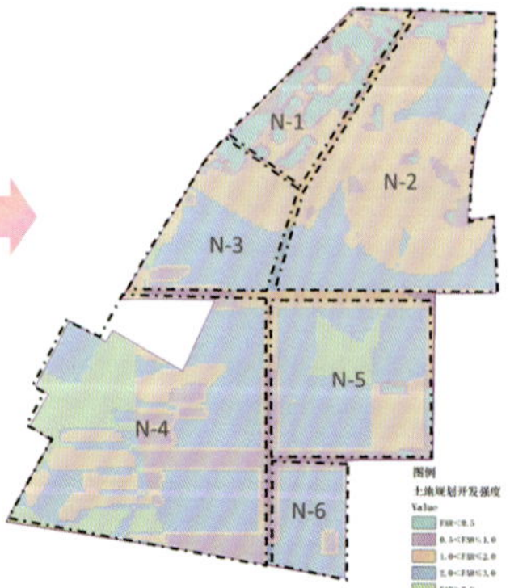

地块编码	理论容积率	建议规划容积率
N-1	1.3	1-2
N-2	3.89	4-5
N-3	2.16	1-2
N-4	4.44	3-4
N-5	2.98	3-4
N-6	2.56	2-3

总平面

规划分区

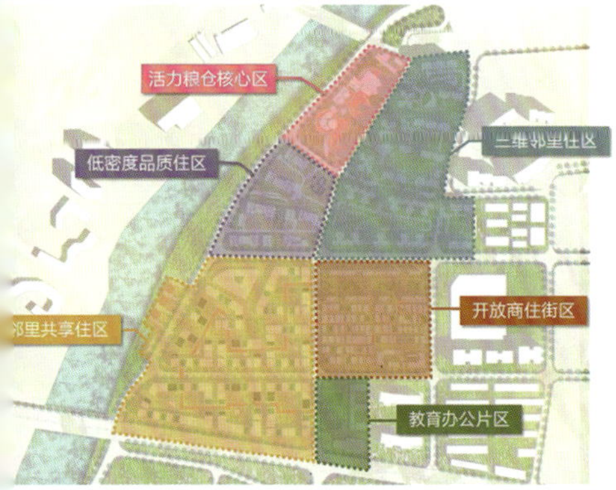

空间结构

“一轴一带一环多核心”

规划突出以南安路为主体的城市活力发展轴，将规划用地总体上分成四大居住分片区，分片区内部形成相对独立的生活区的功能结构：

一轴：城市活力发展轴。

一带：滨江景观发展带。依托现有水系形成南北向休闲景观发展带，串联起粮仓核心区及两个住区。

一环：社区活力互动环。串联各组团中心。

多核心：各片区结合需求形成片区内部的节点中心。

邻里街区

· 总平面图

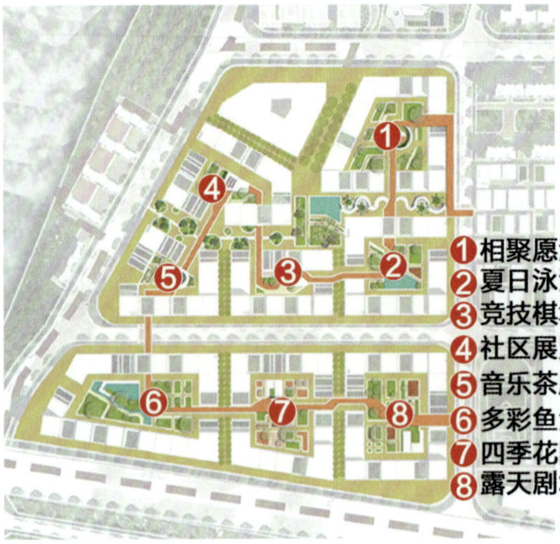

1 相聚愿池
2 夏日泳池
3 竞技棋场
4 社区展览
5 音乐茶座
6 多彩鱼池
7 四季花园
8 露天剧场

· 设计策略

聚缘 >>> 合缘 >>> 展缘 >>> 定缘

被动式接触

- 路线相交几率
- 活动试听效果
- 偶遇便捷程度

接触式场地设计
慢行步道设计

主动式接触

- 路人交谈几率
- 兴趣爱好交叉
- 场地吸睛程度

场地功能设计
活动中心选择

互动式接触

- 邻里共同话题
- 日常生活交集
- 游乐设施配置

互动场地设计
建筑小品设计

互动式接触

- 邻里共同目标
- 环境氛围渲染
- 场地服务范围

绿化树种选择
植物配置

· 建筑模块

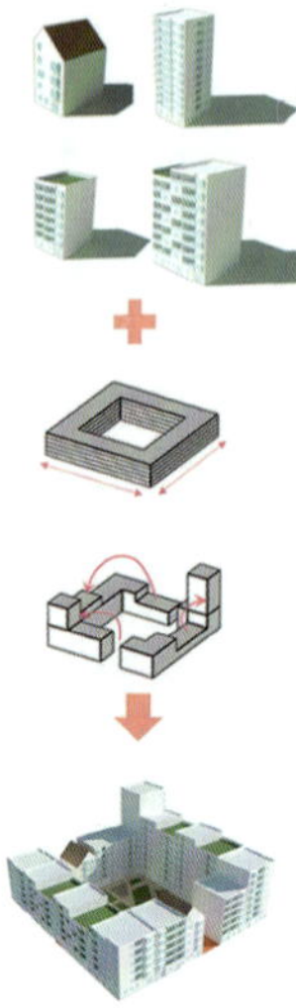

· 兴趣活动主题设计

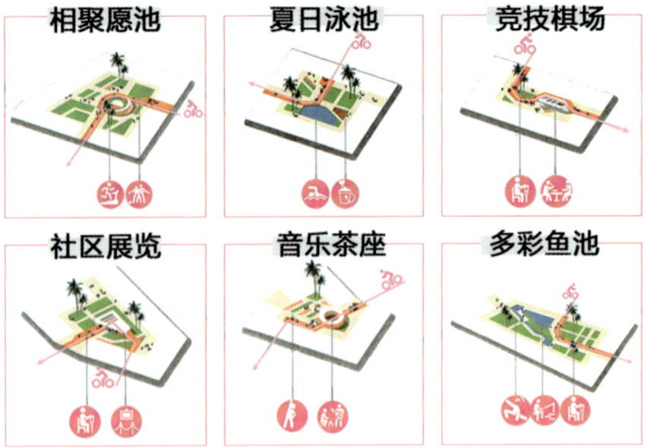

· 户型

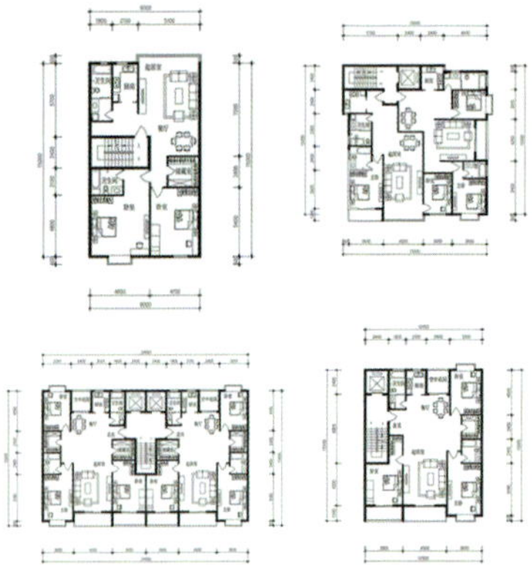

· 植物配置

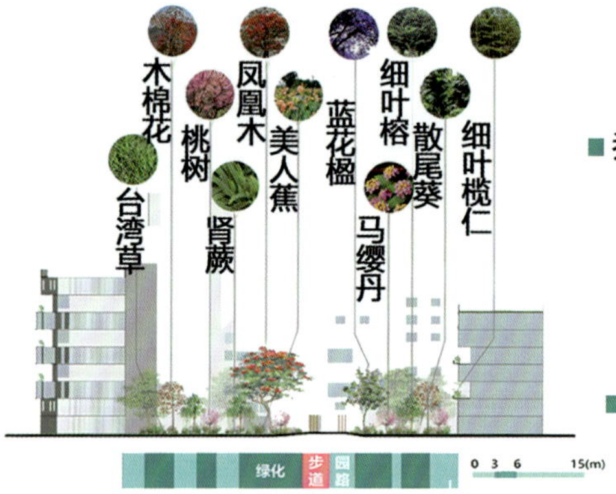

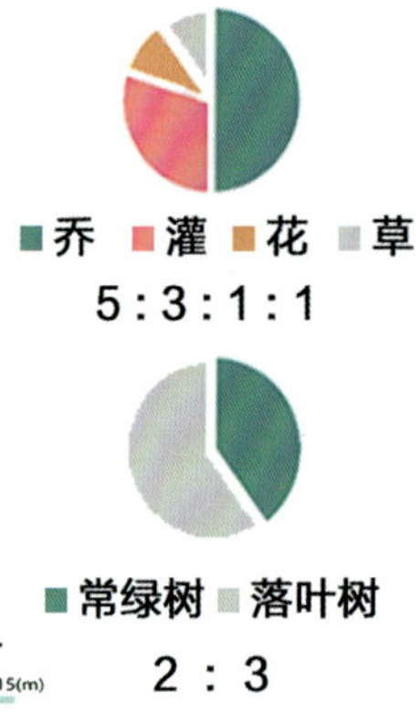

多首层邻里住区

· 总平面图

1 二层连廊
2 活动平台
3 公共活动空间

· 设计策略

地缘

- 活动空间增加
- 配置健身游乐设施
- 社区组织活动

➡ 促进人群交往，增强归属感

趣缘

- 提供活动场地
- 组织兴趣协会
- 社区组织活动

➡ 增加邻里共同话题，营造邻里和谐氛围

业缘

- 工作交流空间增加
- 配置健身游乐设施

➡ 提高工作效率，增强活动多样性

网缘

- 增加沟通交流平台
- 社区组织活动

➡ 促进网络平台交往，便捷组织活动

· 交通流线

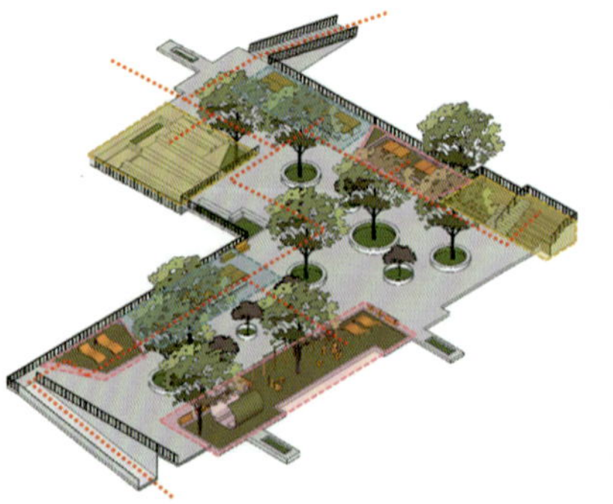

看台区 运动区 休息区 步行流线

· 功能分析

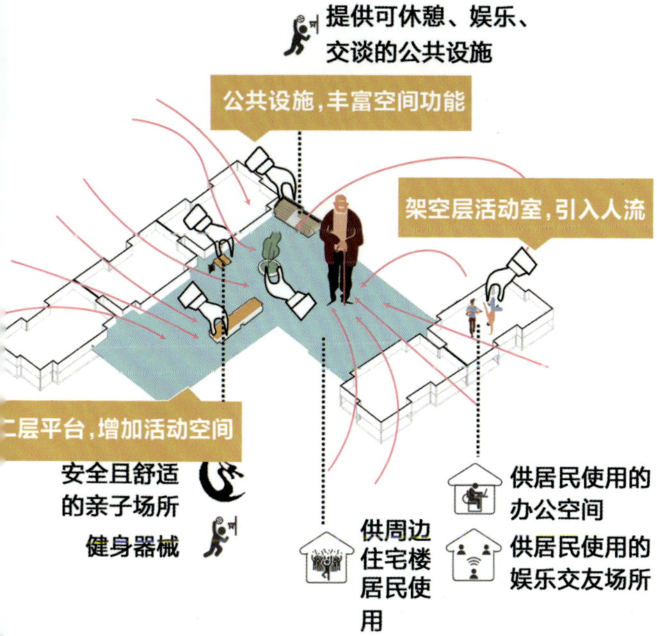

· 户型

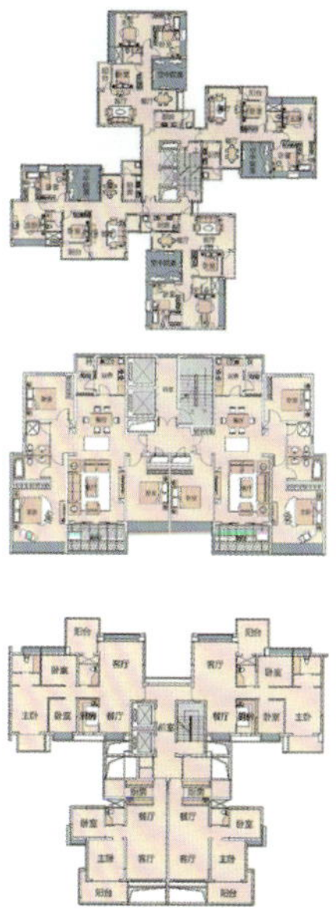

· 局部效果图

开放性商业街区

· 总平面图

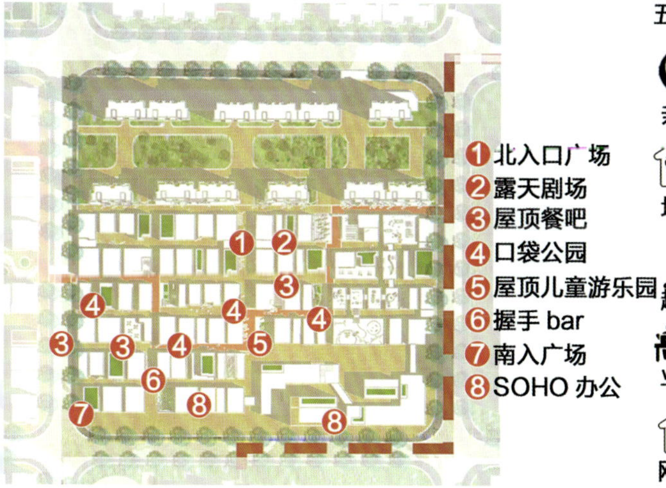

· 设计策略

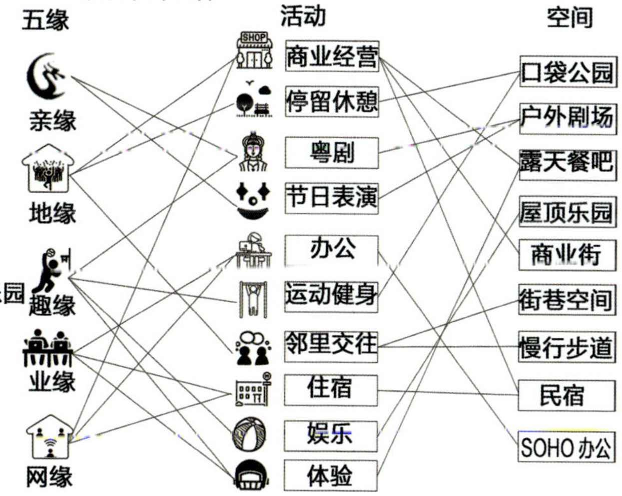

· 街巷与建筑改造

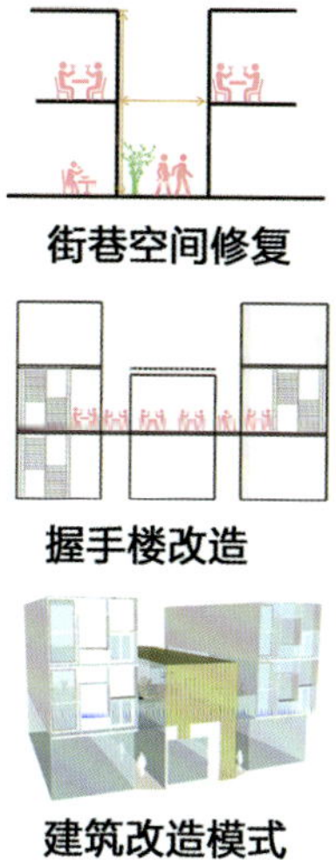

· 业态分析

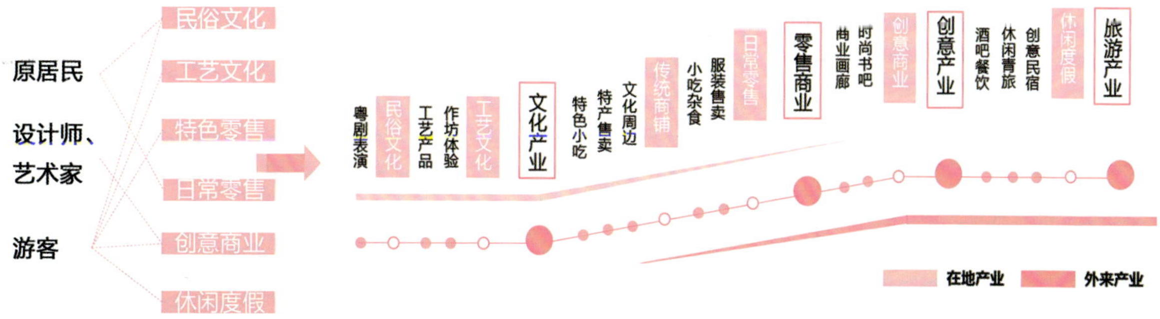

· 户型

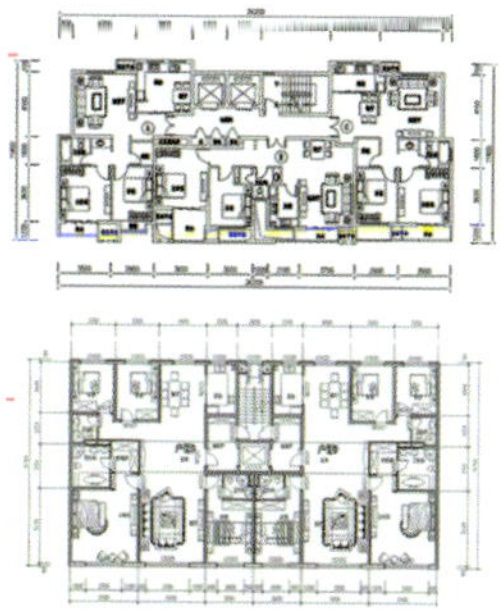

· 空间改造

拆除质量较差建筑

旧房更新，注入家庭小吃店、工作室等新业态

旧房更新，注入私房菜、屋顶艺术等新业态

新建，注入商店、酒吧、酒店公寓等新业态

填充绿地、公共空间

· 建筑业态改造

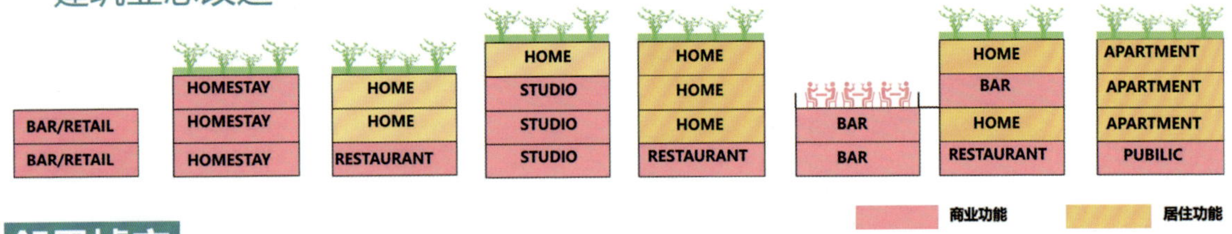

· 节点效果图

邻里墟市

· 总平面图

1 墟市广场
2 安山小舞台
3 老安市场
4 老安博物馆
5 老安瞭望塔
6 livehouse
7 餐饮市场
8 健身广场
9 居民健身馆
10 老安停车场
11 哀光瞽目院

· 设计策略

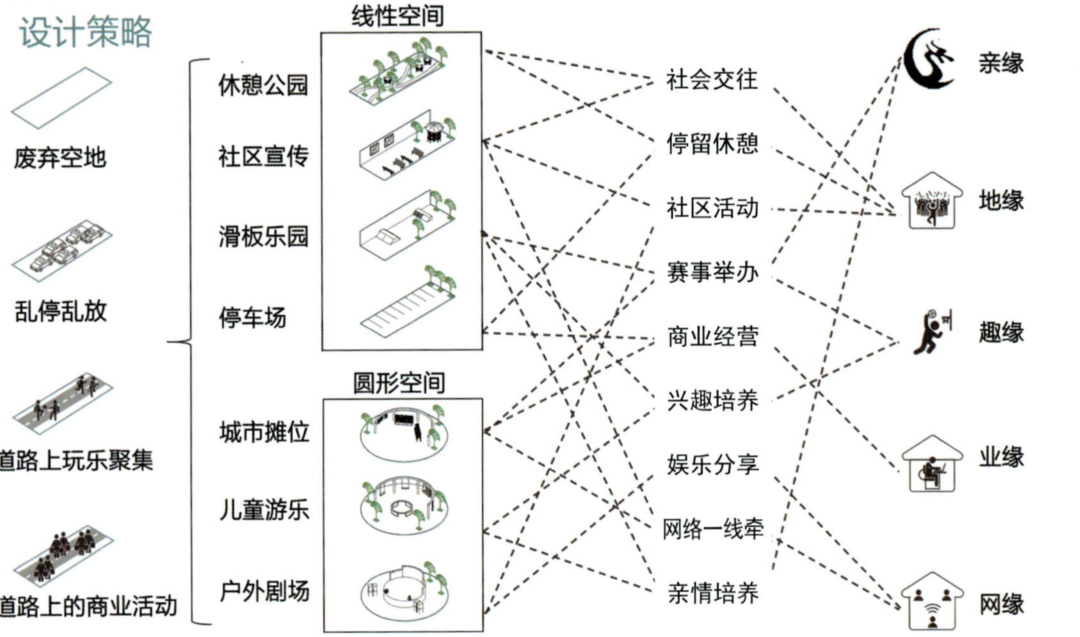

· 总体策略

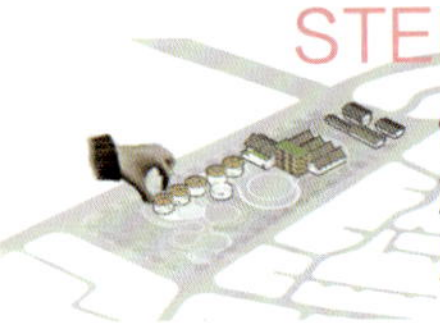

STEP 1 保留

保留原有特色建筑并加以修缮改造，提醒居民们该处的历史。

STEP 4 植入

丰富天际线设计，吸引地块外居民注意力。

STEP 2 插入

插入体块丰富建筑功能，为文化浸入式活动提供可用空间。

STEP 5 重绘

绿地绘制为场地内提供丰富多样的活动空间。

STEP 3 焕活

引入商业市场，为地块的活力可持续性发展提供可能性。

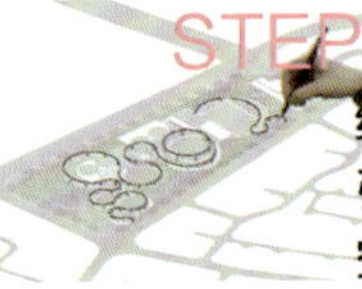

STEP 6 连接

线性元素：栏杆引导居民在不同空间中前行体验。

· 对岸景观设计

过去

看不见我曾经工作的工厂了，中山的工业记忆仿佛消失了。

仿佛找到了粮仓，但这像是被挡住的废墟。岐江的岸边建设得真美。

听说粮仓在附近，但这里房子都破旧低矮，我还是找不到粮仓。

过去

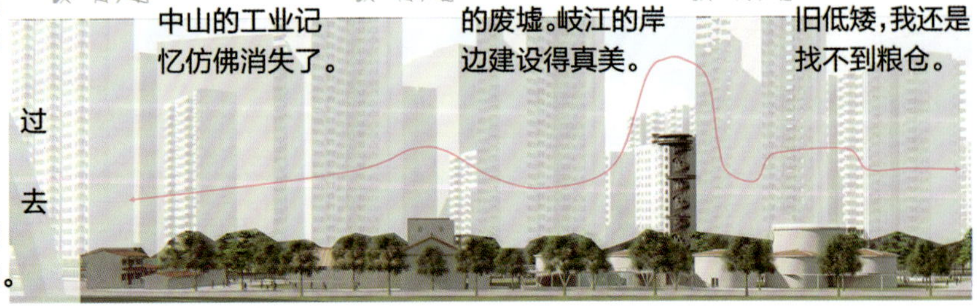

· 保留粮仓改造设计

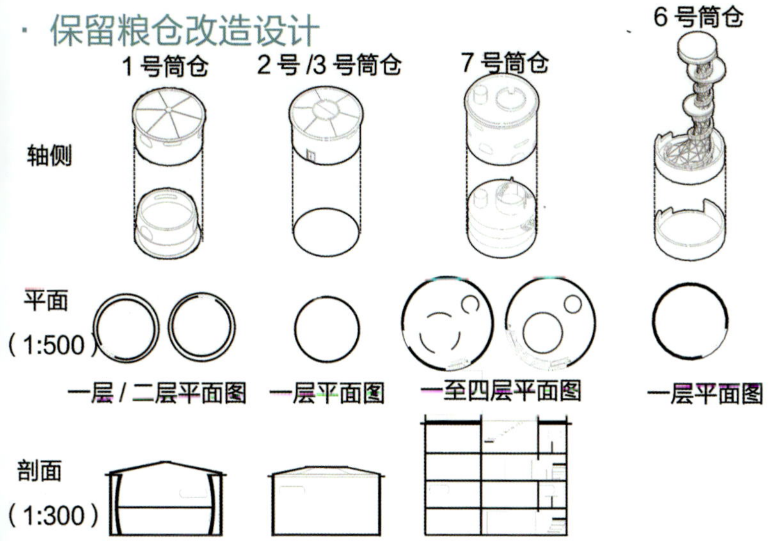

· 人群活动

老安古庙

· 总平面图

❶老安古庙
❷忆岐文化馆
❸老安广场
❹户外空间

· 设计策略

亲缘	地缘	趣缘	网缘
通过祭祖、祈福、龙舟等老安山传统活动，增强亲缘关系纽带。	为居民提供沟通交流的场所，实现邻里对话，增强地缘关系纽带。	通过忆岐文化馆、为志同道合的人提供场所，增强趣缘关系纽带。	通过网络通信提高空间使用效率，网络一线牵，形成网缘关系纽带。
老安古庙 忆岐文化馆	老安古庙 忆岐文化馆 老安广场	忆岐文化馆 老安广场	忆岐文化馆 老安古庙

· 建筑改造推演

新增两进东跨院

根据场地退让 5m

忆岐文化馆

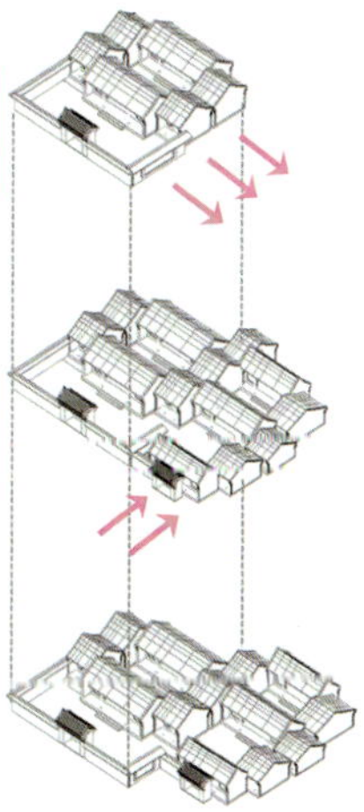

· 文化注入与创新

老安文化 香山文化

龙舟 舞狮

剪纸 皮影戏 雕刻

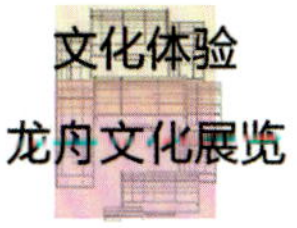

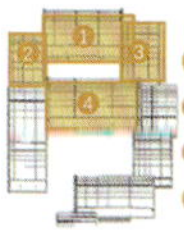

❶皮影戏
❷剪纸
❸雕刻
❹龙舟文化

设兴趣班教学

引入科技元素

互联网 +

· 建筑装饰

硬山顶

瓦当滴水

博古脊

瓦墙

· 建筑布局

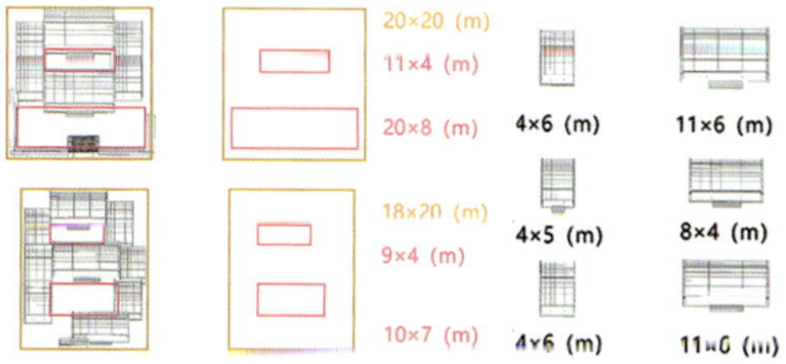

· 人群活动

· 节点效果图

鸟瞰图

终于不用到处找有位置的咖啡厅来工作啦！
有了二层连廊，遛狗狗的时候再也不怕遇到小汽车啦！
那里还有空位！我们也去荡秋千吧！
这群老太婆占了我们阿公打太极的地方！
以后这里就是我们的广场舞据地！
姐妹们，跳起来！
奶奶，我在这看书等你！

在地上都没有这么大块地给孩子们玩是吧！
是啊，我们还可以边看孩子边聊聊天
在这里看书好舒服！
平时晚上会看到好多爱好音乐的“小年轻”在这里表演呢！
姻缘树上姻缘果，姻缘树下你和我。
淡黄的长裙，蓬松的头发
这是我们狂欢的PARTY！

广州大学

Guangzhou University

—六个核桃队—

刘政坤

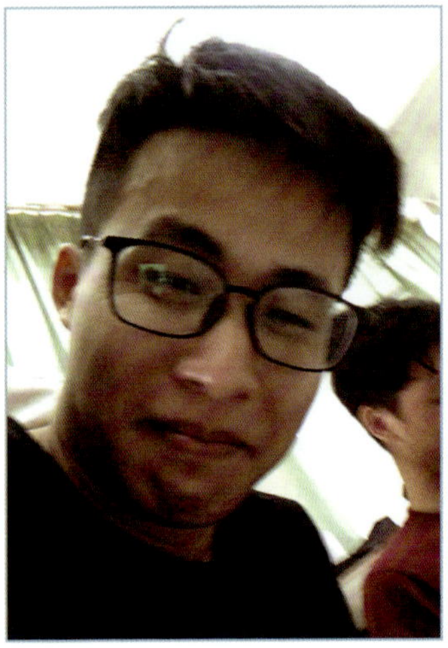

张国荣

龙嘉骏

陈凯航

杨诗怡

莫恺璐

刘政坤 通过这次的设计和学习过程，学会了很多东西，培养了我独立工作的能力，增强了自身对时间的管控能力和对专业知识的学习能力。也感谢了三位指导老师对我的悉心指导以及外校教师和专家对我们方案上的点评及鼓励，在此我向各位老师和专家们表达深深的谢意和崇高的敬意，也感谢我的组员们对我的帮助和鼓励，这将是我人生中一笔十分宝贵的财富。

张国荣 经过几个月的奋战我们组的“南粤杯”六校联合毕业设计终于落下了帷幕，在没有做毕业设计以前觉得毕业设计只是对这几年来所学知识的单纯总结，但是通过这次做毕业设计的经历发现自己的看法有点太片面。毕业设计不仅是对前面所学知识的一种检验，而且也是对自己能力的一种提高。通过这次毕业设计，我才明白学习是一个长期积累的过程，在以后的工作、生活中都应该不断的学习，努力提高自己的知识水平和综合素质。在这次毕业设计中同学之间互相帮助，有什么不懂的大家在一起商量设计，很享受跟组员一起讨论方案设计，一起谈天谈地的日子，感谢我的队友们！

龙嘉骏 随着毕业日子的到来，毕业设计也接近了尾声，经过了三个月的奋战，并在老师的指导和同学们的合作下成功地完成了这次毕业设计的课题——中山市老安山片区城市更新片区规划设计。回想起整个毕业设计的过程，有辛苦劳累，也收获颇深。经过三个月的学习和规划设计，对自己以前所学的知识 也有了更好的认识，包括了对规划整体框架的把控、策略论证的逻辑性、规划设计的要点、图纸的管控等等，其中体会最深刻的是对时间的管控和与组员们的沟通，因为在疫情期间，大家都是分隔于各地无法聚集在一起集体交流和工作 ，所以更加考验了我们线上沟通的默契和自身时间管理的能力。

陈凯航 经过几个月的努力，毕业设计总算完成。我们从一开始辛苦探索如何破题解题，到慢慢的寻找到以触媒为线索，作为整个设计作业的主线，并以此为突破口。但这只是开始，如何把这个点做深入也让我们感到阻力，与组员和老师的共同探讨，让我们对这个点一步步地深入。慢慢形成了一条完整的主线，但是到了六校联合汇报时，我们又明显感觉到与其他学校的差距，于是又继续不断完善图面，整理思路，希望让方案的亮点更加突出。终于在组员们的互帮互助下，完成了一份还算满意的答卷，最后也感谢老师们辛勤的教导，让我们在学习上有了更大的提升。

杨诗怡 期待已久的联合毕业设计最终全程都是“云端”完成，虽然有点可惜没能去到其他城市调研和汇报，但是这种特殊时期的新形式也给我带来了特别的体验和挑战。第一次和其他学校联合参与，在多次的点评交流中，明白各个学校的特点和长处，开阔眼界，反思自己的不足并改进，而且各位专家和老师的点评更是一针见血，字字珠玑，让我受益良多。这次城市更新的项目更让我意识到公众参与的重要性，在将来的职业生涯中也要做有“温度”的设计，始终考虑人们的需求。另外特别感谢我们学校三位老师的悉心指导，大学五年来也过得十分充实，这次“6+1”联合毕业设计将会成为我们奔向远方道路的里程碑！

莫恺璐 三个月的联合毕业设计真的非常忙碌而充实，尤其是在疫情环境下，只能困留在家中完成一系列工作，更是凸显了这次毕业设计的不同和难忘。毕业设计也是我们在校学习的最后一个阶段，也是从这个项目开始，我们才逐步开始学会考虑实际项目的各方利益、项目落地可实施性等影响因素，而非单纯的纸上谈兵的设计，这也是为我们日后参与实际工作提供了宝贵的经验。三个月来，既有熬夜工作的辛苦，也有收获和学习的快乐。在此要感谢各位指导老师以及省院的专家们的教导，尤其是我们学校的漆平老师、骆尔提老师、李希琳老师对我们小组的指导帮助。

不变岐文 安得其所

——“城市触媒”视角下中山市老安山城市更新片区规划设计

作　　者：刘政坤　龙嘉骏　陈凯航　张国荣　杨诗怡　莫恺璐

指导教师：李希琳　骆尔提　漆　平

学　　校：广州大学

区位分析

宏观区位

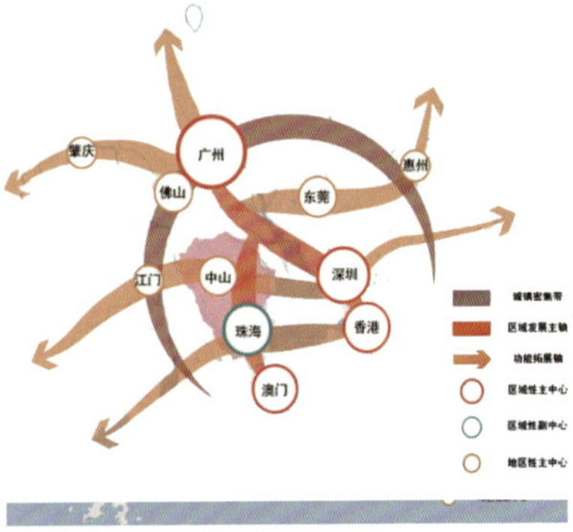

地区中心：中山地处粤港澳大湾区的腹地，靠近区域发展主轴和功能拓展轴，是地方性的主要中心城市。

中观区位

一主两副：石岐区位于中山市传统发展轴线以及传统中心服务核上，被定位为传统服务中心。

微观区位

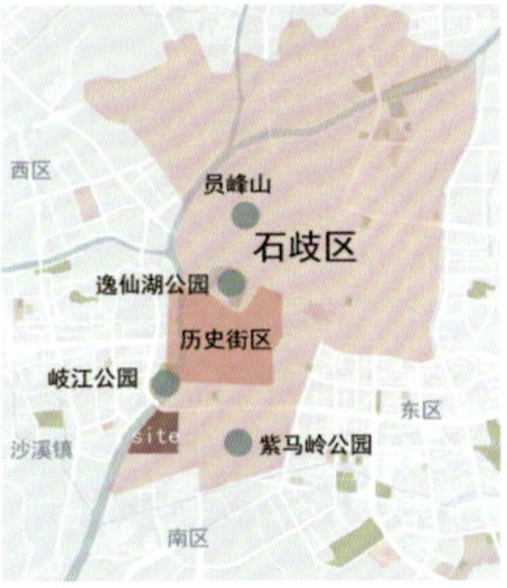

老安山片区：位于石岐区与西区、沙溪镇的交界区，处于与东区、南区的过渡地段,靠近历史文化街区。

研究范围

多层次解读岐江发展状况

带视角的岐江：自古沿河而居

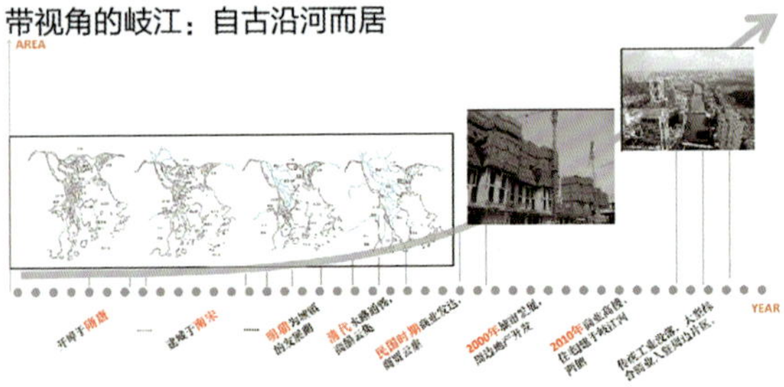

线视角的岐江：围绕岐江的发展述求和政府愿景

中山作为沿河发展的典型城市，城市与河流的关系非常紧密。而目前中山市的发展呈现香山文化主导性，城市意象特殊性，岐江黏着性等特征。从空间视角下看，“岐江河”就是未来老安山片区、乃至中山的空间元素和认识意向综合形成的辨识带。

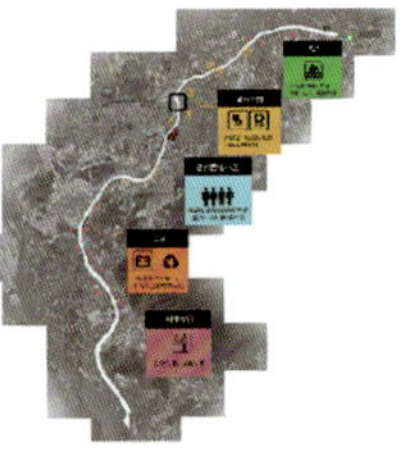

网视角的岐江：
是否存在一种合理互利的方式将岐江的魅力发散至河岸两区

城市触媒理论

城市触媒理论的内涵：

根据韦恩·奥图和唐·洛干的城市触媒理论可以得知，规划片区的元素与发展是可控的，在植入新的触媒新元素之前，每个旧元素之间存在紧密的关系。

城市触媒能够促使城市结构发生变化，在城市中策略性地植入触媒元素，通过对触媒元素的塑造引起周边环境质量的改变。通过触媒元素与周边区域的相互作用，逐步推动后续城市建设持续、渐进地发展。

城市触媒理论的原理：

随着城市的发展，庞多混杂的旧元素之间缺乏联系，在没有有机组织的情况下，会使得城市的发展缺乏活力。

在旧城区更新方面有着独特的优势，这种“反应”不是否定旧元素，而是注入新的活力，采取包容的态度去接纳改善现存的旧元素，使其相互作用，整体提高城市发展。

总结：

结合老安山片区的基本情况，片区人文历史痕迹、民俗习惯是弥足珍贵的财富。在城市触媒视角下，通过植入触媒点以达到小更新、大改造的过程，才能让老安山片区持续朝着良好的方向发展。

触媒效应机制图

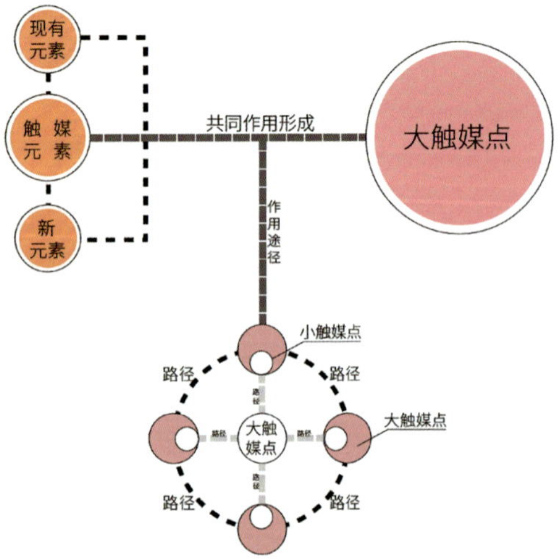

触媒原理图

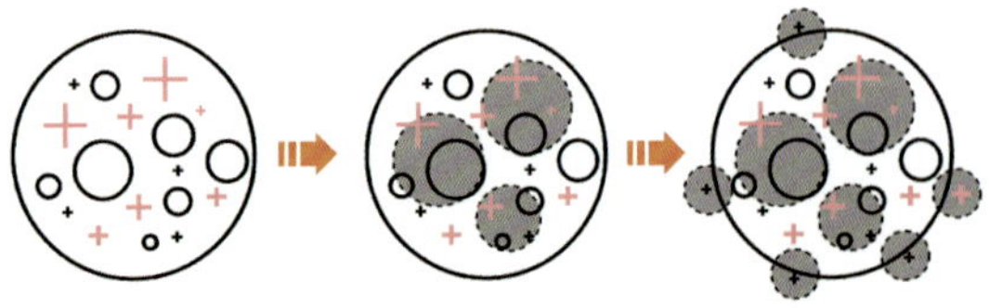

中山市现今城市触媒

优美的山水环境格局

中西文化合璧的城市风貌

发现岐江“触媒元素”

岐江作为中山市主要的文化载体，在中山市呈整体线状空间，并通过两岸的触媒点向外辐射其自身的人文及生活魅力。结合不同镇区的空间元素，使得在整体空间内呈现不同的城市意象。

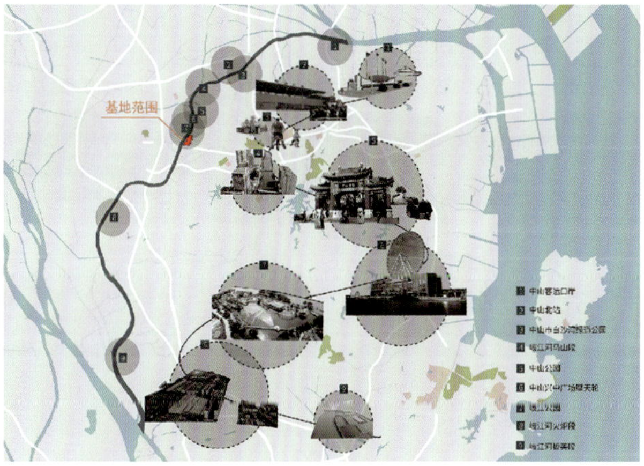

岐江触媒的转变

过去和现在

过去岐江凭借交通优势，以点带线，发展沿江工业带；现在岐江采用“政府+开发商”共同协作的模式，以经济引发新增长作为推手，发展现代居住小区和商业，满足人们日益增长的物质需求。

思考未来

文化是岐江发散中山城市魅力的珍贵资本。从人文和城市发展入手，考虑空间更新，打造城市活力空间，使带状空间更具城市魅力，以此将岐江两岸打造成中山城市辨识带，满足人们追求的精神需求。

老安山片区的缺失

老安山片区在城市触媒、历史保护以及岐江魅力渗透方面有一定缺失。

由于临近岐江河的地理优势，老安山原本集聚众多的传统制造业与服务业，商贾云集，但是随着城市的发展，老安山却依旧保持原样，无法更好地反映地方生活风貌和发展其城市功能，逐渐成为一座在岐江河旁的“城市孤岛”。

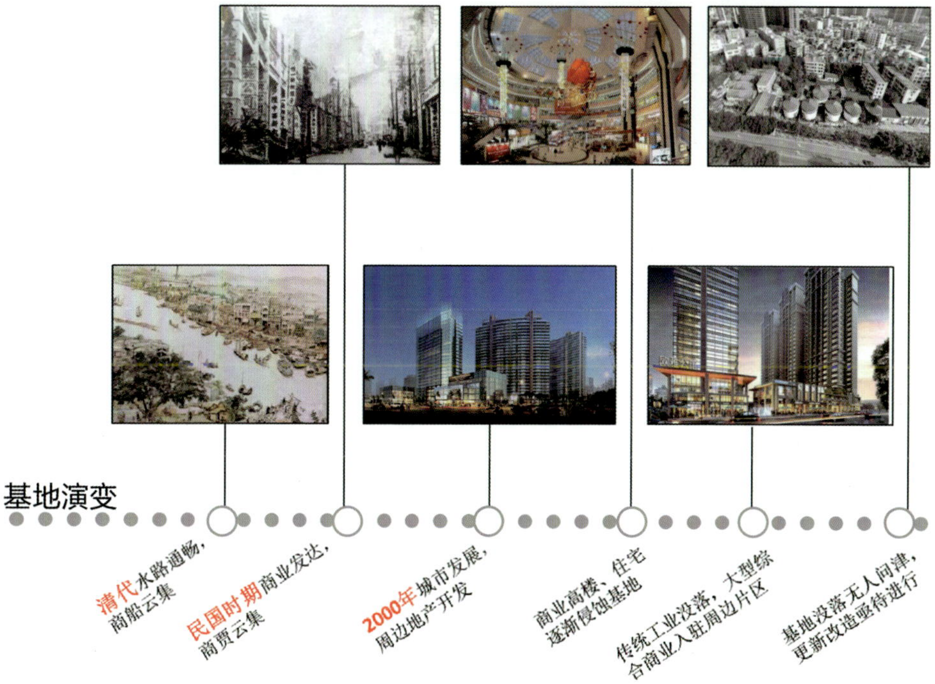

未来片区价值

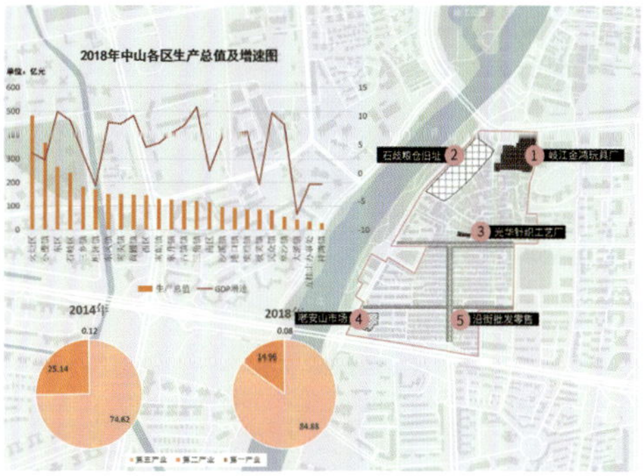

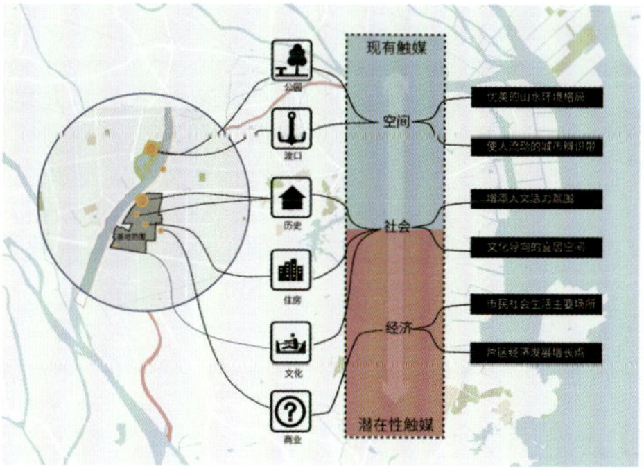

未来片区价值：

① 片区位于岐江活力都市段，将成为岐江边新的经济活力触媒点。
② 片区未来产业结构向第三产业为主导，以文化服务业为主的势头出现。
③ 片区未来将发展以中高端住宅为主，作为历史文化与人文生活的交汇平台。
④ 存在的小型、生活化活动的触媒潜力，为城市更新带来潜能。

如何实现老安山片区未来价值：

分析触媒潜力元素，结合新元素，形成不同的触媒点，构建持续与渐进的片区发展。

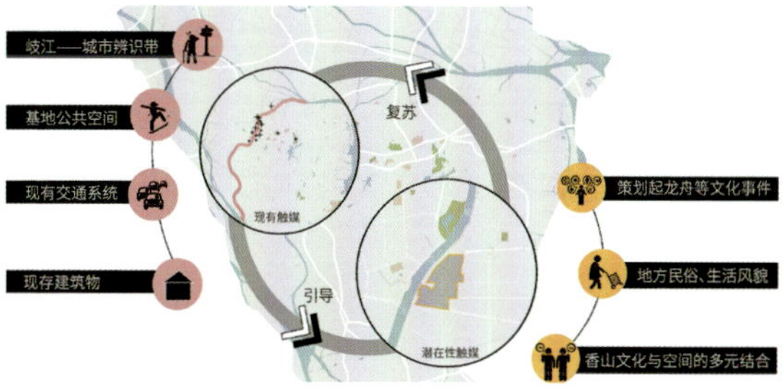

现状问题

① 片区文化保护与城市功能发展对立，呈现边缘化和失语姿态。

② 片区内外环境差异大，风貌单一，空间利用率低下。

③ 片区内部空间品质差及功能单一，不符合现状居民多元化需求。

④ 片区新旧城市触媒元素复杂而散乱，层次关系断裂。

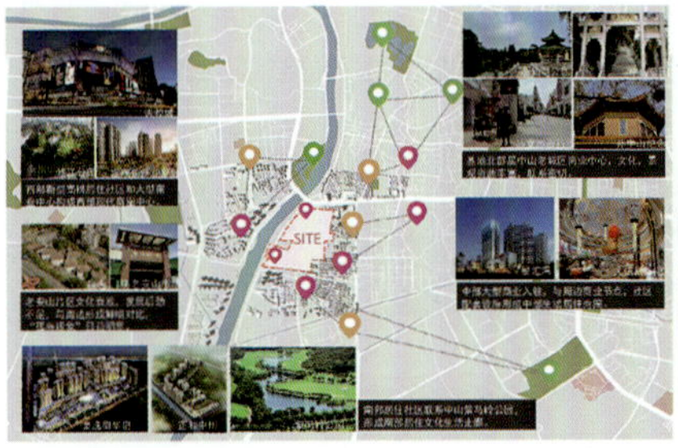

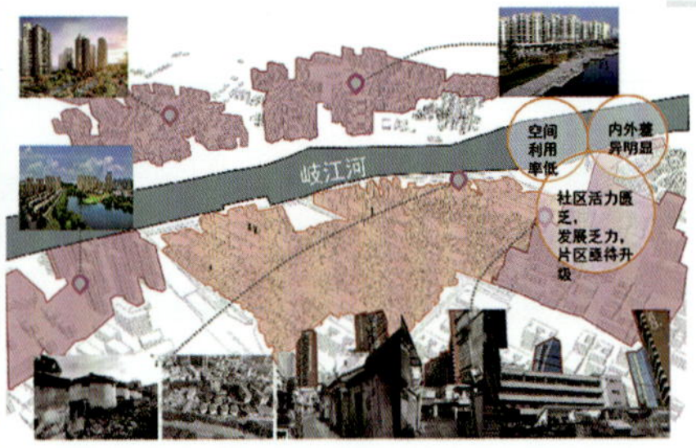

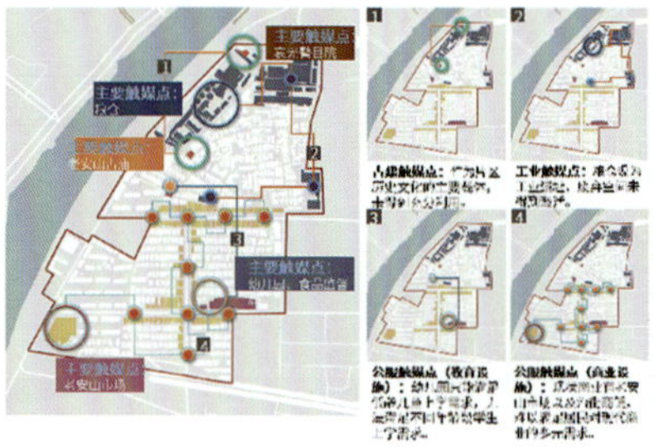

解读老安山现存触媒元素

景观资源

石岐老城区自然景观资源丰富，基地内位于“一江两岸”的重要节点处，存在历史文化资源要素且与周边联系紧密，但因年久失修，处于荒废状态。

历史文化

中山起源于岐江，因此岐江城市水文化衍生来的赛龙舟活动，是中山石岐老安山片区百姓最隆重的习俗之一。

老安山片区老百姓会在端午节前夕选好吉日，在宗祠、庙宇拜祭龙头、龙尾后，由村内最年长的老人率众将埋藏在河涌龙舟坞里的龙舟起出来，老安山村锣鼓鞭炮声震耳欲聋，热热闹闹起龙舟。

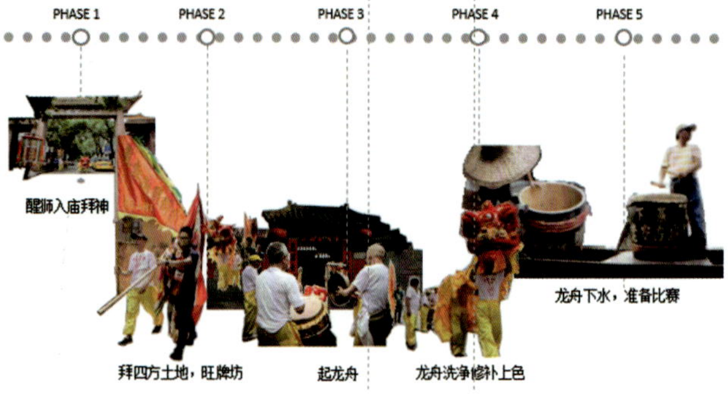

现状建筑

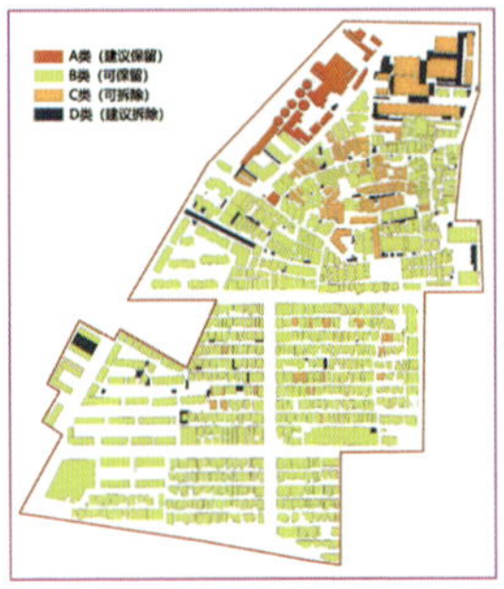

对基地建筑的人文历史价值、保持现状程度、发展可能性对建筑进行评估分类。建筑共分四类，依次为：A类（建议保留）、B类（可保留）、C类（可拆除）、D类（建议拆除）。

道路交通

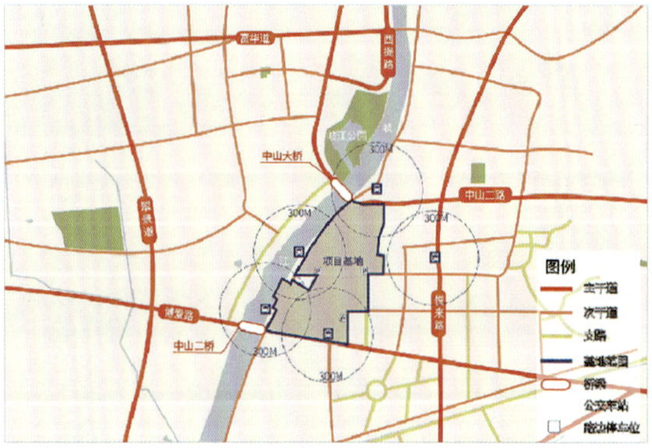

基础配套设施

基地内部仅有1个市场即安山市场、1个幼儿园、1个托儿所，沿街商业设施主要集中在南安路，南江路两侧，其他公共服务配套设施不足，后期规划设计需要补充。

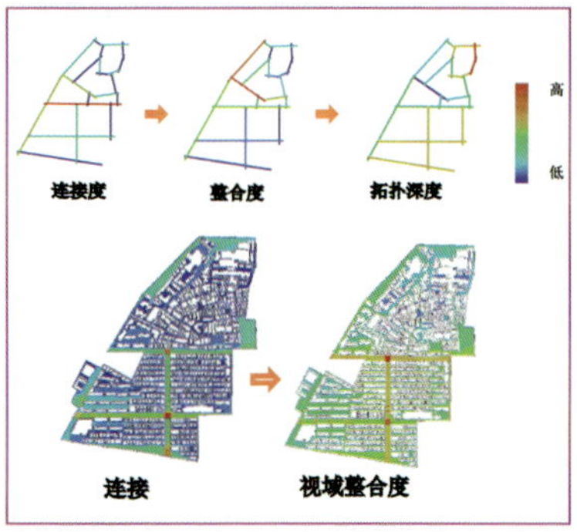

基地外围道路便利，通达性好，内部道路混乱，通达性较差。

南安路以北的道路系统未经规划，通行能力低；而南安路以南的内部道路经规划后，通行能力强。

公共空间

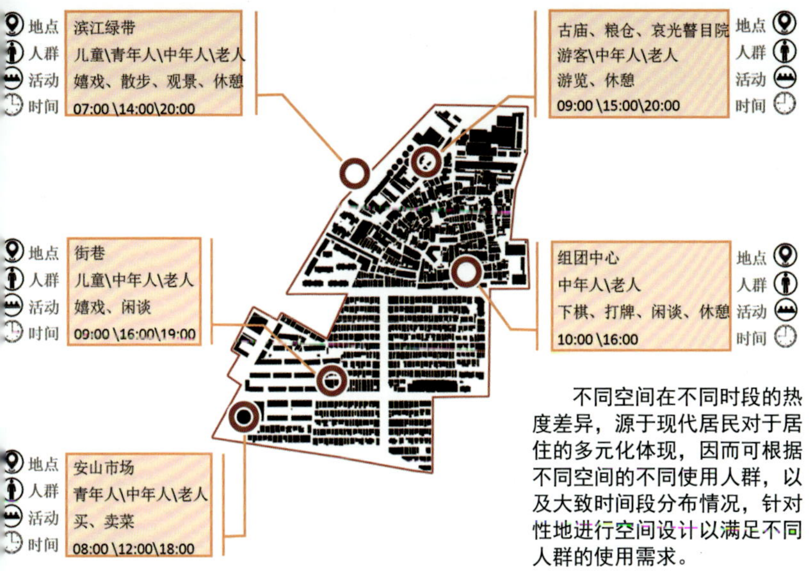

不同空间在不同时段的热度差异，源于现代居民对于居住的多元化体现，因而可根据不同空间的不同使用人群，以及大致时间段分布情况，针对性地进行空间设计以满足不同人群的使用需求。

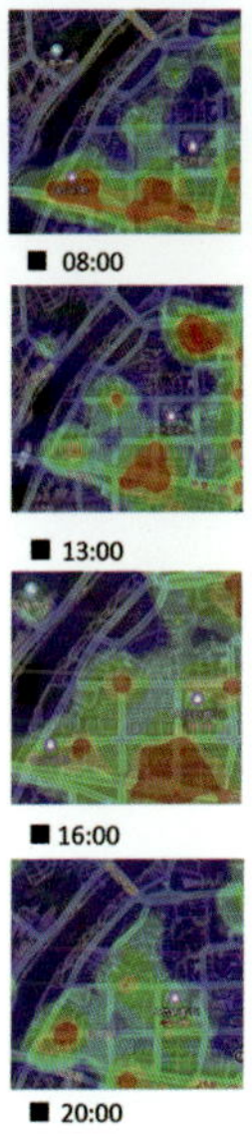

触媒新元素选取

片区的发展不仅仅是追求物质以及经济，更要关注居民内在需求，以满足不同人群在片区中不同的定位以及预期，才能使得片区具有持续的发展活力。

城市触媒元素评价

城市触媒元素评价方法——层次分析法

由于整体老安山片区的改造更新存在一定的复杂性，所以要采用定性与定量相结合的方法。本次评价采用层次分析法的方法体系。常用的判断权重的分析方法有：AHP层次分析法、德尔菲法、模糊层次分析法、因素对比法等。在实际应用中，通常选择其中两种分析方法结合应用，本次以层次分析法与德尔菲法结合应用，使得出的数据更有科学性。

1. 构建层次模型及判断因子的选取

整体模型如下图所示，包括目标层、准则层、指标层。针对老安山片区更新项目，通过构　建层次结构模型，层次结构模型由目标A、准则B（6个准则层）与指标层（13个因子）构成。六大判断因子选取依据是搜索访谈、问卷调查、网络调研、改造意愿、现状条件等，再根据不同的目标层进行选择，采取层次分析法，生成权重与赋分，最后采用综合叠加分析法，得出结果。

老安山规划片区评价层次结构模型

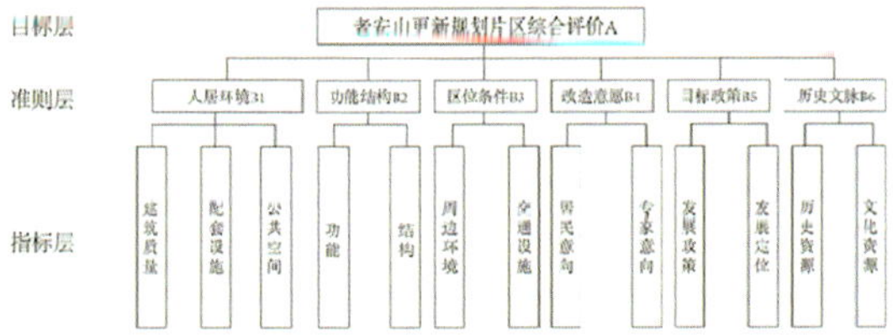

城市触媒影响因素评价层次结构模型

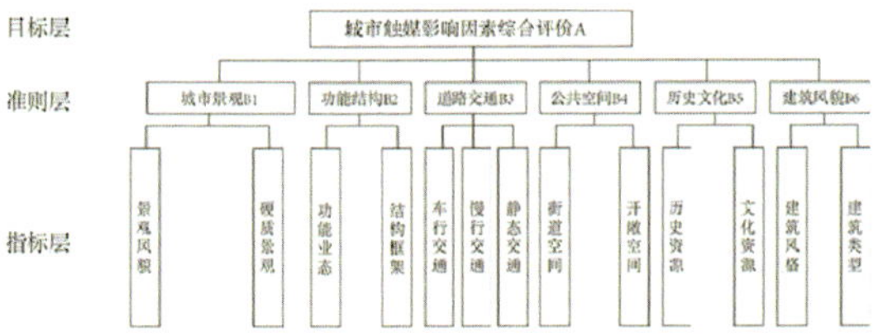

2. 构建判断矩阵

在计算权重数值时，通过对影响目标层的各个因素（准则层）相互关系的分析，来判断出相关元素之间的重要性。本次评价中将通过9分计分制，将指标元素两两比较，构建判断矩阵。最后，得到各个因素的权重赋值，通过归一化处理，以总和等于1为基准。

准则层相对目标层的重要性判断矩阵表

A	B1	B2	B3	B4	B5	B6
B1	B11	B12	B13	B14	B15	B16
B2	B21	B22	B23	B24	B25	B26
B3	B31	B32	B33	B34	B35	B36
B4	B41	B42	B43	B44	B45	B46
B5	B51	B52	B53	B54	B55	B56
B6	B61	B62	B63	B64	B65	B66

判断矩阵标度及其含义表

量化值	因素i比因素j
1	同等重要
3	稍微重要
5	较强重要
7	强烈重要
9	极端重要
2,4,6,8	两相邻判断的中间值

3. 判断矩阵的一致性检验

在计算以及判断矩阵中数值的过程中，一些偶然误差因素会导致判断矩阵所得数值存在矛盾，因此为了保证所得数据的科学性，需要对判断矩阵的一致性进行检验。具体的检验表格如下表所示。

判断矩阵标度及其含义表

阶数	1	2	3	4	5	6	7	8	9
RI	0.00	0.00	0.58	0.90	1.12	1.24	1.32	1.41	1.45

老安山片区现有元素评价权重分析

综合评价层	权重	评价因子层	分值选择	平均值	权重
人居环境B1	0.0818	建筑质量 配套设施 公共空间	9/7/5/3/1	3	0.23
功能结构B2	0.1155	功能 结构		4	0.41
区位条件B3	0.1652	周边环境 交通设施		7	0.88
改造意愿B4	0.2465	居民意愿 专家意向		8	2.11
目标政策B5	0.1836	发展政策 发展定位		7	1.25
历史文脉B6	0.2274	历史资源 文化资源		8	1.8
总计	1				6.94

老安山片区现有城市触媒元素评价权重分析

综合评分层	权重	评价因子层	分值选择	平均值	权重
城市景观B1	0.1281	景观风貌 视觉景观	9/7/5/3/1	6	0.23
功能结构B2	0.1696	功能业态 结构框架		5	0.41
道路交通B3	0.1636	车行交通 慢行交通 静态交通		8	0.88
公共空间B4	0.2130	街道空间 广场空间		7	2.11
历史文化B5	0.1447	历史建筑 文化资源		8	1.25
建筑风貌B6	0.1415	建筑风格 建筑类型		5	1.8
总计	1				6.76

综上所述，根据现状解读等综合分析，历史文化将作为本项目规划设计的主要触媒元素，而老路交通、公共空间则作为现有元素的主要元素。

规划理念——不变岐文·安得其所

规划定位

① 旧城复兴，老安山文化精粹的新文化载体　② 立足岐江，香山文化延续和新旧城交互的新平台　③ 展望未来，驱动两岸触媒汇聚的魅力社区

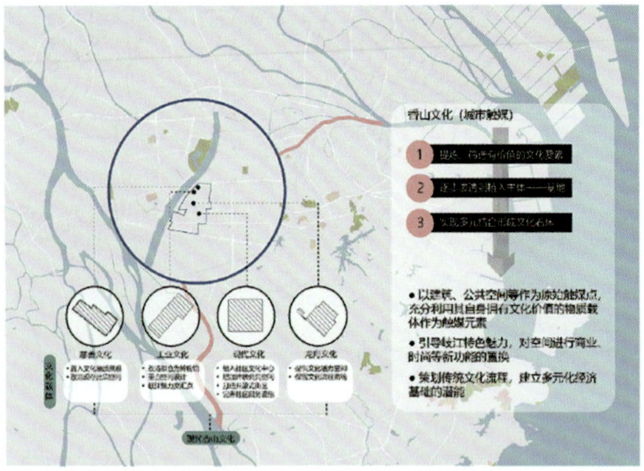

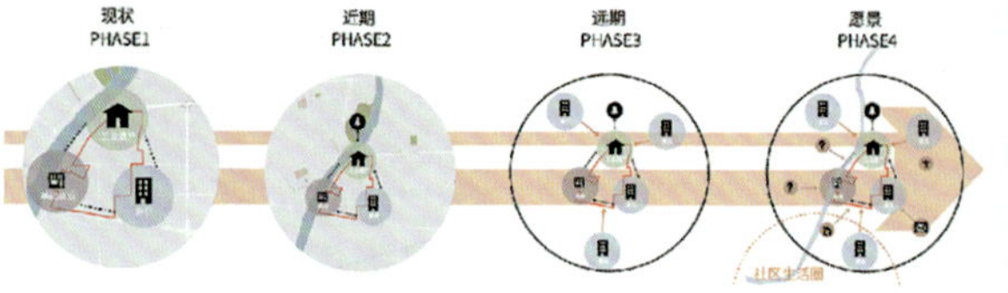

以点串线，逐步联动开发：
（1）基地片区内部触媒缺乏联系，处于“失活”状态。
（2）激活触媒，联系岐江，活化社区。
（3）更多触媒汇聚，激活片区空间。
（4）增加新的功能配置，形成汇聚触媒的魅力社区。

触媒元素应用

通过触媒元素与新触媒元素交互结合，重塑新的触媒空间，激活触媒空间。

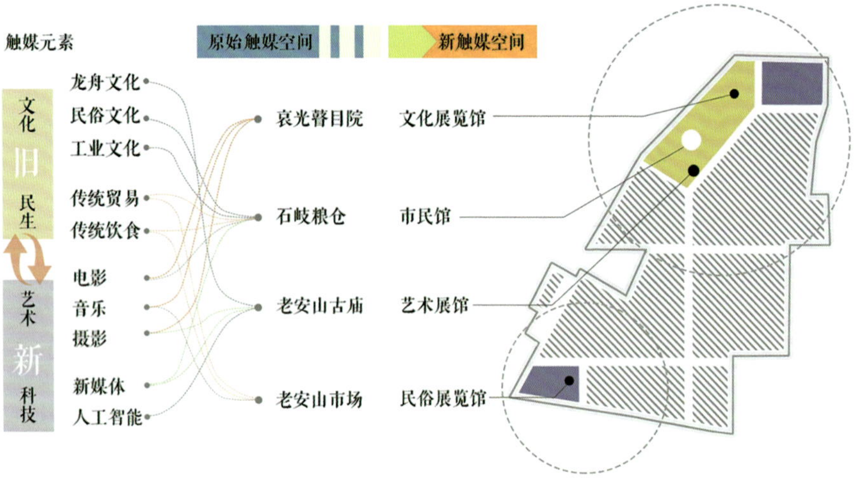

设计原则

原则一：局部更新、整体开发原则

老安山片区存在大片的旧村建筑，同时北部区域围绕着一些历史文化保护单位，这些相关元素都制约了地区的城市功能发展，因此在整体开发改造过程中，理顺整建改留的区域，采取可落实的行动规划。

原则二：以人为本原则

根据整体老安山片区的上层次定位，以居住为主的功能片区，应当把“人”的需求放置在考虑的重要方面，形成舒适、便捷、安全、顺畅的交通系统，创造宜人的生活氛围及尺度空间。

原则三：激发活力原则

片区中存在石岐粮仓遗址建筑、老安山古庙建筑以及哀光瞽目院的遗址建筑，防止片面追求经济发展的目标，积极发展艺术、文化、商贸等服务业，增强发展活力，促进片区复兴，推动旧城发展。

原则四：保护地方文化特色原则

要尊重历史建筑，对无保留价值、建筑质量差、影响老城区“封麦”的区域进行整建改造；而对地区存在一定历史意义的建筑，考虑修复保护，植入功能，使得整体空间与保护元素相协调。

规划结构

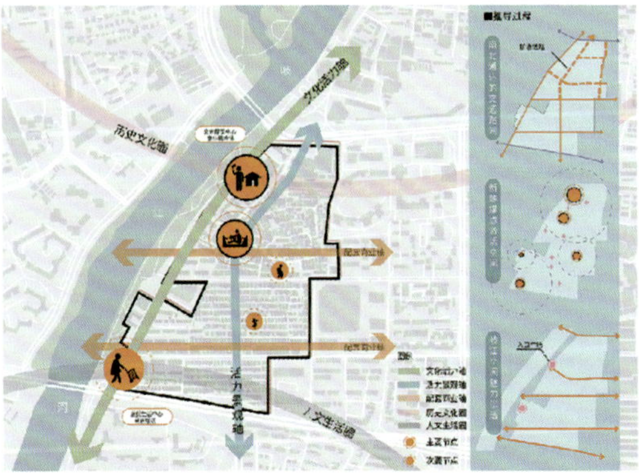

功能分区

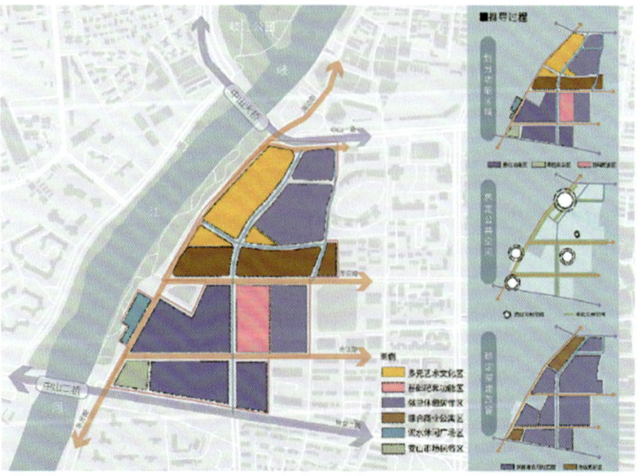

道路规划

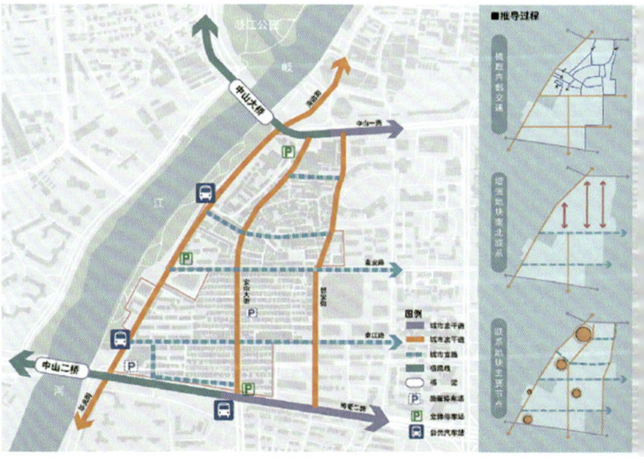

土地利用现状图

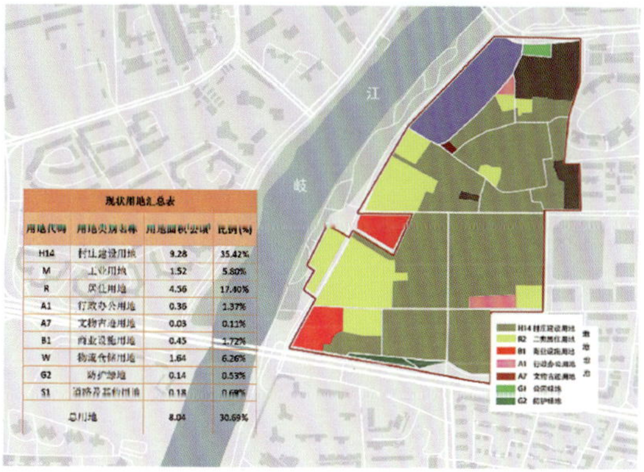

现状用地汇总表			
用地代码	用地类别名称	用地面积(公顷)	比例(%)
H14	村庄建设用地	9.28	35.42%
M	工业用地	1.52	5.80%
R	居住用地	4.56	17.40%
A1	行政办公用地	0.36	1.37%
A7	文物古迹用地	0.03	0.11%
B1	商业设施用地	0.45	1.72%
W	物流仓储用地	1.64	6.26%
G2	防护绿地	0.14	0.53%
S1	道路及其附属用地	0.18	[illegible]
总用地		8.04	30.69%

土地利用规划图

用地代码			类别名称	用地面积(hm²)	占规划用地面积比例(%)
一级	二级	三级			
R	R2		二类居住用地	13.46	[illegible]
		R22	服务设施用地	0.64	2.44%
A	A2		文化设施用地	2.84	[illegible]
	A3		[illegible]	1.67	[illegible]
	A7		[illegible]	0.43	1.64%
B	B1		[illegible]	0.67	[illegible]
G	G1		[illegible]	0.63	2.40%
	G2		防护绿地	[illegible]	[illegible]
S	S1		城市道路用地	[illegible]	[illegible]
[illegible]				26.2	100.00%

地块	最大容积率	建筑密度(%)	建筑限高	绿地率(%)
R2	3.5	30	90	30
A2	1.2	20	[illegible]	40
A3	1.2	18	40	40
A7				
B1	[illegible]	[illegible]	[illegible]	[illegible]
G1	-	-	-	-
G2				

开发容量控制

总平面图

经济技术指标			
项目		数值	单位
基地总面积		26.2	公顷
居住人口		1.5	万人
就业人口		-	万人
总建筑面积		663204	平方米
其中	居住建筑面积	509820	平方米
	商业建筑面积	93882	平方米
	配套公建建筑面积	59502	平方米
其中公服配套	市民馆	10000	平方米
	历史保护建筑	1132	平方米
	粮仓多功能展厅	20000	平方米
	小学建	16000	平方米
	幼儿园	4000	平方米
	市场	3500	平方米
	社区卫生院	1500	平方米
	垃圾收集点	90	平方米
	物业管理	400	平方米
	公共厕所	80	平方米
	社区剧场	800	平方米
	健身场所	2000	平方米
	容积率	2.53	——

鸟瞰图

设计策略

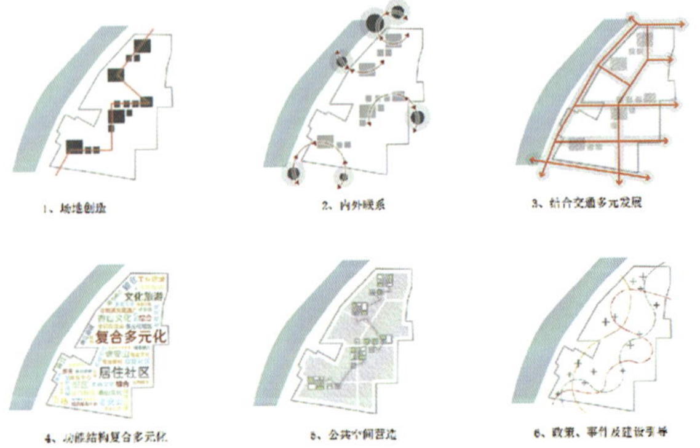

1. 场地创造——触媒点空间（公共空间）体系创造

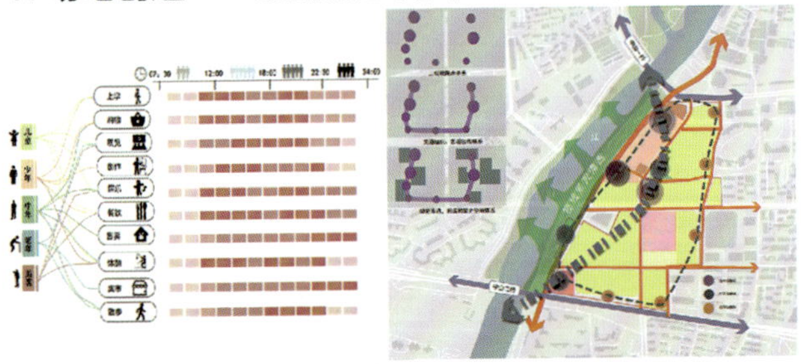

触媒点空间体系创造

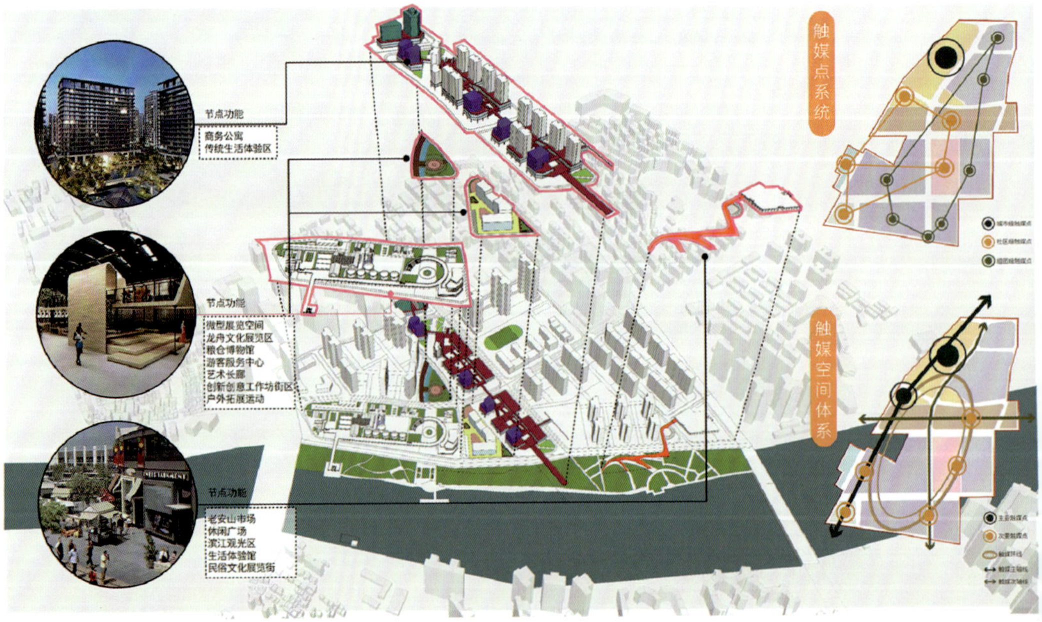

2. 内外联系——景观轴线体系创造

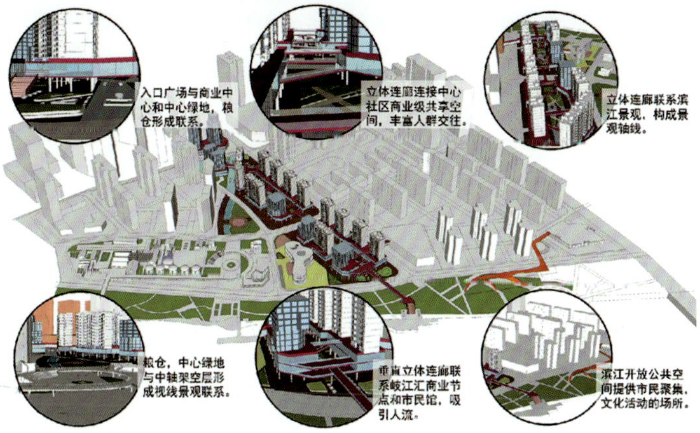

3. 结合交通多元发展——完善道路交通体系

绿道系统规划

人群流线规划

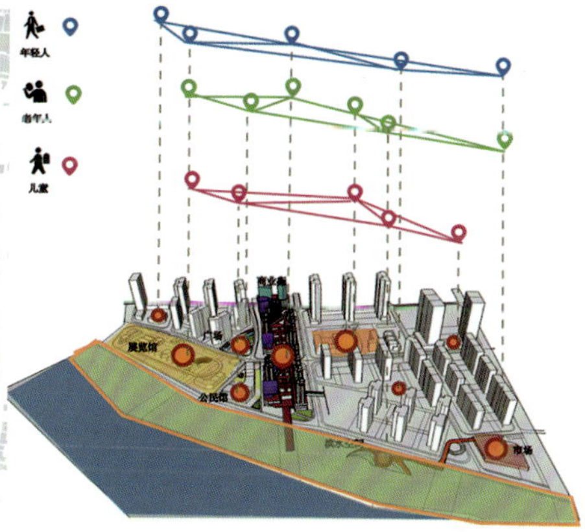

4. 功能结构复合多元化——产业体系创造

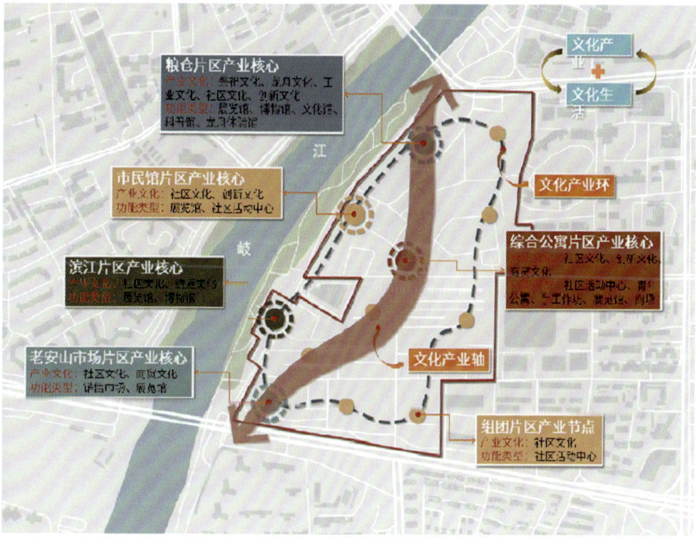

5. 公共空间营造——节点设计

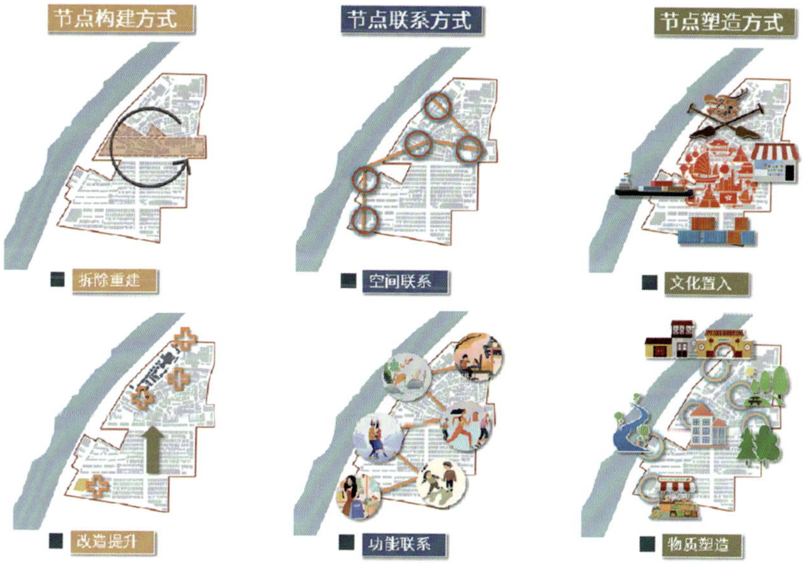

6. 政策、事件及建设引导

需求分析

	本地居民	外来务工者	游客
人群			
活动场所	路边 公服设施 绿地广场	院子 空地	街道 广场
活动类型	经营 沟通 玩耍	学习 沟通 工作	观景 休憩 购物
需求偏好			
空间诉求	社会交往 生活服务 文化交流	社会交往 生活服务 文化交流	社会交往 游客服务 文化交流

发展目标

激活现有触媒元素

- 挖掘场地已有文化价值潜力
- 文化活动的全新组织和策划
- 形成本地特有的文化活动环境
- 吸引外来人参与传承文化活动

+

植入新触媒元素

- 引入全新的文化活动产业
- 打造新的特色文化活动空间
- 提供更多的文化活动类型体验
- 吸引新的人群体验文化活动

↓

引发生成新触媒空间

↓

激发社区活力

文化活动组织

将居民的生活习俗和文化活动的路径结合起来，营造文化活动氛围

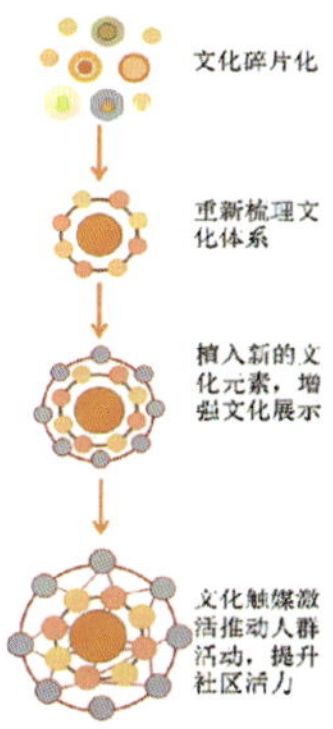

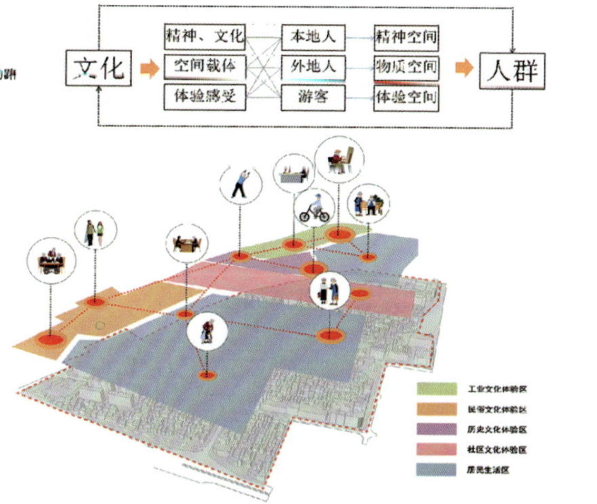

粮仓片区活动节点

引入触媒元素

龙舟文化（粮仓）、粮食文化、社区文化，重塑传统文化活动的同时，结合现代活动，打造多元体验于一体的文化片区。

触媒元素 ➡ 植入功能 ＋ 居民日常生活需要 ➡ 激发片区活力

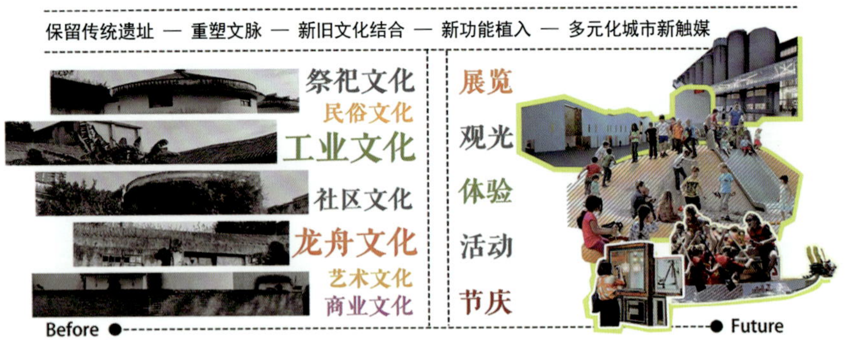

设计构思

引入触媒元素——龙舟文化，结合日常需求形成新的功能场地。

日常活动

结合日常活动需要以及规划功能、节点功能，营造为社区服务的休闲生活场所。

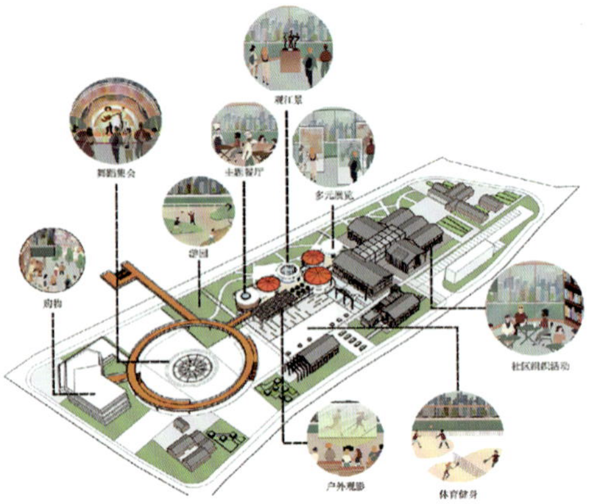

总平面图

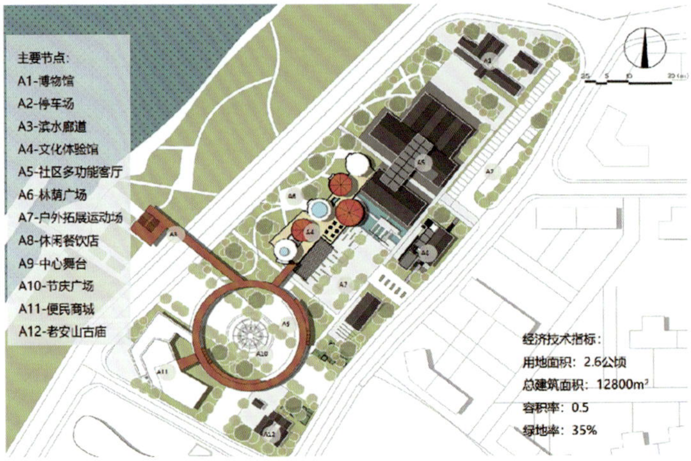

节庆活动

结合节日活动需要以及规划功能、节点功能，营造不同的活动场所。

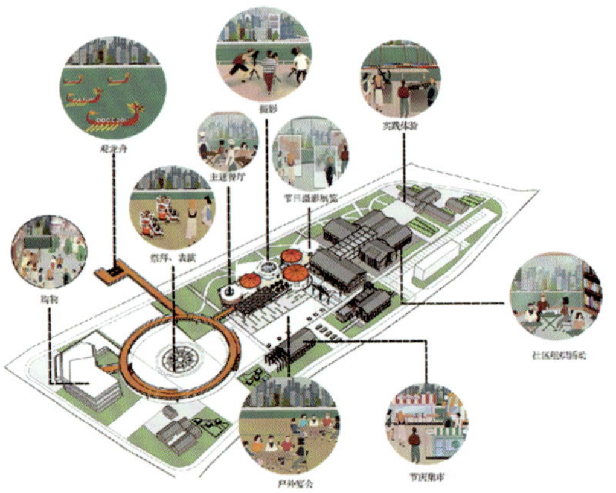

总平面图

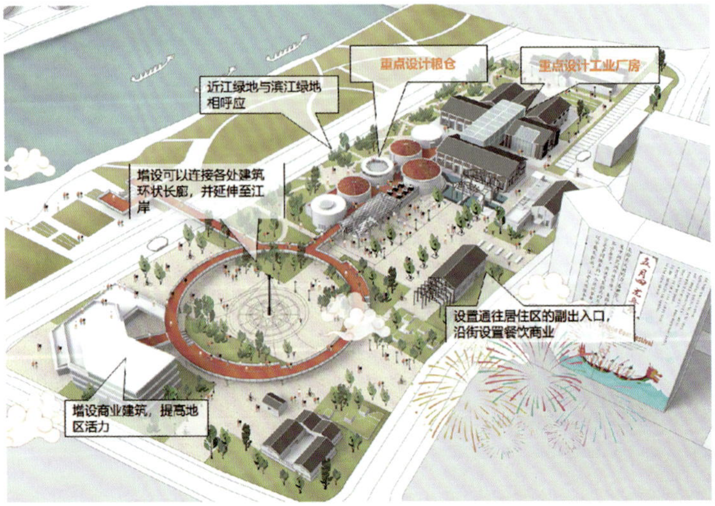

粮仓片区活动节点

粮仓片区重点设计——粮仓建筑

总平面图

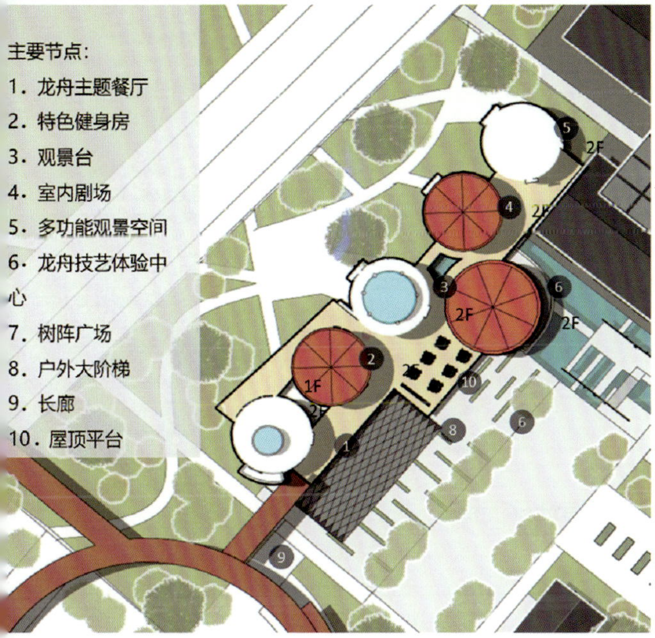

树阵广场及户外大阶梯

屋顶平台观景角度

长廊观景角度

建筑轴侧分析

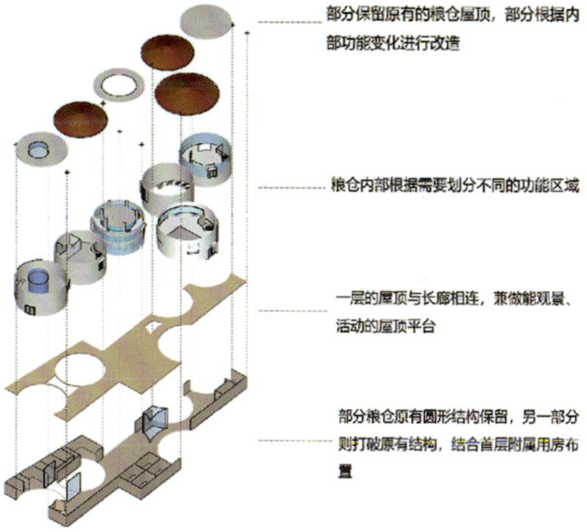

室内孔径效果

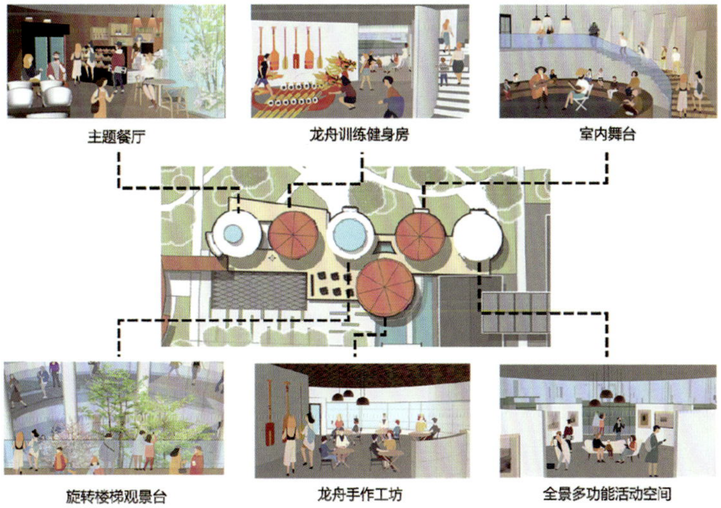

粮仓平面图

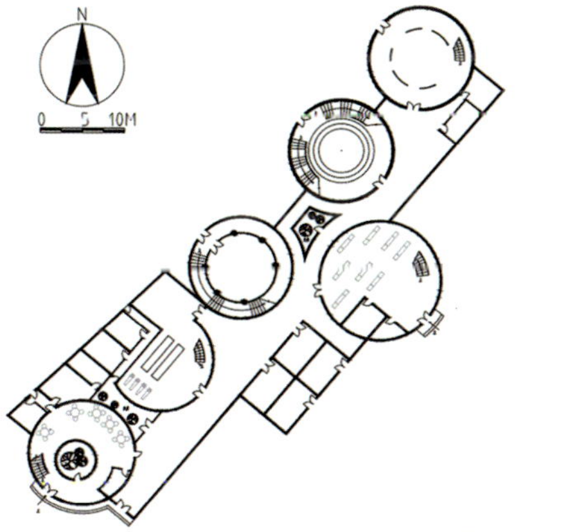

首层平面图

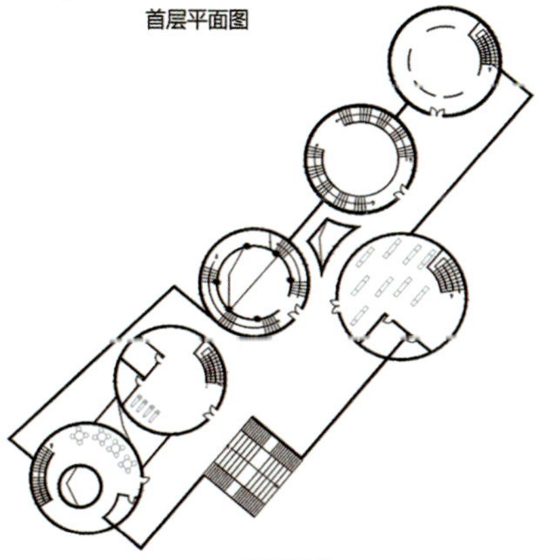
二层平面图

立面效果

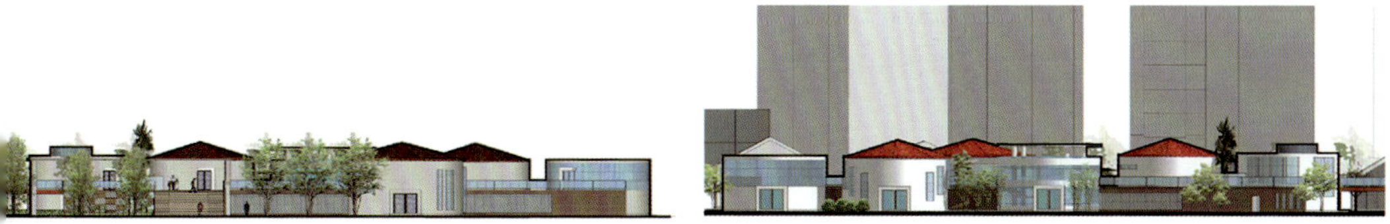

粮仓片区活动节点

粮仓片区重点设计——厂房建筑

总平面图

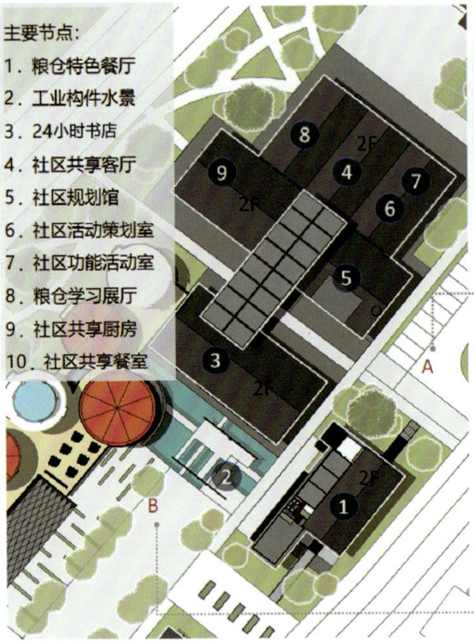

A —入口广场

B —户外景观场地

建筑轴侧分析

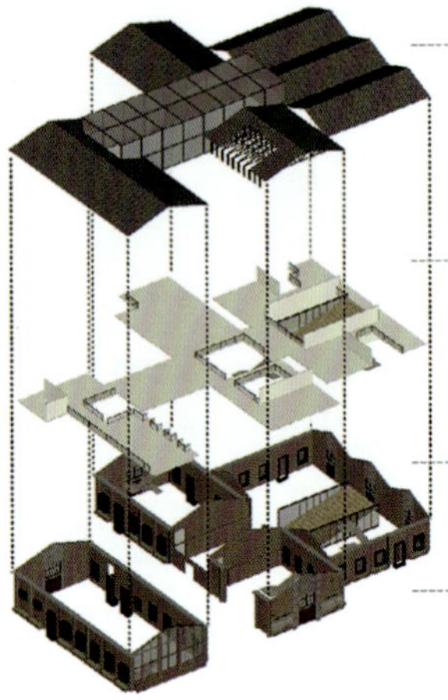

粮仓平面图

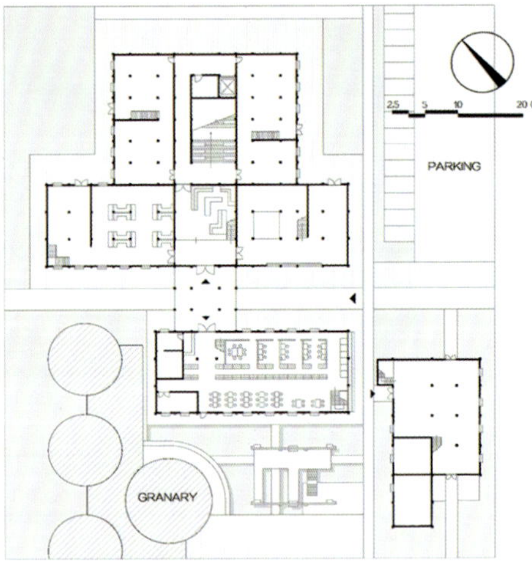

首层平面图

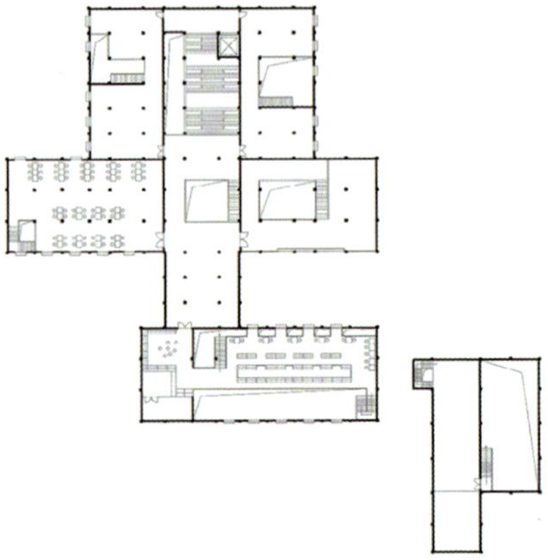

二层平面图

室内孔径效果

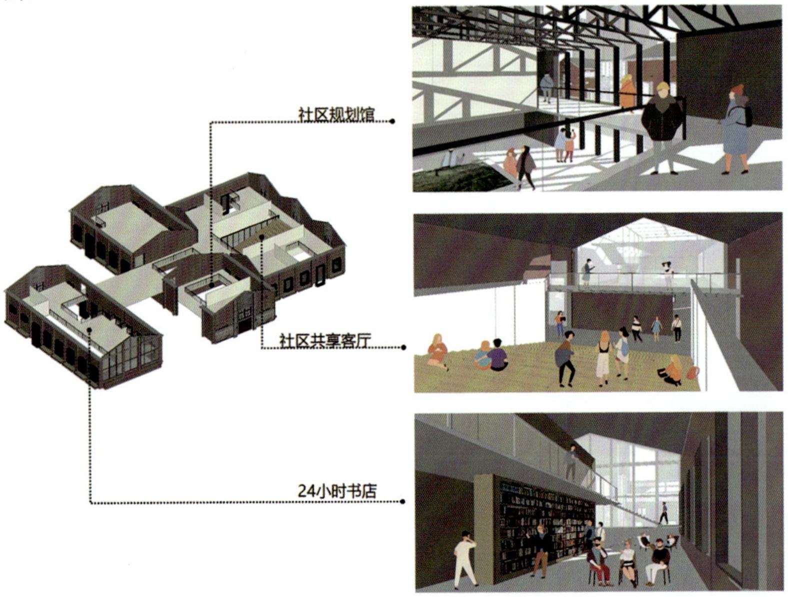

立面效果

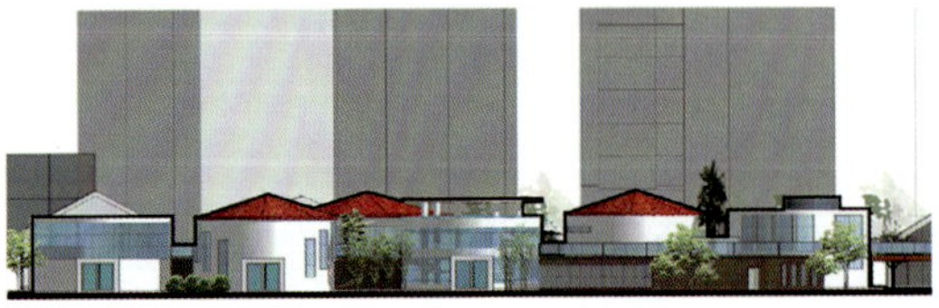

市民馆及中心广场

设计构思

地块作为社区级触媒，设计公共建筑触媒和公共空间触媒，结合多元活动，打造功能复合空间，贯通节点流线，美化环境，提升地区活力。

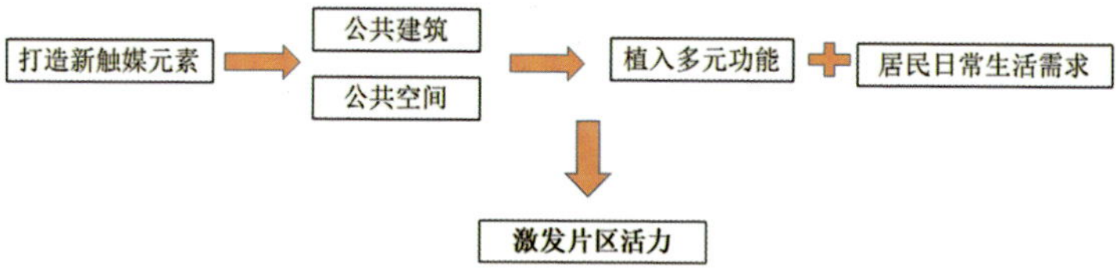

聚会娱乐

文化交流

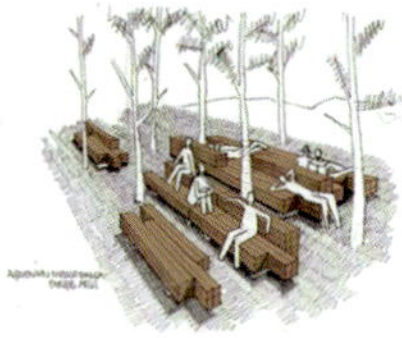
休憩思考

运动健身

功能策划

室外：有儿童活动场地和全民健身设施，方便男女老幼使用，主入口有花坛和喷泉，场地有足够的空间，可以举办小型活动，另有停车场。

总平面图

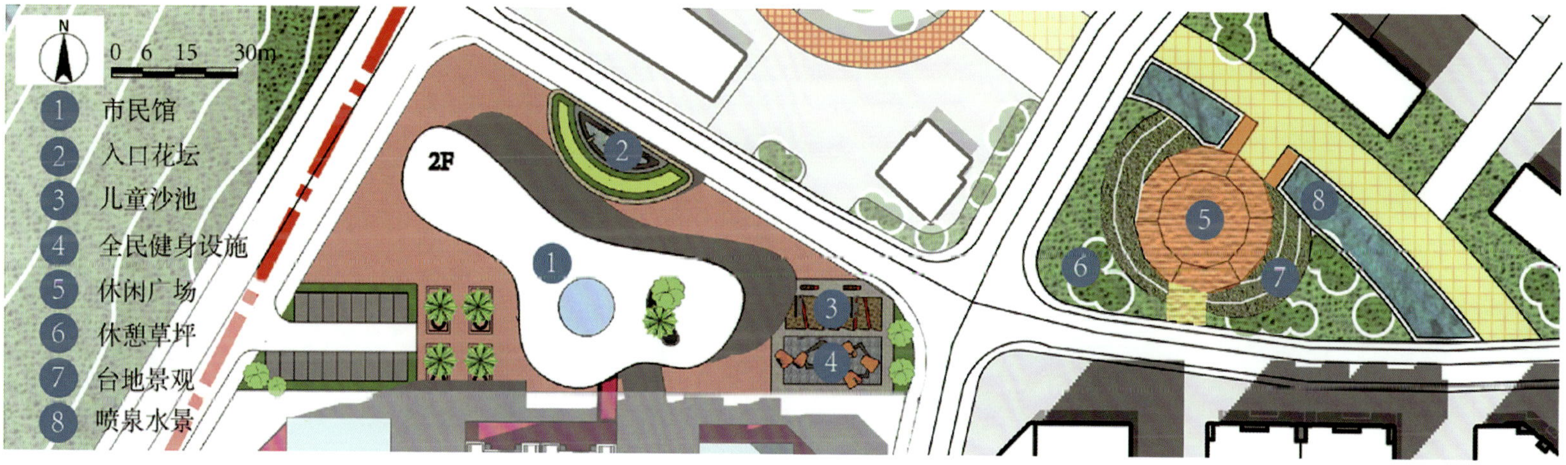

周边关系分析

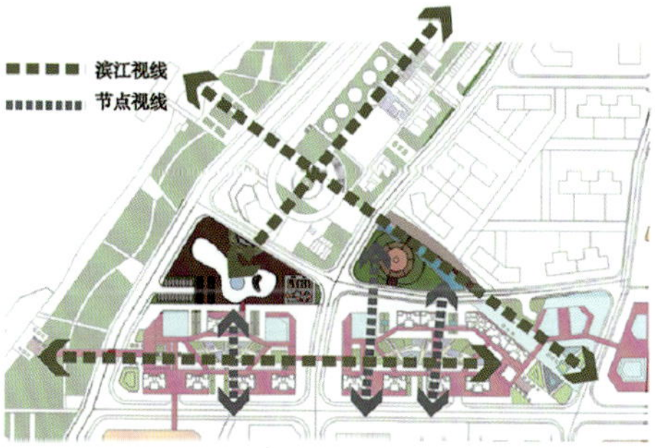

中心广场延续中轴公寓至粮仓滨江的流线，并利用喷泉水景加强轴线，增设台地景观富有趣味性，市民馆地块主入口与粮仓流线相接，流线型的建筑外形富有动感。

安山大街是道路红线为15m的次干道，建筑后退红线5m，贯通地块南北，串联主要节点。市民馆和粮仓间的道路为道路红线10m的支路，人行道1.5m。

人行和车行流线都畅通便利，车行流线主要沿着外围和中心十字型，市民馆和公寓地块均有停车场。

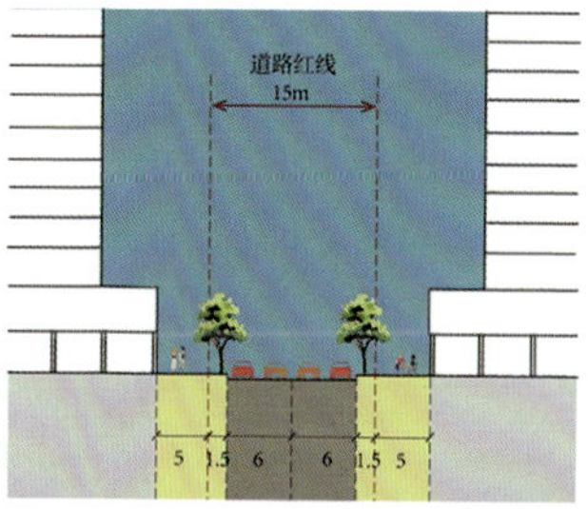

1-1道路剖面图

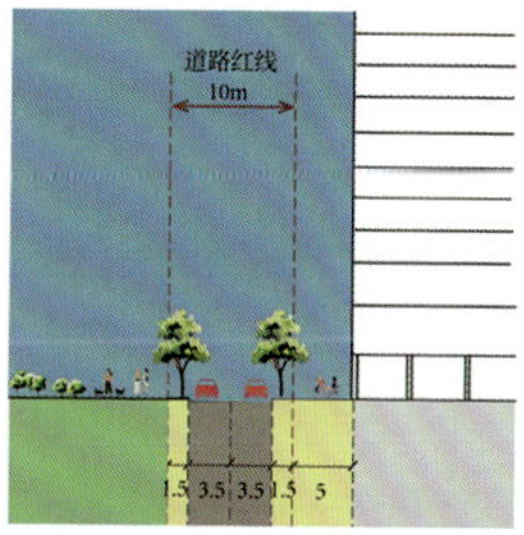

2-2道路剖面图

市民馆及中心广场

建筑功能分析

室内：市民馆一层主要为展览厅和社区综合服务大厅，市民馆二层功能丰富，包括画廊、阅览室、活动室、会议室、心理咨询室等，并且中轴的公寓有廊道直接延伸到市民馆二层，方便为居民服务。

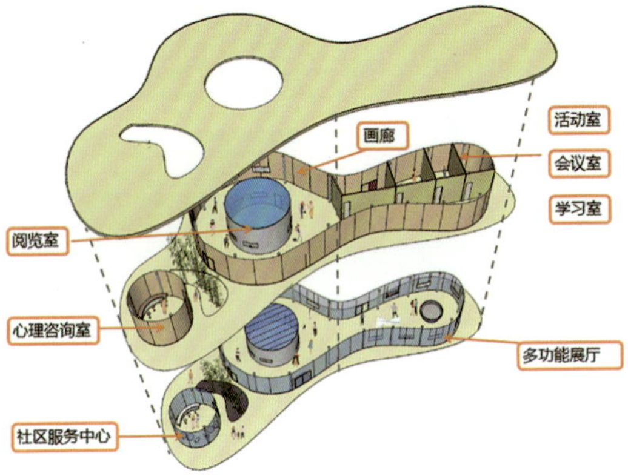

植物配置

中心活力街区

中心活力街区触媒点分析

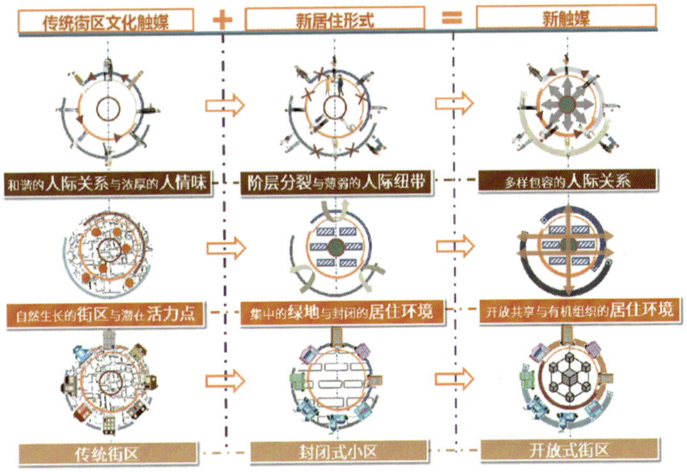

方案推导过程

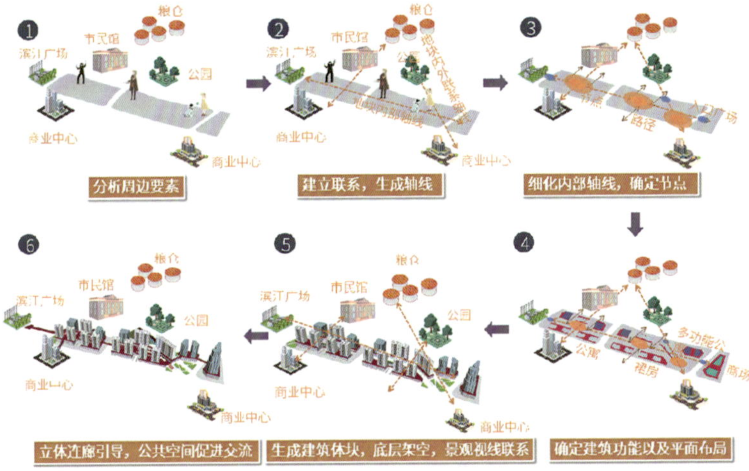

住宅户型选型

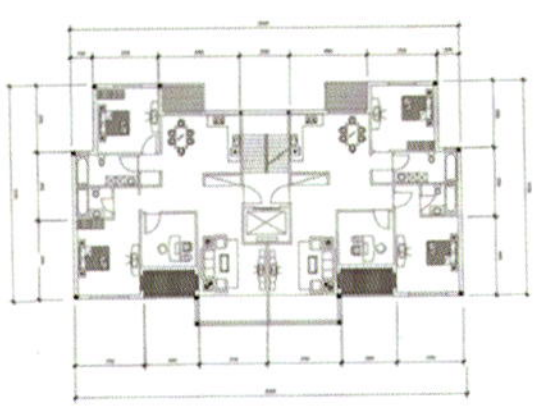

户型1标准层平面图1:100

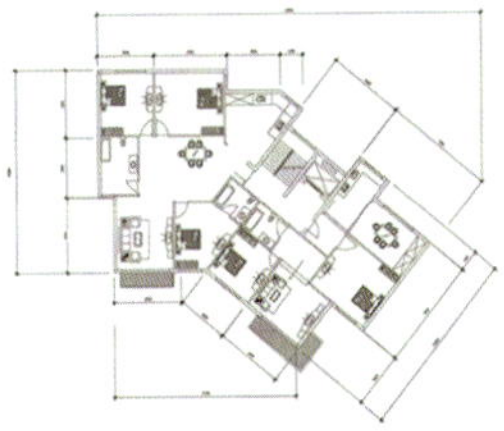

户型2标准层平面图1:100

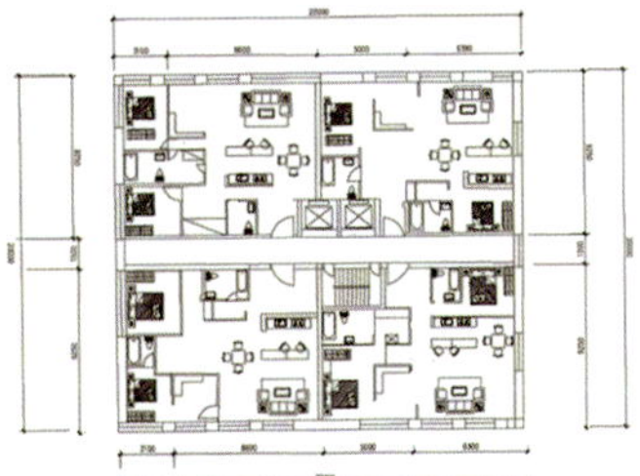

公寓标准层平面图1:100

户型1

户型具体指标	
住宅类型	普通住宅
住宅类型	一梯两户
住宅总面积	212㎡
A户型套内面积	106㎡
B户型套内面积	106㎡
公摊面积	23㎡
实际使用率	81%

户型2

户型具体指标	
住宅类型	普通住宅
住宅类型	一梯两户
住宅总面积	212㎡
A户型套内面积	106㎡
B户型套内面积	106㎡
公摊面积	23㎡
实际使用率	81%

公寓

户型具体指标	
住宅类型	普通住宅
住宅类型	一梯两户
住宅总面积	212㎡
A户型套内面积	106㎡
B户型套内面积	106㎡
公摊面积	23㎡
实际使用率	81%

中心活力街区

总平面图

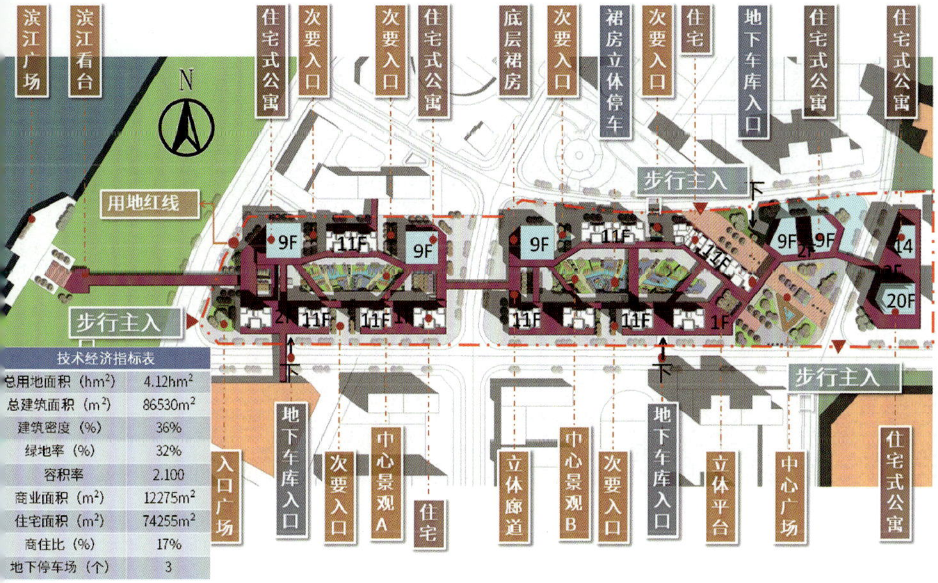

技术经济指标表

总用地面积（hm²）	4.12hm²
总建筑面积（m²）	86530m²
建筑密度（%）	36%
绿地率（%）	32%
容积率	2.100
商业面积（m²）	12275m²
住宅面积（m²）	74255m²
商住比（%）	17%
地下停车场（个）	3

模型功能拆解

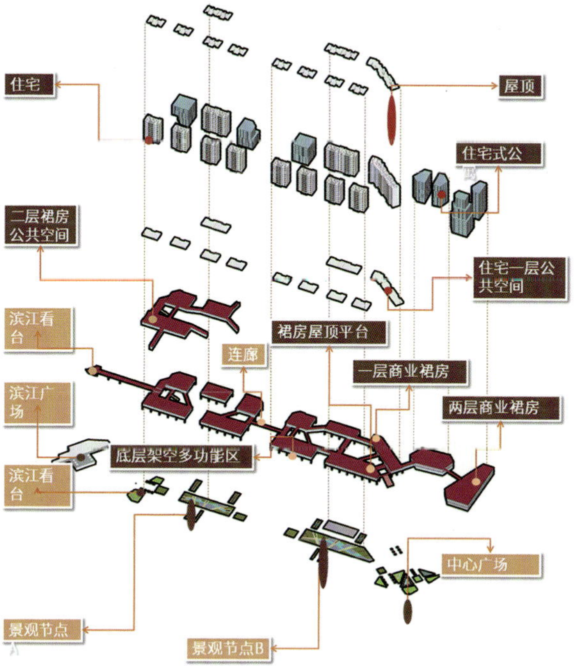

平面结构分析图

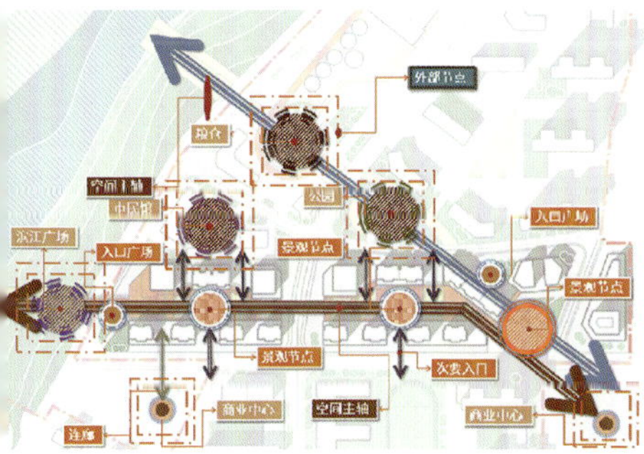

广场平面详图

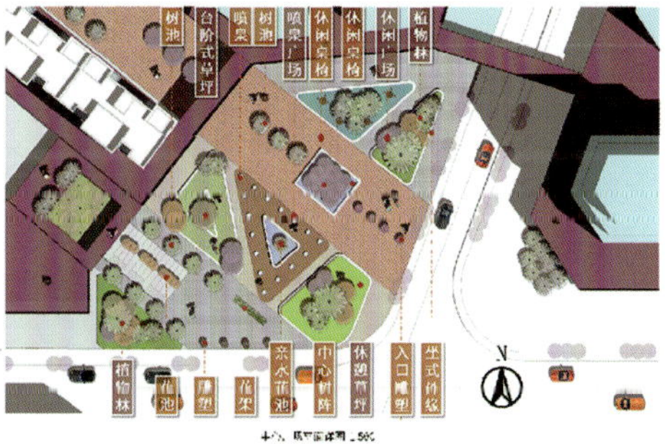

交通流线分析

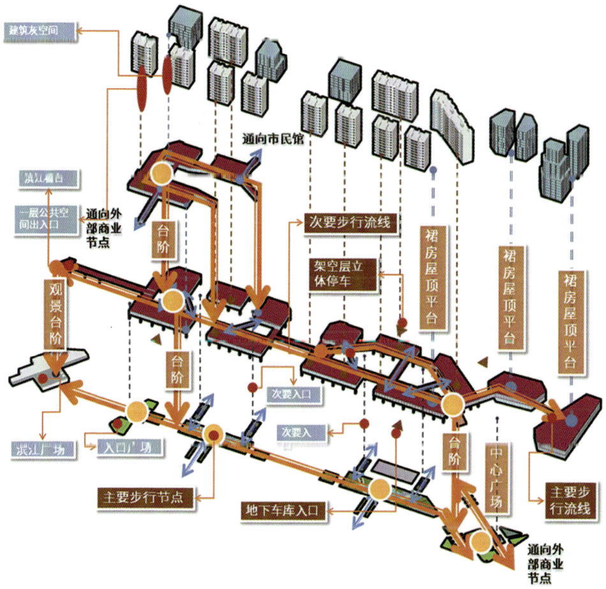

中心景观A平面详图

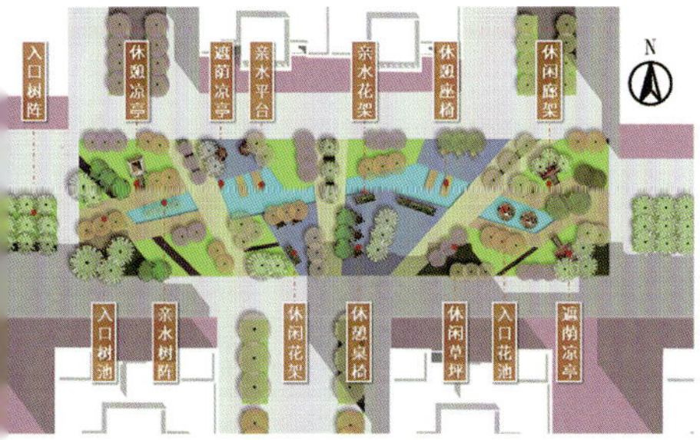

中心景观B平面详图

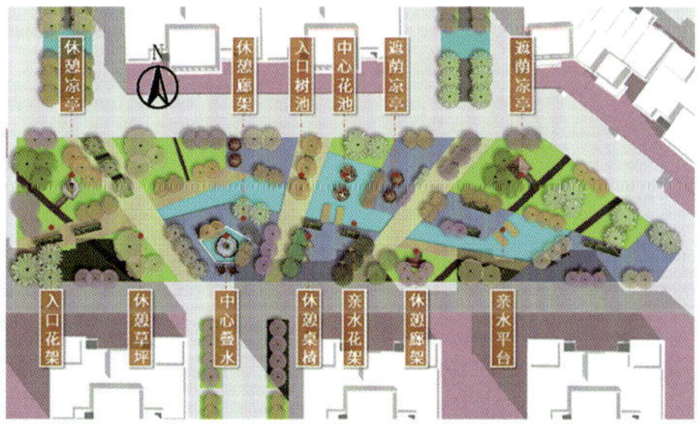

剖面图

中心活力街区

建筑功能拆解

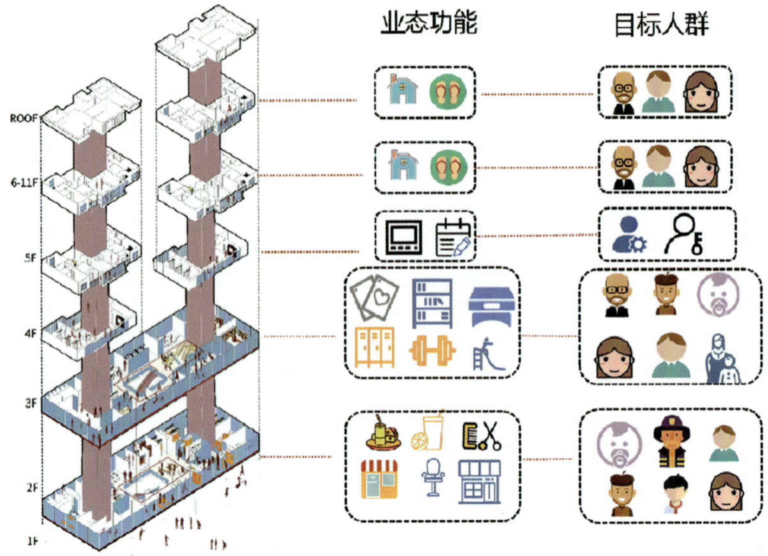

架工层功能分区

中心活力街区鸟瞰图

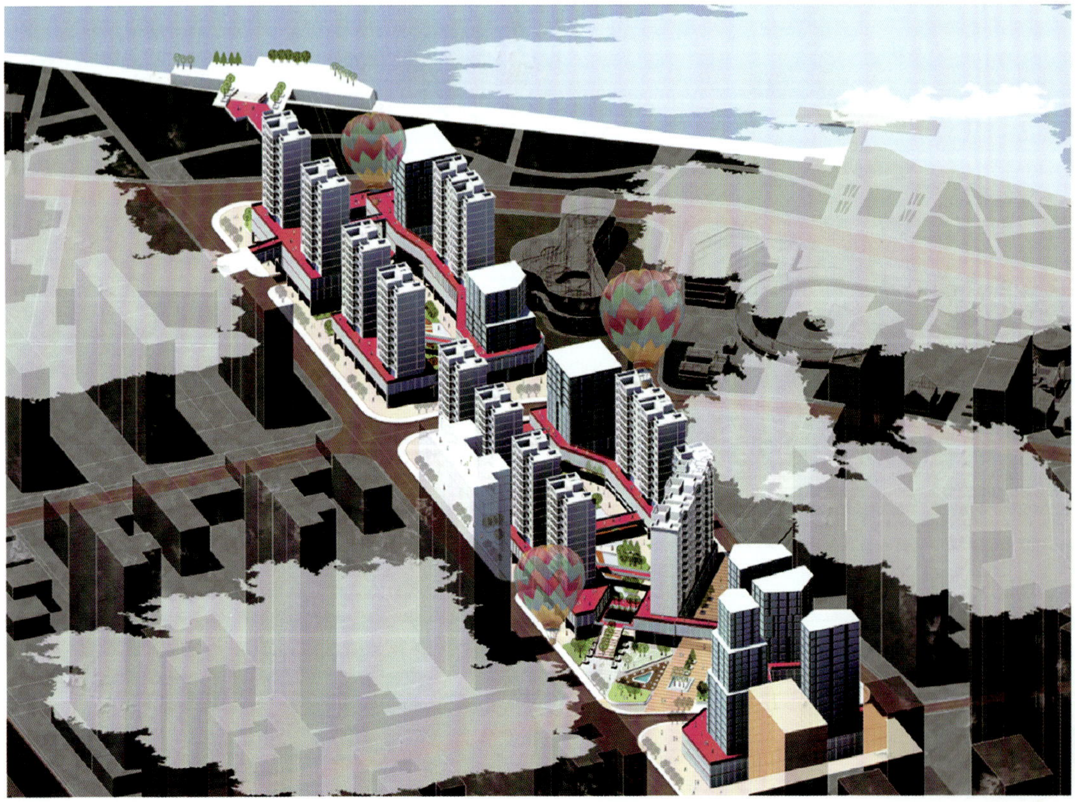

连廊空间效果图

滨江看台效果图

老安山市场

总平面图

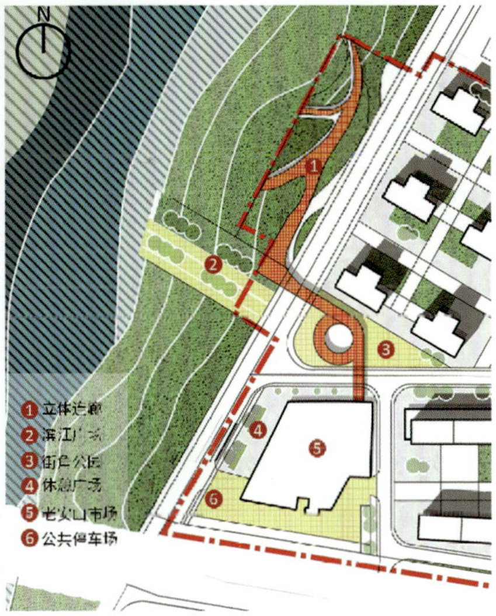

设计策略

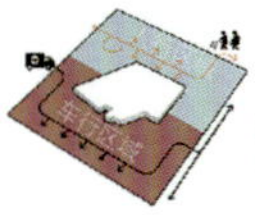
1. 环通场地四周道路，人车分流

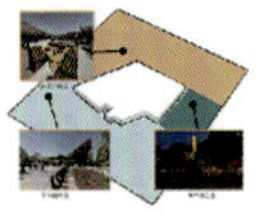
2. 完善配套服务，设立休闲广场

3. 简约立面，增强标识性

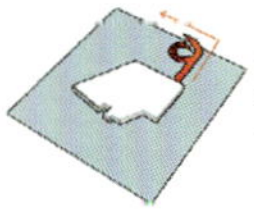
4. 串联滨江廊道，联系岐江

交通流线分析

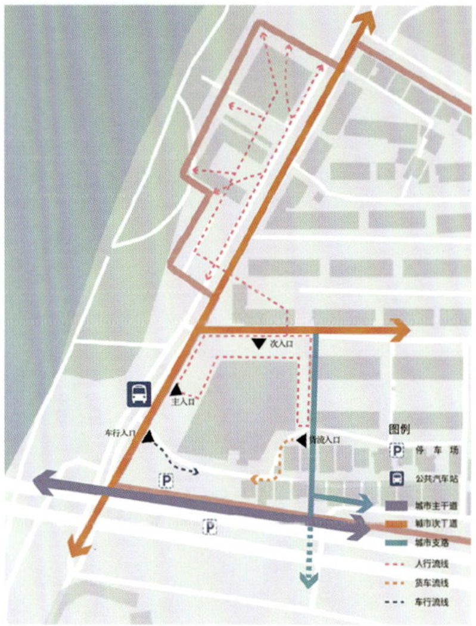

景观结构分析

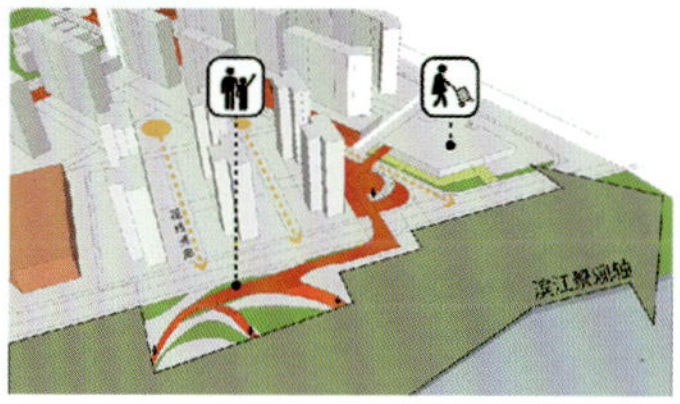

人车分流+联系滨江连廊

人行流线与廊道相连，通过市场二楼可直达滨江区域。滨江区域连廊兼具看台功能，可供周边居民游憩、观景等。

市场立面及广场设计

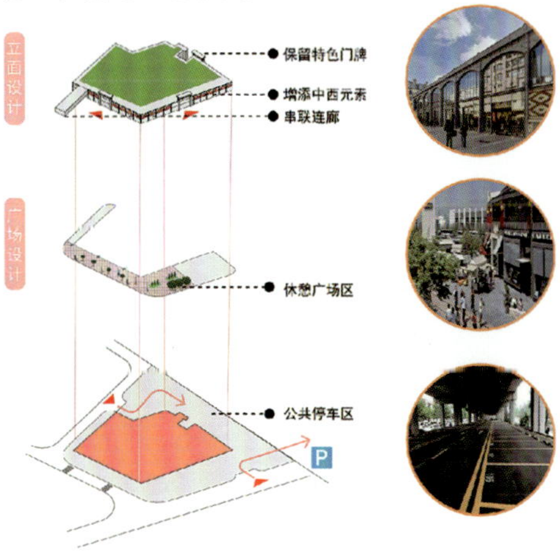

市场平面改造指引

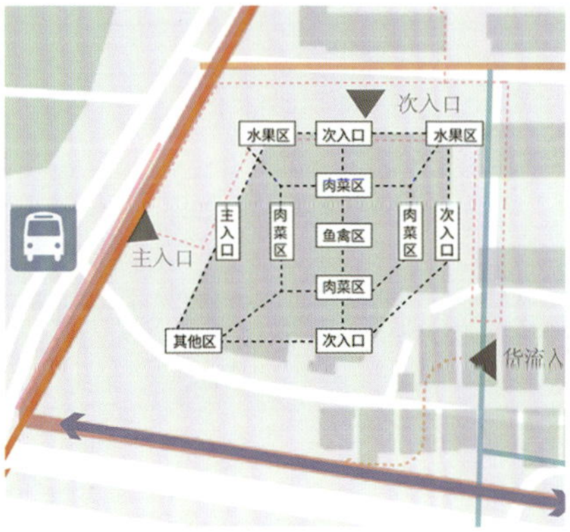

屋顶菜园种植箱设计

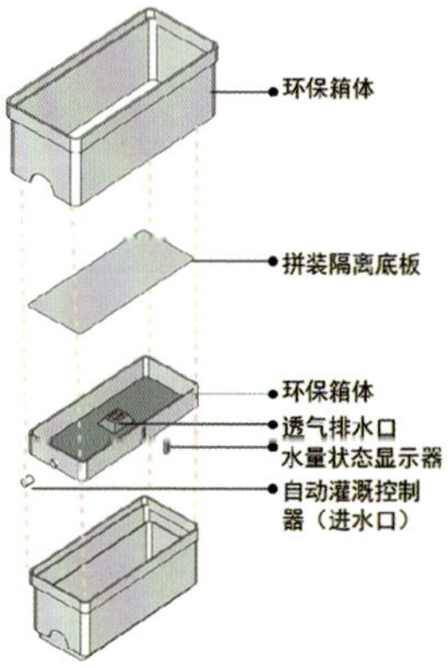

屋顶菜园建立流程

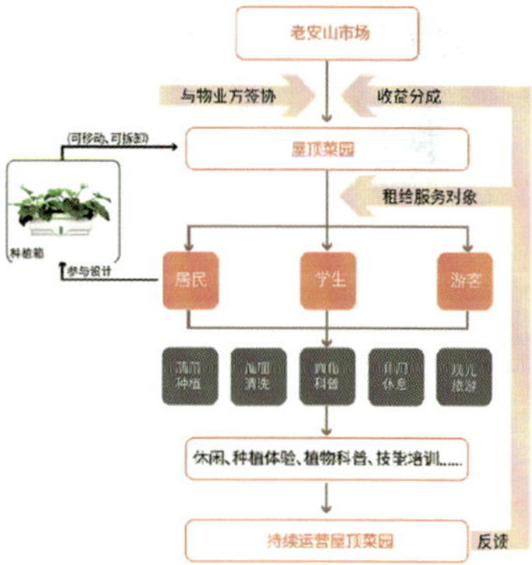

屋顶菜园设计

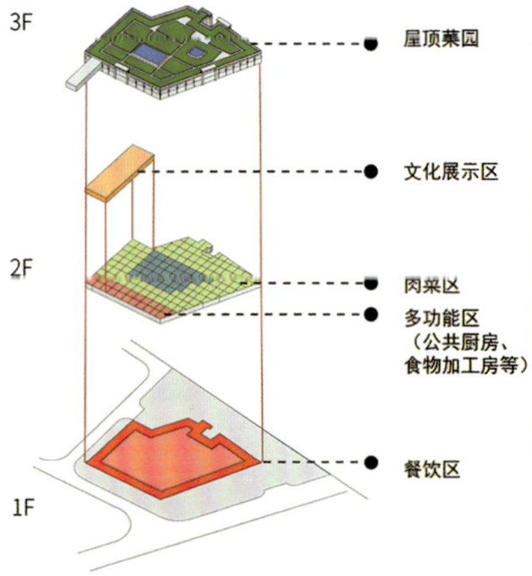

屋顶菜园平面图

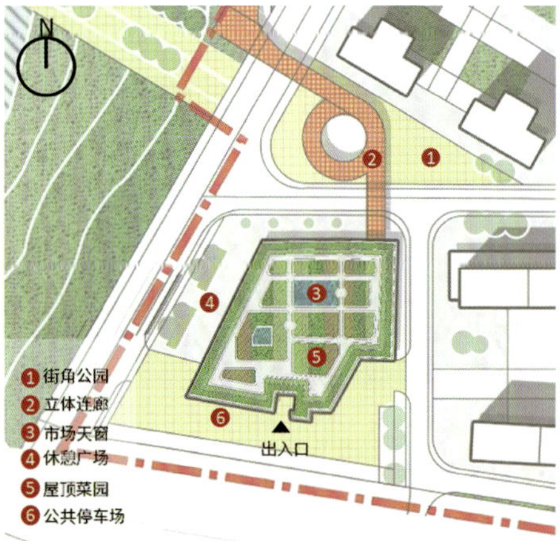

鸟瞰图

广州大学

Guangzhou University

—五谷丰登队—

2020

骆春运

王仲钊

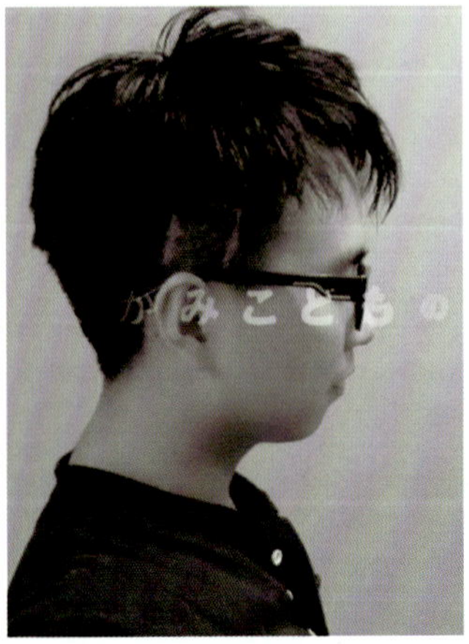

巫文迪

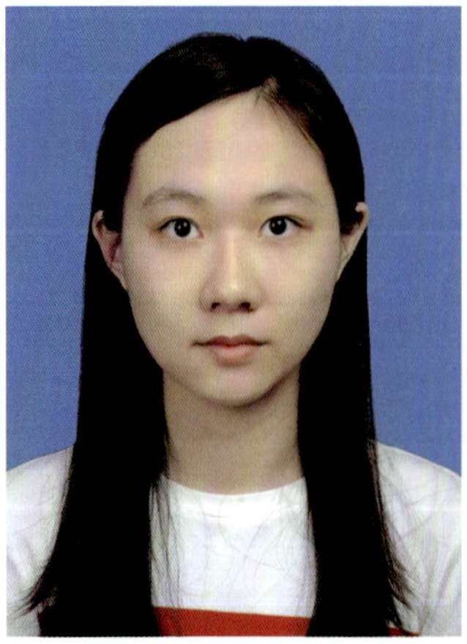

张倩宁

黎杰华

骆春运 联合毕业设计的这三个多月是令我刻骨铭心的三个月。一方面作为组长需要时刻把握小组进度，我们小组常常因设计理念落实不到位而进度远远落后，导致长时间处于压力很大的状态；另一方面不甘心于在学习生涯最后一个设计作业中做一个平凡的设计而常常思考如何做出出彩的设计，但最终也算是顺利完成了毕业设计。这次毕业设计让我收获了很多宝贵的经验，尤其是在协调小组合作交流方面，相信这会成为我步入社会以后一段宝贵的经验。

巫文迪 春去夏至，联合毕业设计转眼已经结束。在刚开始接受到命题的时候，我是既紧张而又兴奋的，紧张是因为可以去到昆明，认识各校优秀学生，兴奋是因为能学习到新知识。但疫情来到，我们都只能窝在家里完成毕业设计，虽遗憾但仍受益颇多。在紧张的毕设过程中，和不熟悉的团队慢慢磨合，一起头脑风暴，慢慢地也开始觉得团队合作是一件不错的事情。虽然随着时间的推移，大家开始有些疲态，但最终我们还是顺利地完成了本次毕业设计。我们最后匆匆离别，各自走向远方，彼此满怀真心的祝福，来日方长，后会有期！

王仲钊 这是一次宝贵的经历。一方面在总结了五年来的学习经验之后又学习到了很多宝贵的知识，相信对于临近毕业的时间节点来说，既是总结也是下一阶段迈进的起点；另一方面，通过这次学习认识到工作的顺利推进离不开团队的协作，十分感谢老师的指导，也很感谢小组各个成员的努力，让我们在这一次毕业设计中能够阶段性地、有条不紊地将工作整理清晰，最终完成这一次旧城更新城市设计。同时我也认识到了自己的不足，接下来的日子，也希望自己能够继续努力，不断进步。

黎杰华 三个多月的联合毕业设计一眨眼便结束了，其中不乏酸甜苦辣。从一开始的选题，到开题大会，再到中期汇报和终期答辩，每一次都收获满满。从其他学校的同学们以及专家老师们身上学习到很多新的知识，受益匪浅。由于疫情的原因，我们只能线上完成毕业设计工作，在没有现场调研和小组成员见面探讨的情况下，同学们都不减热情，老师们也极力帮助我们，最终相互协力完成了毕业设计。很荣幸能参加六校联合毕业设计，这一过程收获满满，为五年的学习画上了一个圆满的句号，期待下一个出发点。

张倩宁 感谢各位专家、老师这三个月来对我们的悉心指导，让我收获满满，学习了老城“三旧”改造，滨江规划、历史文化遗产保护和活化利用等。很开心能参加南粤杯六校联合毕业设计竞赛，与各个学校的同学们一起交流学习，开阔了我的眼界！大家都很优秀，三个月来我收获了很多，我在不断学习中认识到了自己的不足，我将带着这一段宝贵的经历，继续成长！再次感谢各位专家和指导老师的悉心指导，你们辛苦了！祝专家们、老师们万事顺意，同学们毕业快乐！

街头巷尾 ——广东省中山市老安山城市更新片区规划设计

作　　者：黎杰华　骆春运　王仲钊　巫文迪　张倩宁
指导教师：漆　平　骆尔提　李希琳
学　　校：广州大学

设计说明：本方案对老安山现状空间特征进行分析，提取出传统街巷空间特点，结合街区制理念进行规划设计。通过构建开放的街区空间，在街区内及周边布置社区公服设施，同时对街区内的道路进行混合利用，使街区成为老安山片区居民生活的核心以外还承担了缓解道路交通压力的功能。

区位分析

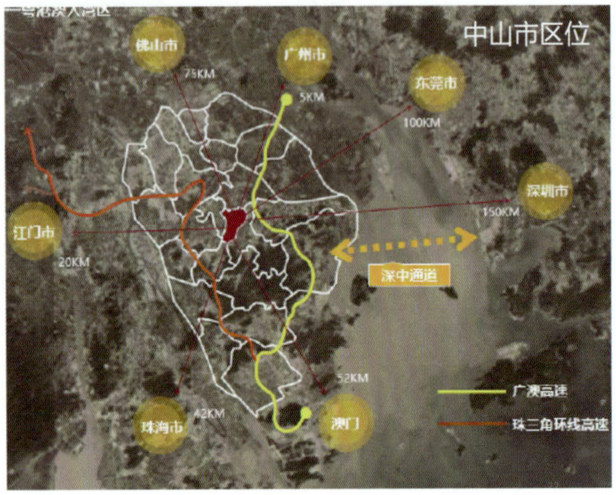

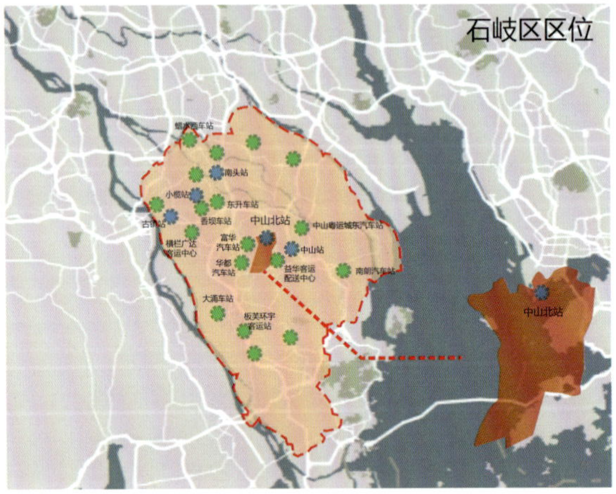

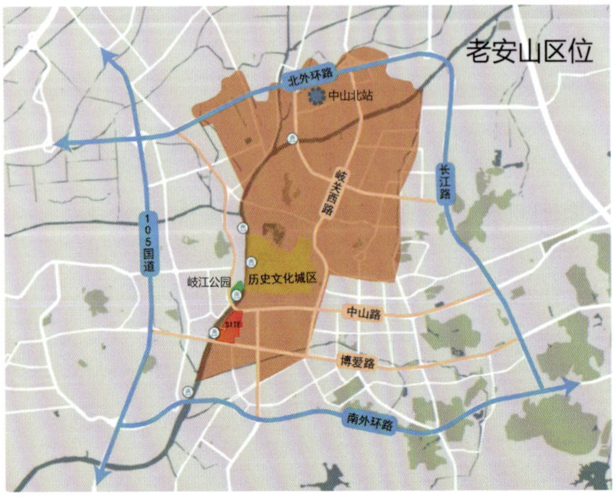

历史建筑

石岐老安古庙石岐老安古庙占地面积 345m²，东西长 22m，南北长 15m，高 1 层，砖木结构。老安古庙是石岐老安山村民祈福的寺庙。清代风格建筑，是村民的节日庆祝场地、延续传统工艺的场所。

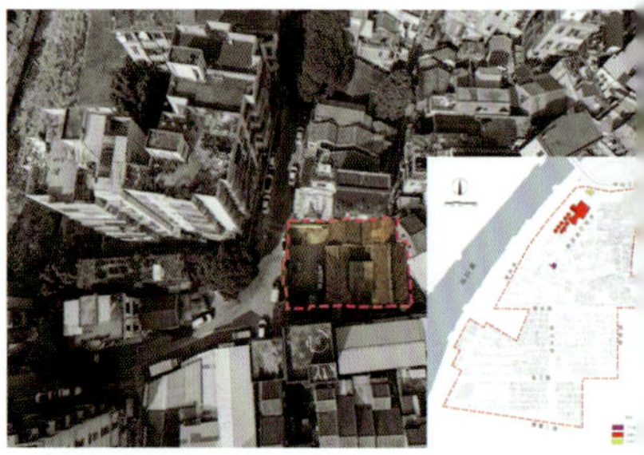

石岐粮仓占地 1 256m²，砖木结构，主体建筑为筒仓和厂房，筒仓直径 12.6~14.7m，高约 7m，厂房长 20m，宽 10m，高约 7m，现状荒置。粮仓是石岐唯一的粮食仓库，是工业时代的印记。

哀光瞽目院占地 218m²，长 20m，宽 13m，高 2 层，砖木结构，现状荒置。哀光瞽目院历史上是教授视力障碍人士的社会福利事业基地被植被包围，破坏建筑整体风貌。建筑荒置，建筑质量较差。

道路现状

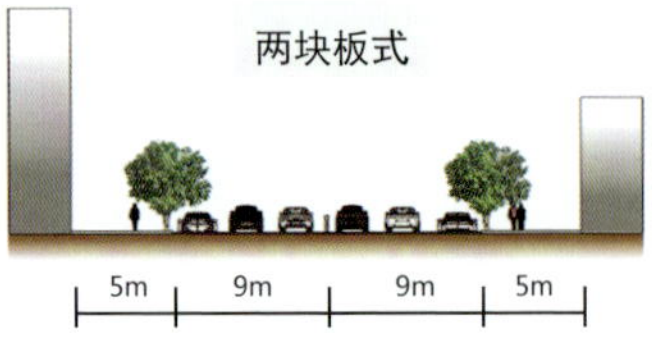

1—1道路断面图

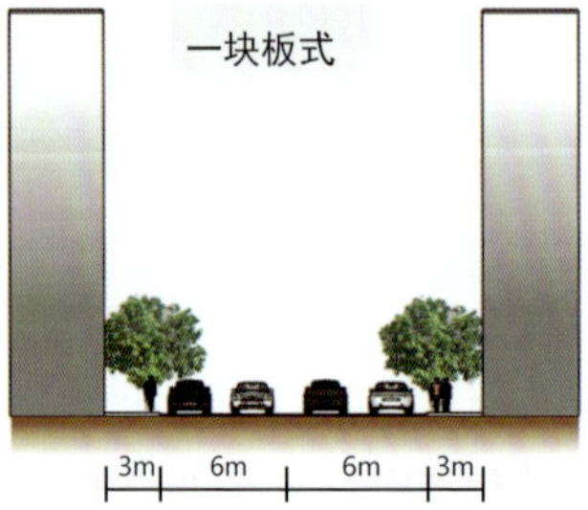

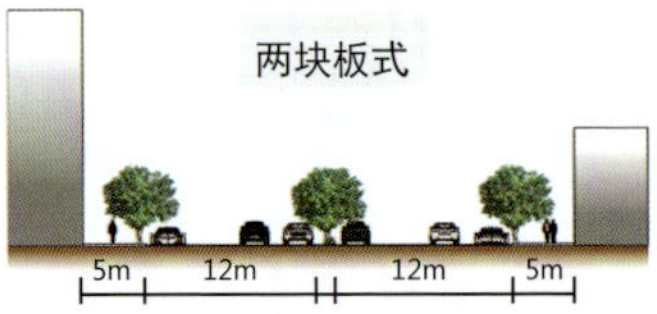

3—3道路横断面

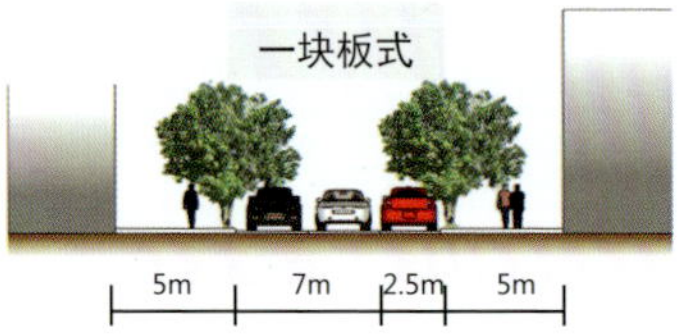

基础现状

用地现状

工服现状

建筑高度

征拆分析

建筑价值分析

结合现状选取历史、拆迁成本与收益、景观美学和生态保护价值四个评价的维度，10个评价因子，对建筑进行定性分析。

根据计算结果，分别将其价值评价分类为四个类别，分别是小于或等于1分、1-4、4-6、6-10，分数越高表示建筑它本身存在的价值越高，拆迁的成本效益低。

建筑保留建议

（1）对于土地开发强度比较高、建筑使用年限超过五十年的成片住宅建筑，建议保留。

（2）对于具有集体记忆、工业遗产价值的老安山粮仓，建议保留。

（3）对于规划用地西南角的安山市场，考虑其现状作为公服设施的效益，建议保留。

保留建筑方案

（1）通过计算项目成本一级预期收入，做出不同拆迁方案。

（2）补缴地规定标准确定，计算土地成本、开发成本、现状土地成本与项目收入等指标（基于毛利润率固定情况下不同拆迁量对比。

（3）在该拆迁情况下，项目毛容积率控制在2.5，居住用地平均容积率相对合理。

住宅与公共空间

开敞空间分析

典型地块A

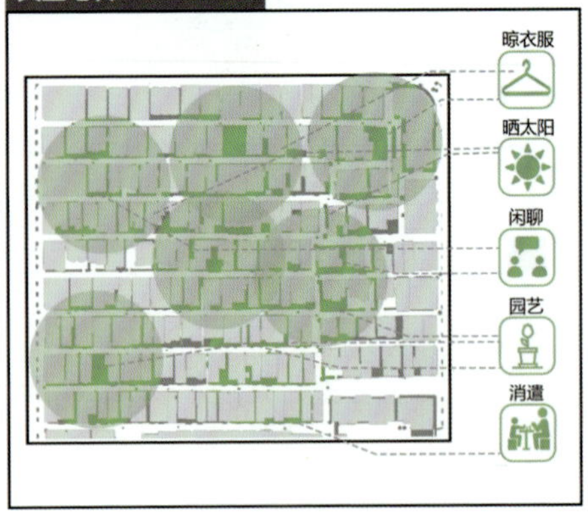

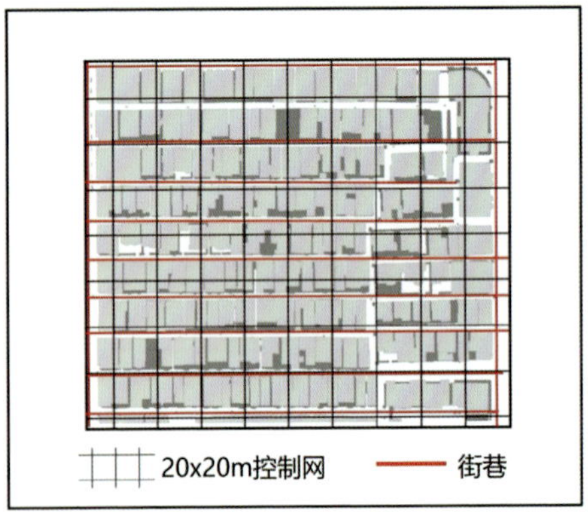

典型地块B

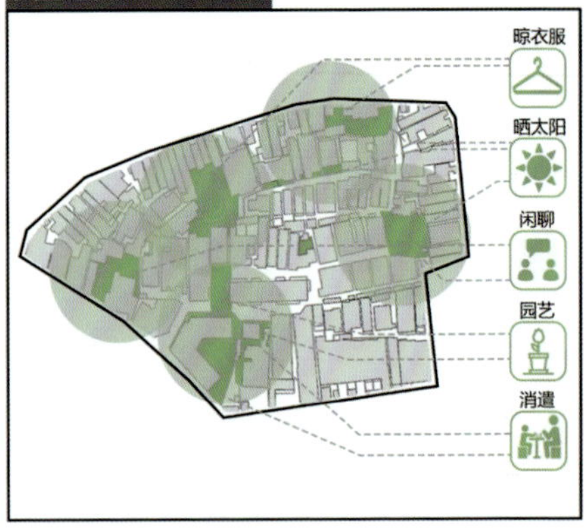

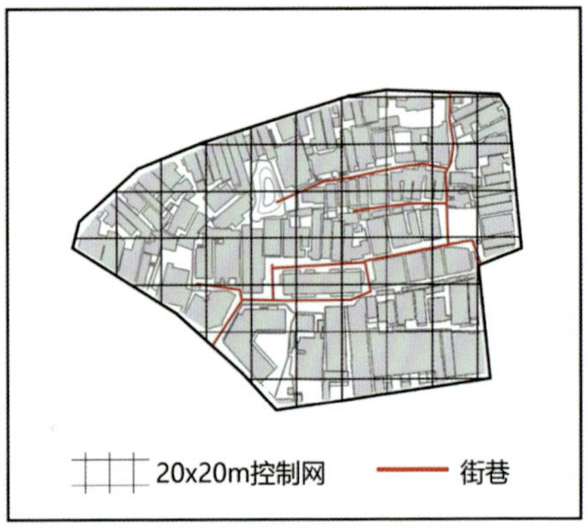

典型地块C

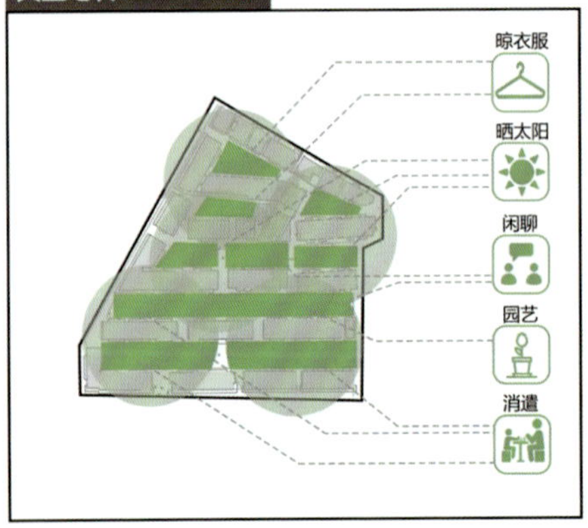

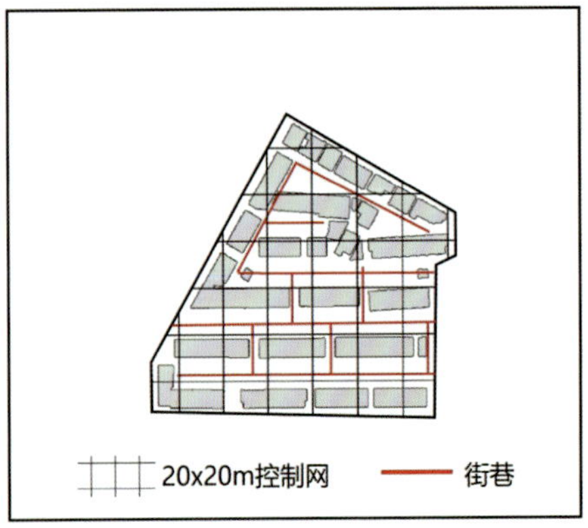

典型地块D

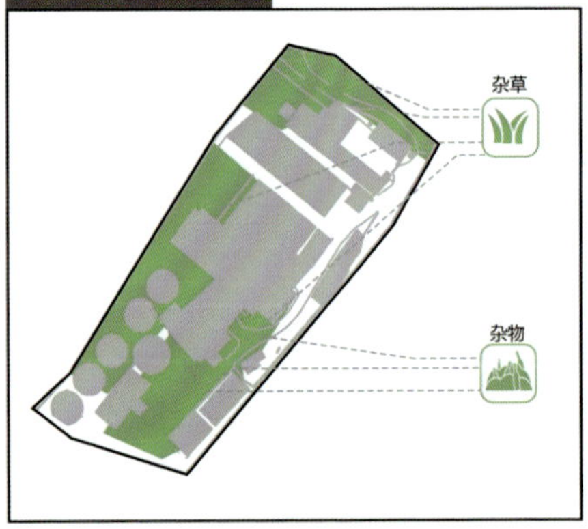

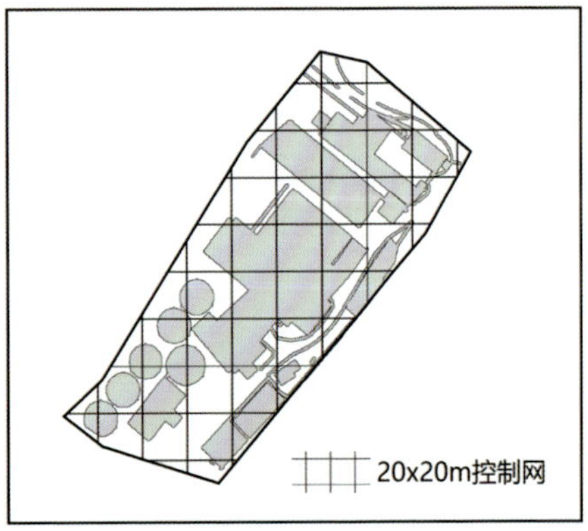

住宅形态分析

住宅类型③空间形态

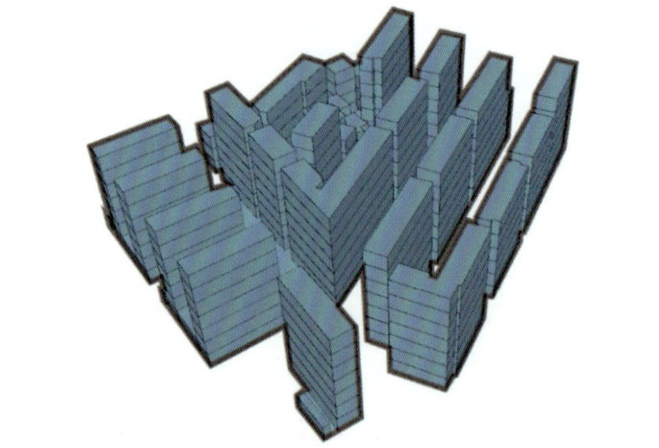

建设年份相对较近，绿化环境齐备，建筑多为 7 层左右的高层，街道，街巷空间多样且规则，形成完整的步行网络。

住宅类型②空间形态

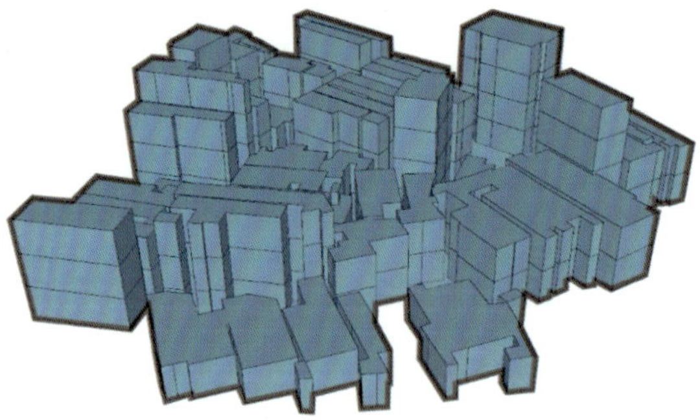

高度错落不一，无统一的规划，呈树枝状布置，建筑质量较为老旧，均为人行步巷，街巷不形成统一有序的网络。

住宅类型①空间形态

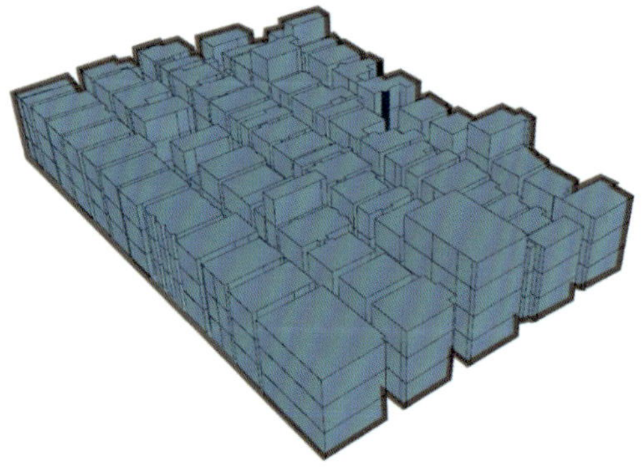

住区建筑高度均衡，建筑形态和立面一致性强，单体建筑面积较小，具有完整的街巷网络，空间形态较为单调。

人群活动分析

必要性活动

活动类型	活动主体	主要活动时间	活动场所
出行		早晨/傍晚	街巷
购物		白天	街巷/商区
交通工具存放		早晨/傍晚	停车场/车库
保安/医护		全天	街巷/居委会

自发性活动

活动类型	活动主体	主要活动时间	活动场所
休憩		白天	公园/绿地/广场/庭院
散步		白天	开放空间/街巷
健身		清晨/傍晚	公园/广场/居住区绿地
文化休闲		夜晚	社区开放空间

社会性活动

活动类型	活动主体	主要活动时间	活动场所
嬉戏		节庆日	街巷/广场
聚会交友		白天	街巷/集会场所
餐饮		全天	酒店/街巷
宗教活动		节假日/祭日	祠庙/宗祠/街巷
民俗节庆		节假日/祭日	祠庙/街巷

空间节点分析

宏观层面上，基地内公共空间以线性空间为主，但是由节点开放空间的缺失，造成了以基地交通网络为基础的公共空间网络缺失导向性。

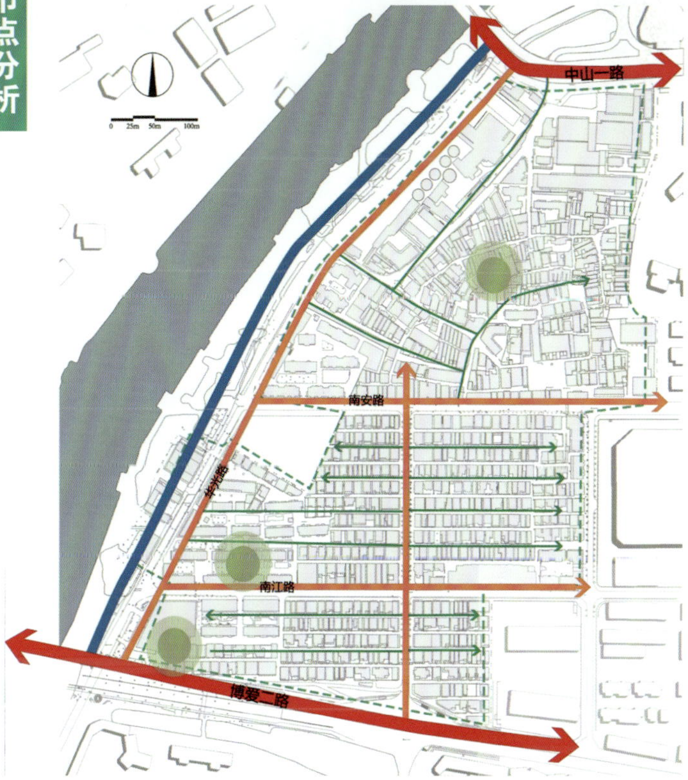

基地人群职业构成

- 小商贩
- 中小学生
- 白领
- 游客

基地原住民年龄构成

- 儿童
- 青年
- 中年
- 老年

传统城市从区域到城市范围的空间结构是一种有秩序的层级体系，一般情况即住宅－巷道－街道－小广场，这种序列关系从小到大，服务于邻里社群的日常生活和公共交往。

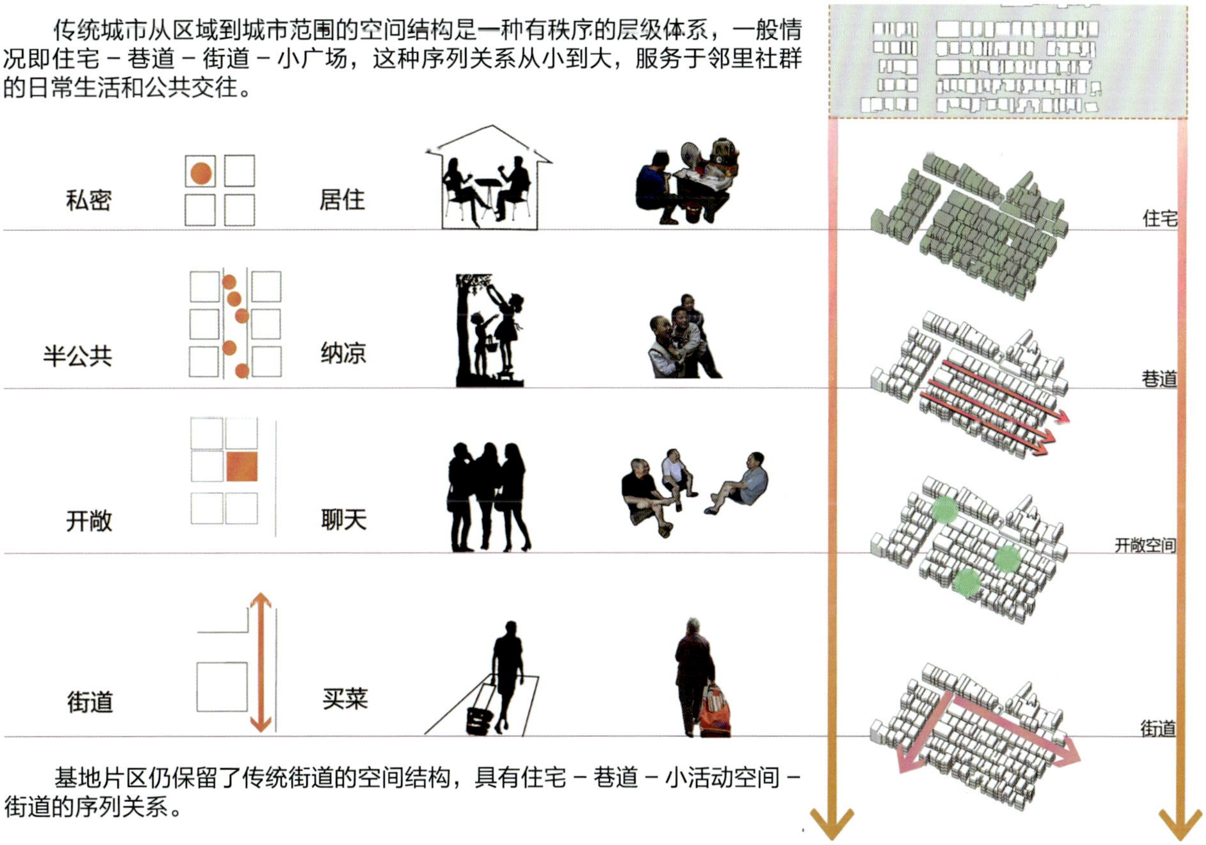

基地片区仍保留了传统街道的空间结构，具有住宅－巷道－小活动空间－街道的序列关系。

现状总结

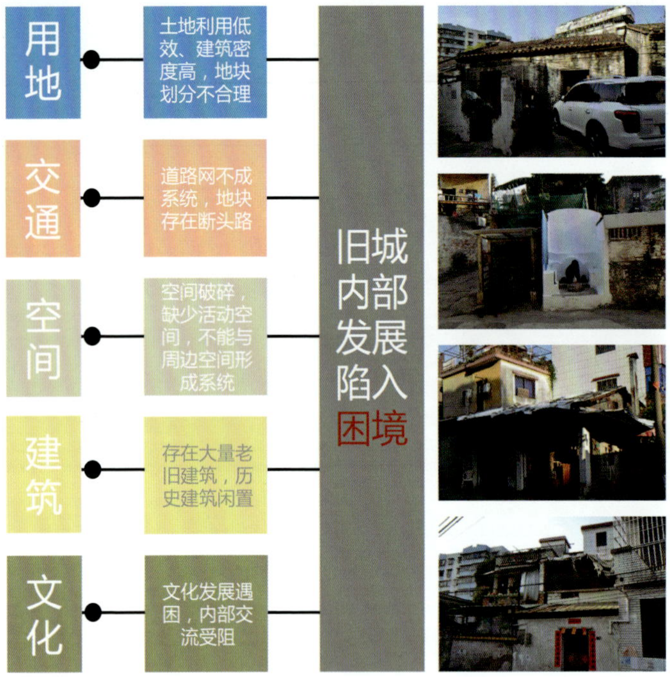

保留一重建？

街巷中建筑大多呈现窄面宽大进深，现状建筑密度过大，采用微改造“建筑抽疏”的手法会破坏原有的空间秩序，使街道空间不协调，从旧城改造改善旧城环境和人居品质的角度出发，对现有街区进行拆除，重新构建街区空间秩序来保留街巷空间的特点。

要点一：开放式街区不完全开放，而是开放性与公共性并存，从外部到内部私密性逐步渗透，公共性逐步减弱，每个小街区都要有独立的私密性。

要点二：开放街区不完全等同于“小街区，密路网”，车行问题解决的同时，要不应该给街区带来安全隐患，需要考虑到以人为本的思想，人的使用不方便，会让环境的品质下降，并不是街区越小，路网越多就越好。

要点三：街区制设计的主要的几个设计内容包括：

①道路体系优化、提高路网密度；

②完善公共服务设施；

③开放空间体系；

④强化功能复合，提高街道活力，

⑤强化形态控制，提升城市品质。

相关规划与政策参考

《中山市城市总体规划（2010-2020 年）》

《中山市海绵城市专项规划》2017

《中心城区石岐河滨水区景观概念性规划》2017

《中山市旧城区悦来南片区控规》2010

《中山市“三旧”改造（城 市更新）专项规划修编（2017 — 2020）》

《中山市“三旧”改造（城市更新）专项规划修编（2017 — 2020）》

《中山市海岸线、河岸线退让规划管理办法》2019

《广东省人民政府关于推进“三旧”改造促进节约集约用地的若干意见》2009

设计切入点

街巷空间特点：

(1) 空间界面连续，步行尺度适宜。

(2) 街巷通过尺度和层级关系构成公共—半公共—半私密—私密空间四个空间序列。

(3) 半私密成为居民内部活动的的场所，半公共空间成为内外交流的场所。

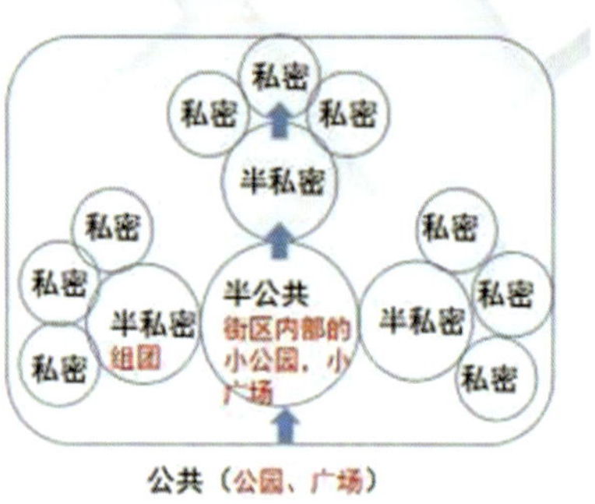

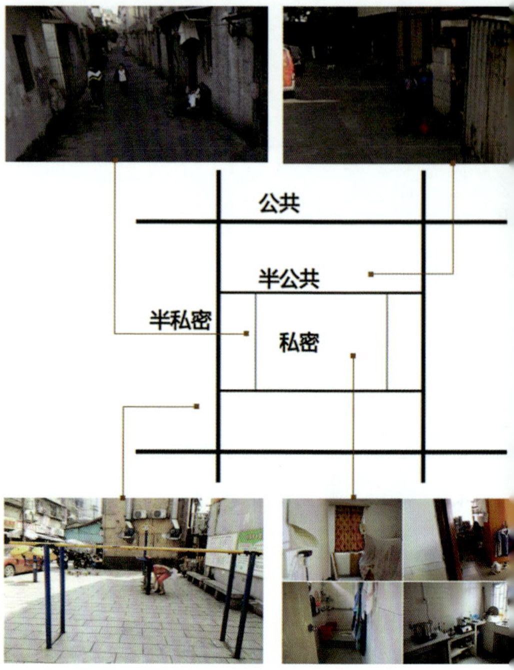

多方角度：

对于城市来说，开放式小区增加了出行道路的选择，减少了交通拥堵；公共设施供市民使用，减少资源的浪费；小区景观对外开放，有更多的城市公共空间。

对居住者来说，街区内的模式发生了改变，住、商业代替传统的封闭小区，更加有活力。

对开发者来说，小规模多地块的开发方式有利于分期开发和资金流转；大量的临街界面有利于层商业发展。

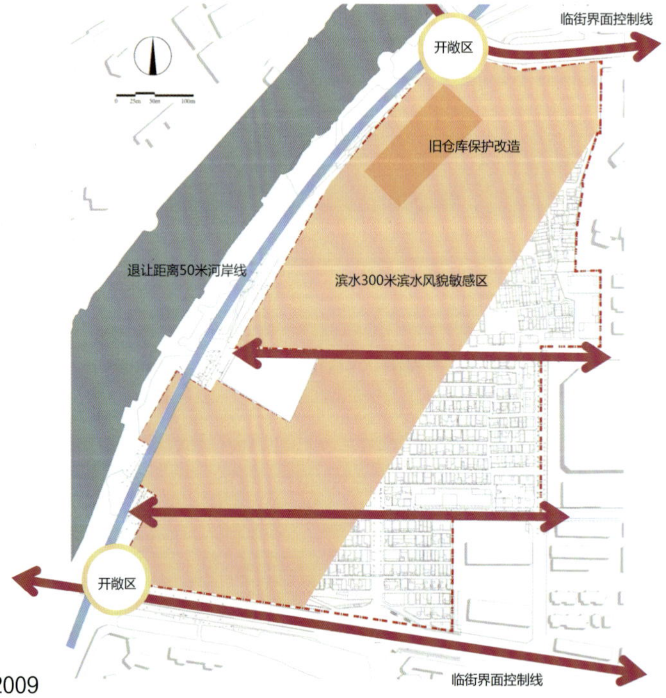

规划定位与策略

一、规划定位

以活力多元的街道空间为主体，以提供休闲商业、生活服务、文化展示等多种功能复合，兼具历史文物和工业遗址活化的开放式活力街区。

二、街区规划策略

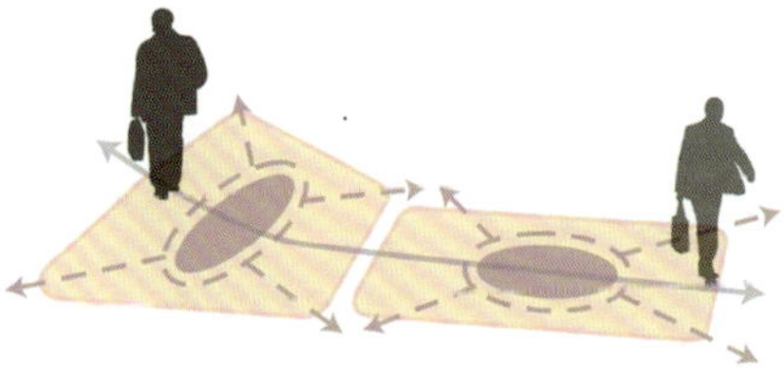

1. 街区开放与步行系统构建

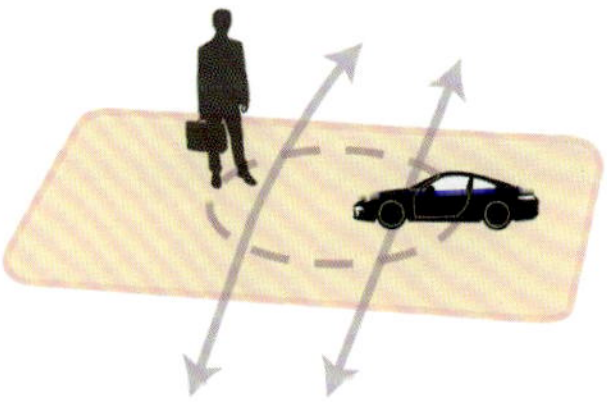

2. 规划步行优先的局部人车混行道路

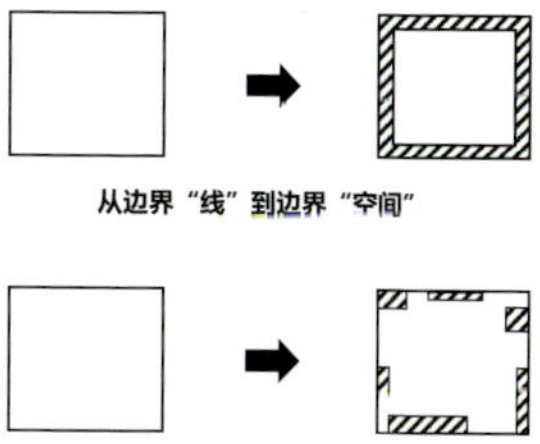

3. 增加边界摩擦力，布置街角空间增加街道趣味性

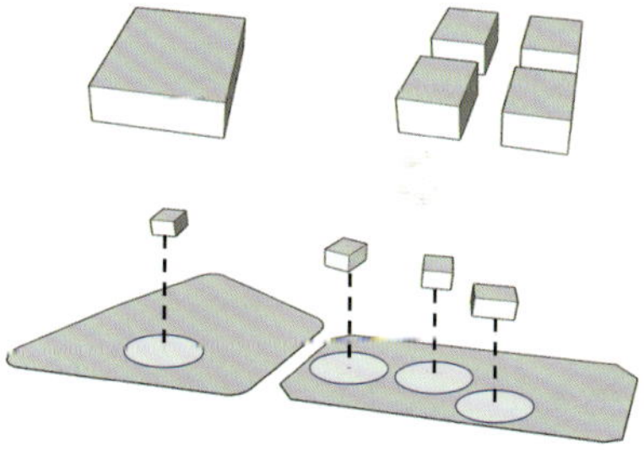

4. 化整为零，沿街区分散布置公服设施

三、历史建筑活化策略

1.保留原基肌理，建筑修缮，外立面翻新。

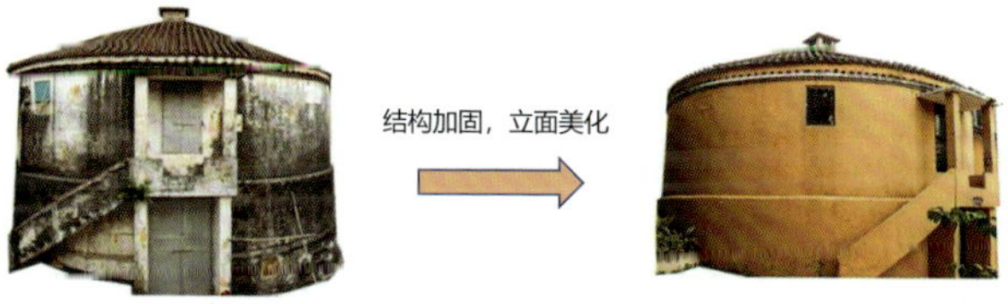

2.历史文化元素提取

3.植入功能

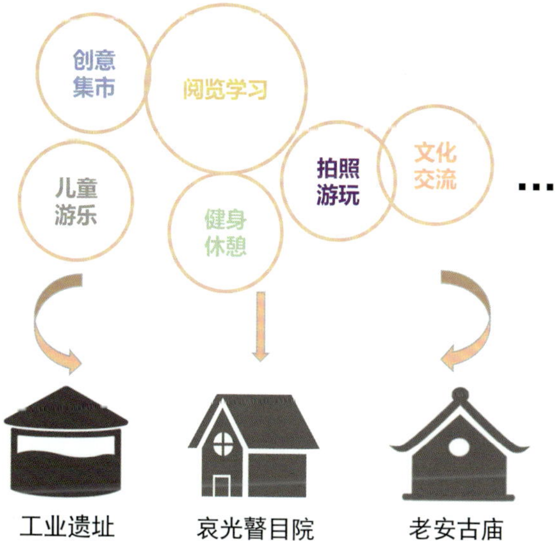

对历史建筑进行修缮整治，根据规划用地性质植入社区活动、历史展示、文化创作等功能，为周边社区居民提供活动场所，与粮仓地块规划的民俗商业街形成功能互补，为地块注入历史底蕴和文化内涵。

文化商业区：结合历史资源活化、老安山文化展示及社区型服务商业于一体的功能区。

街区生活区：以多种层数住宅混合布置，营造开放街区式的步行生活区。

都市生活区：底商围合的封闭式新建小区。

旧城生活区：保留下来的需要改造的居住小区。

项目	指标	单位
用地面积	26.2	hm²
计容积率面积	679 562	m²
毛容积率	2.5	---
住宅建筑面积	603 558	m²
可售住宅面积	254 251	m²
还迁住宅面积	349 307	m²
商业建筑面积	56 681	m²
配套设施	19 322	m²

总平面图

规划分析

规划用地性质图

规划道路结构图

规划功能结构图

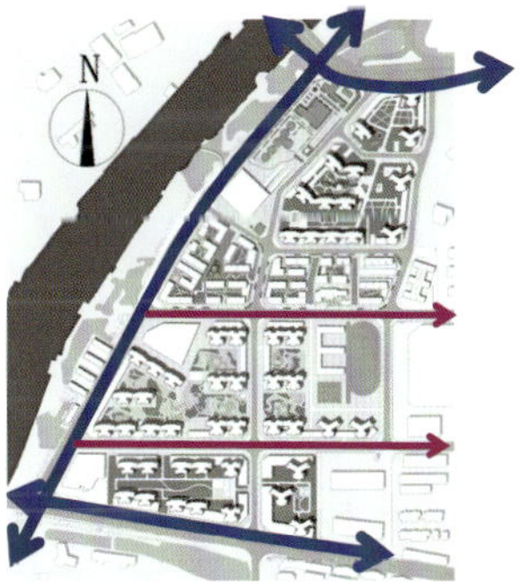

在城市主干道、次干道的基础上进行梳理，初步划分地块

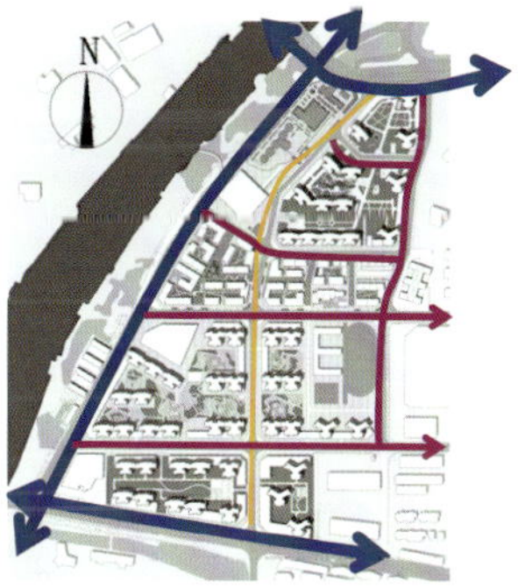

新增两条南北向和两条东西向道路，高效连接各居住组团，增强通达性

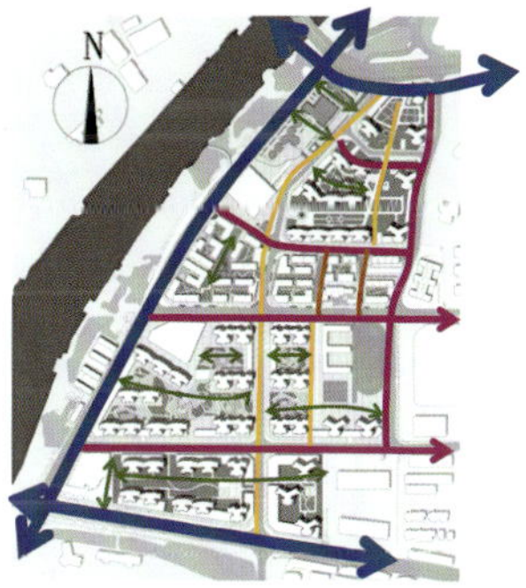

新增组团内部绿道，增强社区的开放性，丰富社区绿化景观，美化环境

建筑高度控制

鸟瞰图

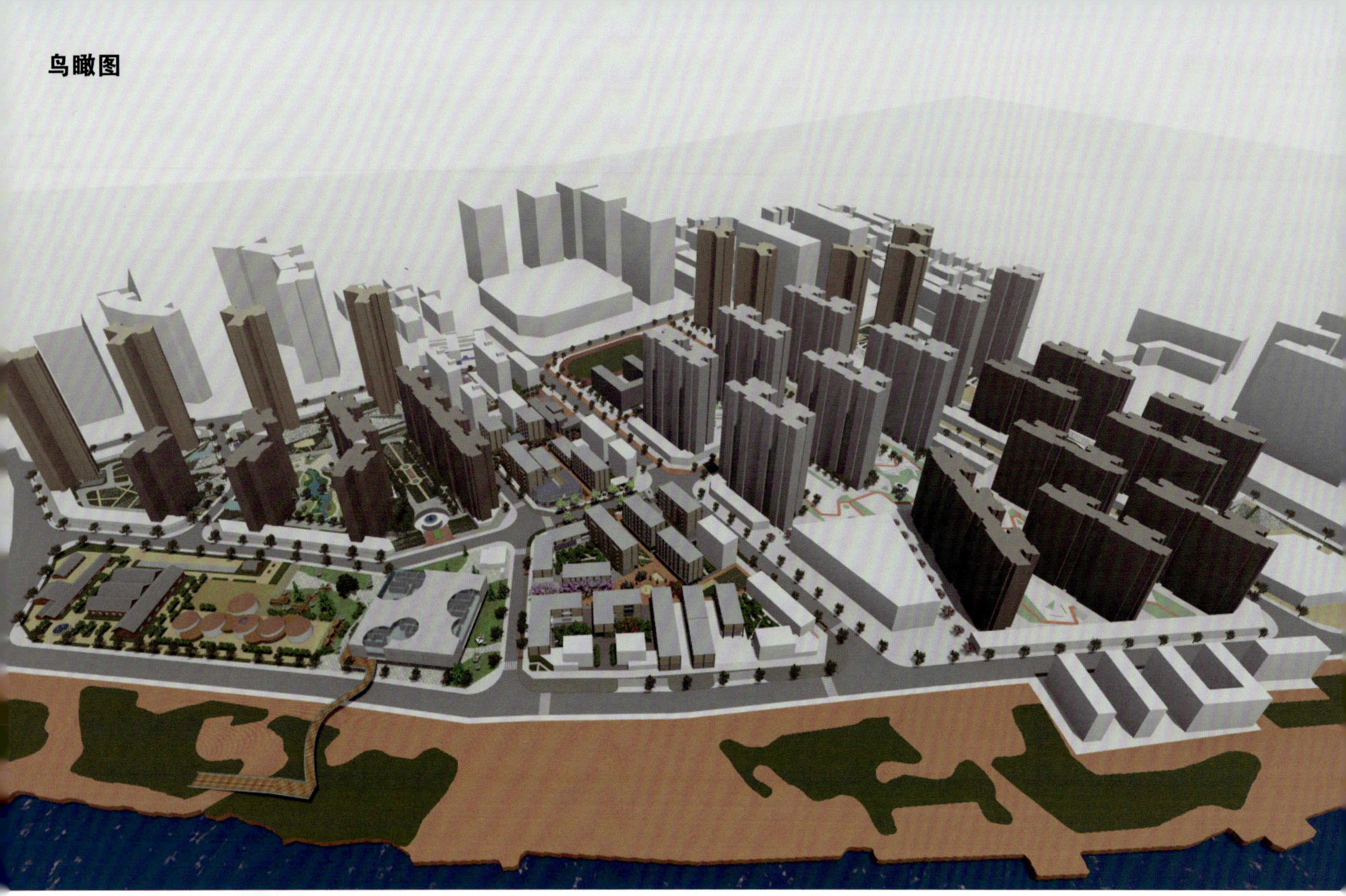

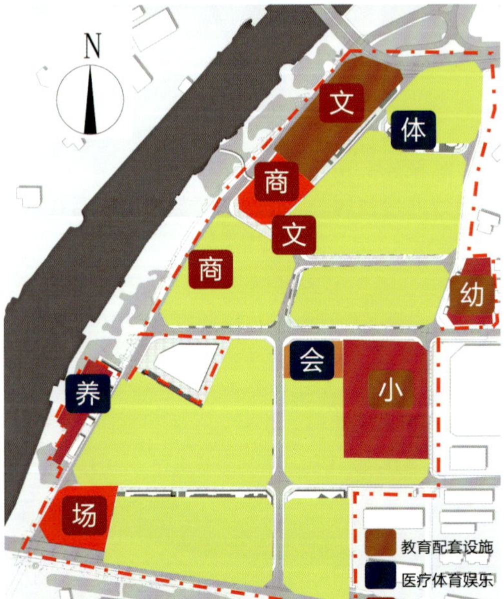

公共服务设施配套

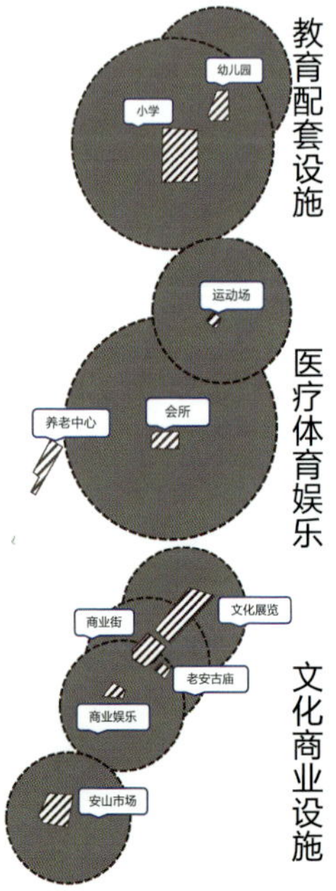

回迁住宅与商品房布置

回迁住宅主要分布在地块东侧，新建商品房能够获得比较完整的景观面。

项目	指标	单位
住宅建筑面积	660 239	m²
可售住宅面积	254 251	m²
还迁住宅面积	349 307	m²
商业住宅面积	56 681	m²

人群活动时间

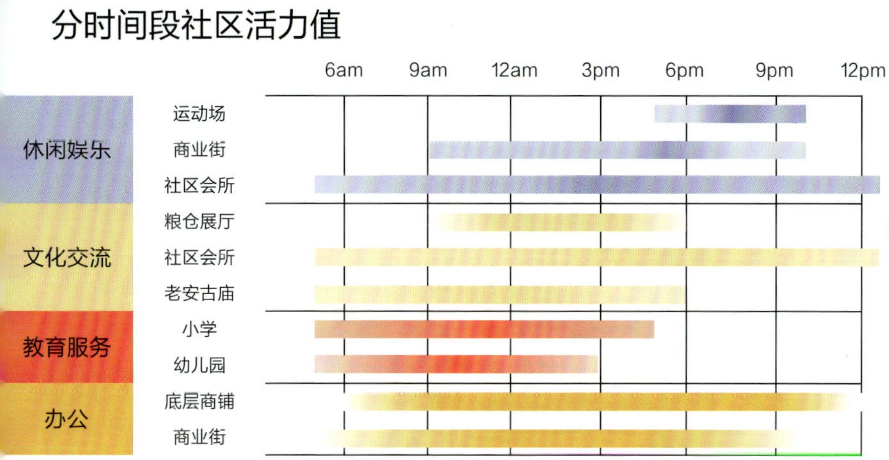

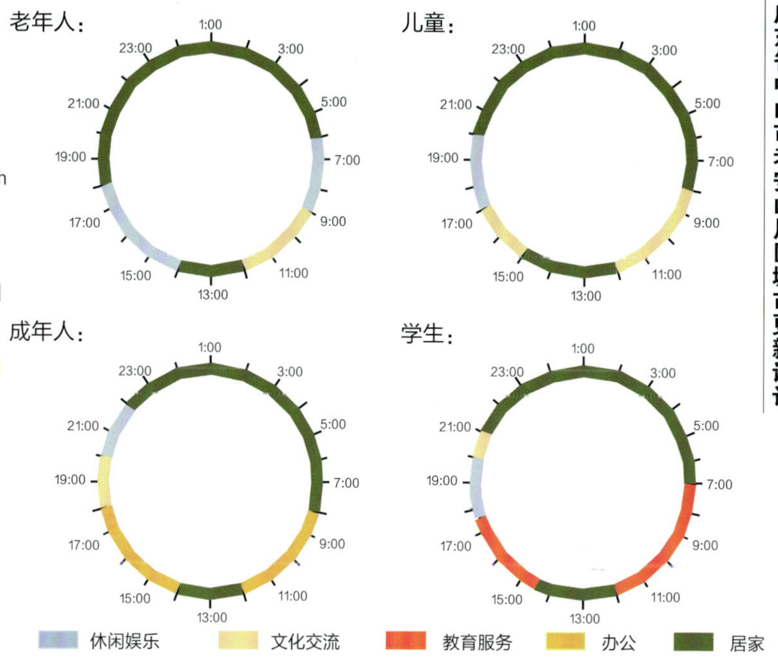

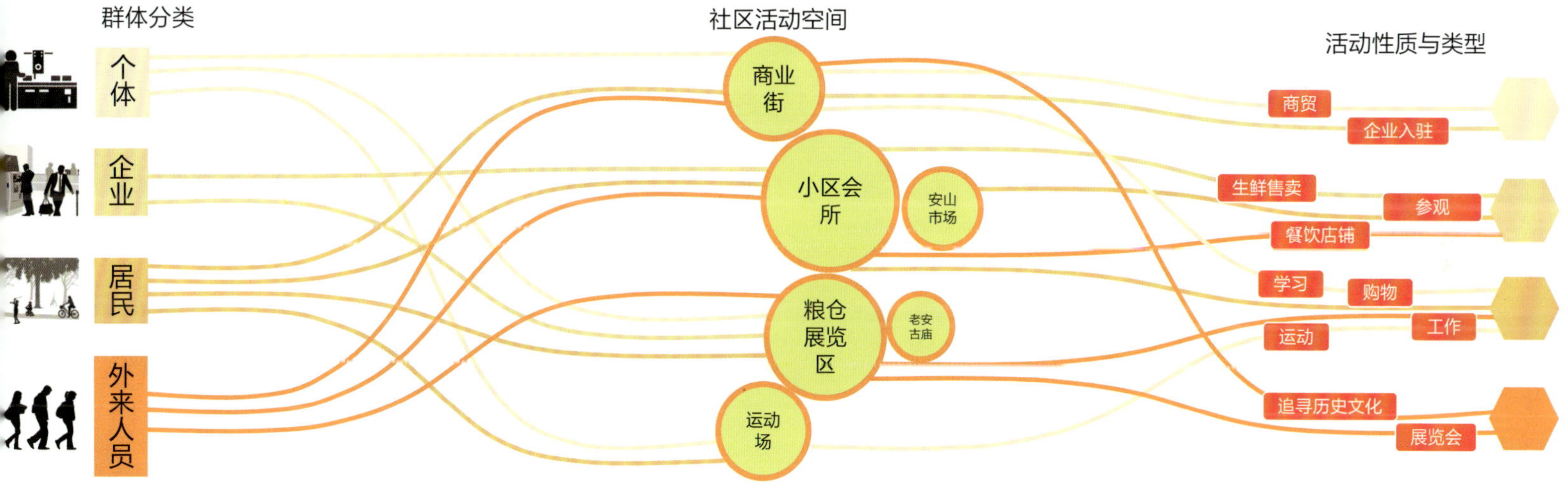

人群活动愿景

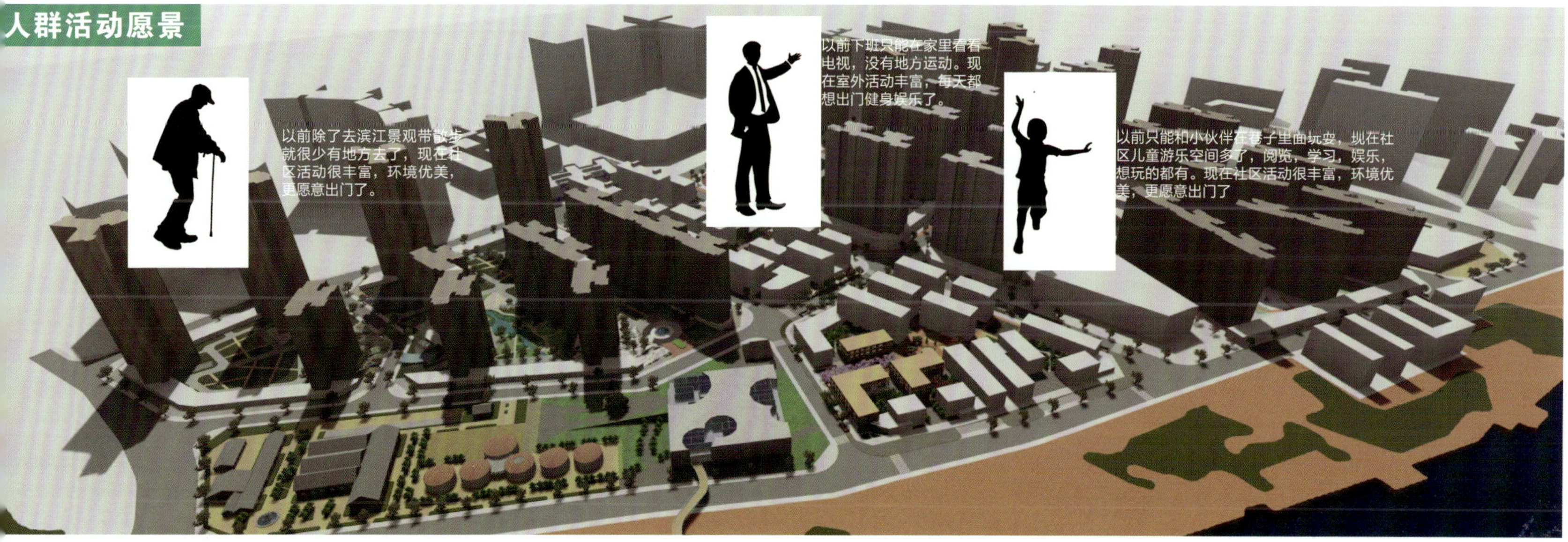

街区规划

平面图

混合街道设计

街道断面

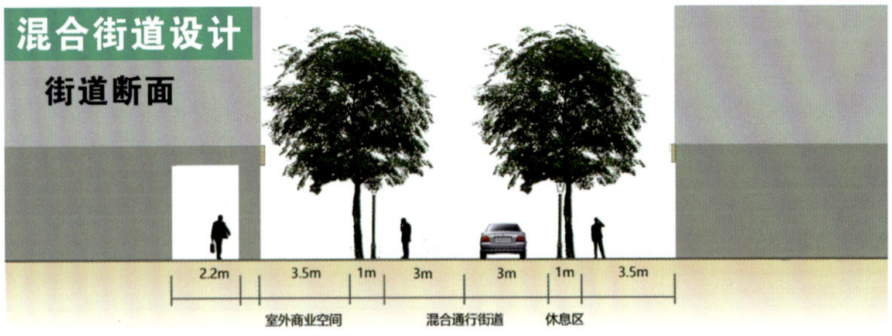

风险补偿效应：规范社会责任的手段越多，个人责任感越弱，当人意识到可能存在潜在风险时，反而会提高警觉。

道路一体化设计：通过取消路沿石、道路交通标识、信号灯，并沿街边设置休息座椅等措施，模糊人行道与车行道边界，使驾驶人在行驶过程中时刻保持警惕，谨慎慢行，从而保证行人的主体地位。

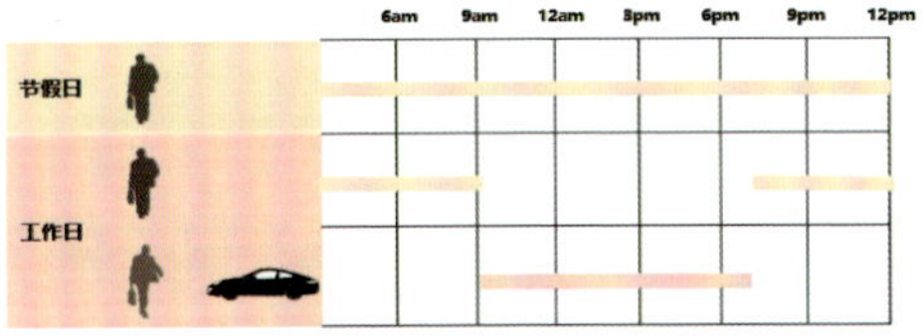

混合街道仅在工作日的工作时间段允许机动车以安全的速度穿过，其余时间封闭作为社区居民活动场地。

通过社区组织根据老安山村传统民俗在混合街道举办民俗活动，例如端午佳节的舞狮和龙舟宴以及组织社区活动使混合街道的使用逐渐被人们习惯，再通过举办艺术展览，鼓励街头表演的方式吸引街头艺术家，活化街道氛围并丰富居民的精神生活。

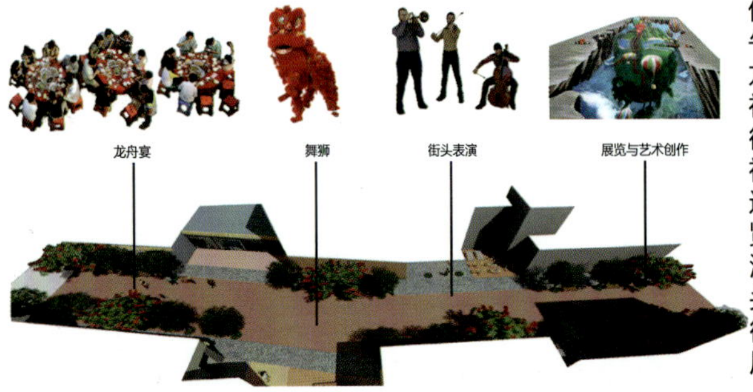

街道外围设计

街道断面

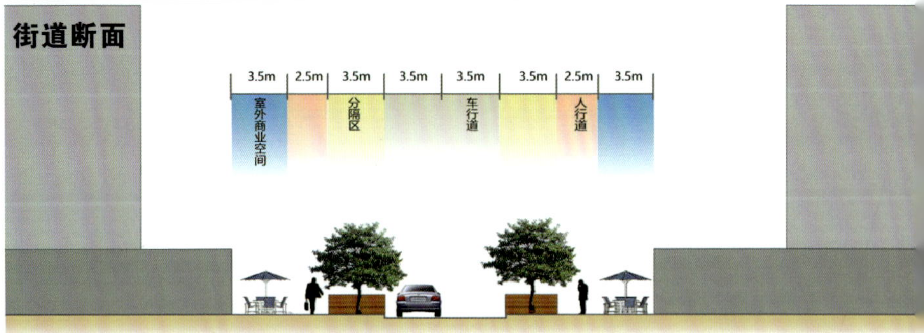

平面图

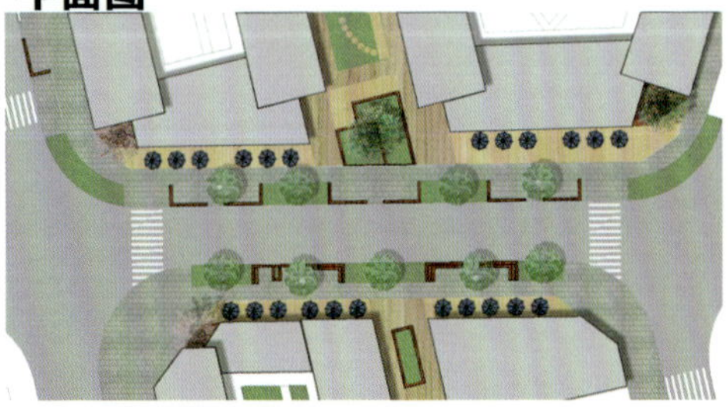

街道空间将人行道与建筑退距结合设计，在车行道与人行道间加设分隔区。

分隔区由绿地与护栏装置组成，形成连续分隔界面，仅在斑马线路口与护栏装置开设出入口。绿地用于布置市政设施和行道树，从而保证人行道步行连续和通畅，装置护栏提供休息空间，同时作为上下车的通道，丰富街道的使用功能，增加人群在街道空间停留的可能性。

街区空间结构

通过南北向一条慢行街道和两条混合街道及东西向的慢行街道将街区划分为独立的小街区。小街区的出入口错位布置，降低外来人员穿越的可能性。

街区工服设施

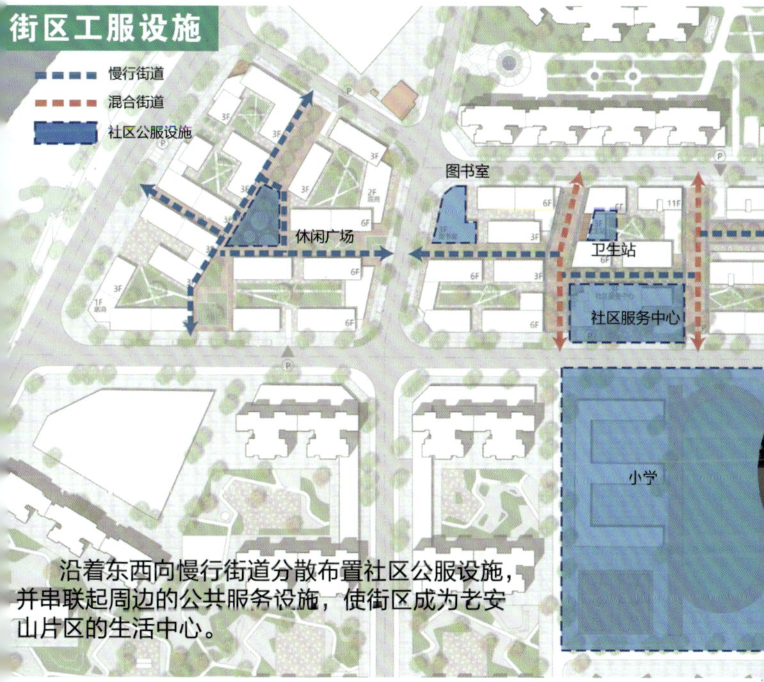

沿着东西向慢行街道分散布置社区公服设施，并串联起周边的公共服务设施，使街区成为老安山片区的生活中心。

街区植物配置

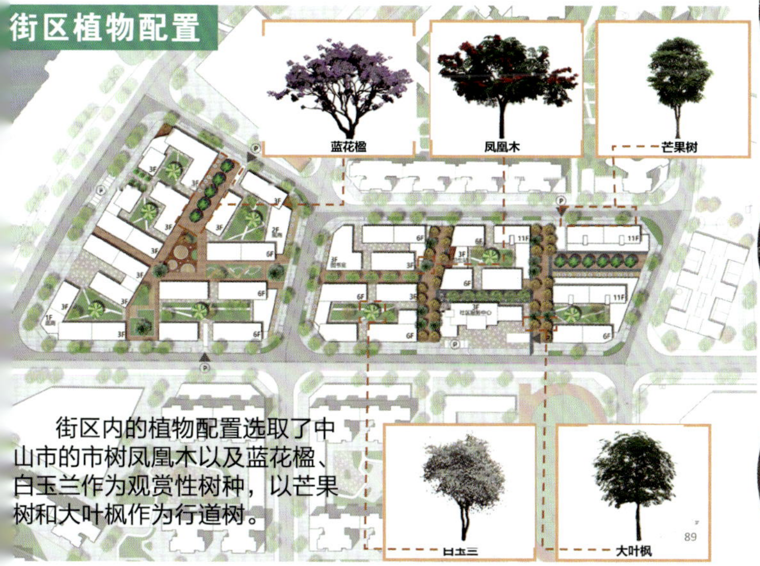

街区内的植物配置选取了中山市的市树凤凰木以及蓝花楹、白玉兰作为观赏性树种，以芒果树和大叶枫作为行道树。

步行街道设计

首层建筑平面

街道断面

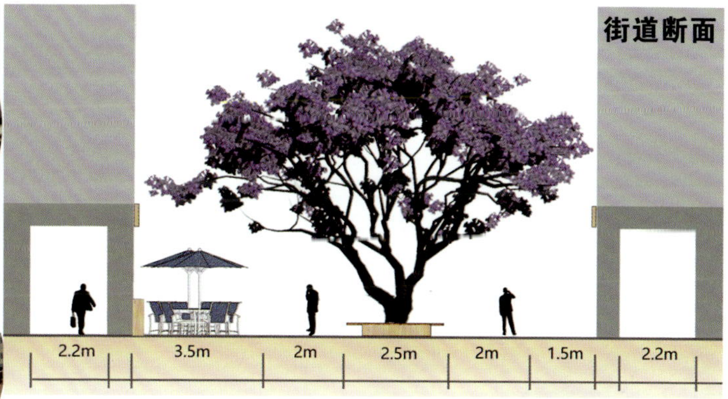

街道空间由骑楼的灰空间和露天空间组成，通过绿化休息空间划分出不同尺度的室外商业空间，将商业行为由室内向室外延伸。

社区综合建筑设计

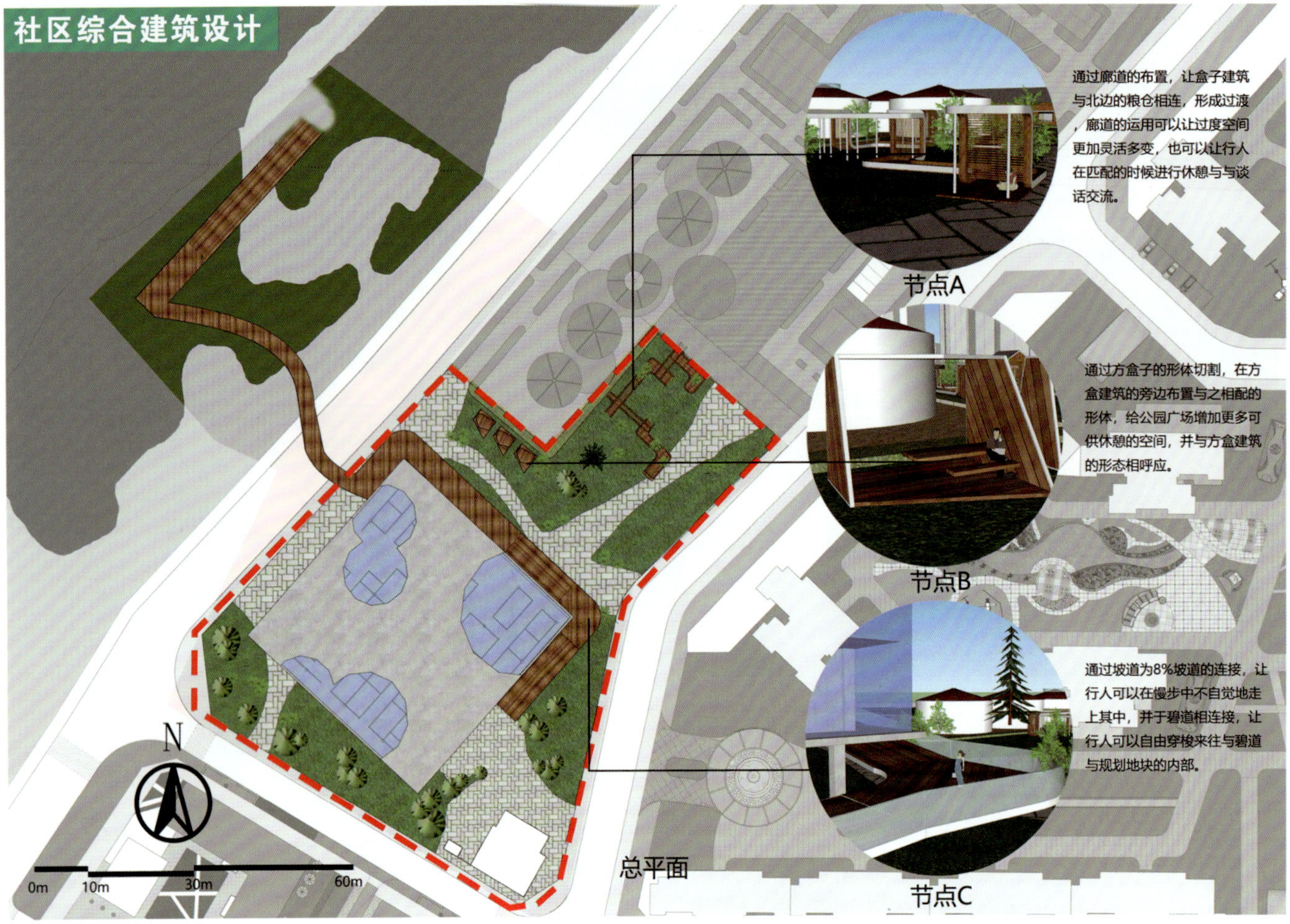

形态切换示意

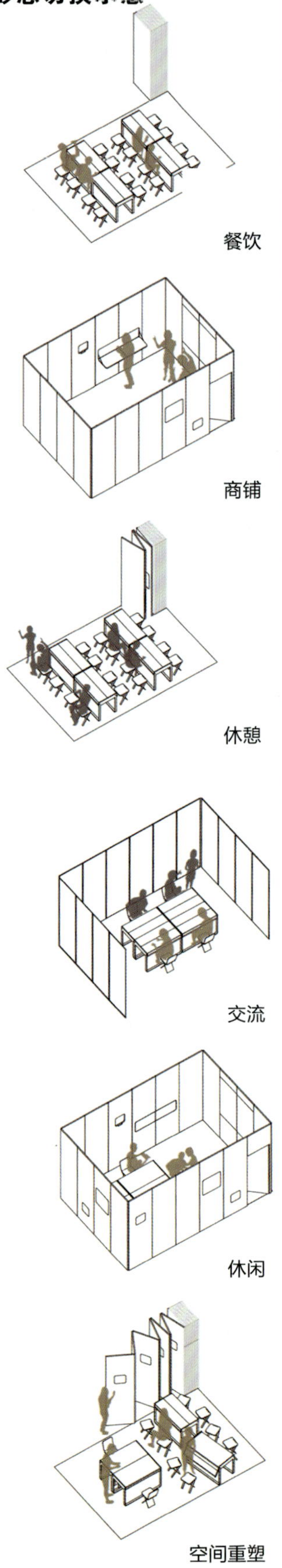

概念生成

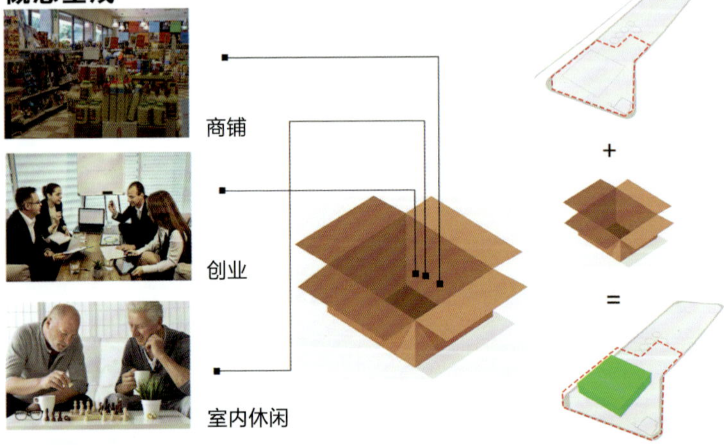

概念生成

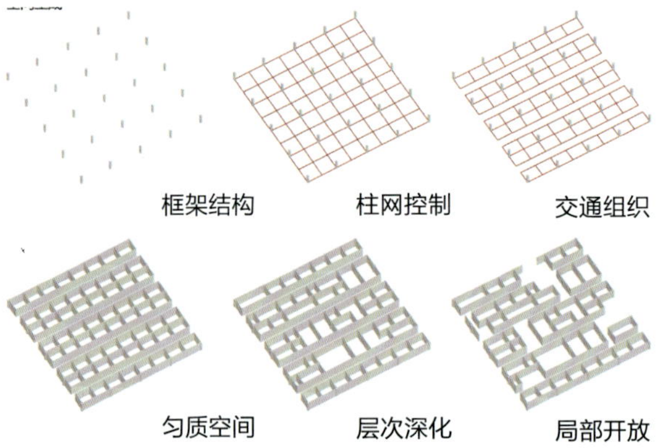

粮仓地块改造

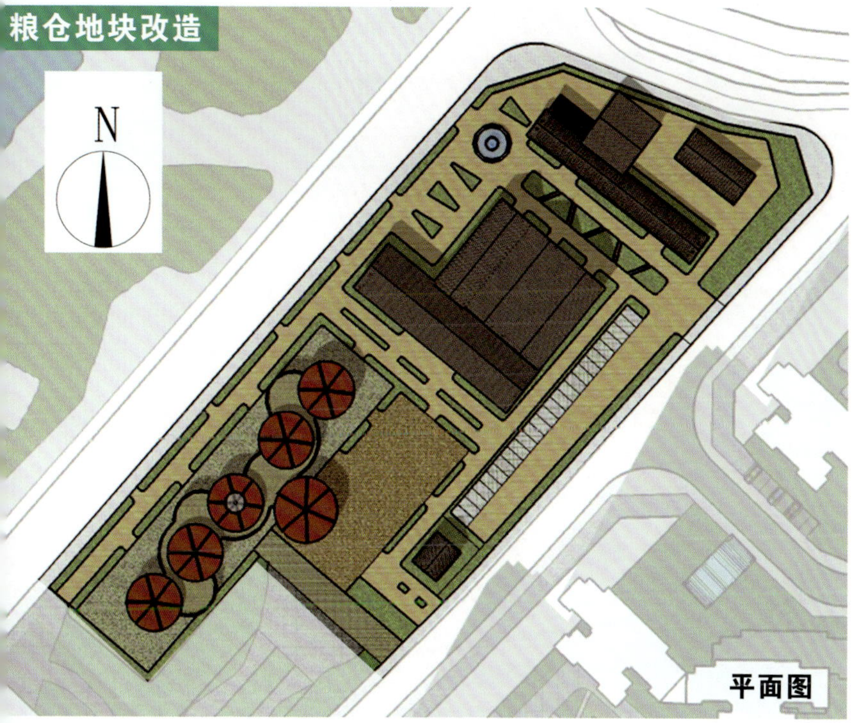

设计构思

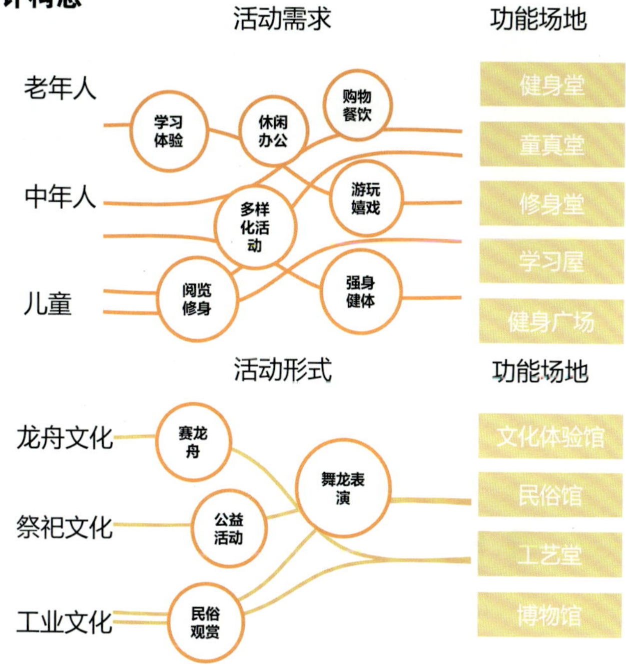

对老安山片区的人群活动需求及文化形式进行分析梳理出九种不同的社区活动内容，对现有的粮仓及厂房进行改造分别植入以满足新功能的使用需求。

粮仓功能示意

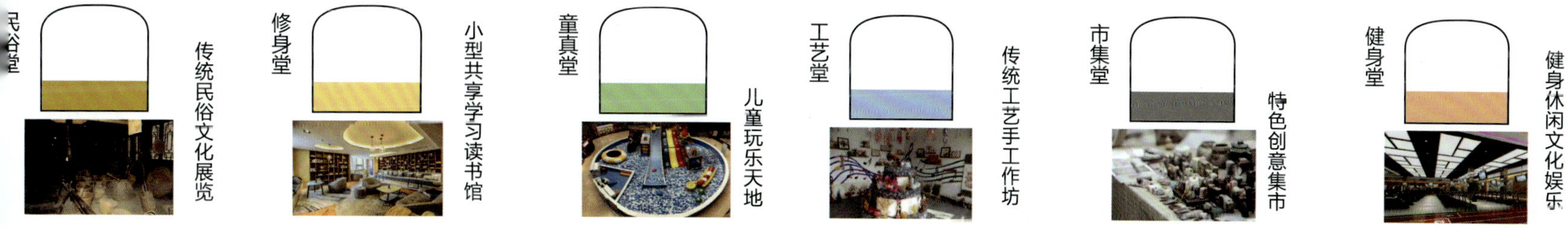

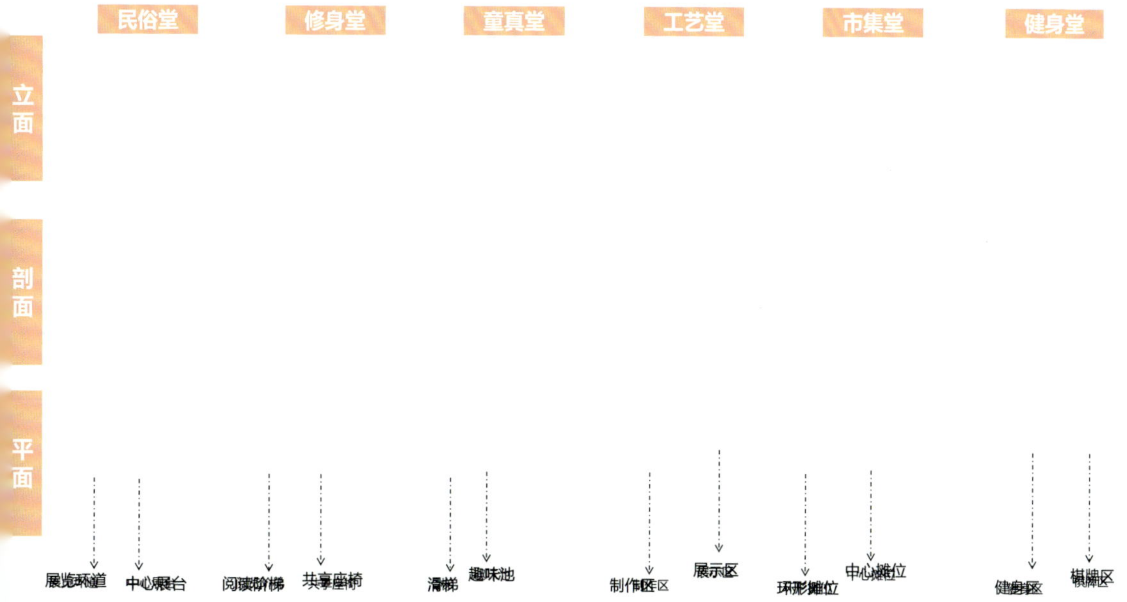

粮仓改造手法

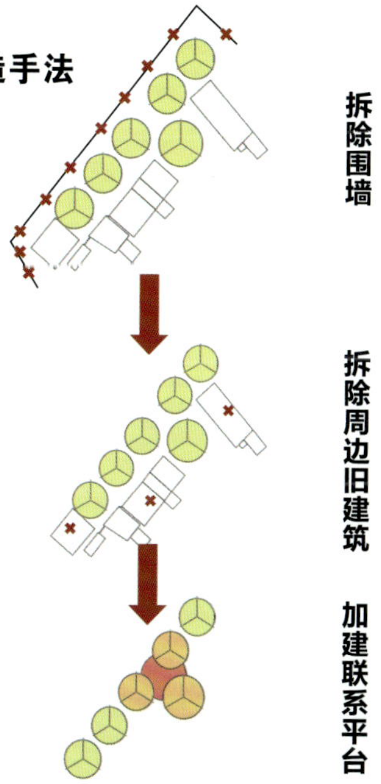

居住区 A 规划

平面图

户型

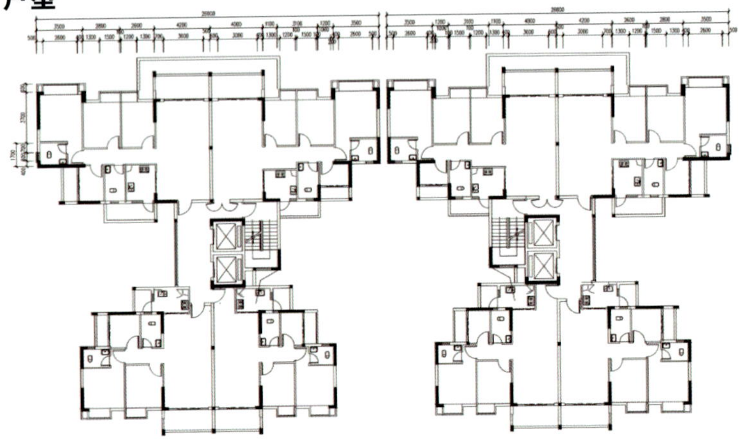

地下车库设计

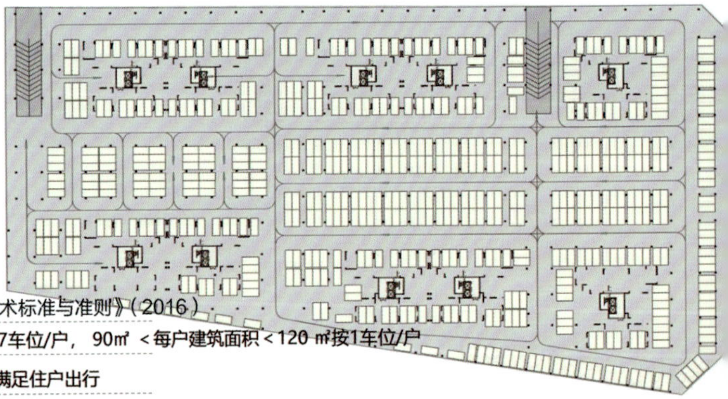

车位数：564个

层高：3.5m

车库面积：23 091㎡

入口坡度：15%

车配比：1:0.98

依据：《中山城市规划技术标准与准则》（2016）

每户建筑面积＜90㎡按0.7车位/户，90㎡＜每户建筑面积＜120㎡按1车位/户

小区需车位578个，基本满足住户出行

住区南立面图

住区景观结构

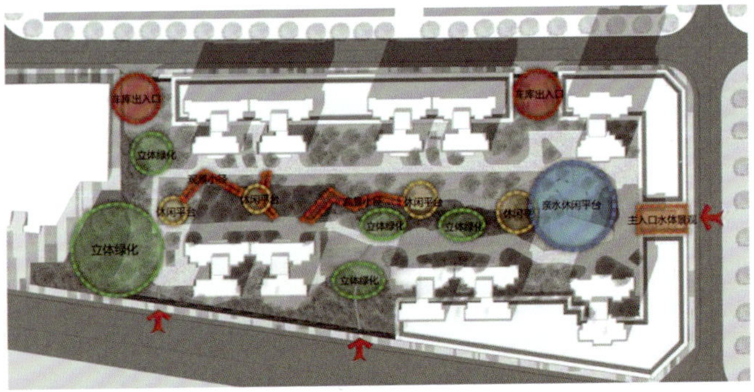

居住区 B 公共空间设计

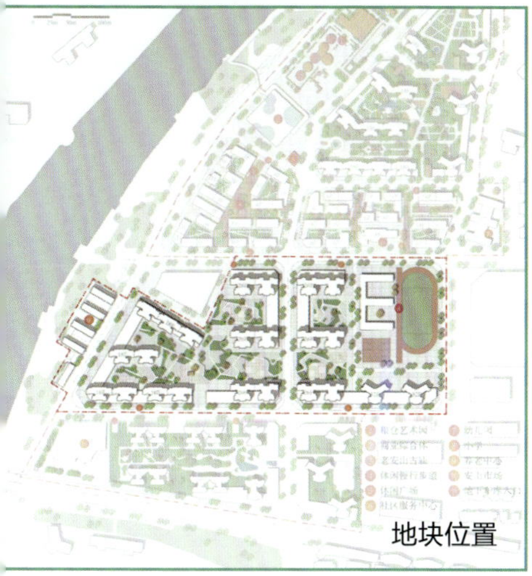

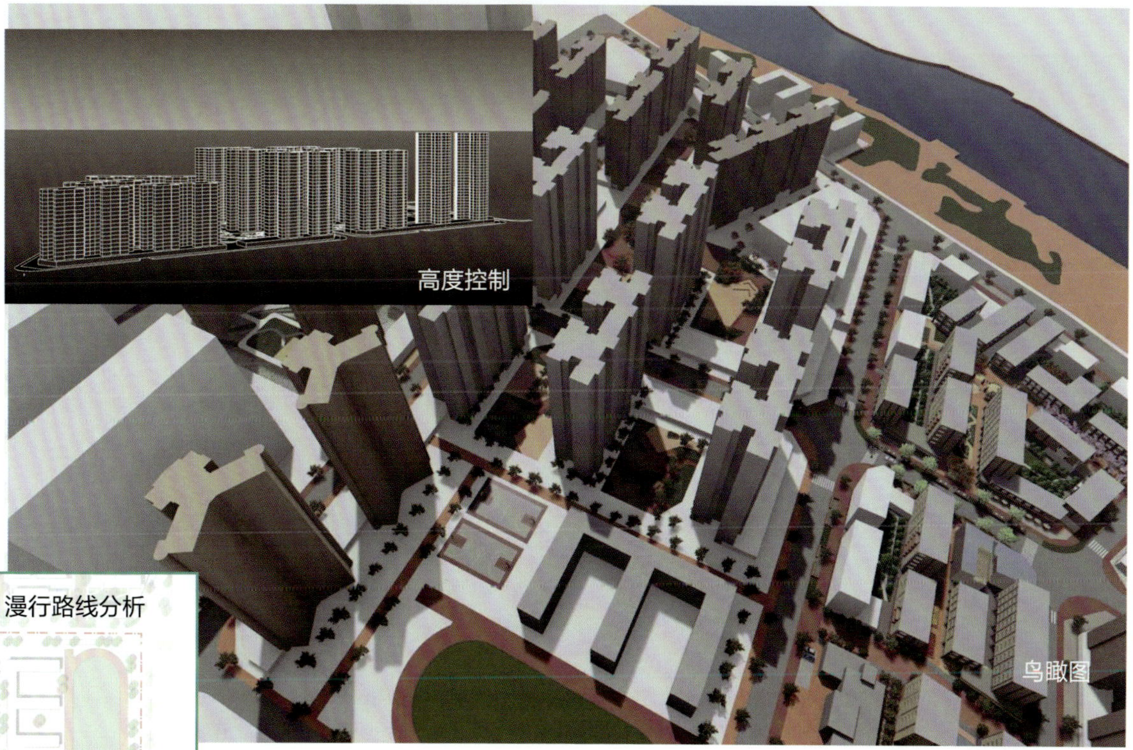

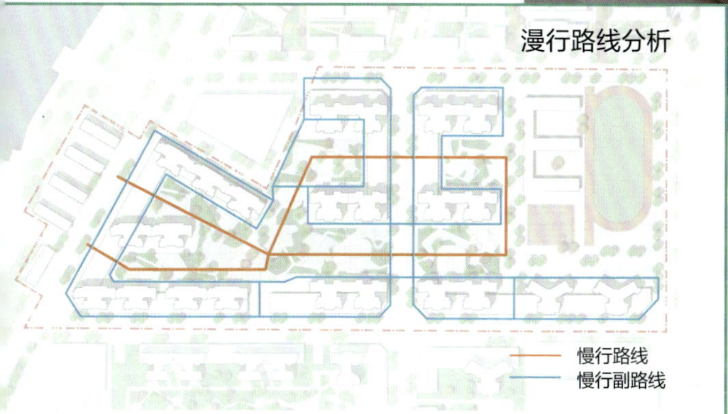

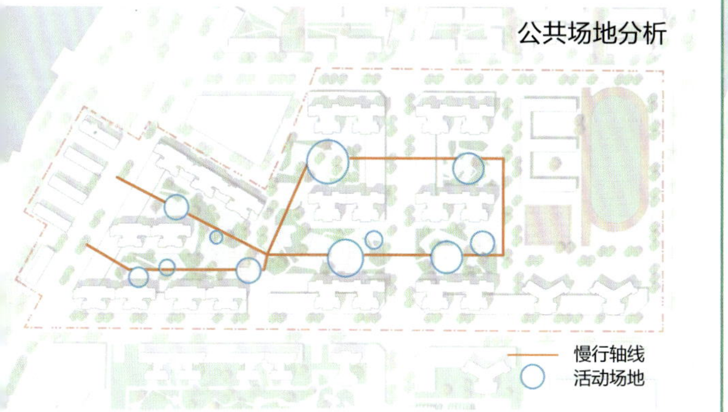

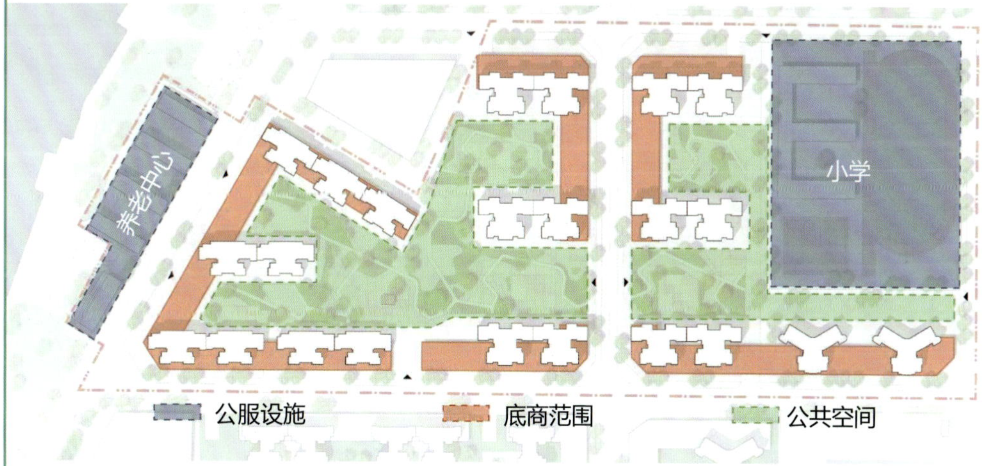

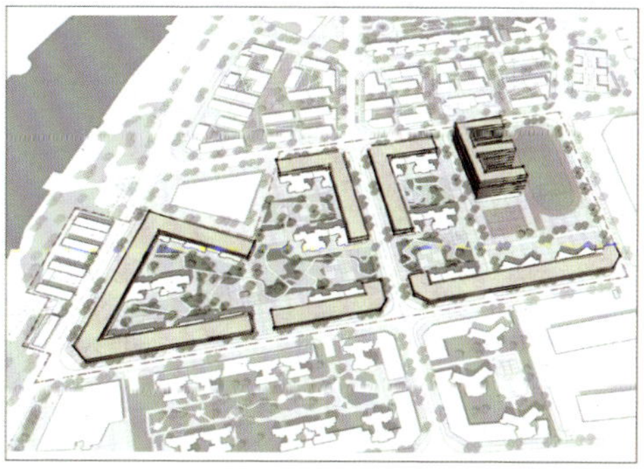

通过低层商铺裙房的半围合，形成场地，底商进深15m，柱子网规格3.8mx5m，层高4m，内部根据商户需求，选取1到数个单元进行商铺的内部空间布置。

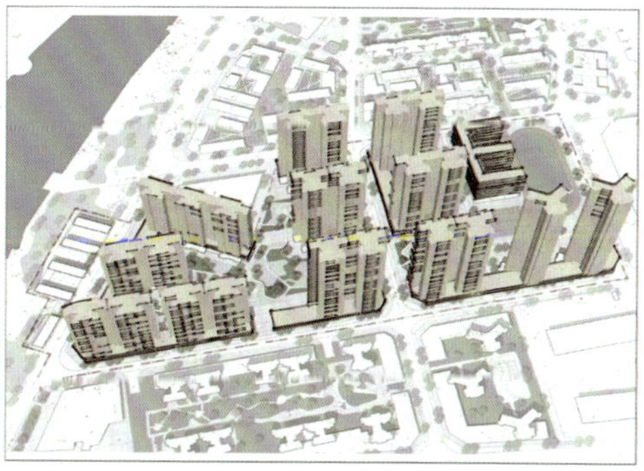

置入高层住宅楼，低层进行架空，对公共空间进一步划分的同时，通过低层起到联系的作用，两个居住单元之间，由支路两侧的两个相望小广场作为主要步行入口。

陈旭华

计浩鹏

刘长周

张进有

昆明理工大学

Kunming University of Science and Technology

—飞越草图纸队—

阮　际

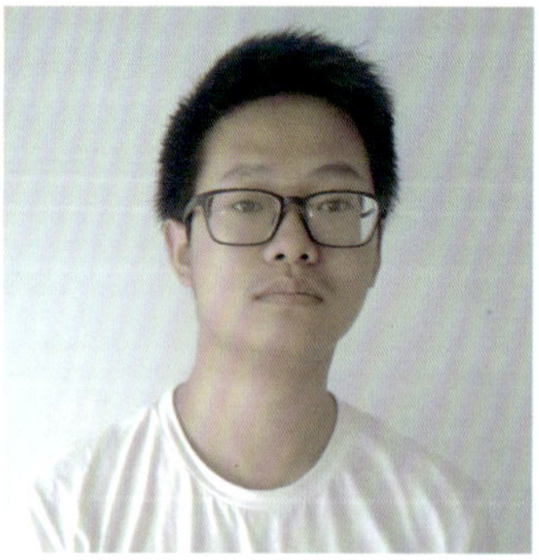

熊春锋

唐伟成

崔佳园

陈旭华 疫情时期，极具挑战，历时三个月的2020南粤杯联合毕业设计圆满结束。此次毕设既新颖又有挑战，我们对大湾区的三旧改造、城市更新开始有了解以及思考。虽然结果并不理想，但在老师专家们的教导点评下，我们对规划师的价值观等方面有了新的认识和思考，整个过程也是收获满满。感谢各校老师的精心组织、省规划院的大力支持，我们经历了一个特别、难忘的毕业设计。如漆老师所说，我们“不见”，但也“不散”。祝同学们毕业快乐，老师们工作顺利，南粤杯联合毕业设计越办越好。

计浩鹏 从三月初春走到四月清明，从五月立夏来到六月芒种，短短几月时间，我们克服了种种困难，完成了我们的毕业云设计。从开始天马行空的想象，到初步构思，再到初步方案，最后提交成果，我们小组在各位老师教导下，在与同学交流中，不断进步，虽然最终成果尚有不足之处，但从各位老师专家的点评、其他同学的方案中我们受益匪浅。在这里我要感谢各位老师、专家的谆谆教导，感谢同学们的无私分享，愿我们六校大家庭能越来越好！

刘长周 很高兴能参加这次六校联合毕业设计，通过这次设计学习到了很多东西，也认识到了自己的不足。这次毕业设计让我实现了从理论到实践的跨越，中间有很多值得回味的地方。人们总是对刚接触的事情记忆犹新，我也不例外。开始的时候，我本以为我学好了通用的设计软件就拥有了全世界，可是随着视野的不断开阔，课程的不断更新，我慢慢了解了懂得几门软件真的是冰山一角，在设计的世界里，只要你有兴趣，总会有更多的新奇吸引着你。

张进有 时光荏苒，三个月的毕业设计画上了句点。作为2020届毕业生的我们注定是留有遗憾的，因为疫情的特殊情况，我们没能去到现场，没能接收到老师们面对面的指导，没能与小伙伴们线下交流切磋。但也正因为疫情，我们的毕业设计是值得怀念的，是前人不曾经历。对于最后的成果，肯定是不够完美的，暴露了自己很多的不足，但对于我来说，最重要的是学习到了很多知识。最后衷心感谢所有老师与专家的指导，谢谢你们。

阮　际 随着毕业日的到来，毕业设计也接近了尾声。在没有做毕业设计之前，我觉得毕业设计只是对这五年所学知识的单纯总结，但是通过这次毕业设计，才发现自己之前的看法过于片面。毕业设计不仅是一种检验，还是一种提高，使我明白了自己还存在不少知识上的缺陷，要学习的东西还有太多太多。学习是一个长期积累的过程，在以后的工作、生活中我也应该不断学习，努力提高自身的综合素质。最后，在此次毕业设计中，小组的同学们给了我很大的帮助，在此对他们表达由衷的感谢。

熊春锋 首先感谢我的导师陈桔和项振海老师，他们严谨细致的作风一直是我们这次毕设学习中的榜样，此次毕业设计历时三个月，是我在大学学习中时段最长、工作量最大的一次设计。老师循循的教导和不拘一格的思路给了我们以毕业设计的不同启迪，让我感受到设计中的快乐。其次我要感谢同组同学对我的帮助和指点，没有他们的帮助和提供资料，这次毕业设计就不会进行得如此顺利。

唐伟成 联合毕业设计至此已经落下帷幕了，这段时间里我学到了很多知识，开拓了眼界。回顾这次设计作业，我对“三旧”改造的相关项目有了更深刻的认识，也磨练了自己的团队合作能力。感谢省规院及六校各位老师提供的平台，同时也要感谢陈桔老师和项振海老师的辛勤指导，他们孜孜不倦的教学态度像一盏明灯，照亮我们前行的路。

崔佳园 时间转瞬即逝，一转眼来到了六月份，毕业设计也已经完成了。回顾这段时间，因为疫情原因在家遇到没有电脑的不便，设计过程中的陈老师耐心指正，回昆明后项老师带我们面对面手把手的学习。虽然有些许困难，但更多的是老师同学们之间的互相体谅与鼓励。毕业设计作为本科最后一个成果，是对五年所学知识的汇总与检验，是一场跨时几个月的期末考试。为了交出一份满意的答卷，组内每个同学都很努力。这次是大组做设计，同学们都配合得很好，展现了自己的专业水平与团队合作能力，我很庆幸在这样的组里学习，更庆幸拥有陈老师、项老师两位认真负责的指导老师，由衷地谢谢大家！

健康新社区 活力老安山 ——中山市老安山片区城市更新设计

作　　者：陈旭华 计浩鹏 张进有 唐伟成 熊春锋 刘长周 崔佳园 阮 际
指导教师：陈 桔 项振海
学　　校：昆明理工大学

位于广东省中南部，是粤港澳大湾区城市群之一。市境北界广州市、佛山市，西毗江门市，南邻珠海市，东隔珠江口与深圳市相望。地处珠江三角洲南部，珠江出海口西岸，南部是以五桂山为主的低山丘陵区，北部是平原河网区。西江主流磨刀门水道流经西缘，北江主流洪奇沥水道斜贯东北边界。全市总面积1,783.67平方公里，常住人口326万，市人民政府驻东区街道。 全国4个不设区的地级市之一，珠三角中心城市之一、粤港澳大湾区重要节点城市、广东地区性中心城市之一、 连续多年保持广东省第5的经济总量，并与顺德、南海、东莞一起被称为广东四小虎。

石岐，又称"铁城"，位处中山最具标志的人文景观——烟墩山下，紧挨中山的母亲河——岐江。山水相依，环境优美，是中山市的中心城区之一。辖区方圆22.72平方公里，常住人口21.24万，下辖19个社区居委会，5个社区资产公司。区内交通便利，道路网络四通八达，东距中山港10余公里，西与105国道和中江、京珠高速公路相连，南接澳门57公里，北连广州番禺40公里；建成通车的广珠轻轨中山北站以及中莞轨际和沿海高速铁路的规划建设，使石岐纳入了广深"一小时"生活圈，成为中山市新的重要交通枢纽。石岐区投资环境优越，水陆交通便利，供电、供水、通讯设施配套完善，金融、保险、邮电、医院、学校、酒店齐备，具有天时、地利、人和的区位优势，是海内外投资者的热土， 也是中山市最繁华的商业与文化中心。

交通区位

近年来，在粤港澳大湾区这个大背景下，珠三角的交通利好不断，作为核心位置的中山在区域合作中迎来新的发展机遇。现依托深中通道、深茂铁路等区域设施，中山区位优势进一步凸显。构建开放的对外综合交通体系，是中山打造湾区西部重要综合交通枢纽城市的发展要求。但明确指出，现状对外交通体系有待进一步完善。

发展目标：60分钟到达粤港澳大湾区各市

依托铁路、城际轨道及高快速道路，40分钟内到达所有邻近城市主城区，45分钟内共享周边枢纽机场、铁路站场，60分到达粤港澳大湾区各市为作为规划发展目标。做好与周边城市的交通衔接，完善高快速路网与轨道交通，增强与周边机场联系，完善水上运输，依托深中通道、深茂铁路等重大交通设施，打造湾区西部重要综合交通枢纽。

地理位置

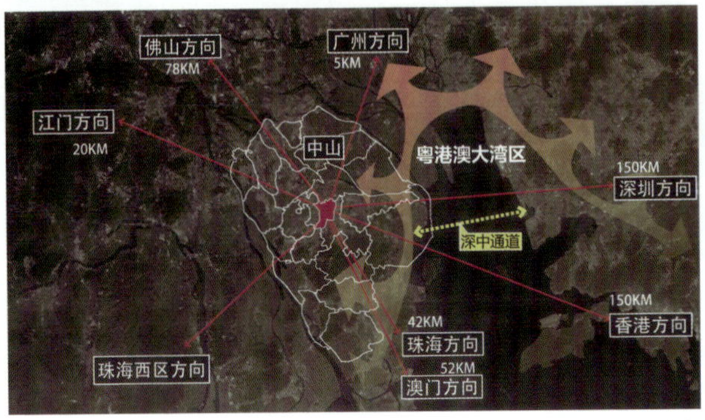

中山市是中国5个不设市辖区的地级市之一，位于珠江三角洲中部偏南的西、北江下游出海处，起到联系穗、深、珠、澳的枢纽作用。

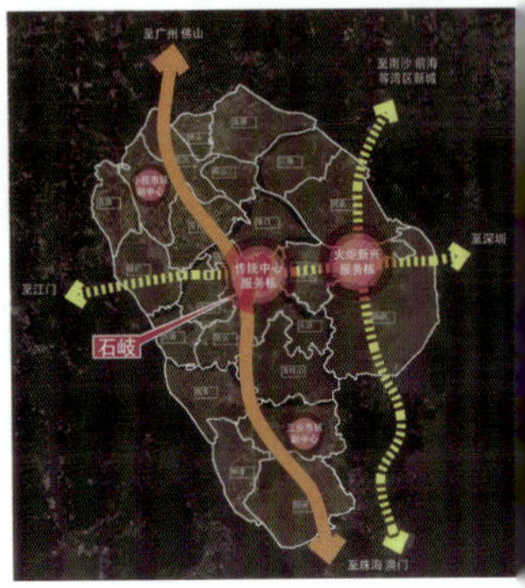

石岐区位于中山市中心城区，辖区面积26万平方公里。

经济区位

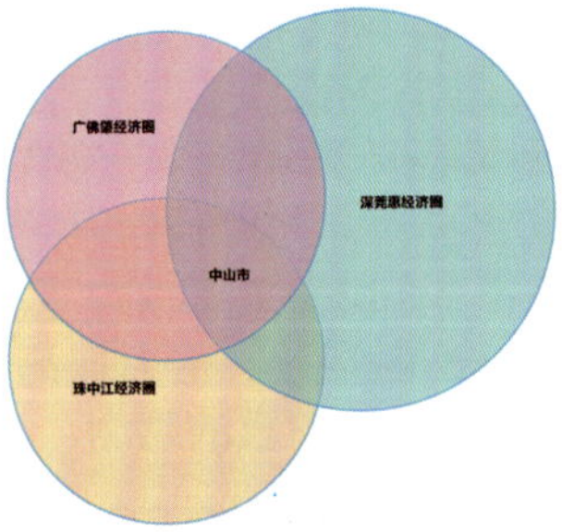

深中通道根本性地改变了大湾区中心城市之间的关系。

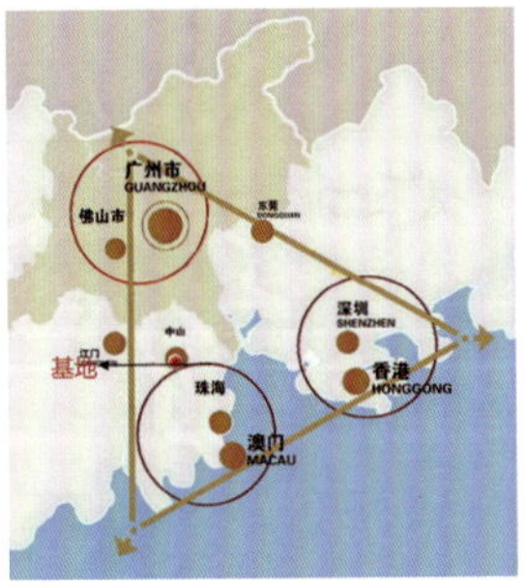

中山是湾区几何中心、两岸融合发展支撑点、沿海经济带枢纽城市、粤港澳大湾区重要一极。

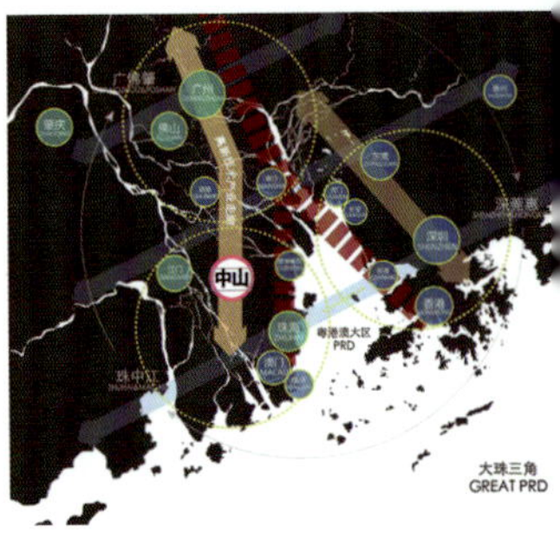

中山是湾区城市群中独具特色的存在，是粤港澳大湾区面向海洋、辐射后方腹地的重要门户枢纽。

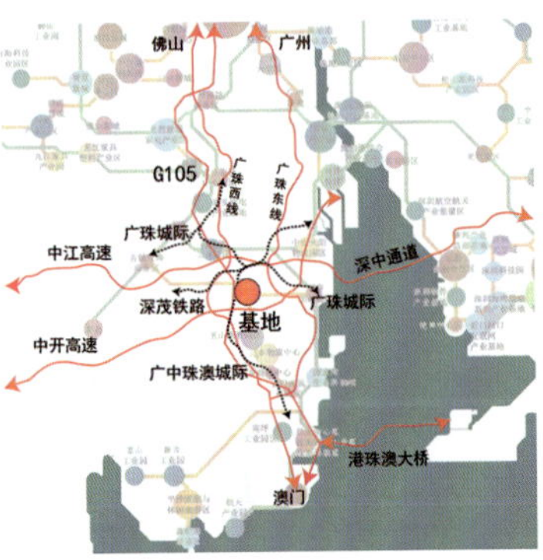

中山市在大湾区的交通区位

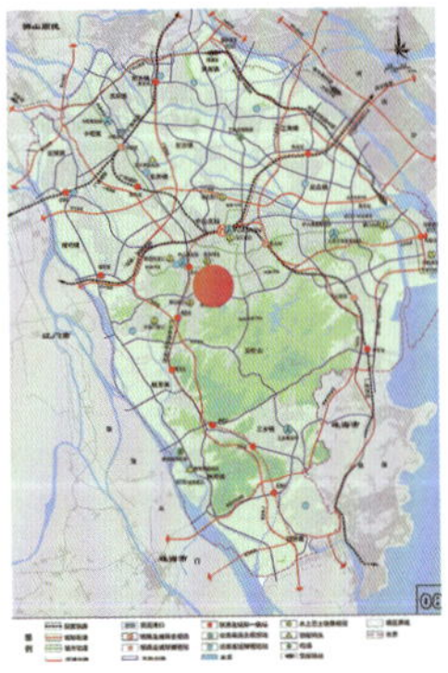

石岐区在中山市的交通区位

区内交通便利，道路网络四通八达，东距中山港10余公里，西与105国道和中江、京珠高速公路相连，南接澳门57公里，北连广州番禺40公里；建成通车的广珠轻轨中山北站以及中莞轨际和沿海高速铁路的规划建设，使石岐纳入了广深"一小时"生活圈，成为中山市新的重要交通枢纽。

基地在石岐区的交通区位

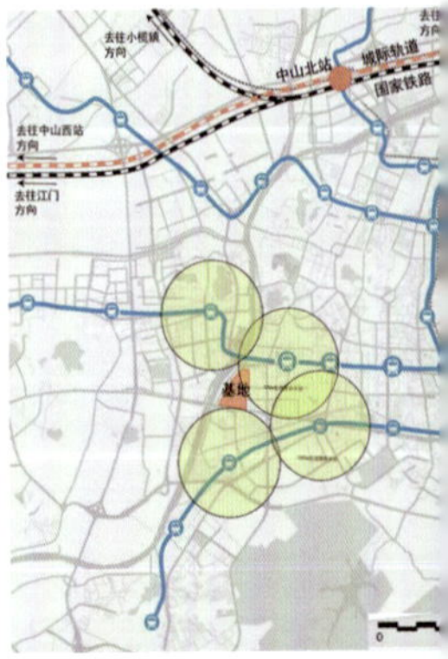

基地在石岐区的交通区位

基地位于旧城区悦来南片区，两侧道路均为城市主干道，便利的交通和川流不息的人群为基地注入了活力，同时提供了的开发潜力。

中山市城市发展墨迹图

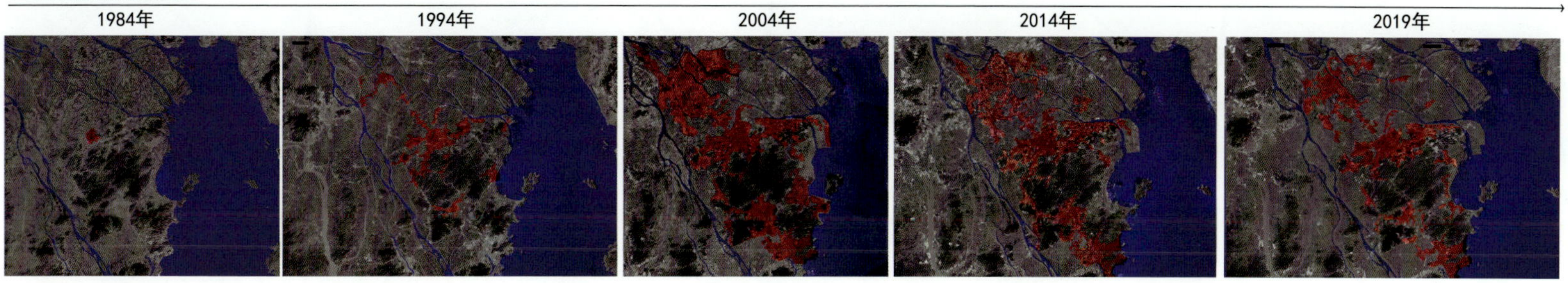

前期分析

- 规划背景
  - 区位分析
  - 历史沿革
  - 相关规划与政策
- 基地分析
  - 基地建设现状
  - 周边建设环境
  - 社区与人群
  - 历史与文化
  - 现状总结

更新规划

- 项目定位
  围绕健康社区三方面的需求展开，分别从居住，商业，文创三个方面阐述项目定位
- 产业分析
  综合分析中山市的产业现状，形成以文创产业、商业服务业、房地产业为支柱的产业愿景
- 功能策划
  从居住生活、商业服务、文化创意三个版块入手，对场地的建筑功能进行重塑并植入新功能
- 经济可行性分析
  通过分析场地周边各类项目的售价确定场地收入及成本，确定合理的开发强度，同时保障可行性与健康需求
- 土地开发潜力分析

规划理念

健康社区

规划策略

- 社区功能
  - 完善社区功能，鼓励功能混合开发模式
  - 日常健康与防灾应急相结合的社区公建配套
- 社区交通
  - 人车分流，构建独立的交通体系，系统优化慢行步行体系
  - 日常健康与防灾应急相结合的社区公建配套
- 社区环境
  - 营造绿地系统
  - 提供防灾避难场所
  - 加强社区通风、日照环境设计，降低污染源对居住环境的影响
- 社区空间
  - 梳理街巷空间，设计活力街道，激活街区活力
  - 加强社区与滨河景观联系，构建滨水活力空间
- 社区特色
  - 激活社区历史、文化、生活特色，延续社区人脉
  - 老年人及儿童需求提供多元的配套服务设施

规划目标

- 丰富完善的社区功能
- 便捷通达的社区交通
- 绿色宜居的社区环境
- 开放共享的社区空间
- 创新永续的社区特色

项目定位

健康新社区 活力老安山

通过在场地内植入符合健康社区的相应功能需求，最终塑造成一个舒适怡人的生活家园、一个多元混合的商业中心、一个特色发展的文创空间，其内部工业遗存较多，建成度高，具有浓厚的时代印记，以微更新，提升品质，打造出具有地域特色的新兴片区

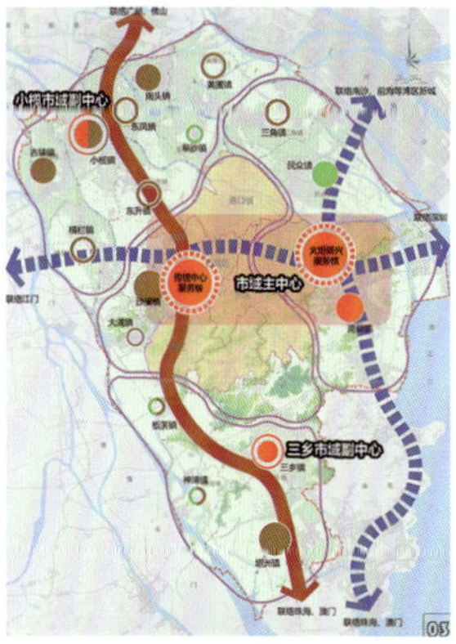

中山市城市总体规划

基地位于传统服务核心，应完善重大基础设施和公共服务设施布局，大力发展高端服务业和战略性新兴产业。

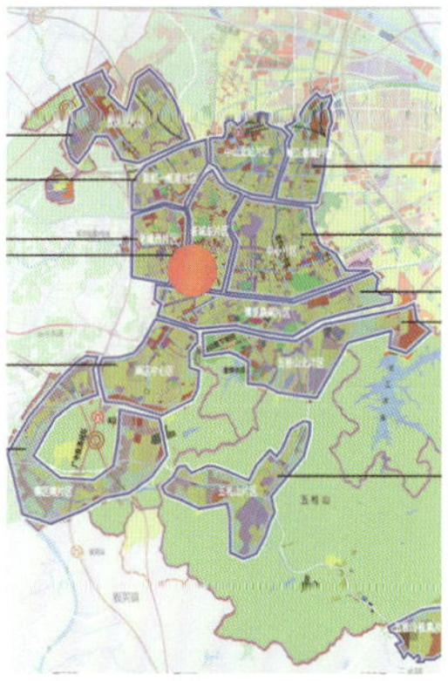

中心城区功能结构图

老安山片区应以旧城改造，完善城市综合服务功能，以商贸服务、居住生活配套服务功能为主。

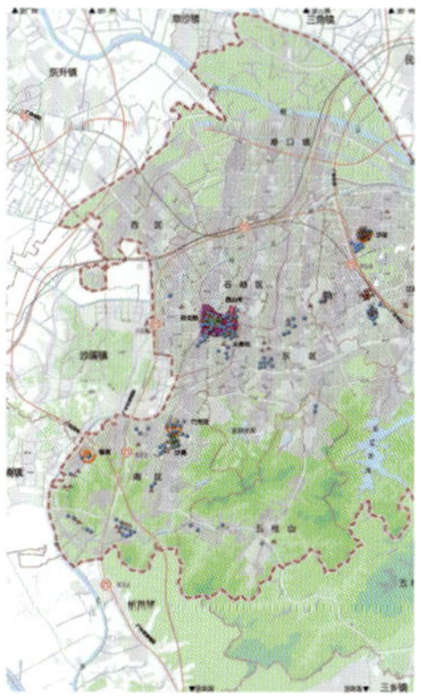

历史名城保护规划图

重点保护历史城区、4处历史文化街区、12处历史地段、231处不可移动文物、168处历史建筑、非物质文化遗产等。

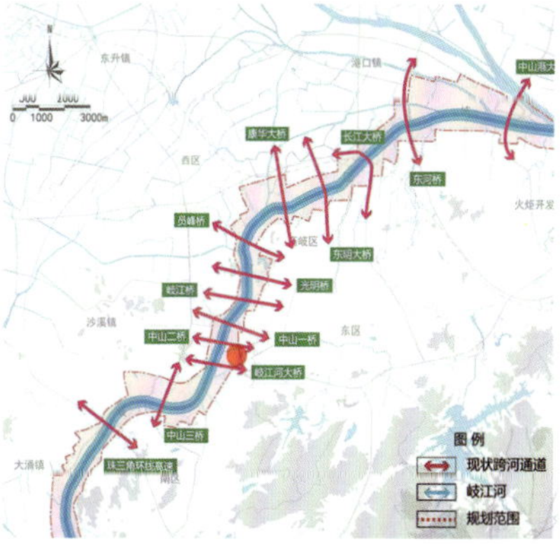

基地在中山市一河两岸规划石岐区的交通区位

增加滨水旅游功能，粮仓保护改造，滨水商业走廊。

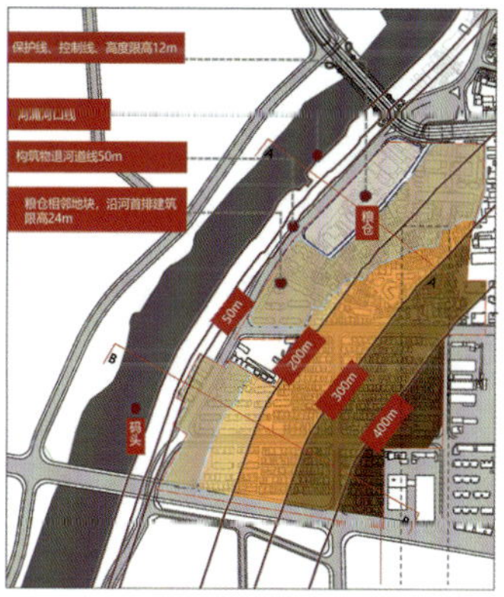

场地退距示意图

粮仓划定相关区域限高12米。相邻未核发规划条件地块的新建项目的一线建筑建议控制在24米以下，宜结合底层增加商业游憩功能。

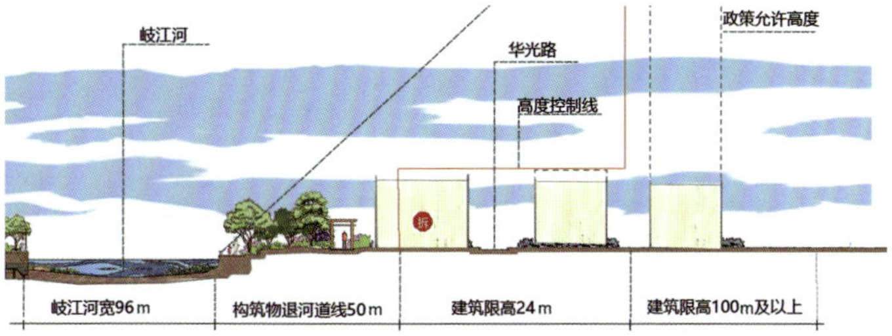

滨河沿线退距示意图A

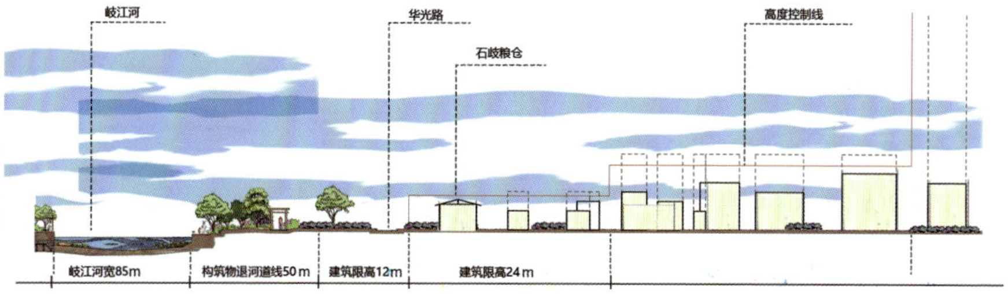

滨河沿线退距示意图B

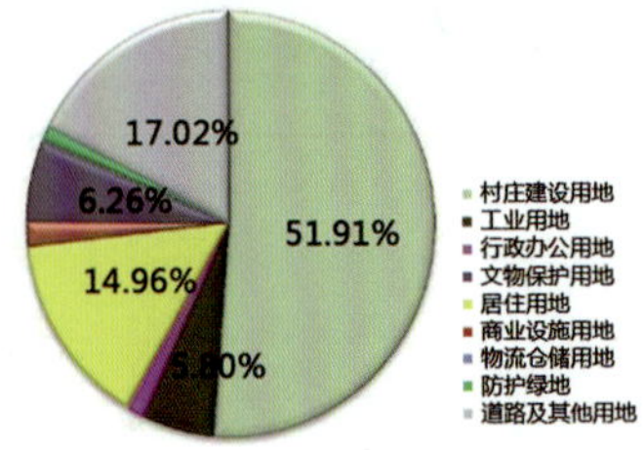

本次规划范围面积26. 20公顷。现状主要以村庄建设用地为主，零散分布有行政办公用地和部分工业用地。

问题：大面积的旧村土地利用相对低效，并与老安山总体定位不符；商业、服务业等第三产业用地占比极低。

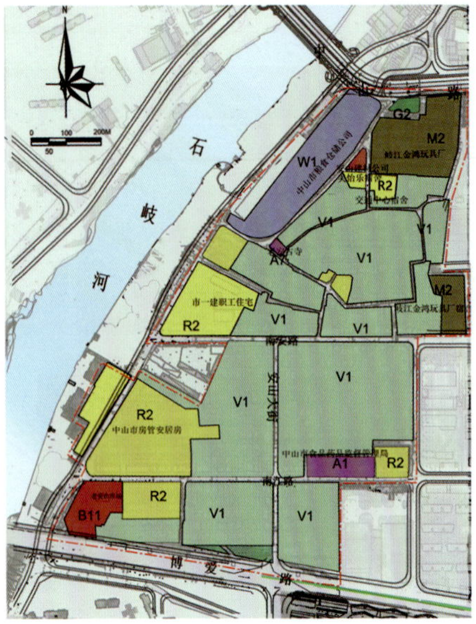

土地利用现状图

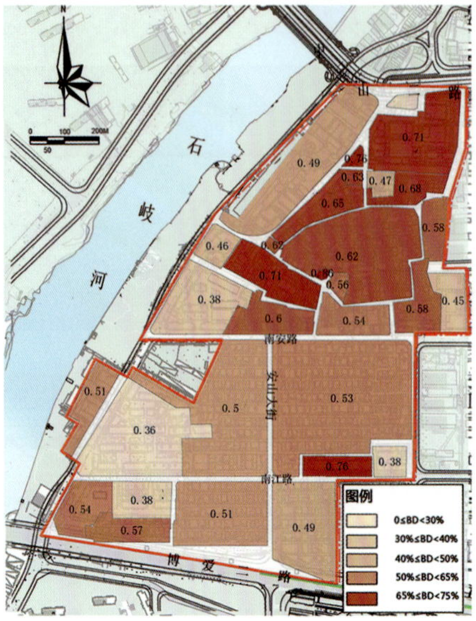

建筑密度现状图

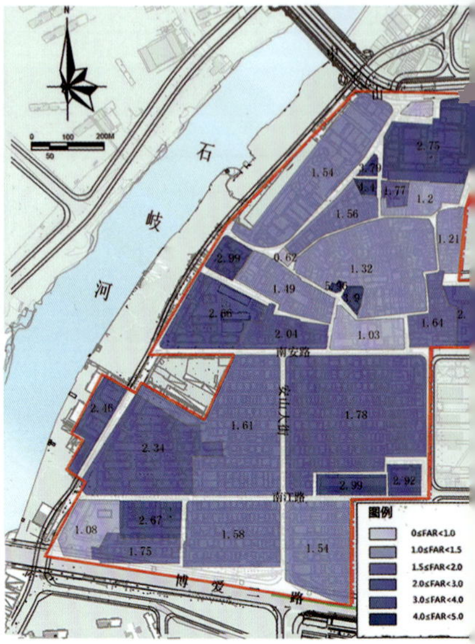

建筑容积率现状图

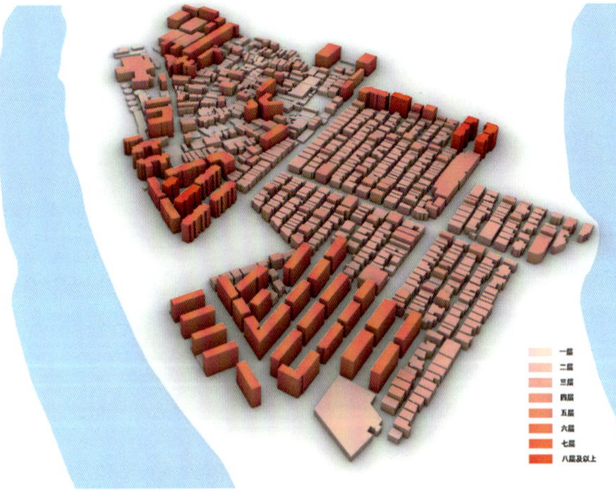

现状建筑层数分析图

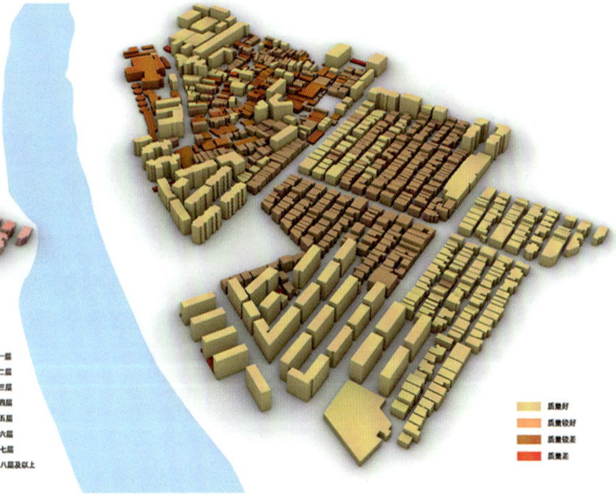

现状建筑高度分析图

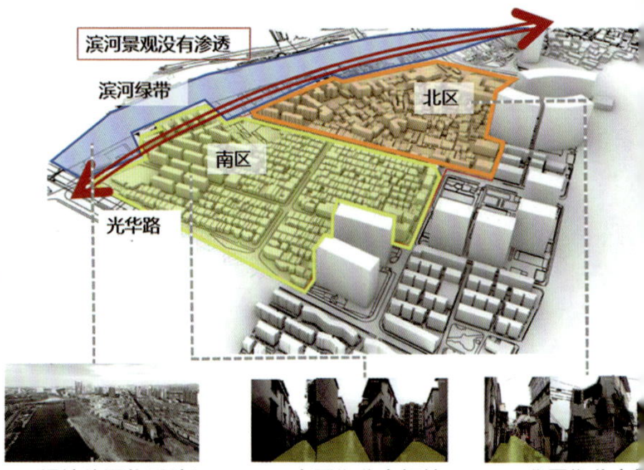

场地外围临近岐江滨河景观带，但被光华路所隔断，绿地景观与基地环境没有联系。

南区街巷空间较为规整，建筑高度与街巷宽度相比不协调，整体感觉较为压抑。

北区街巷空间为破碎，开场小空较多，建筑高度与街巷宽度相比适中。

基地公共空间分析图

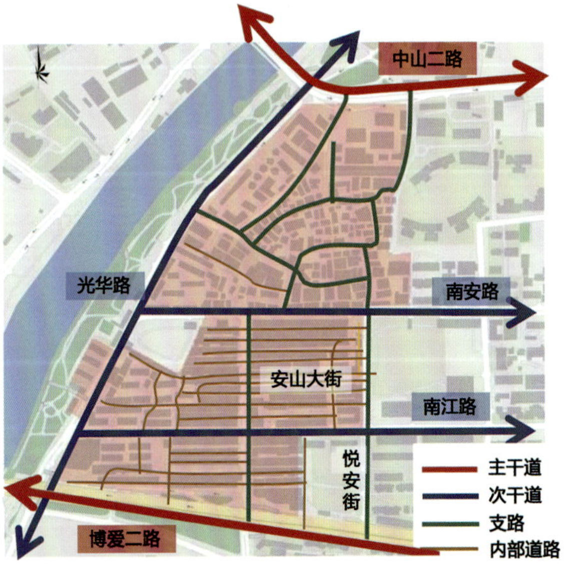

内部交通现状图

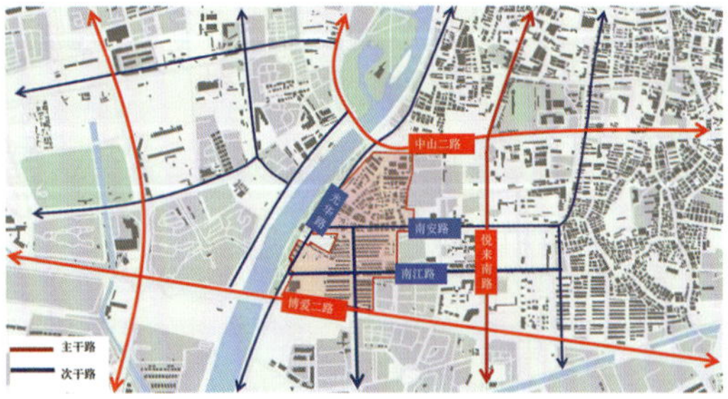

基地周边交通现状图

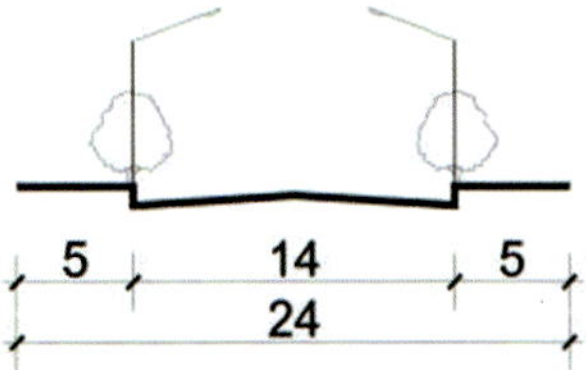

南安路道路横断面

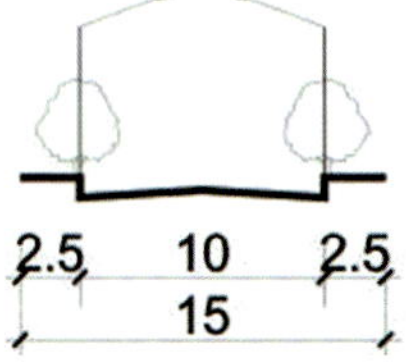

南江路道路横断面

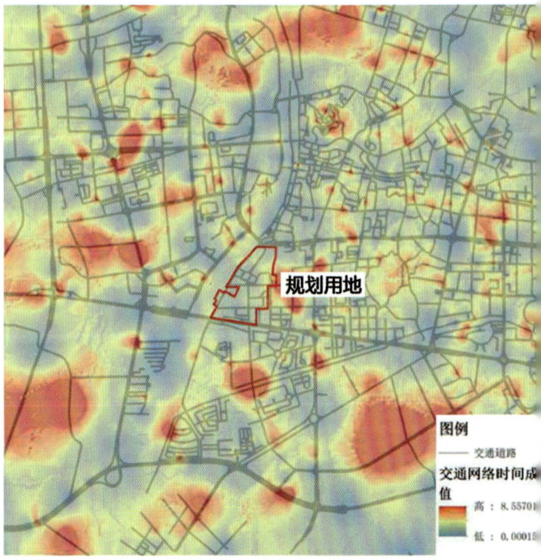

基地周边可达性分析图

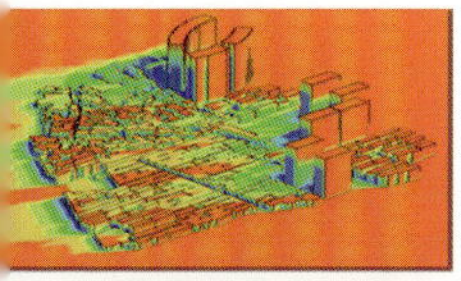
西南视角日照分析图

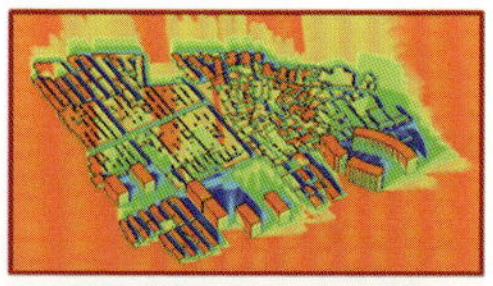
东南视角日照分析图

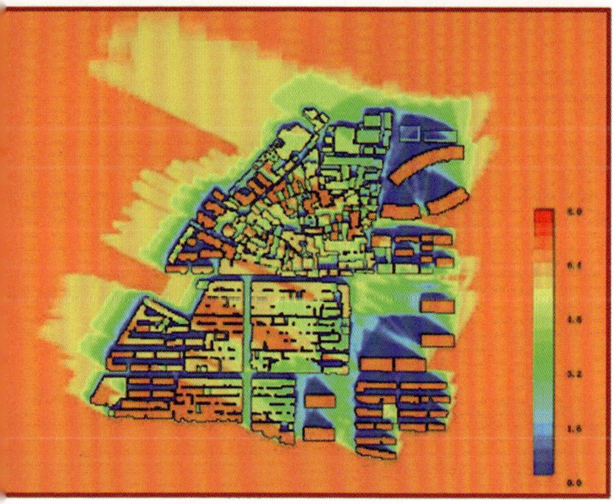
基地及周边日照分析图

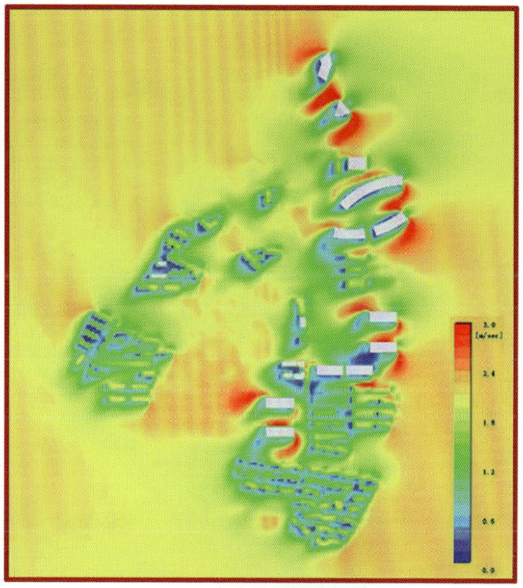
10 m 高度风环境分析图

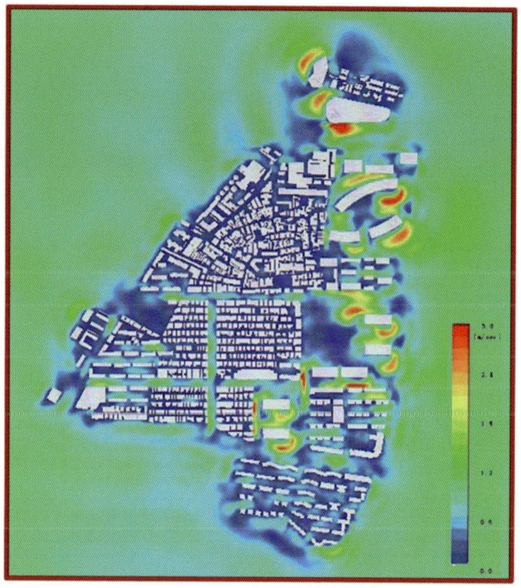
1.5 m 高度风环境分析图

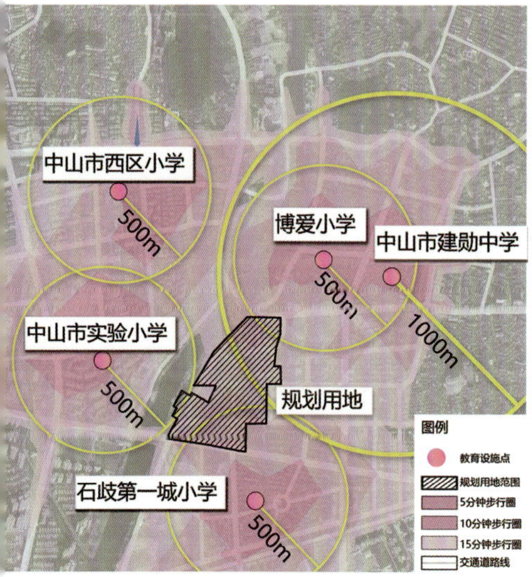

教育设施分析图

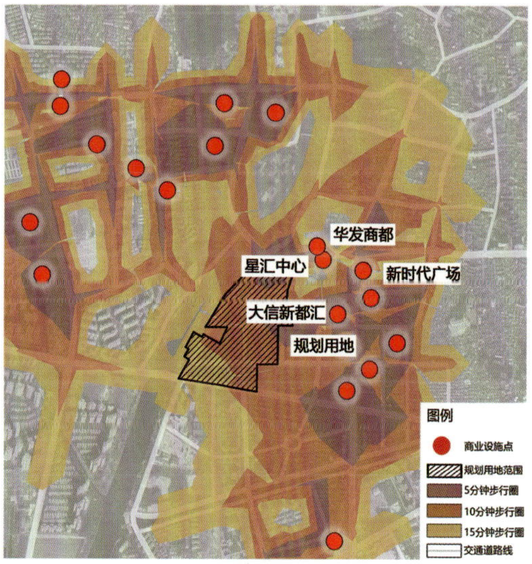

商业设施分析图

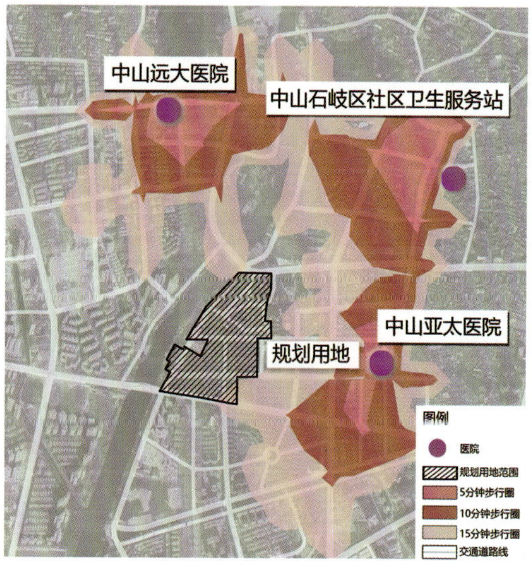

医疗设施分析图

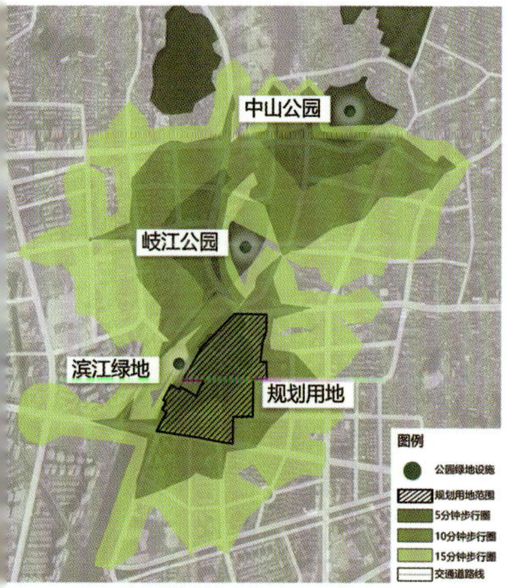

公园绿地设施分析图

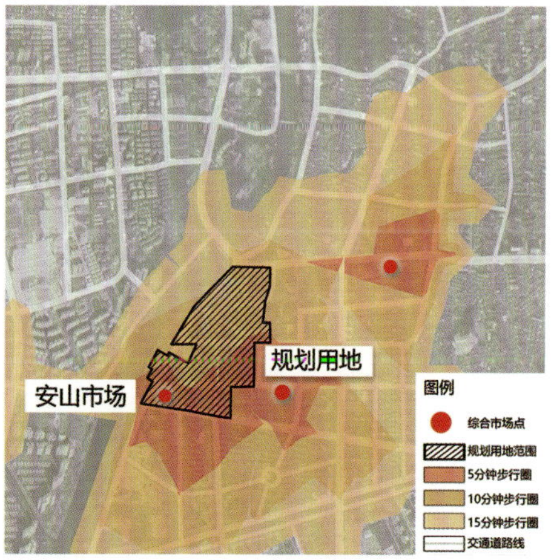

农贸市场分析图

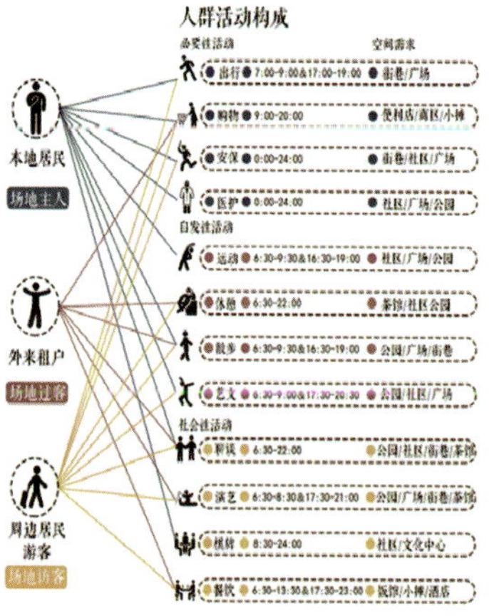

人群需求分析图

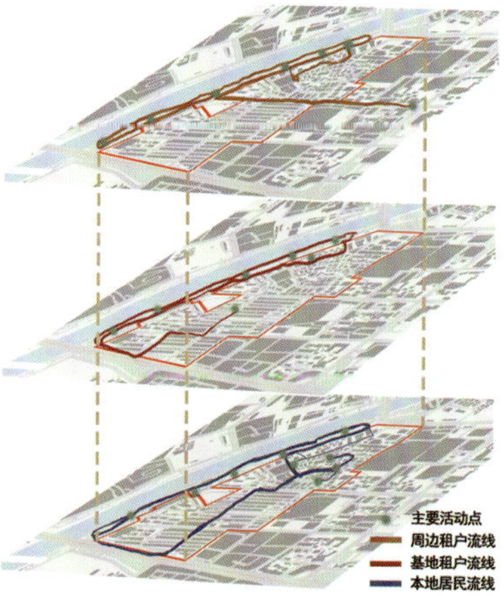

人群流线分析图

项目定位：一个集居住生活、商业服务、文化创意等功能于一体的“新社区”

THE HEALTH ECOLOGICAL DEMONSTRATION COMMUNITY OF ZHONGSHAN

一个舒适怡人的 生活家园

一个多元混合的 商业中心

一个特色发展的 文创空间

相关政策规划解读

政策、规划	基地产业指引
《广东省中山市土地利用总体规划（2010—2020年）》	老安山城市更新片区应加强“城中村”改造，重点发展地区性综合服务业
《中山市服务业发展“十三五”规划》	重点发展文化创意设计、文化艺术培训、文化活动线上推广、文化成果转化、文化产权交易、现代工业设计、动漫游戏设计制作等业态。合理布局商业地产，规划发展旅游地产、养老地产等房地产新业态
《中山市城市总体规划（2010—2020年）》	战略性新兴产业、区域创新服务业发展带动其他产业，以文化创意产业、房地产开发为主导大力发展
《中山市城组团发展规划（2017—2035年）》	产业指引主要以创新服务产业为重点：重点发展科技研发、现代金融、教育培训、健康医疗、文化创意等产业类型

《中山市城市总体规划（2010—2020年）》

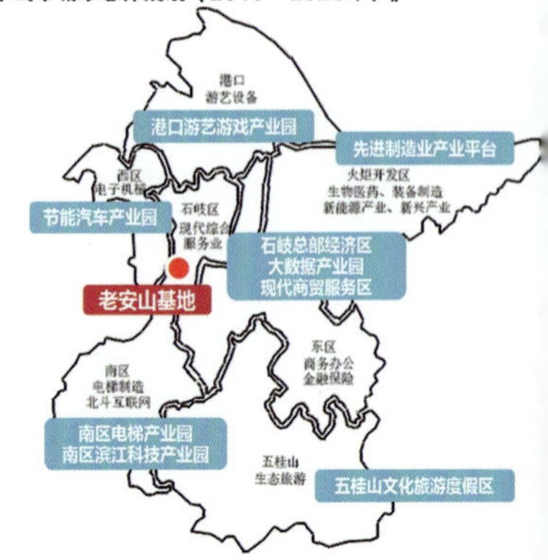

城市产业定位：高新技术及现代制造业的创新型产业基地

中山市产业规划

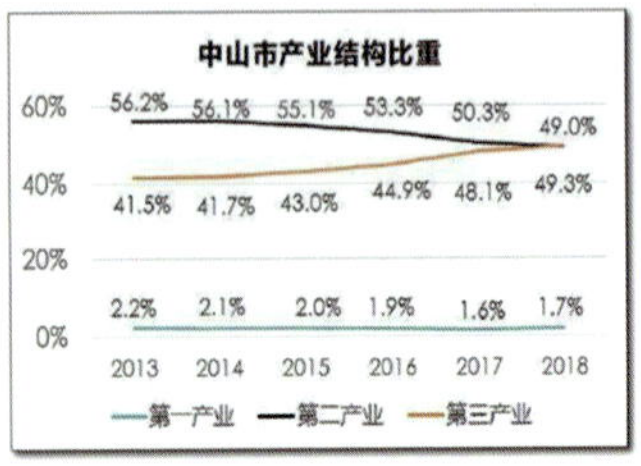

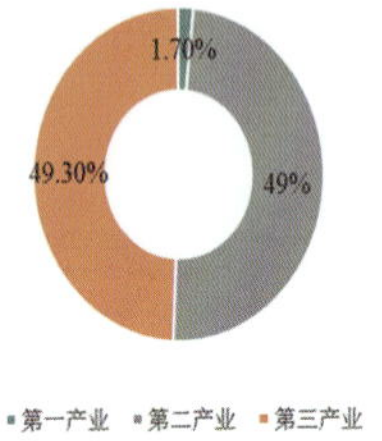

2015年石岐区生产总值及变化（按可比价计算）

总量	增速%	第一产业增加值		第二产业增加值		其中：工业增加值		第三产业增加值	
		总量	增速%	总量	增速%	总量	增速%	总量	增速%
1 731 130	8.5	1 727	-9.1	406 843	2.7	358 554	-1.4	1 322 559	10.2

中山市：依靠制造业起家，长期以第二产业为主导。制造业为主的实体产业是中山市的经济命脉。自 2013 年开始，在产业结构转型优化的过程中，第二产业占比下滑明显，第三产业占比逐步上升。

石岐区：产业不断升级，2015年第三产业增速10.2%，其总量在三产中占比最高，第二产业中工业减少1.4%，第三产业减少9.1%。

基地的产业现状

基地位于老安山传统产业重地，业态较低端，组织形式繁杂。呈现以第二产业为主、少量三产为辅的2+3布局。

总结：基地二产业态较为低端，并有少量三产，亟需转型升级。

产业格局

目标定位	培育形成第三产业为主的产业格局
实现途径	依托本底条件，引入高质第三产业，鼓励和引导低端第二产业有序退出，提升留存二产品质
产业格局	以文化创意产业为特色，商业服务业和房地产业为创新增长点的产业格局

结合中山、石岐区的产业规划布局，以及基地产业现状，推导出基地产业发展总战略：构建以第三产业为主的产业格局，实现二产向高端三产的转型。

发展功能遴选

关键词	政策要求	上位规划	区域角色	发展现状	自身发展条件	规划功能
文化体验	——	√	——	√	√	文化创意产业
厂房改造	——	√	√	√	√	
旅游观光	——	√	√	——	√	
艺术展示	——	√	√	——	√	
商务办公	——	√	√	√	√	商业服务业
幼儿亲子	——	——	√	——	√	
现代服务	√	√	——	√	√	
城市综合服务	——	√	——	√	√	
养老服务	——	√	——	√	√	
城市品质	√	——	——	√	√	房地产业
健康社区	√	——	——	——	√	
高端居住	——	√	——	√	√	
公建配套	——	√	——	√	√	

构建“1+1+1”三产主导的产业格局

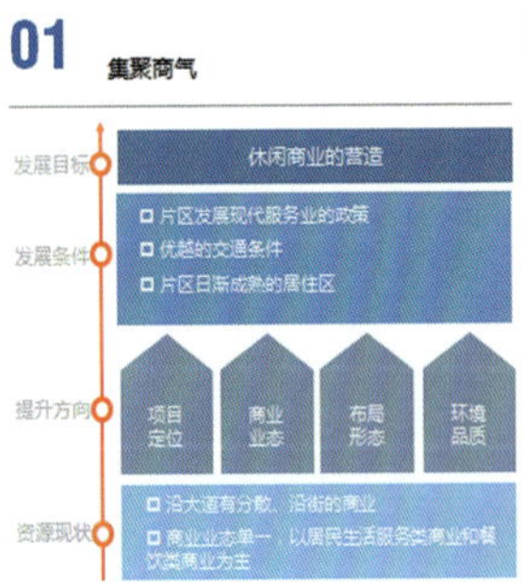

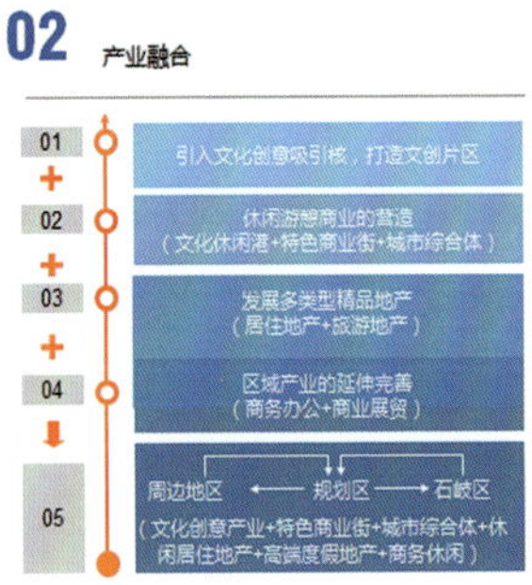

遴选优势产业，构建以第三产业为主导，其中文化创意产业为特色、商业服务业和房地产业为创新增长点的产业格局，构筑产业发展新动能。

主导子类产业

文创产业格局

重点打造“一条龙”文创基地，加强老安山传统文化体验

建立老安山城市文化展示空间

建立工业改造众创空间，共享办公空间，艺术创作空间

依托石岐粮仓，打造线上+线下的产业空间

1	功能定位	集居住 商业 文创于一体的健康社区
2	前期策划	居住板块 商业板块 文创板块
3	功能布局	功能布局示意

功能定位

老安山社区功能主要有三大部分构成，分别是：居住生活 商业服务 文化创意

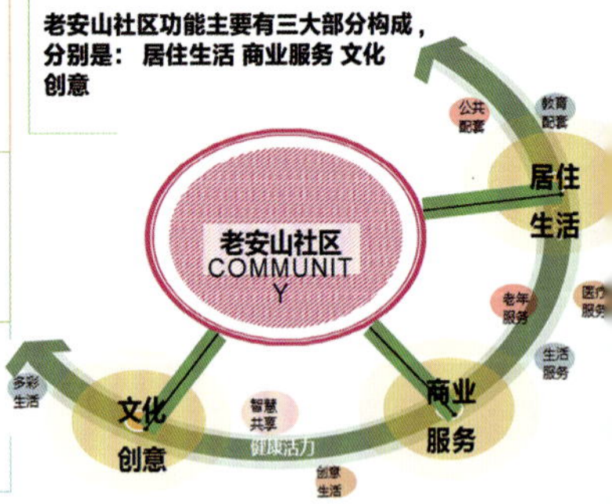

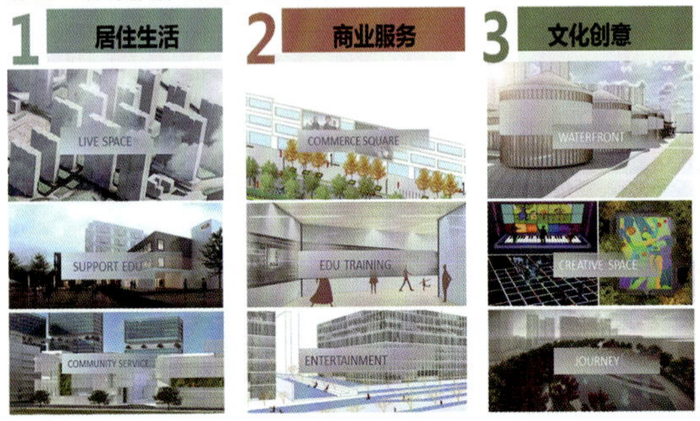

- 基地内布局普通住宅、公寓以及滨水养老等多元居住。
- 商业结合社区和滨水分别设置社区商业和滨水特色商业。
- 文创结合基地现状粮仓等设置文创体验、老村旅游等。

结合产业发展方向进行社区功能相关布局策划。

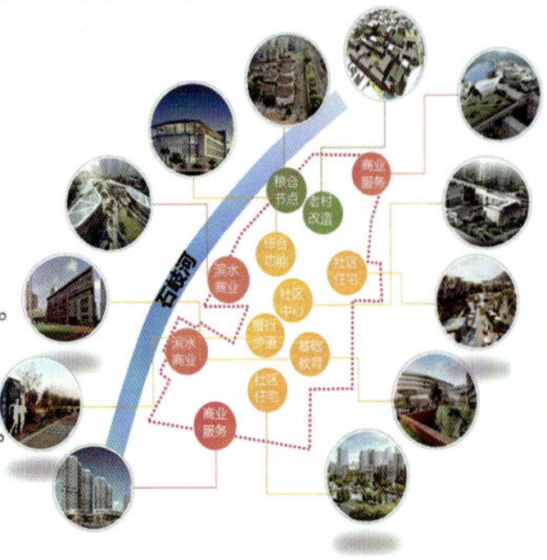

结合现状基础条件进行功能相关策划。

居住生活板块						
特色功能			支撑功能			
亲子教育	医养服务点	老年服务	社区公园	社区服务设施	社区交通设施	社区慢行系统

商业服务板块												
主导功能					特色商业				文化服务			
批发零售	教育培训	商务办公	养老服务	休闲娱乐	时尚秀场	商业步行	品牌餐饮	品牌商品	健身休闲	艺术培训	声乐欣赏	教培

结合现状基础条件进行功能相关策划

文化创意板块

主要功能				特色服务			
文化展示	旅游游憩	创新实践	粮仓体验	长廊游览	手工制作	设计工坊	古庙祈福

中山市2019年各镇区住宅成交套数

中山市2019年各镇区住宅新增套数

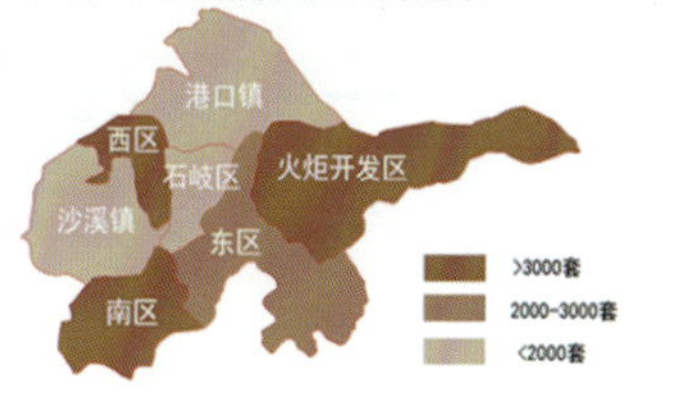

中山市2019年楼市开盘项目次数

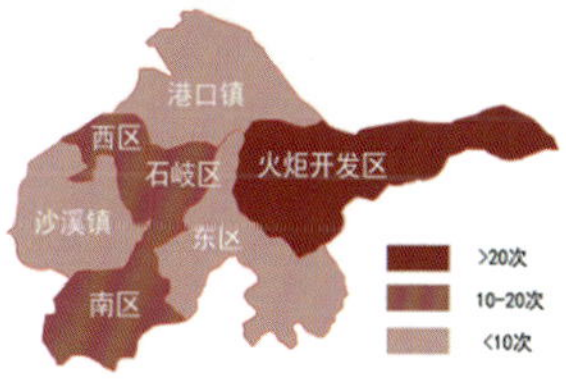

2019年中山市各镇区住宅备案价

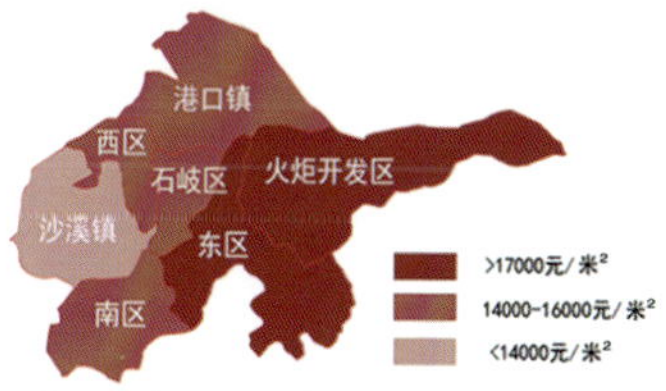

结论：从住宅成交及新增项目、楼市开盘项目、住宅备案价四方面对石岐区及周边片区进行评估，可以看出石岐区与周边区域差距不大，洼地现象不明显。

项目售价预估

住宅整体销售均价16000元/米²

商业整体销售均价23000元/米²

办公整体销售均价16000元/米²

地下车位整体销售均价28万元/个

结论：场地周边开发项目车位均价为28万元每个，基地内商业车位售价可参考此数值。

拆改示意图

对粮仓及老村进行部分保留并对其进行改造，其余部分进行拆除重建。

周边住宅开发项目

基地周边住宅开发项目

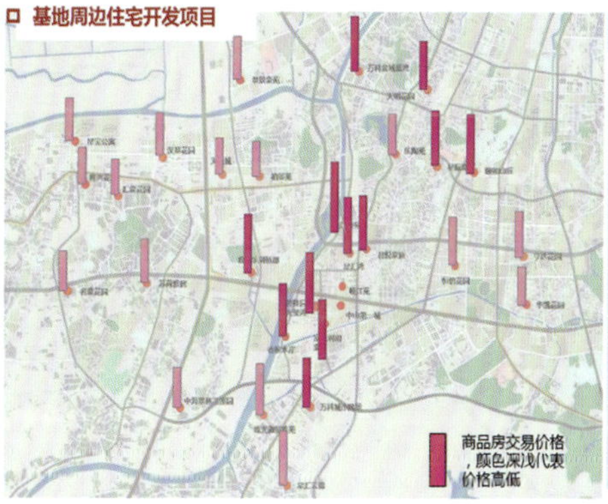

	比较因素	星汇湾	君悦豪庭	岐江壹号	雅居乐剑桥郡
1	交通条件	9	8	11	8
2	综合配套	10	8	10	8
3	景观资源	9	7	9	7
4	周边环境	9	10	9	7
5	商务氛围	8	10	9	9
6	建筑规划	10	10	10	9
7	硬件配套	10	10	10	9
8	公共装修	10	10	10	9
9	项目规模	10	9	11	8
10	品牌效应	10	10	11	9
11	合计	95	92	105	93
12	参考均价	14823	14317	18500	15500
13	估价对象/案例	1.05	1.09	0.95	1.07
14	案例均价	15564	15605	17575	16585
15	比较权重	0.2	0.2	0.3	0.3
16	评估对象均价	16181			
17	最终取值	16000			

周边写字楼开发项目

基地周边写字楼开发项目

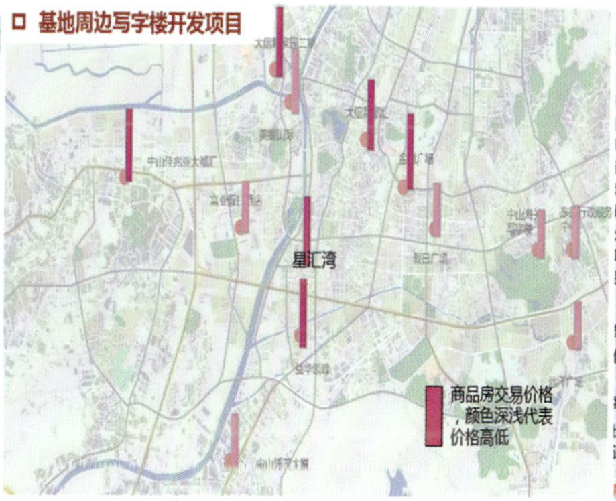

比较因素	益华领峰	假日广场	大信新都汇	星汇湾	估价对象
交通条件	9	8	8	8	10
综合配套	10	8	10	8	10
景观资源	9	7	9	7	10
周边环境	9	10	9	7	10
商务氛围	8	10	9	9	10
建筑规划	10	10	10	9	10
硬件配套	10	10	10	9	10
公共装修	10	10	10	9	10
项目规模	10	9	11	8	10
品牌效应	10	10	11	9	10
合计	95	92	97	93	100
参考均价	15700	12200	16100	15870	
估价对象/案例	1.05	1.09	1.03	1.07	
案例均价	16526	13261	16598	16064	
比较权重	0.2	0.2	0.3	0.3	
评估对象均价	15920				
最终取值	16000				

结论：运用市场比较法进行价格修正，最终得到估价对象在评估基准日的正常市场价格为16 000元/米²。

经济测算

规划面积(ha)	22.30					
规划容积率	3.40	3.20	3.00	2.90	2.80	2.60
规划总建筑面积(单位：万平方米，下同)	75.82	71.36	66.90	64.67	62.44	57.98
回迁建筑面积	34.40					
公建配套面积	3.78					
可售建筑面积	37.64	33.18	28.72	26.49	24.26	19.80
商业建筑面积	7.53	6.64	5.74	5.30	4.85	3.96
住宅办公建筑面积	30.11	26.54	22.97	21.19	19.40	15.84
车位数量(单位：个)	3764	3318	2872	2649	2426	1980
项目收入(单位:亿元)	76.02	67.02	58.01	53.50	49.00	39.99
开发成本	56.87	53.52	50.18	48.50	46.83	43.49
其他费用	5.75	4.05	2.35	1.50	0.65	-1.05
税后利润	13.41	9.45	5.48	3.50	1.52	-2.45
税后利润率	17.64%	14.10%	9.45%	6.54%	3.10%	-6.12%

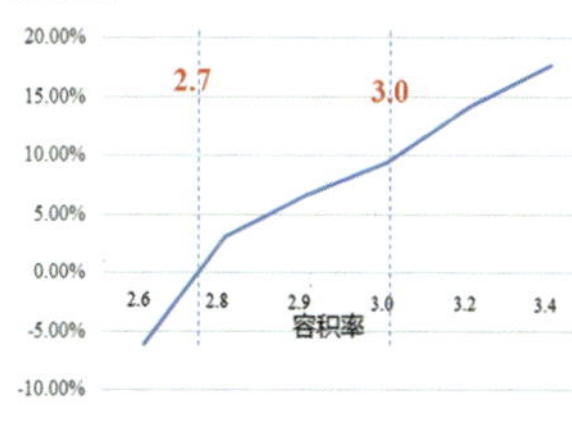

由上图可知，当容积率为2.7左右，恰好能平衡改造成本；当容积率为2.9~3.0时，利润率处在合适的区间内，综合考虑健康社区建设要求及开发商利益，最终确定容积率为3.0。

土地再开发潜力 S	一级评价因子	所占比重	二级评价因子	所占比重
	土地的建设现状评定 M	0.7	现状用地性质A	0.3
			容积率B	0.4
			建筑质量C	0.3
	土地的经济能力评定 N	0.3	到周边商业设施距离D	0.3
			周边道路等级E	0.15
			周边道路数量F	0.15
			到河边距离G	0.4

土地再开发潜力层次分析图

根据土地开发潜力及现状条件，我们将基地开发时序划分为一期、二期、三期工程。

一期工程：为南安路以北区域。该区域集中了8个发展潜力最高地块中的7个地块，历史建筑遗存等均位于此地块区域，且场地现状问题较多，急需更新开发。整体综合而言，发展潜力最高。

二期工程：主要为南安路以南，安山大街以西区域，临岐江河。该地块是面积最大、发展潜力最大的地块之一，整体而言开发潜力较大，可进行多功能植入。

三期工程：主要为场地东部区域，开发潜力一般，且功能以居住为主，其他开发价值偏低，综合而言建议后期开发。

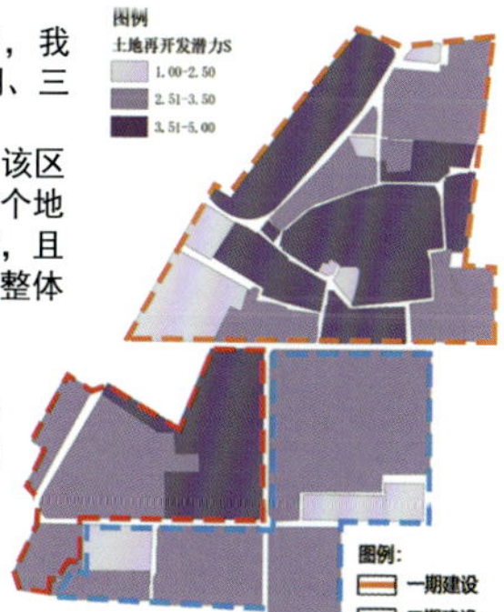

再开发时序

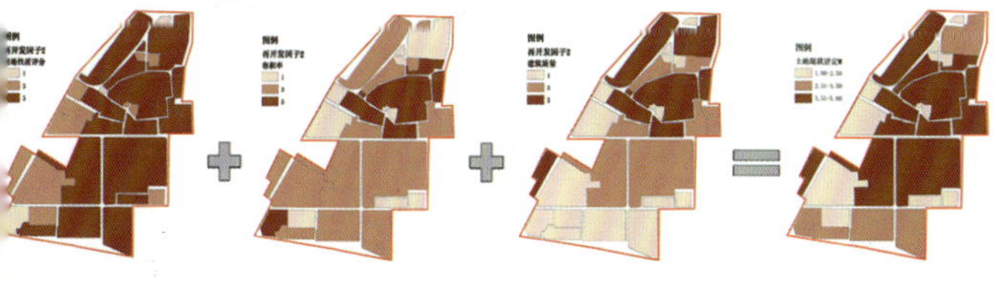

现状用地性质A　**容积率B**　**建筑质量C**　**土地建设现状评定M**

到周边商业设施距离D　**周边道路等级E**　**周边道路数量F**　**到河边距离G**　**土地经济能力评定N**

1989年 国家卫生城市的创建活动为建设健康城市奠定了基础，创造了条件。

1994年 我国在北京东城区与上海嘉定区开展健康城市试点建设工作。

2001年 世界卫生组织（WHO）启动城市健康促进计划。活跃的健康城市运动传入美国、欧洲，而后在日本、新加坡、新西兰和澳大利亚等国家掀起了热潮，逐渐形成全球各城市的国际性运动。苏州成为中国第一个申报成功的健康城市。

2007年 爱卫办在全国范围内正式启动了建设健康城市、区(镇)活动，并确定上十个地区为全国第一批建设健康城市试点。

2015年 我国提出《“健康中国2030”规划纲要》，明确了将推进健康城市的建设做为建设健康中国的抓手，并确定了第一批38个试点健康城市。

2018年 国家卫生健康委员会发布《全国健康城市评价指标体系（2018版）》，为全国健康城市建设评价提供了科学依据，其中将“健康社区”建设指标作为重要评价因素。

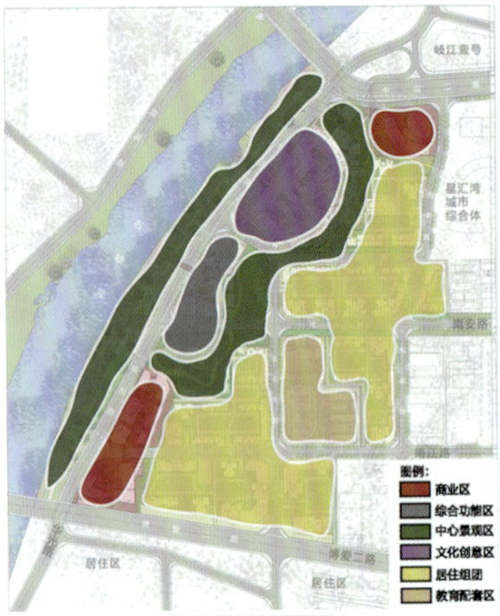

功能分区

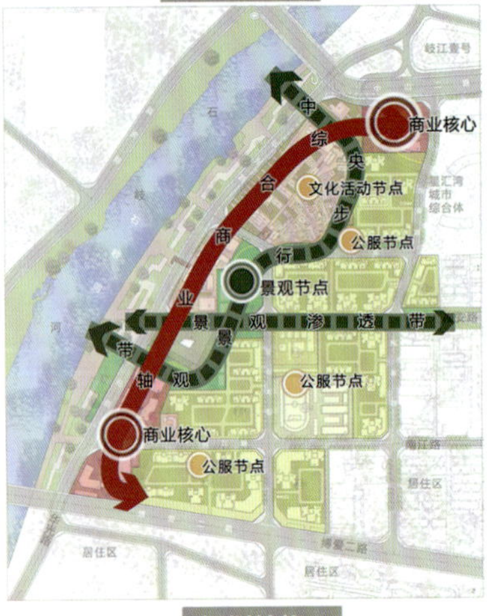

规划结构

用地规划

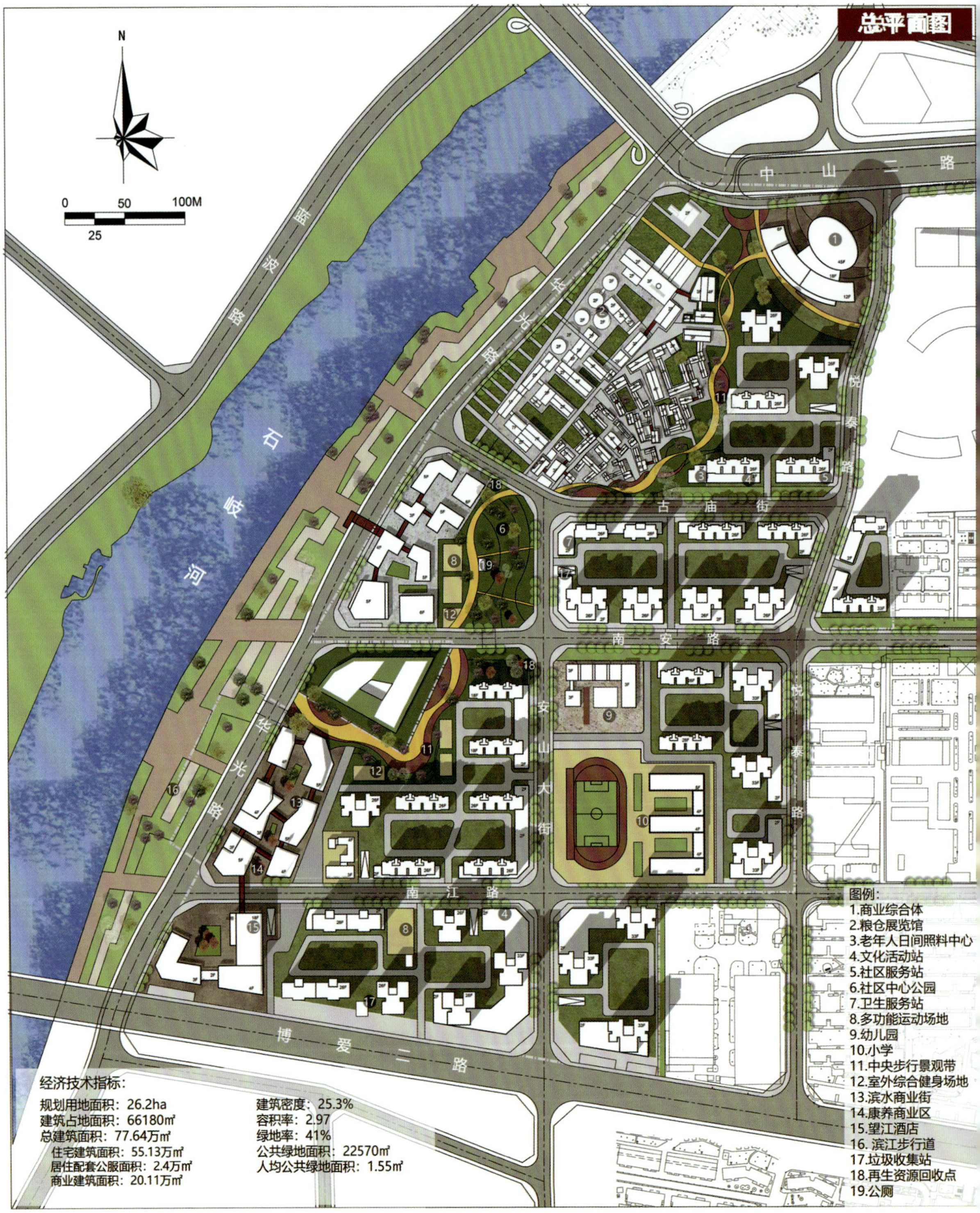

社区功能策略

用地混合开发:结合缺失的公共配套服务设施，实行混合用地开发模式，为10分钟步行范围居民服务，鼓励其步行出行。

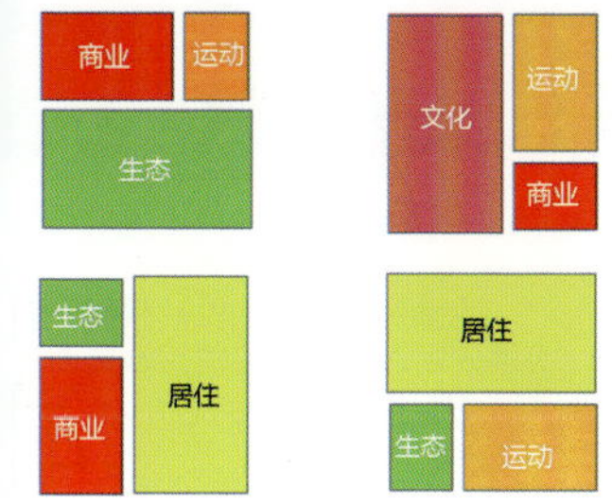

完善社区功能:完善公共服务配套设施，全人群、全龄化地配建公共服务设施。

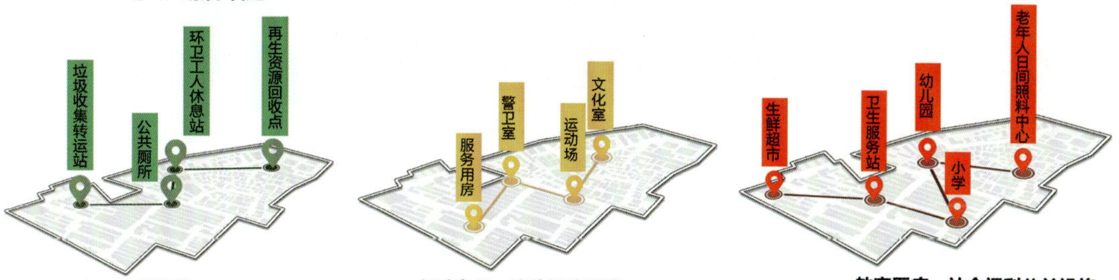

公用设施　　行政办公、文化运动设施　　教育医疗、社会福利公益设施

建筑功能分析

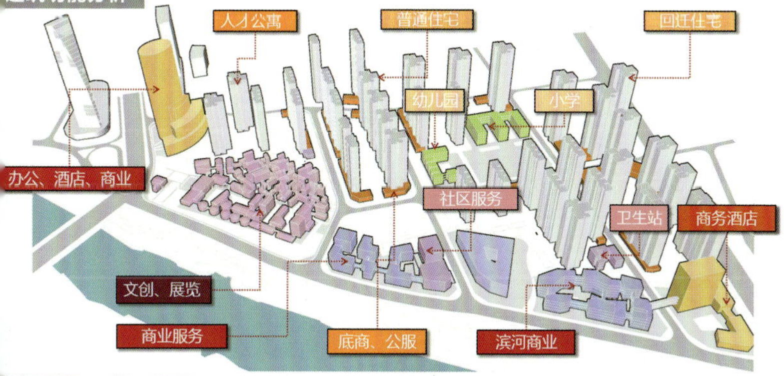

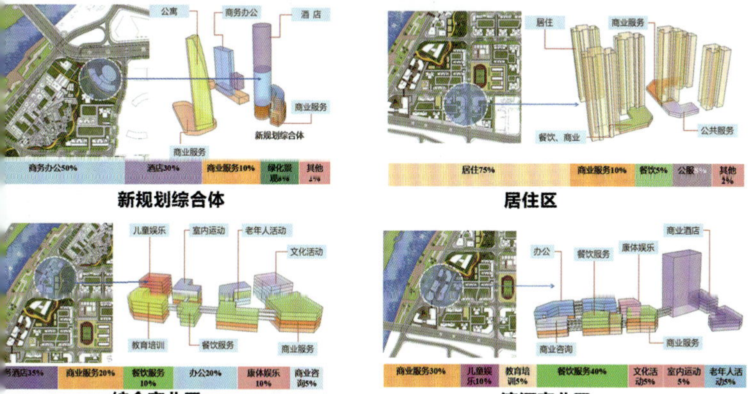

新规划综合体　　居住区

综合商业区　　滨河商业区

规划在社区基地内集中商业休闲、商务办公、酒店接待、文化娱乐、人才公寓、教育等元功能，并对其功能融合和空间紧凑安排，实现土地价值的最大化和生态景观的最优化。

公共服务设施服务范围分析

社区运动场地　　幼儿园　　小学

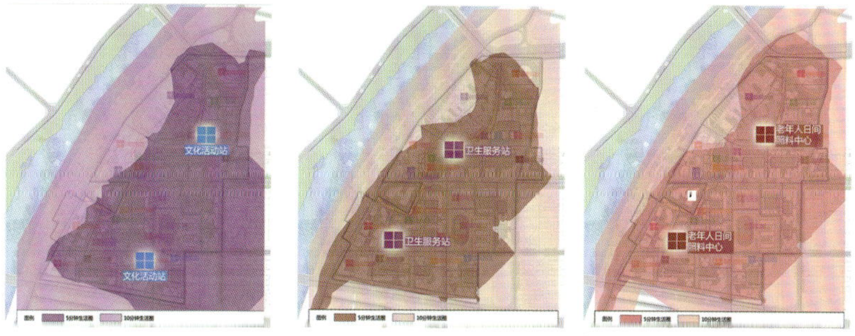

文化活动站　　卫生服务站　　老年人日间照料中心

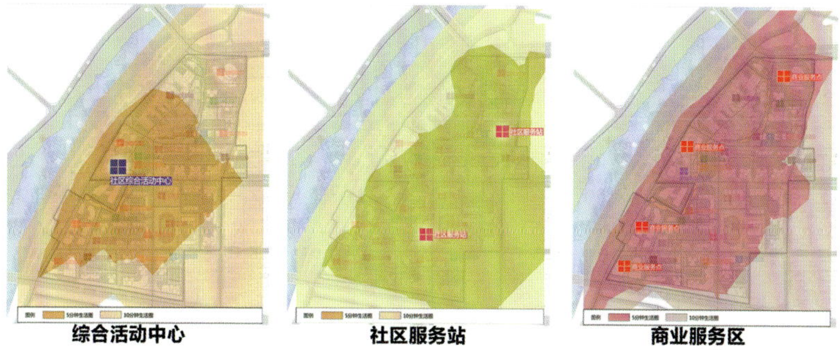

综合活动中心　　社区服务站　　商业服务区

针对平时与灾害“防一适”的响应机制安全健康单元本身的应变机制必须是可调控的，能够根据平时与灾害条件的变化做出相应的调整。应对方式可归纳为两个层级，即“防”“适”。

（1）“防”：防避是城乡“安全健康单元”建立的初始意义和首要目的，主要指对不利要素的阻隔。

（2）“适”：适应是针对防避方式的补充与完善，主要指在一些无法有效防避的情况下，系统可以通过一定程度的调整以适应疫情与灾害的作用。

以5分钟生活步行圈为健康基本单元，对各类设施服务范围进行GIS可达性分析，由分析结果可得到各类设施在步行五分钟范围内基本能覆盖规划后的居住区域。

日常健康与防灾应急规划

社区服务设施分析

日常健康与防灾应急

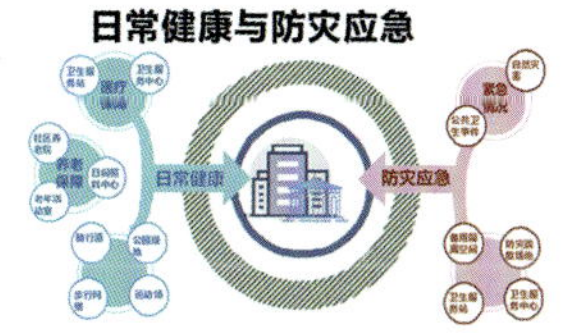

日常健康：增强居民体质，防治非传染性疾病。提供居民医疗卫生保障、养老保障，设置运动场所，增加居民的体力活动，增强居民身体素质，减少污染源以及人体暴露在污染源的危险。

防灾应急：应增加日常空间（菜市场）、紧急医疗服务中心，居家隔离生活支持，医疗设施空间、公共开放空间的适应性，应对紧急的自然灾害和突发公共卫生事件。

安全健康单元

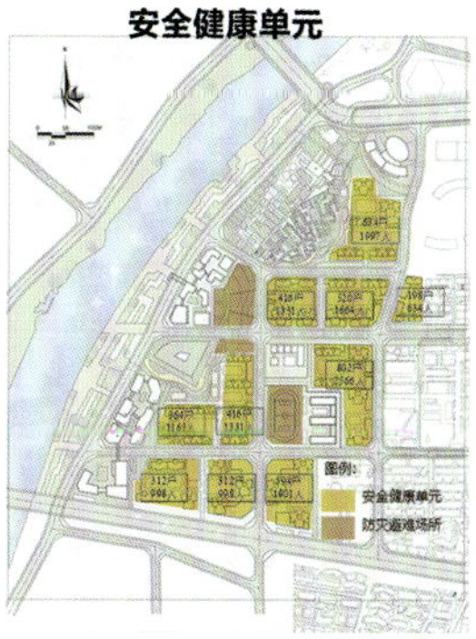

慢行系统策略

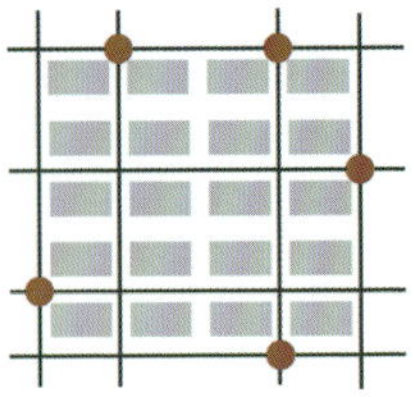
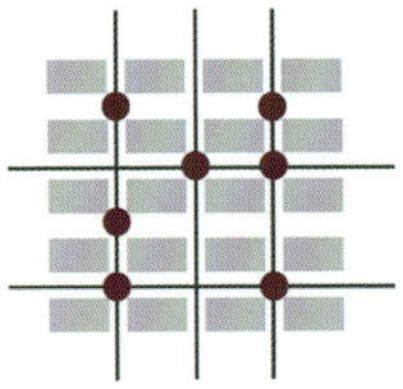
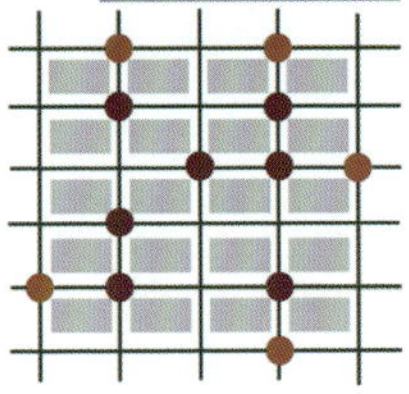

车行系统策略

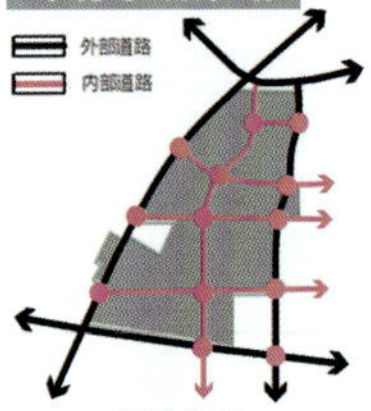

快速衔接

快速衔接周边快速路并串联各片区。

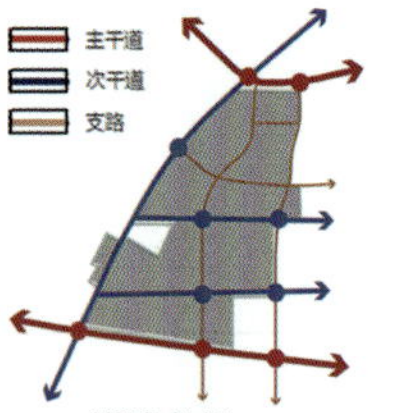

道路分级

将道路进行分级管控，限制车速，保障行车安全。

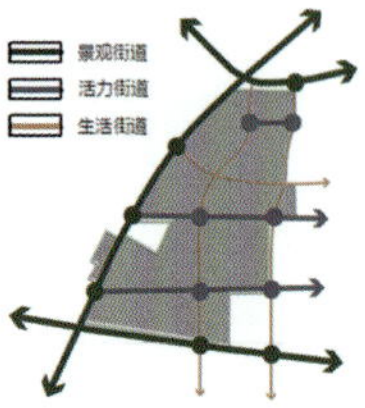

街道分类

明确街道功能定位。根据不同类型的街道设计对应的街道断面。

车行系统规划

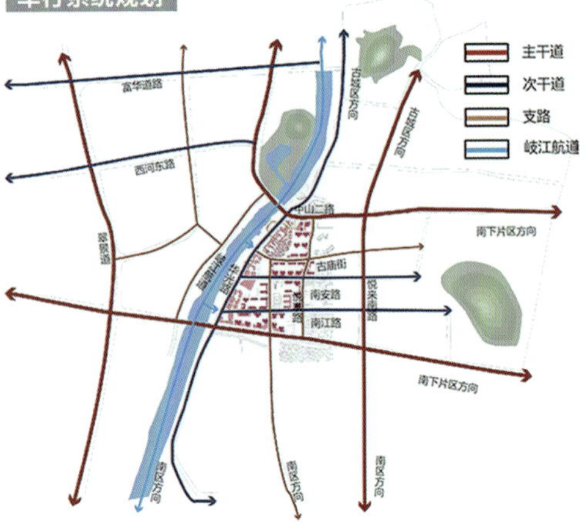

新增古庙街、海边路两条支路。打通悦泰路连接至中山二路，将安山大街连接至海边路，形成五横三纵的道路格局。

内部道路与主干道快速连接。疏通岐江航道，利用码头实现与上下游的水上联系，形成多模式，网络化的道路系统，加强与外部交通系统连接。

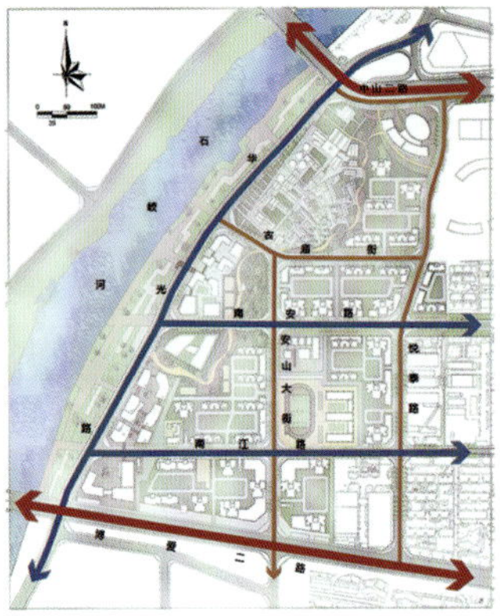

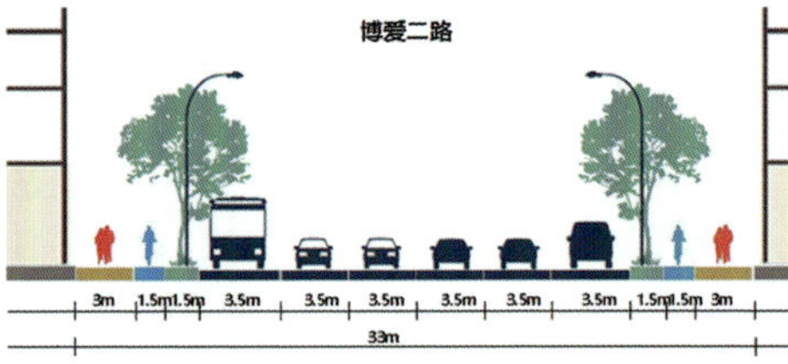

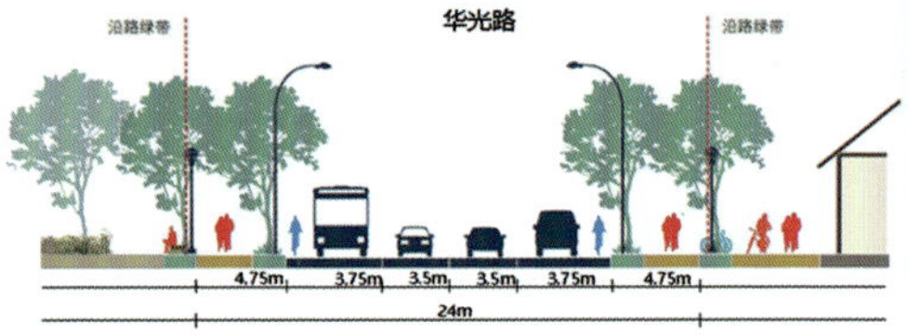

慢行系统规划

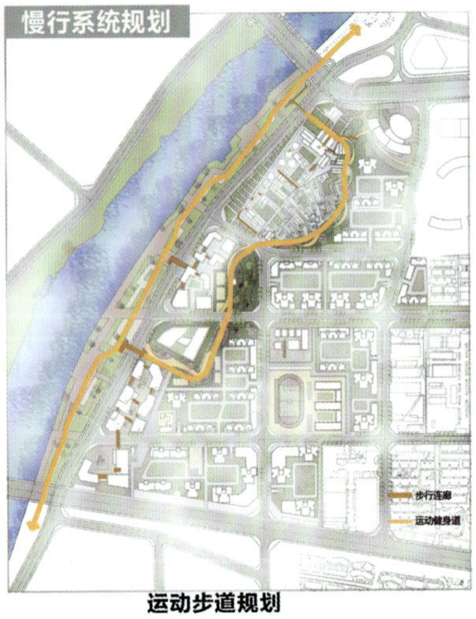

运动步道规划

运动步道

慢行步道

慢行系统规划方面，为实现低碳出行及加强居民锻炼目标，我们规划了独立于机动车道的运动健身道及慢行步道，其长度达到6 000 m，为居民提供了步行条件。

慢行步道规划

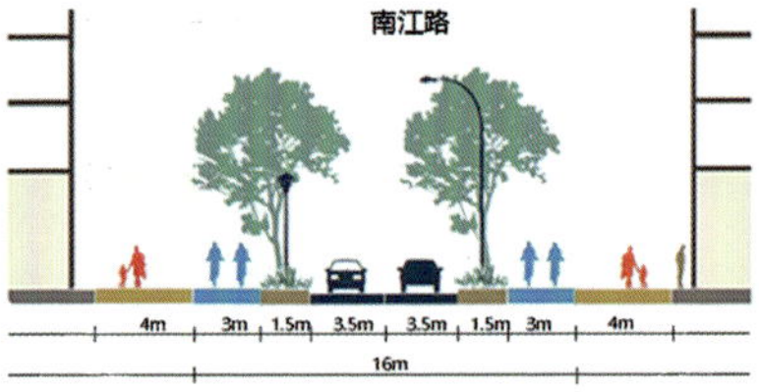

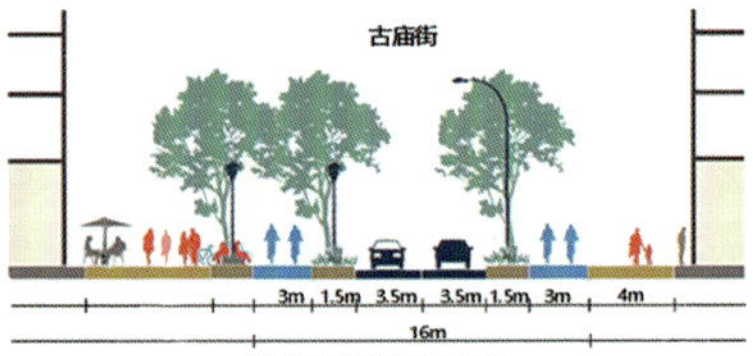

道路横断面规划

道路横断面机动车道与非机动车道之间设置绿化隔离带，减少行人对汽车尾气的直接吸入，降低汽车尾气对人体造成的伤害。

停车规划

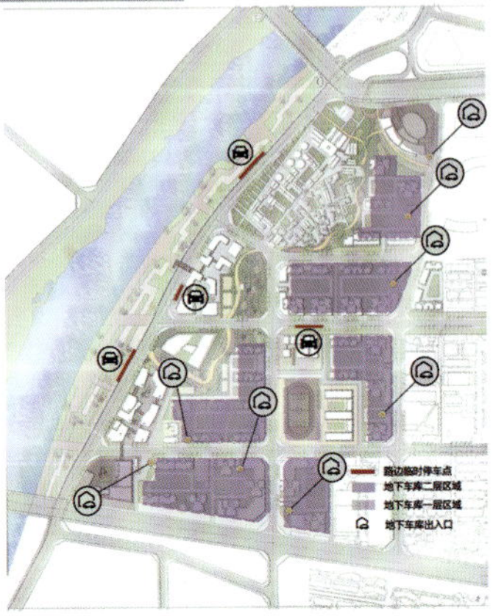

机动车停车点

机动车停车示意

规划区机动车停车方式主要为地下停车，居住组团均设置地下两层地下车库满足停车需求，地下出库出入口紧靠规划区外围道路，路面仅设置少量临时停车位，从而减少路面机动车数量。

非机动车停车点

非机动车停车示意

在公交车站以及重要节点设置共享交通的停车点，解决居民出行最后一公里的难题，同时鼓励居民骑行出行，增加居民的体力活动，促进居民身体健康。

千里来寻故地，旧貌变新颜。
到处莺歌燕舞，更有潺潺流水，高路入云端。

——摘自毛泽东《水调歌头·重上井冈山》

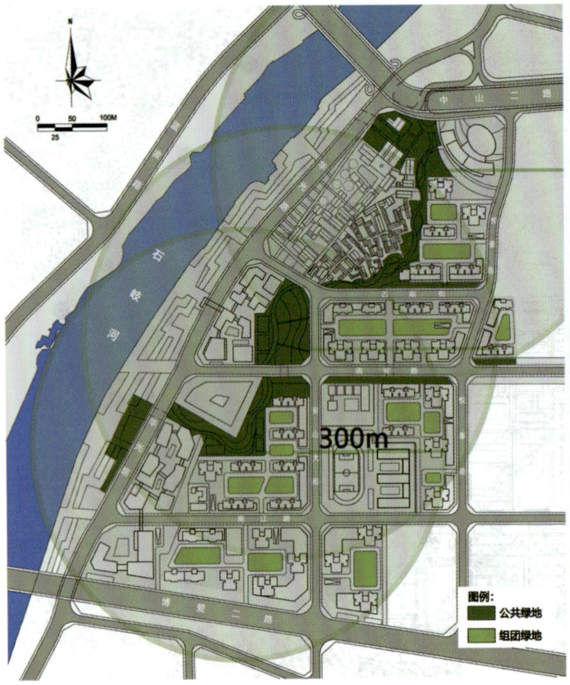

公共绿地控制指标：五分钟生活圈，人均公共绿地面积1.0㎡/人，居住区公园最小规模0.4h㎡——《城市居住区规划设计标准》。

防灾配套设施及措施：紧急避难场所应可提供临时用水、照明设施、临时厕所、排污、供电(临时发电设施)、标示、棚宿区、消防设施、医疗设施。

绿地景观规划

场地分类	数量（个）	总面积(ha)	人均面积(㎡)
紧急避难用地	4	1.65	1.44

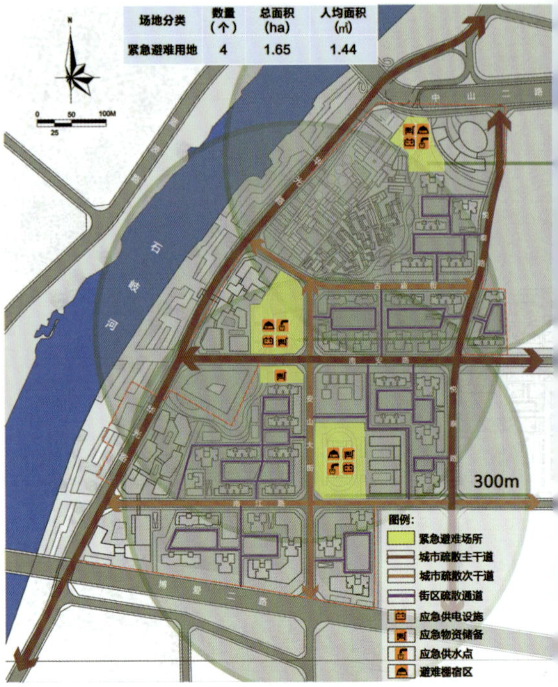

防灾场地规划

日照环境分析

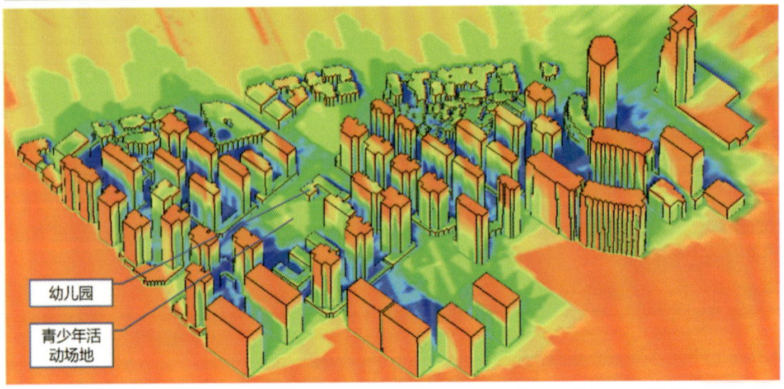

选取1月20日大寒，早上8点到下午4点（8小时）对场地进行日照分析。

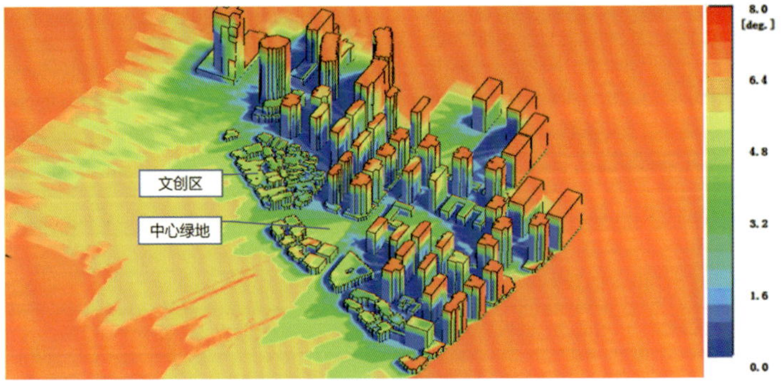

结论：规划的住宅、学校、幼儿园均能够满足国家日照规范要求，中心绿地、幼儿园、青少年活动场地有着良好的日照。

风环境分析

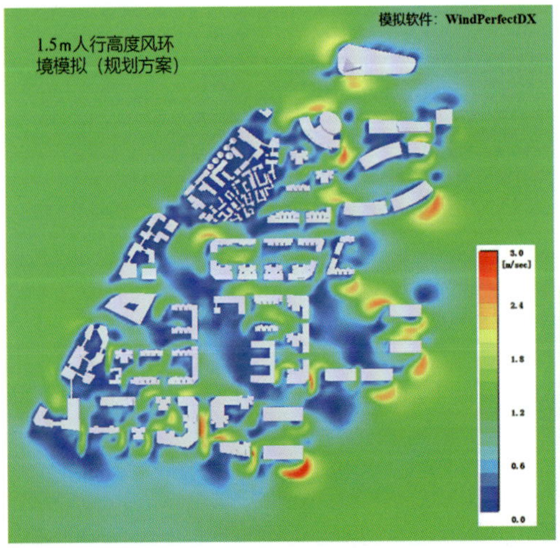

结论1：设计方案在1.5m人行高度处较现状通风有了明显改善；良好的通风能较好降低夏季的高温。

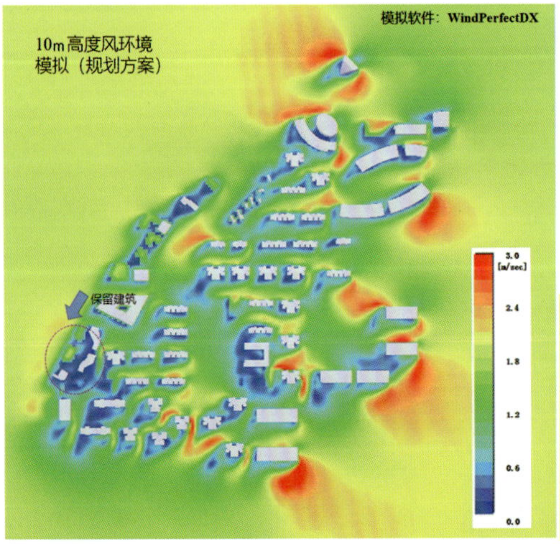

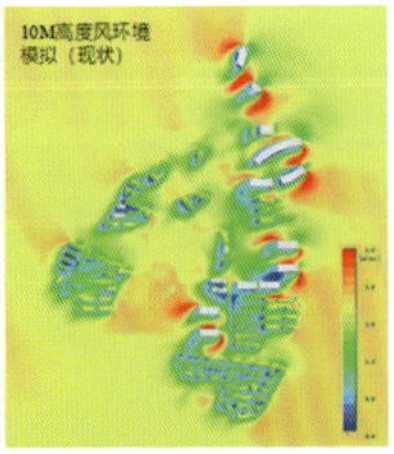

结论2：在10m高度的风速降低较为明显；受现状保留建筑的影响，局部地段风速偏低。

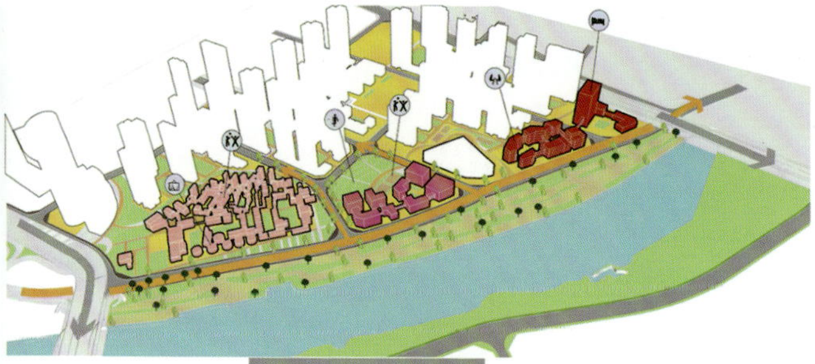

共享空间示意

运动空间规划

中央运动场地剖面

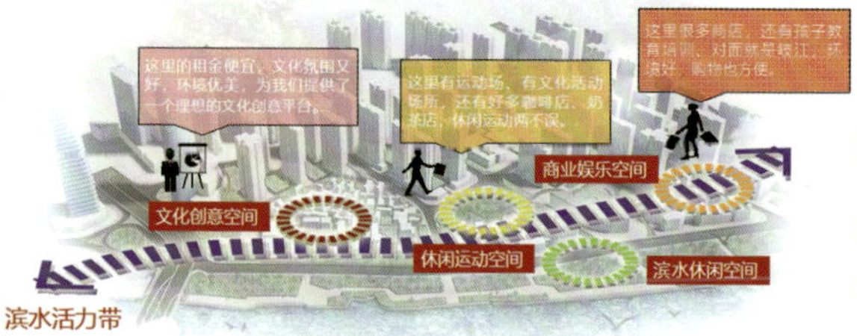

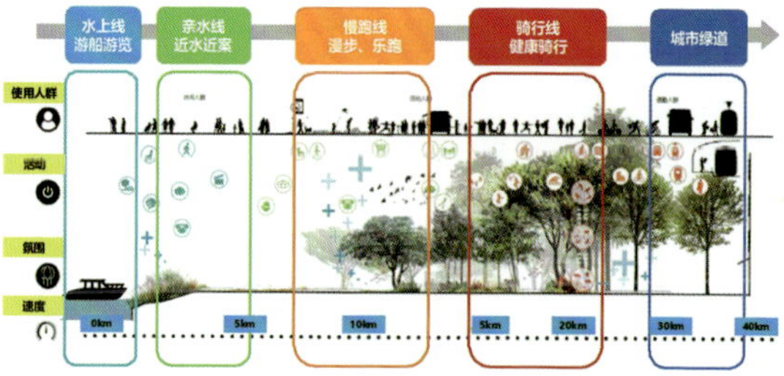

滨水空间规划

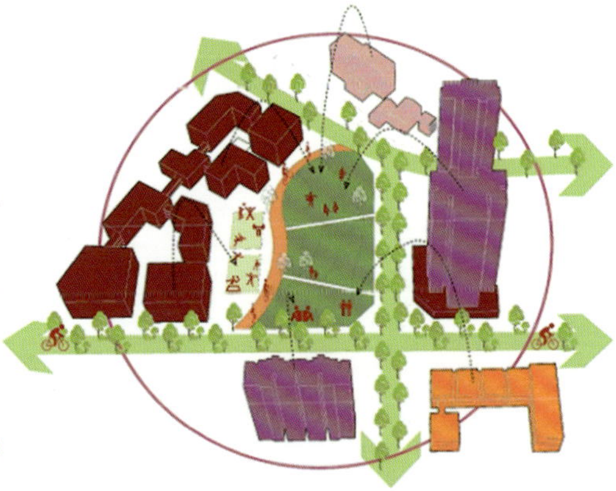

运动场活动分析

文化展示平台

线下文化活动空间：依托改造后的石岐粮仓、哀光瞽目院和新建的社区开放空间作为文化宣传的空间载体，进行文化的展示和文化活动的空间。

线上文化展示宣传平台：利用QQ、微信等网络平台对老安山文化进行宣传，加强居民游客对老安山的了解，提高居民文化认同感及自信心。

文化创意区

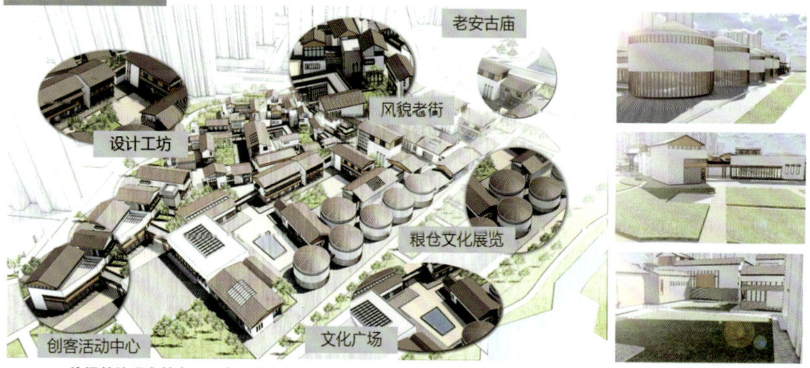

依据基地现有粮仓、厂房及文化资源，对粮仓进行再设计开发，焕发粮仓活力；对老安古庙进行保留与保护，工作室、文创展示区等展示空间，是展示基地历史文化的平台，打造突出地域特色与历史传承的文化创意区。

老幼活动场所

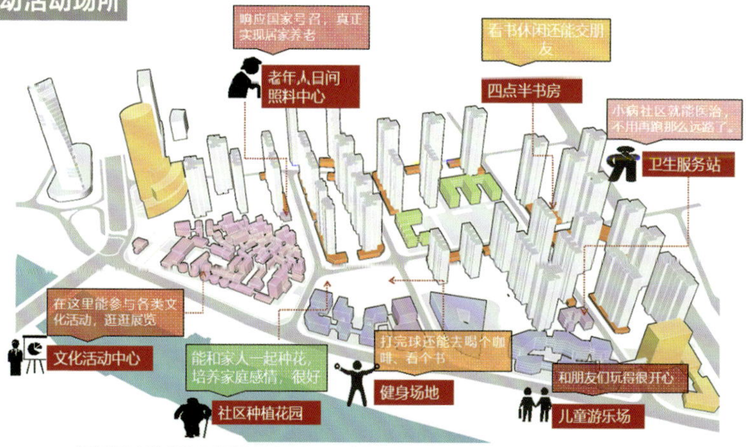

构建社区多样化的公共服务要素配置，无论是基础配套设施还是品质提升型设施，都着重考虑老年人和青少年的生活、学习、医疗、休闲需求。

文化主题场所

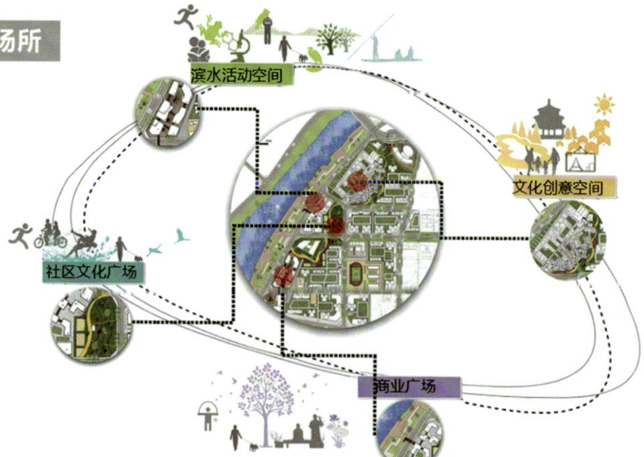

滨水休闲空间：植入文化、休闲、娱乐等功能，促进居民沟通交流，营造社区文化氛围。
社区文化广场：社区居民运动、休闲、娱乐的主要场所，加强老少沟通，构建和谐、和睦的社区。
商业文化广场：社区活力场所的主要代表，为社区注入商业文化活力。
文化创意空间：植入文化、创意、设计、展示等功能，为社区居民提供文化展示平台。

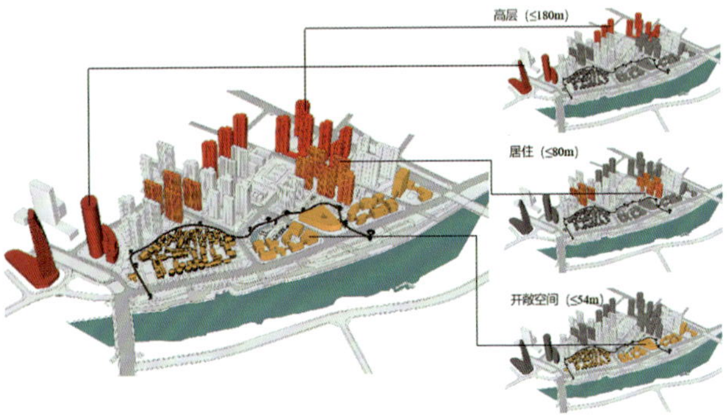

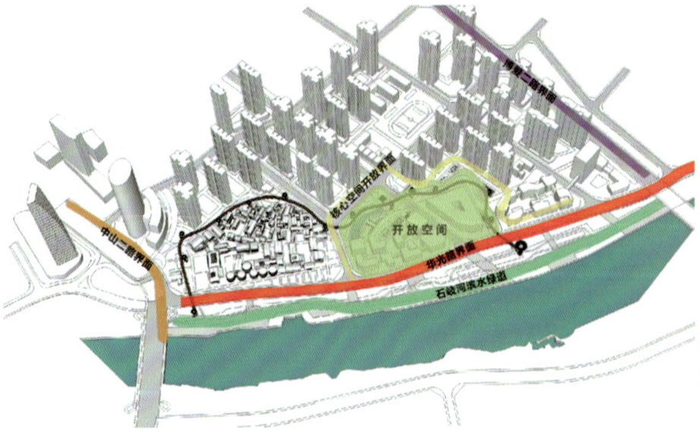

方案结合独特的城市设计手法，针对重要的城市界面和滨水岸线进行设计。

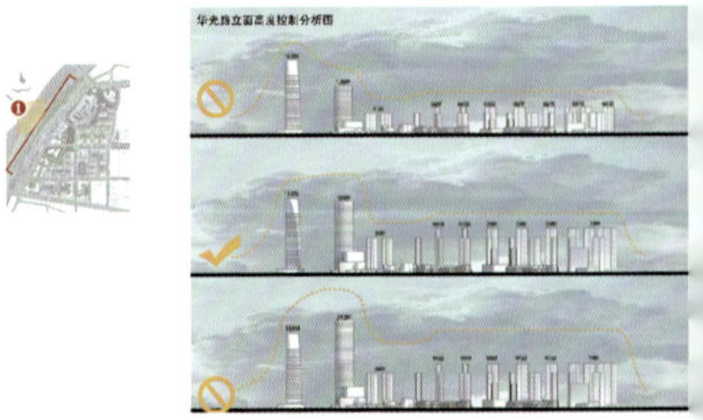

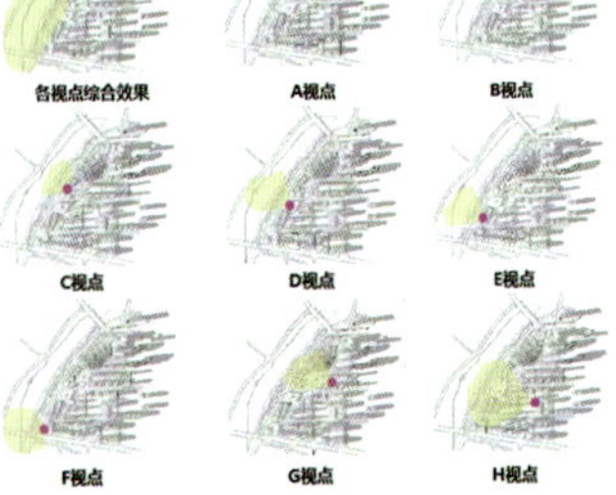

视域走廊分析图

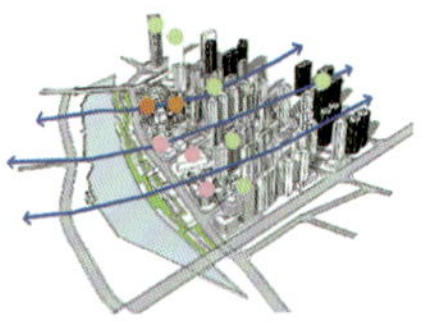

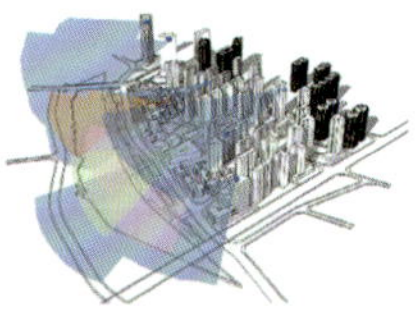

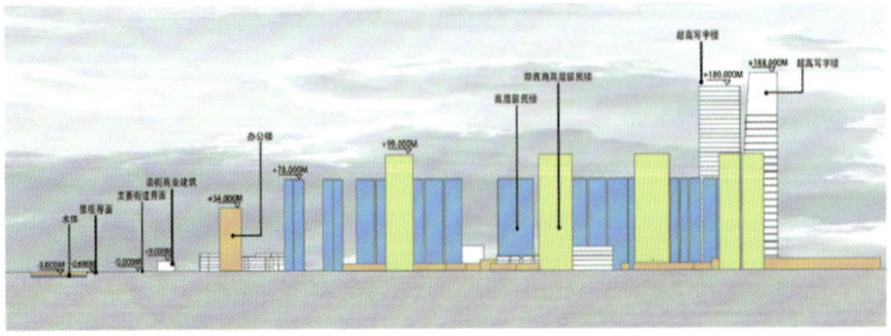

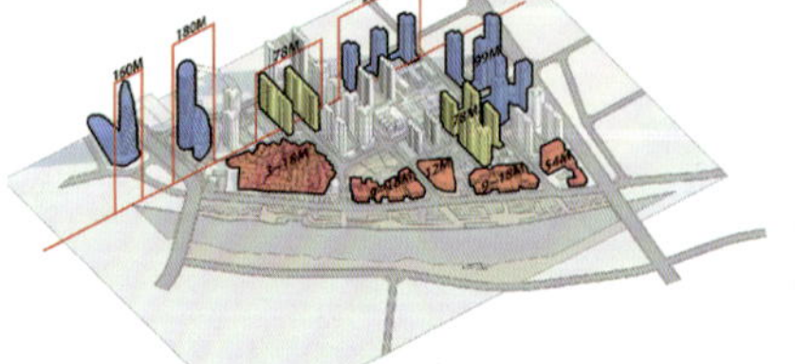

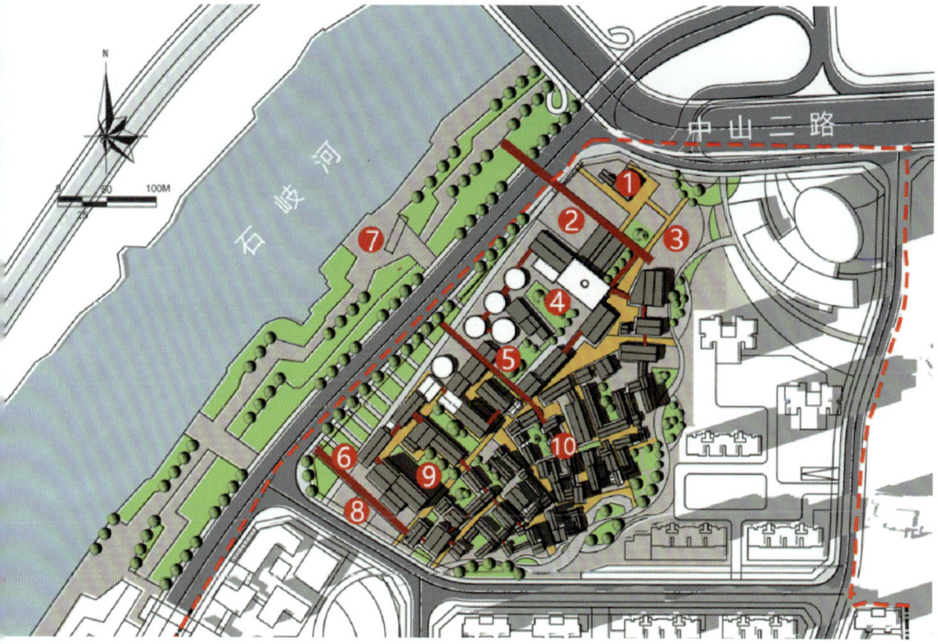

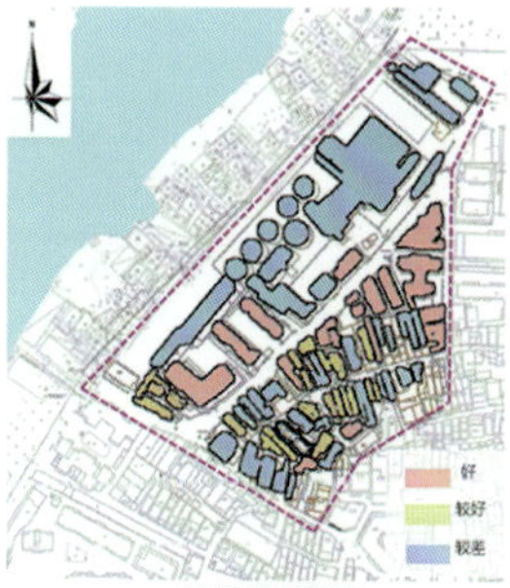

建筑质量评价

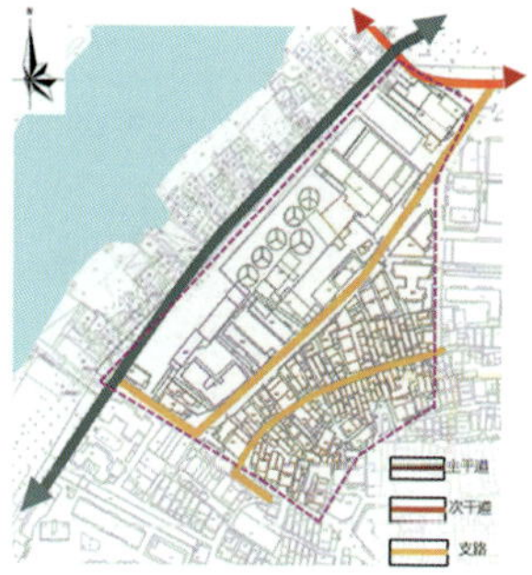

园区交通现状

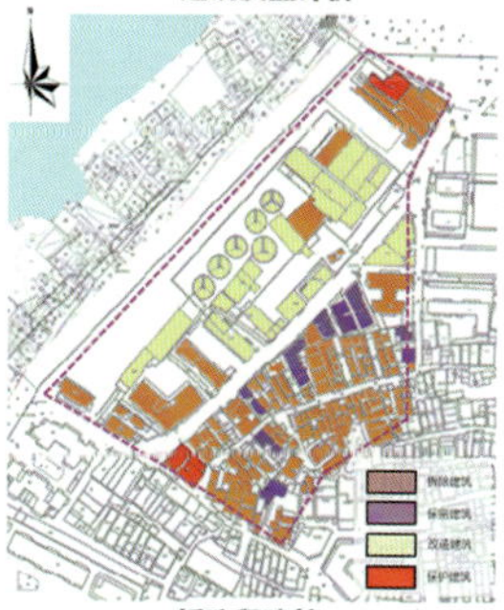

拆改留建筑

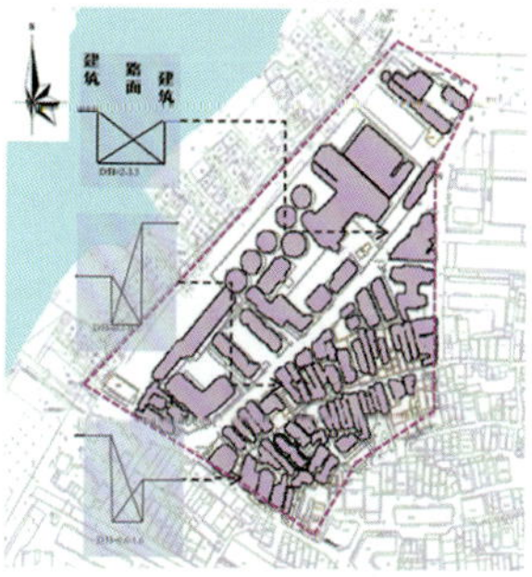

街巷空间尺寸

功能分析图

步行系统分析图

二层步行系统分析图

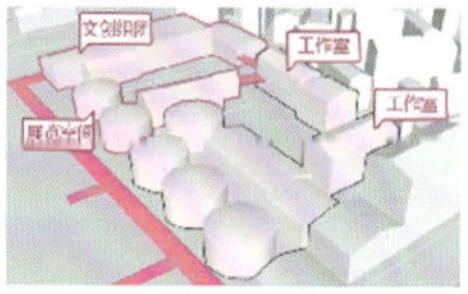

第一阶段

单向的观察为艺术品与观众最初始的关系，观众只能观看艺术展览却不能与艺术家交流。

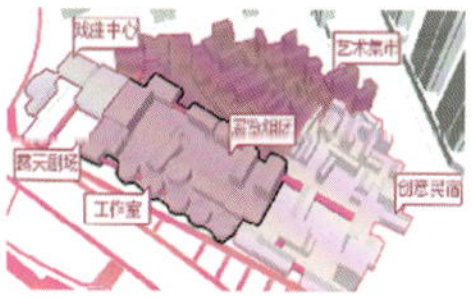

第二阶段

艺术逐渐融入人们的生活，不同的艺术活动在周边发生，逐渐吸引相关产业入驻。

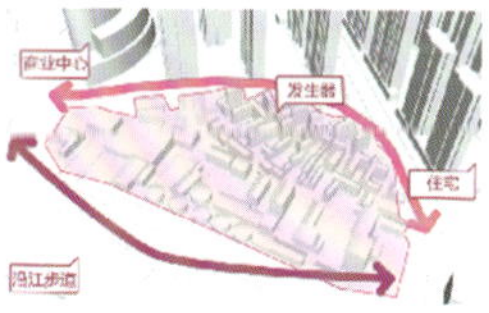

第三阶段

艺术逐渐渗透周边的环节，文创园区周边有丰富的公共设施，配套商业中心与住宅，同时也为园区注入更多活力。

绿化分析图

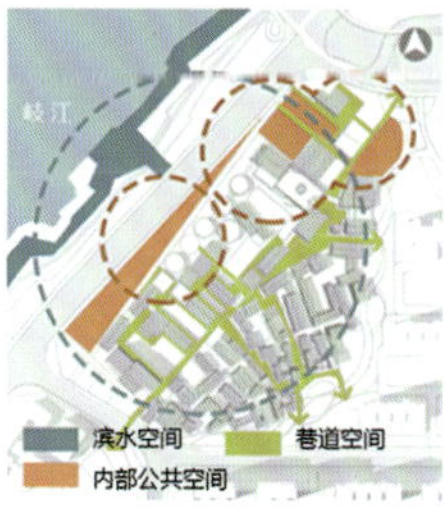

公共空间分析图

重要建筑分析图

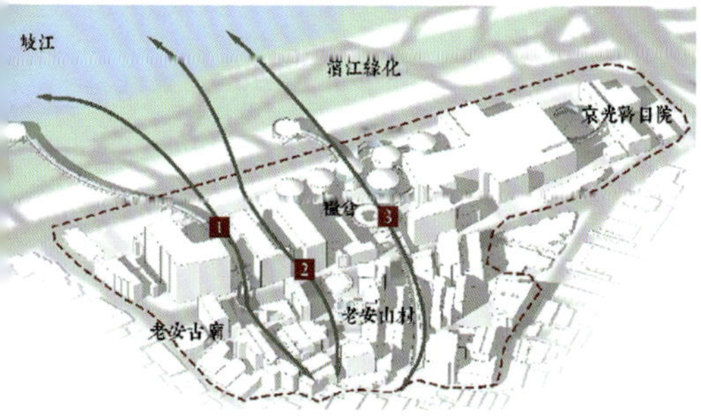

视线通廊

整合场地建筑后形成三条贯穿岐江、粮仓、老安山村的视线通廊

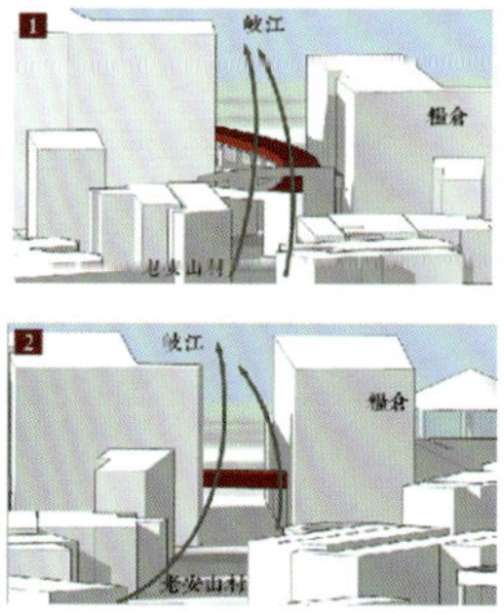

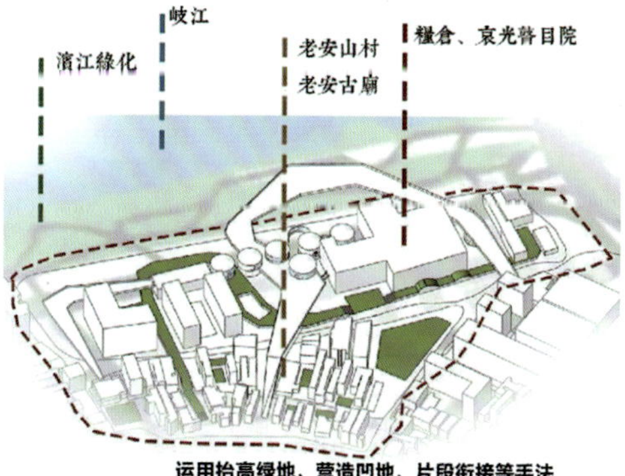

新绿地系统

运用抬高绿地、营造凹地、片段衔接等手法在场地内部形成一体化的绿地系统

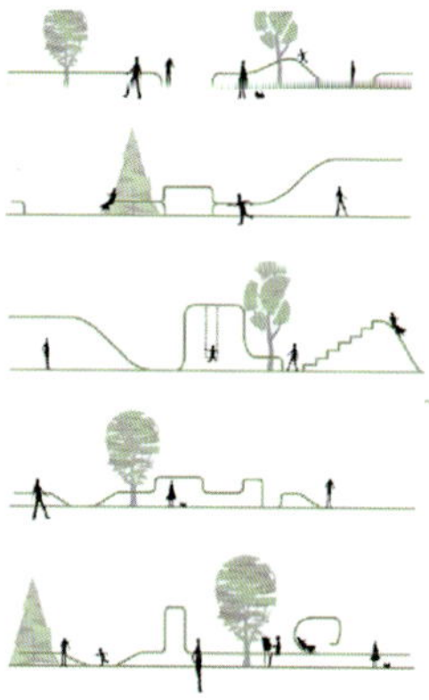

节点鸟瞰图

粮仓片区改造

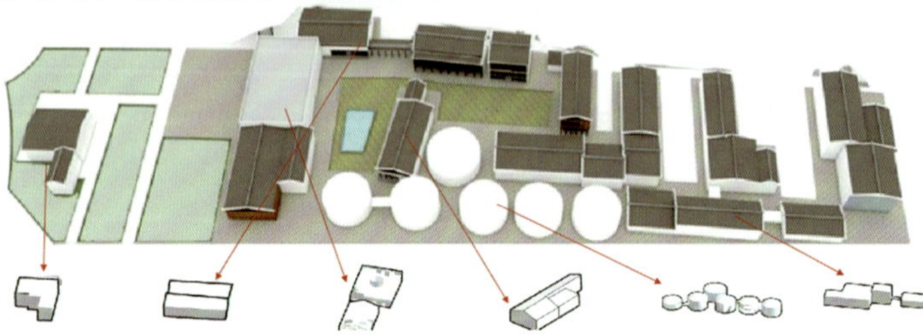

袁光瞽目院	厂房	厂房	厂房	粮仓	厂房
保留其原有结构，植入新的功能，作为戏曲中心	保留结构整饰表皮作为戏曲博物馆	该厂房与原有办公空间相邻，作为重点建筑设计	保留结构整饰表皮作为艺术工作室	保留结构整饰表皮作为开放展览空间	体块切割，增加新体块，植入新功能

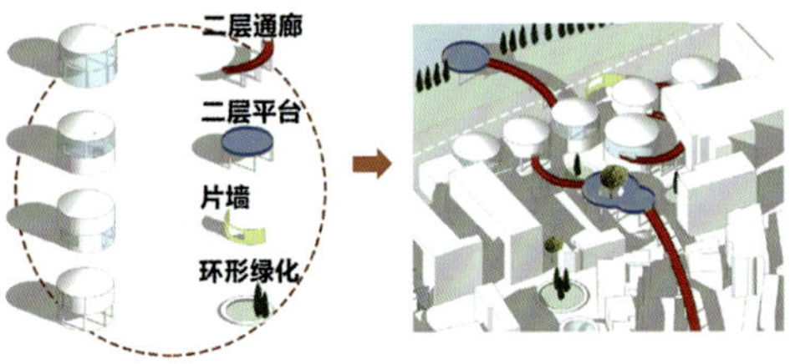

通过通廊、片墙、绿化将粮仓进行连接，形成场地特有的公共空间。

对厂房进行更新、改造。

老村片区更新

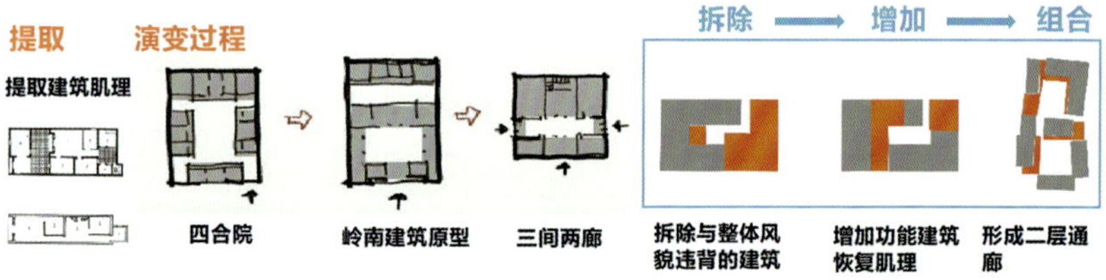

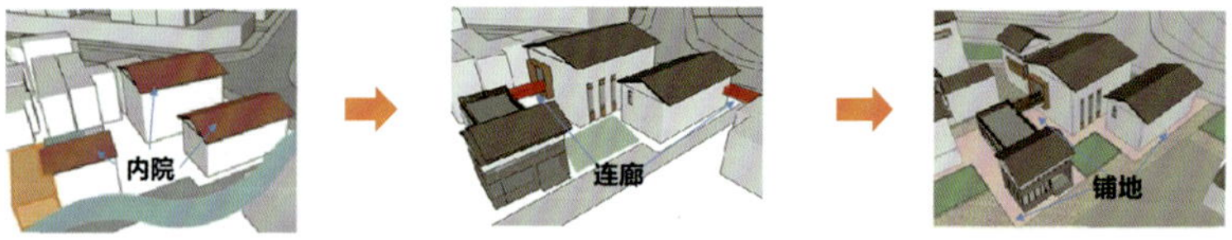

体量削减与增加，增加坡屋顶形式

通过二层连廊连接组团内外

增设铺地与院内绿化

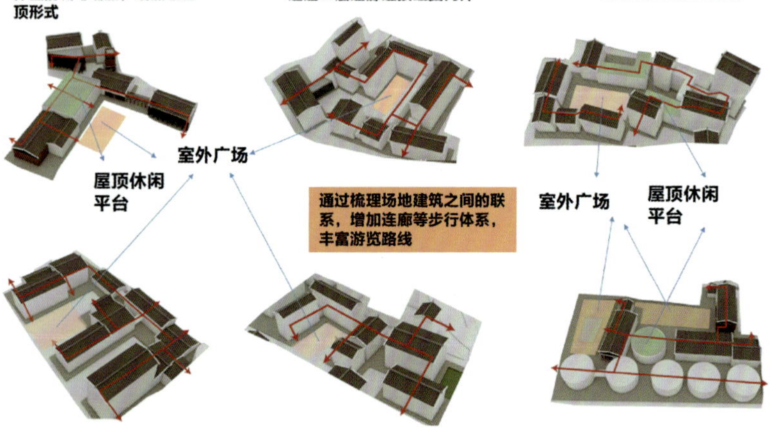

通过梳理场地建筑之间的联系，增加连廊等步行体系，丰富游览路线

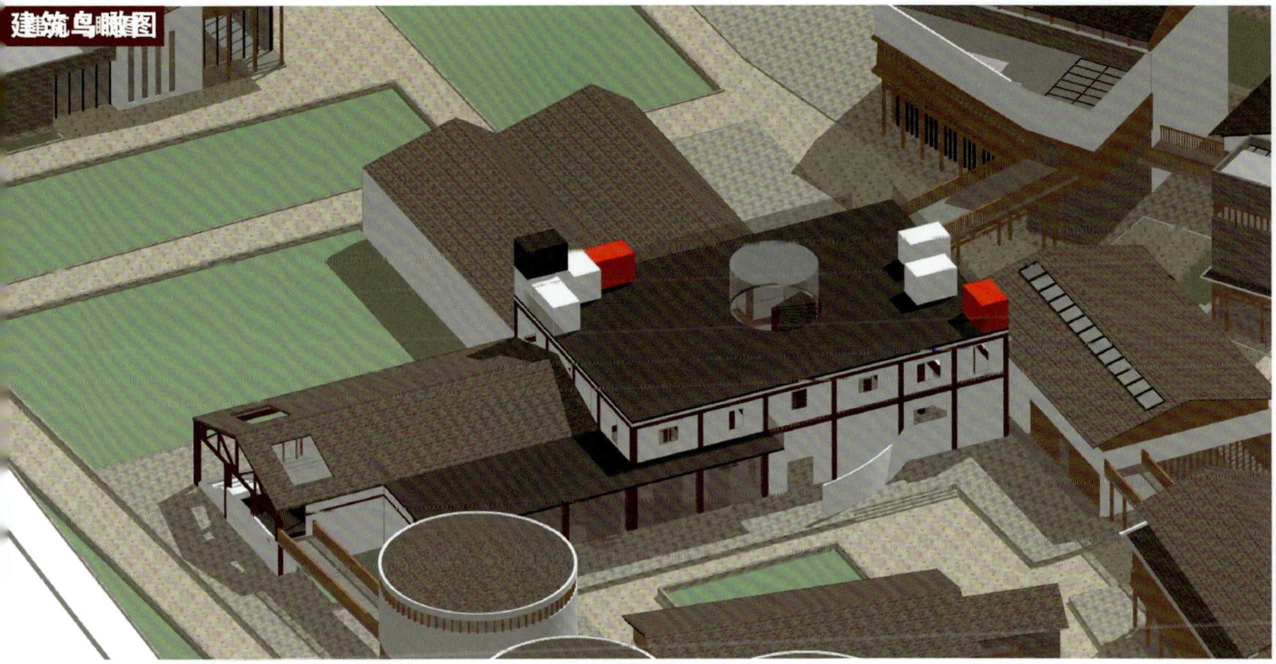
建筑鸟瞰图

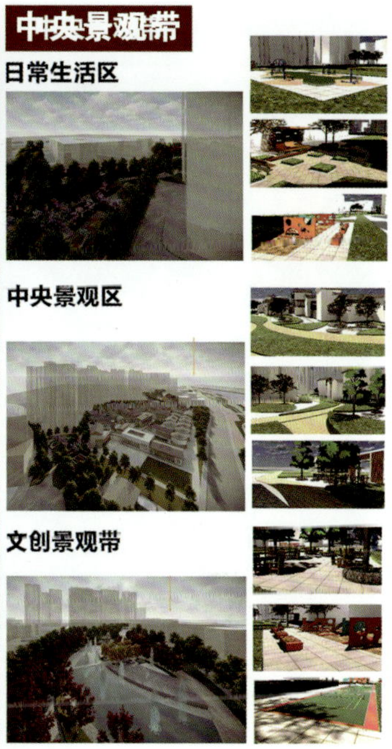
中央景观带
日常生活区
中央景观区
文创景观带

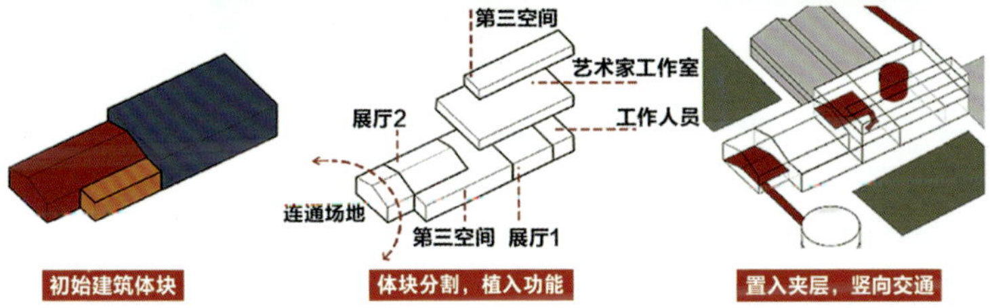
第三空间
艺术家工作室
展厅2
工作人员
连通场地
第三空间
展厅1
初始建筑体块
体块分割，植入功能
置入夹层，竖向交通

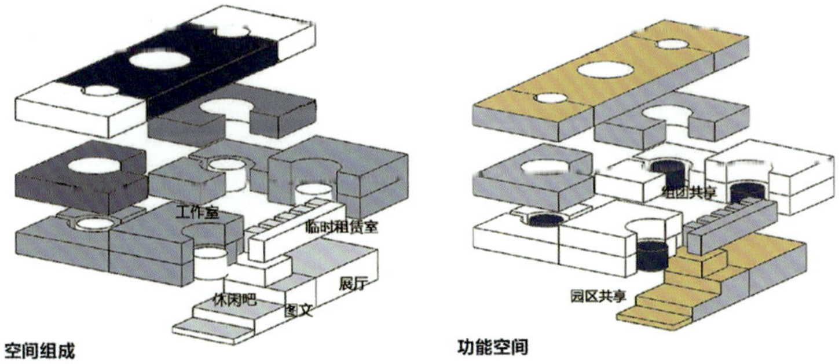
工作室
临时租赁室
展厅
休闲吧
图文
组团共享
园区共享
空间组成
功能空间

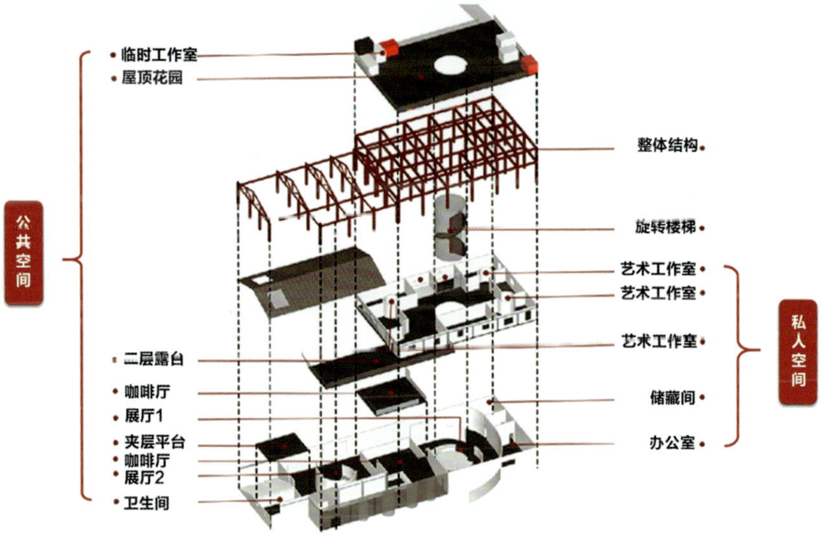
临时工作室
屋顶花园
公共空间
二层露台
咖啡厅
展厅1
夹层平台
咖啡厅
展厅2
卫生间
整体结构
旋转楼梯
艺术工作室
艺术工作室
艺术工作室
储藏间
办公室
私人空间

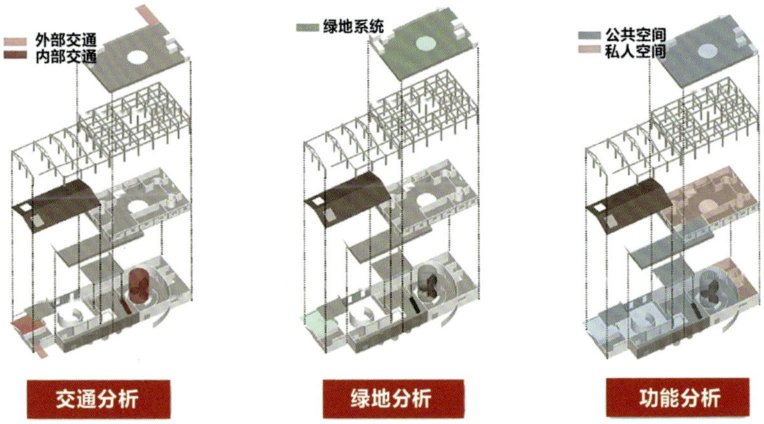
外部交通
内部交通
绿地系统
公共空间
私人空间
交通分析
绿地分析
功能分析

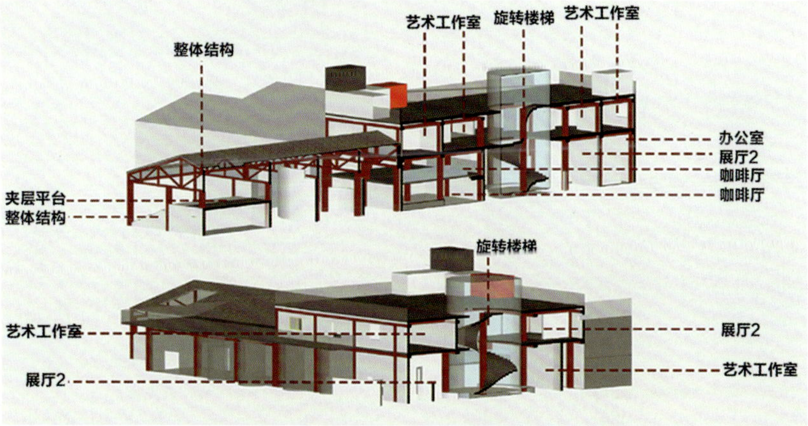
整体结构
艺术工作室
旋转楼梯
艺术工作室
办公室
展厅2
咖啡厅
咖啡厅
夹层平台
整体结构
旋转楼梯
艺术工作室
展厅2
展厅2
艺术工作室

南昌大学

Nanchang University

王丝雨

姚子雪

今夜也不熬夜小分队

舒建峰

范静哲

张　驰

2020

初　楚

王丝雨 遭逢疫情，我们以网络会议的方式，从无到有坚持完成了最终的成果，虽然不尽完美，但总归是尽心尽力。从初春走到春末，从立夏奔赴芒种。在线的交流，丝毫没有影响互相学习和进步的热情，我们身处天南海北，却齐心协力；尽管看不见彼此的画笔，但仍能配合默契。一路走来，有困难有不足，有收获有喜悦，有遗憾有惋惜，有感动有庆幸，时至今日，感慨良多。是非常城规6+1这个大家庭，让我们不论时空，共聚如火，给我们留下难忘的毕设记忆，为我们大学本科画上了圆满的句号。愿我们终有机会来日再聚，共话佳时！

舒建峰 我庆幸参加了这么一次可能是南粤杯举办以来最为特殊的联合毕业设计，我们从无到有完成了云调研、云分析、云设计、云出图以及云答辩，这是后疫情时代生活方式的一种重大转变的体现。在一次次的汇报学习中，省规院和各校老师给予了悉心指导和帮助，各校同学之间相互交流与学习，令我受益匪浅。虽然大家彼此都未曾见面，但正如这次最终颁奖时提出的口号：“不见不散”，虽不曾见，但终不散！

张　驰 最初抱着可以去各个学校“串门”的想法，报名了联合毕业设计。然而遭逢疫情，很可惜失去了很多和各个学校的小伙伴们学习交流的机会。通过这次毕业设计，我们探索出了线上合作的可能性。从网络调研到连麦画图，无数次的云会议与云讨论也让我逐渐适应了远距离合作的工作节奏。感谢其他五所学校的精彩作品，让我有机会感受不同院校对于城市更新的设计理解。希望南粤杯这个有温度的交流平台可以一直传承下去。

姚子雪 时光匆匆，回忆起这三个多月，仿佛开营仪式还在昨日。虽然今年我们未曾会面，但是六校联合毕业设计，把我们几个学校的师生联系了起来，这段经历对我们来说弥足珍贵，可以说是人生的重要一步。各校同学们将自己的学习成果呈现在这个平台，在专家老师们的意见和建议中得以成长，感谢六个学校的全体师生们，感谢省规院的各位领导们、专家们，感谢我们的指导老师江婉平老师和组员们，这次云毕设必将珍藏于心！

范静哲 成长的路上，总是欢欣与遗憾并存，但瑕不掩瑜。“云端”联合毕业设计的经历，作为对本科五年辛劳付出的回报，必将成为我们终生难忘的回忆。承前启后，继往开来。毕业设计是一个终点，更是一个新的起点。我们相信，2020南粤杯联合毕业设计，必将成为我们奔赴远方道路上的精彩的里程碑，也让我们能更加恪守初心，笃定前行！

初　楚 很荣幸参加这次联合毕业设计，身为建筑学专业的我，从队友那里学到了很多规划相关的知识，了解了不同学科的思维方式，这对我以后的学习有了更大的提升空间。即使今年遭遇疫情，我们小组六人仍然齐心协力地完成了这次联合设计。感谢不断鞭策、不断鼓励我的队友们，感谢关心照顾我们的江婉平老师和周志仪老师，感谢线上答辩时每一位给我们提出建议的领导和老师，这次特殊的经历会让我终身难忘。

寻脉溯源 环环相生

——基于可持续发展理论的“三旧改造”更新设计

作　　者：王丝雨　舒建峰　张　驰　姚子雪
范静哲　初　楚
指导教师：江婉平　周志仪
学　　校：南昌大学

背景研判

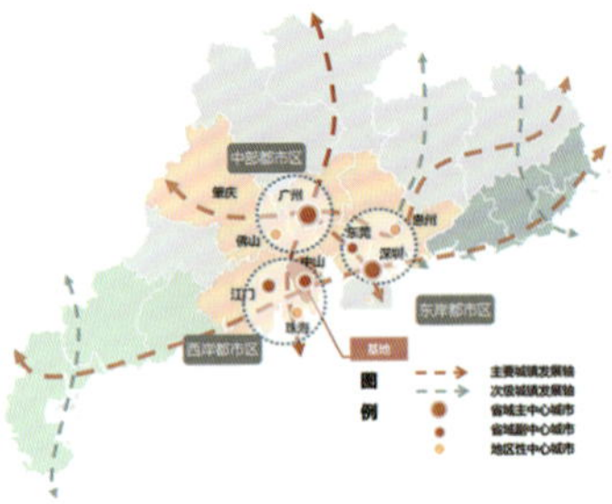
广东省层面——区域联动

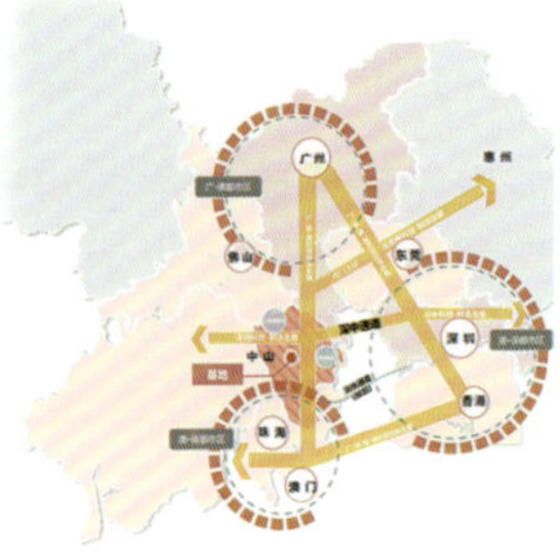
粤港澳湾区层面——对接

中山市域层面——服务

市域交通格局

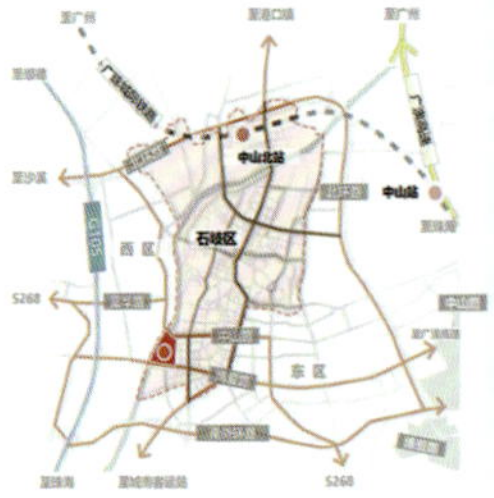
石岐区交通格局

历史沿革和场地现状

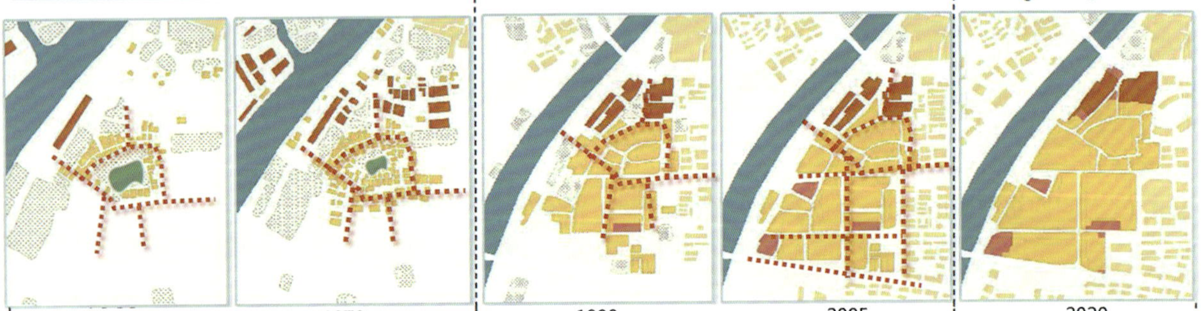

1960　1970

环山起村，开放共享。依老安山村建村，环型街巷肌理扩张，码头承接岐江开放互动。柴商兴盛。

1990　2005

工业兴盛，肌理更替。安山工业区兴起，人群丰富。工业挤占农田，居住扩张，山体消失。

2020

产城固化，生态碎裂。丧失与岐江生态联系。

现状建筑高度

场地多为自建住宅且分布密集，滨江区域及地块周边分布中高层员工宿舍及住宅。

现状建筑质量

场地北侧建筑质量较差建筑质量较好。

现状容积率

现状建筑物建成于20世纪90年代前后，毛容积率1.45，以多层建筑为主。

现状用地

现状主要以村庄建设用住用地为主，滨江部分分布用地。

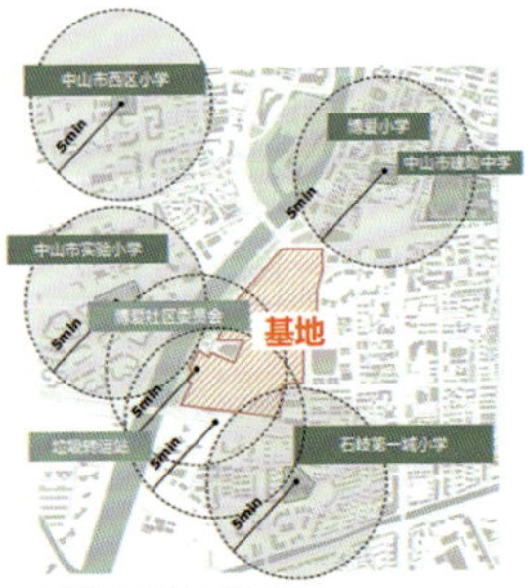

基地生活配套

基地生活配套

北区街巷空间尺度

南区街巷空间尺度

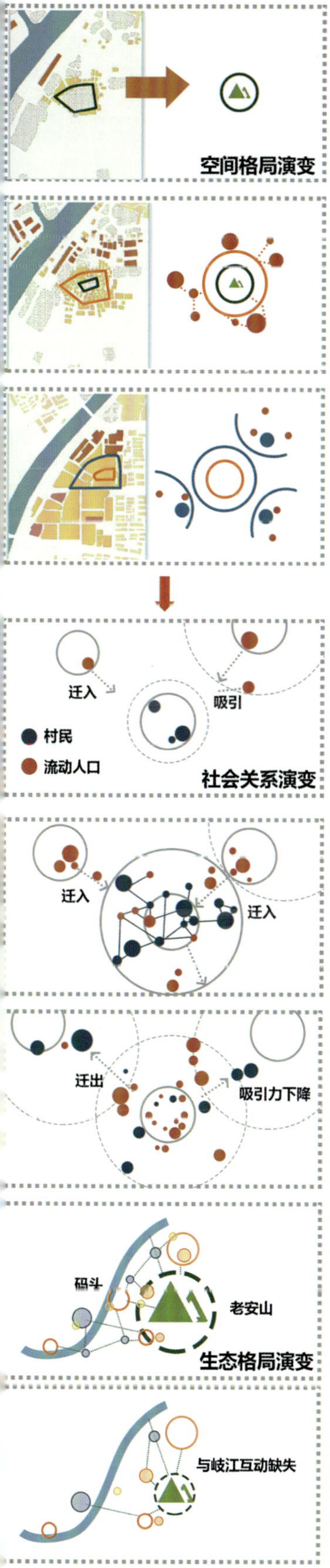

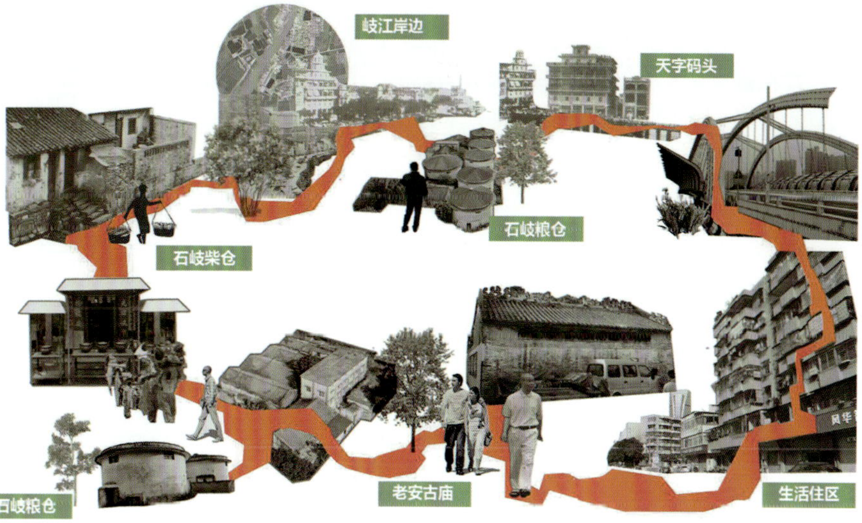

从过去的老安山，我们提取出3个层面的特征：在空间演变方面，片区经历了环山起村到环型空间固化的演变；在社会关系层面，经历了外来人员涌入、本地居民迁出、互动共享不再的过程；在生态格局层面，片区经历了由原来的与岐江生态互动到现在的丧失联系的过程。

场地空间环境

01
寻环篇

现在的老安山——机遇与挑战分析

机遇1："三旧"改造，存量土地再利用

广东省

10年旧改，广东实施"三旧"改造用地74.71万亩；已完成改造项目7141个；节地率达43.95%。

中山市

中山共有43个重点改造项目，多数仍在前期的意向收集阶段。

进度较快的两个区——**西区**：马山预计即将交付。**石岐区**：南下片区、员峰片区、安栏路片区、老安山片区。

改造模式日益多元

政府主导模式

- 政府收储模式(征收方式收储、收购方式收储)
- 政府统租模式
- 综合整治模式(政府出资)

政府市场合作模式

- 以毛地方式引入社会力量实施改造
- 土地整理

市场主导模式

- 农村集体自改、合改
- 村企合作
- 土地使用权人自改
- 企业收购改造

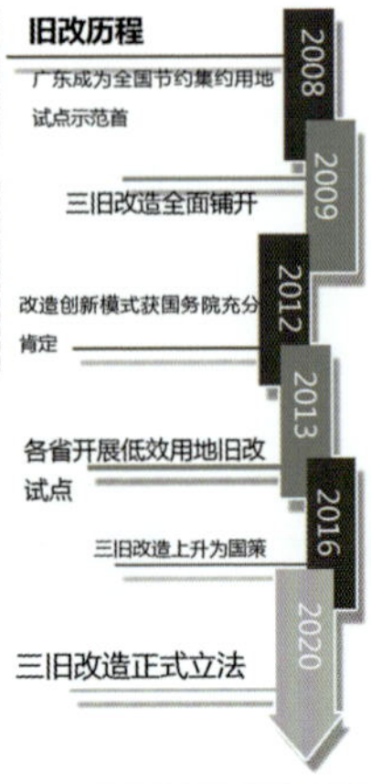

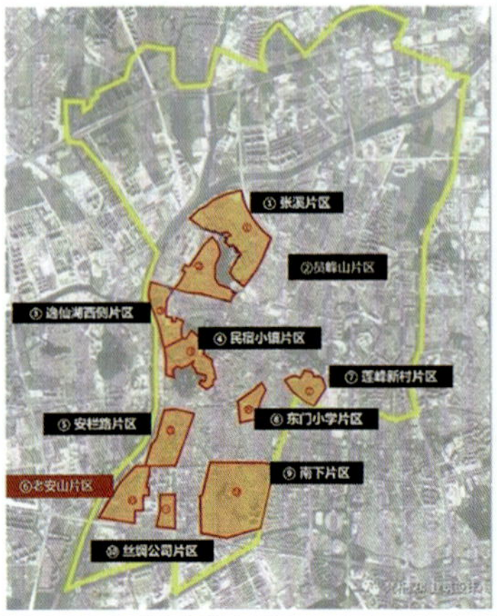

机遇2：新旧交界节点，区位优势明显

· 综合服务片区，多样化需求增长

· 片区北接历史文化城区，文化要素颇丰

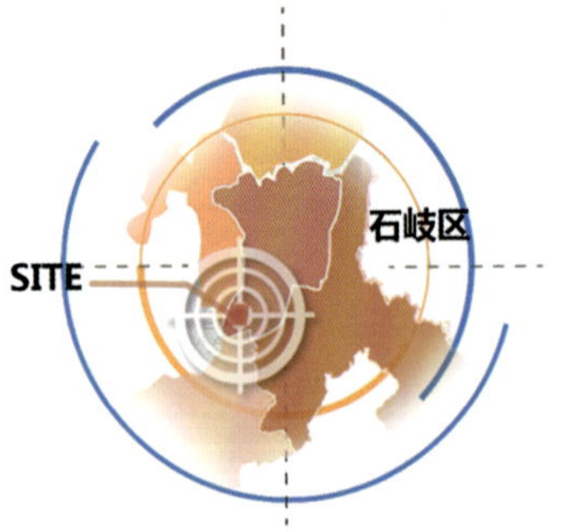

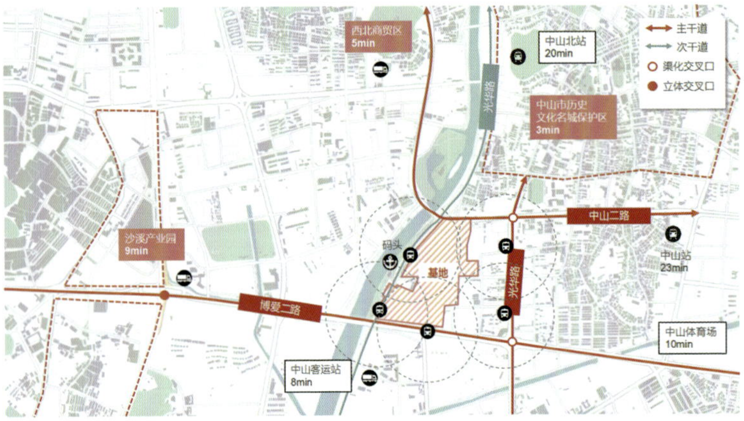

机遇3：景观资源良好，生态本底优渥

· 依岐江而生的重要节点

· 可塑造城市形象打造展示中山品牌及文化

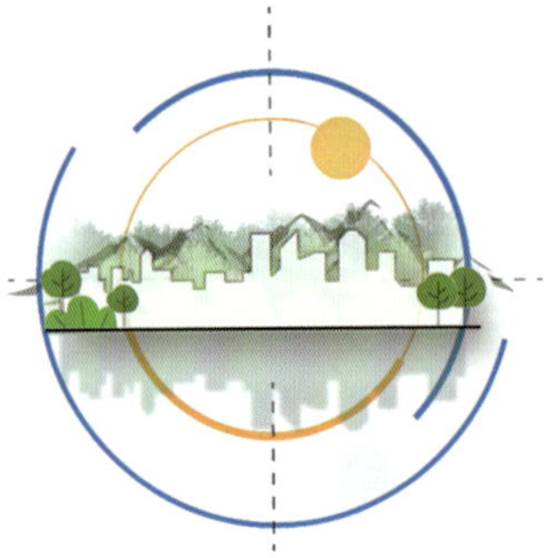

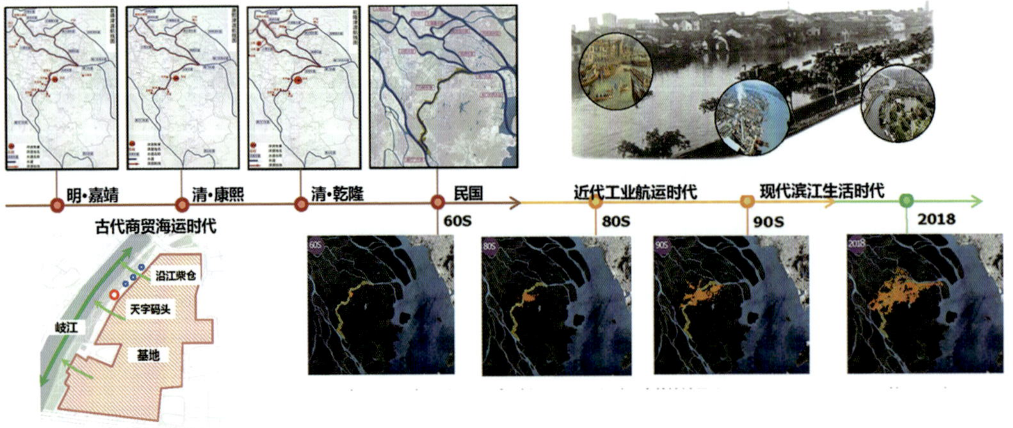

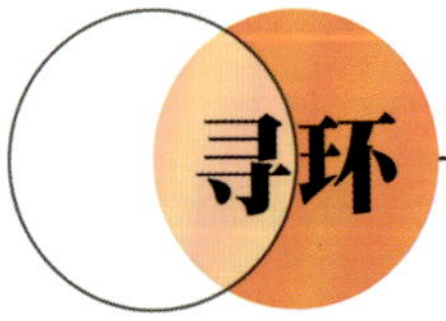

过去的老安山——寻脉

现在的老安山——面临机遇与挑战

未来的老安山——续源

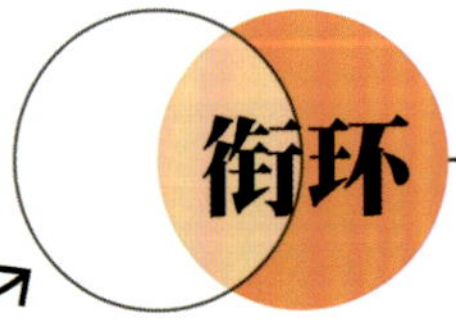

三大设计策略

利益共生环

生活共享环

生态共融环

挑战1：利益主体多元复杂

· 多元主体利益冲突
· 新生文化忽视，原生文化语

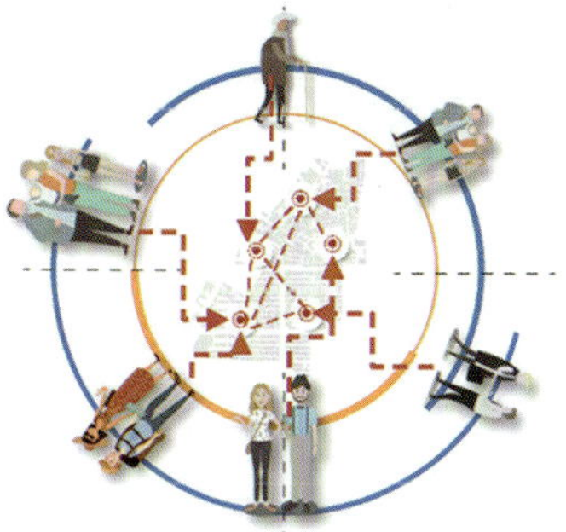

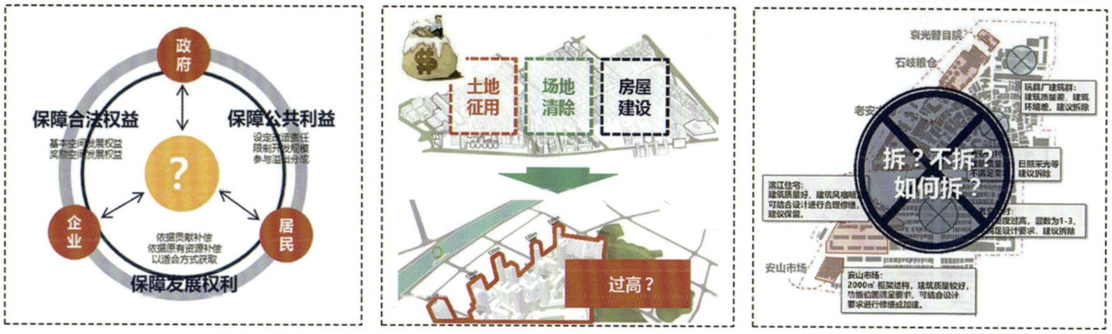

利益主体复杂
土地利用、管理政策仍需完善

缺乏合理改造价值观引导
追求过高容积率

切入角度多于强化自身问题
问题先导于价值

挑战2：人居品质和文化诉求急需提升

· 配套设施不完善，居住环境亟待改善
· 新生文化忽视，原生文化语

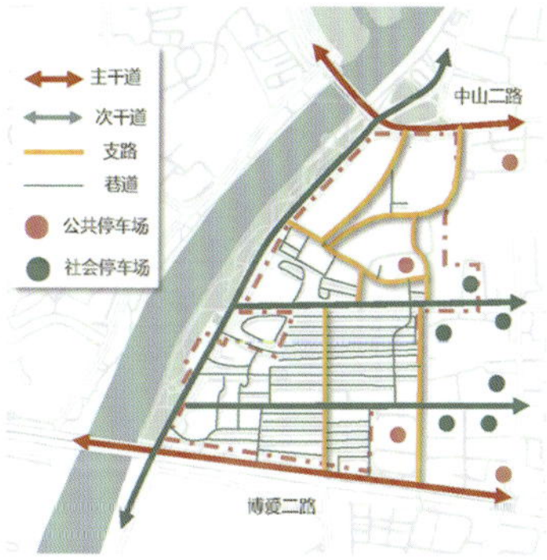

·周边多商圈，商业消费及休闲旅游需求大，为片区发展带来机遇

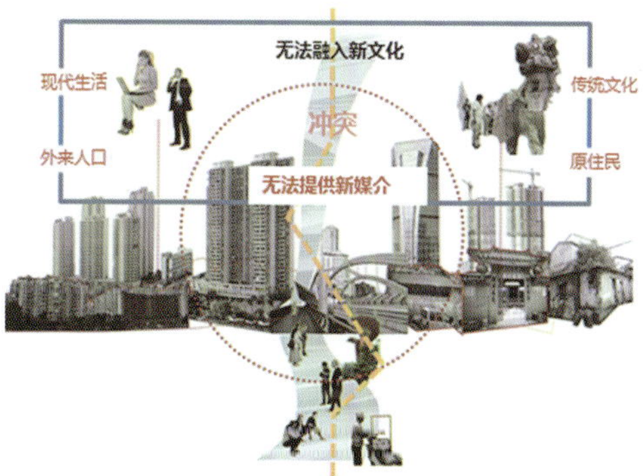

·场地内人群在生活方式与生活区域上存在很大差别，社会关系逐渐断层，群归属感不足、认同感缺失

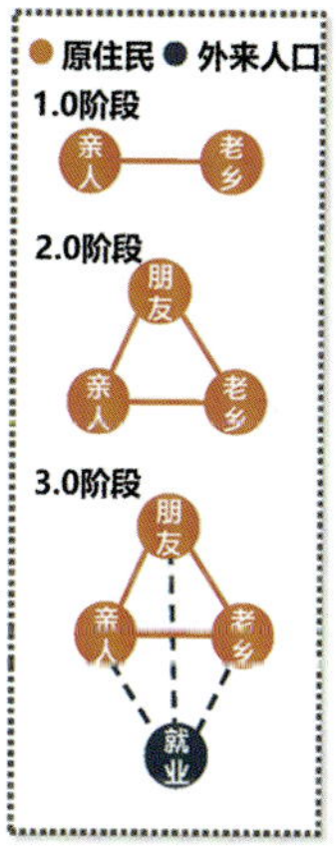

挑战3：城河发展背离，环境资源近而不亲

· 宜人环境的缺失
· 与岐江河互动不再

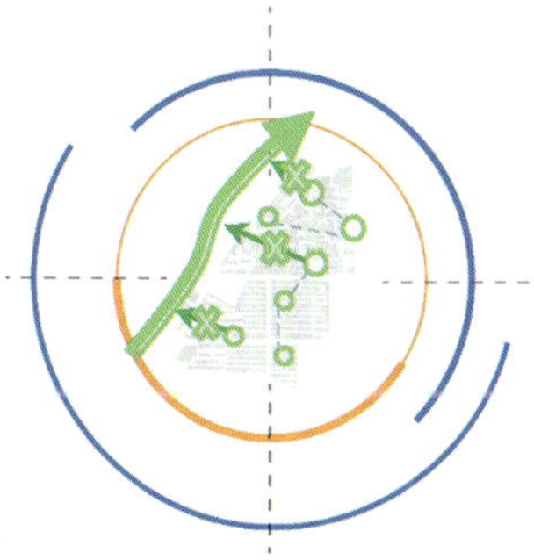

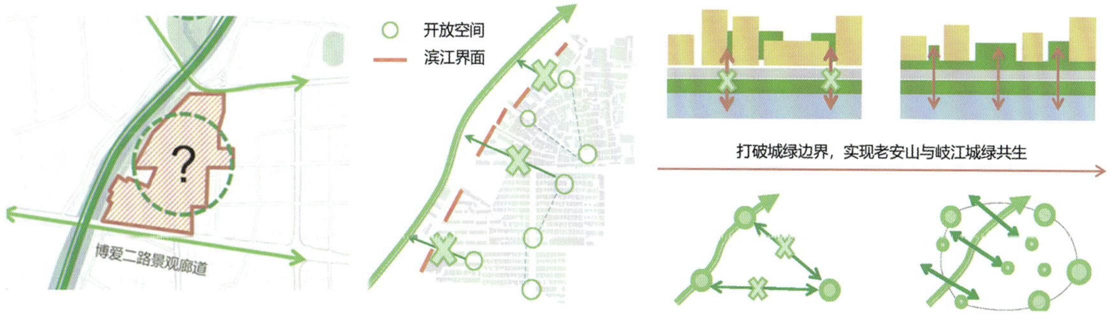

·航运时代的结束使老安山片区从生产功能上彻底断裂了与岐江河的联系，现状城河边界封闭，节点渗透缺乏，岐江与老安山的生活联系薄弱

—— 平衡多方利益的共赢环
—— 从需求视角构建的共享环
—— 串联破碎文脉的共融环

环环相生 —— 三大设计策略 —— 分期开发策略 / 核心节点设计

01 寻环篇

总平面图

0 25M 50M 100M
组团A 公服组团
A01 老安古庙
A02 创意设计部
A03 粮仓互动展厅
A04 社会福利博物馆
+24小时书店
A05 岐江艺术馆
A06 安山广场
A07 连廊
组团B 居住组团
B01 定制社区配套
B02 文创商业街
B03 青年公寓
B04 商务办公
B05 商品房
B06 还建房
B07 老安市场
B08 健身步道
B09 小学

理念运用

梳理现状发展矛盾

↓

提出城市更新策略

↓

可持续化城市发展“环”

空间结构

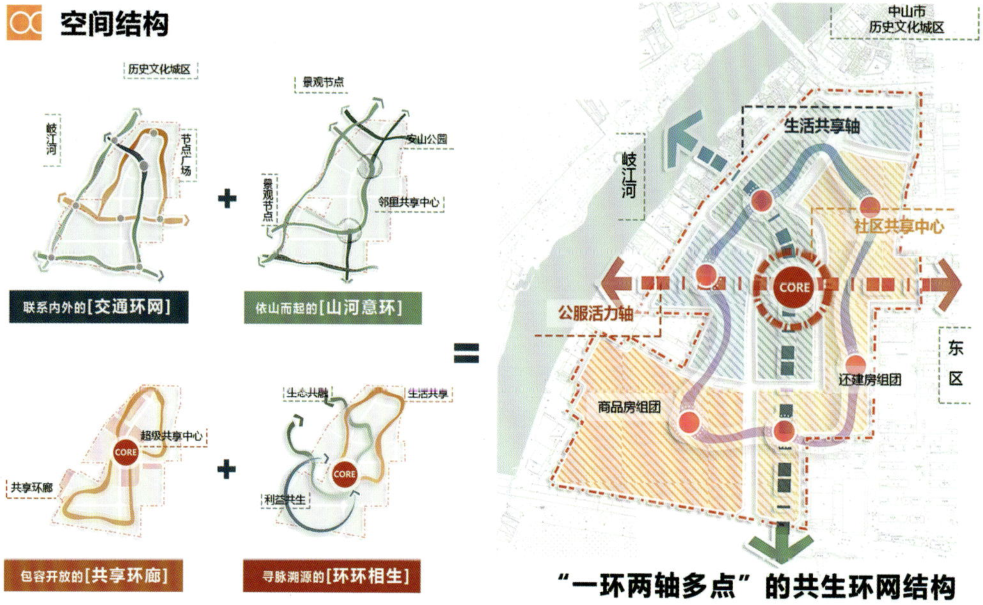

“一环两轴多点”的共生环网结构

土地利用规划方案

1.3 居住总人口（万）

37.4% 公益用地占比

0.8 回迁人口（万）

53.4% 居住用地占比

2.0 拆建比

9.5% 商业商务用地占比

建筑高度控制

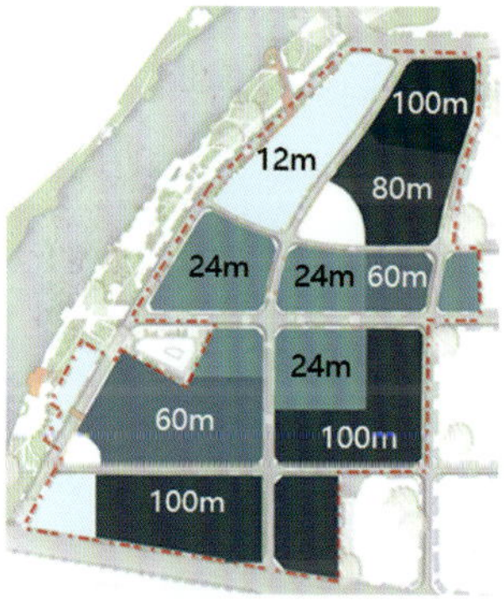

建筑密度控制

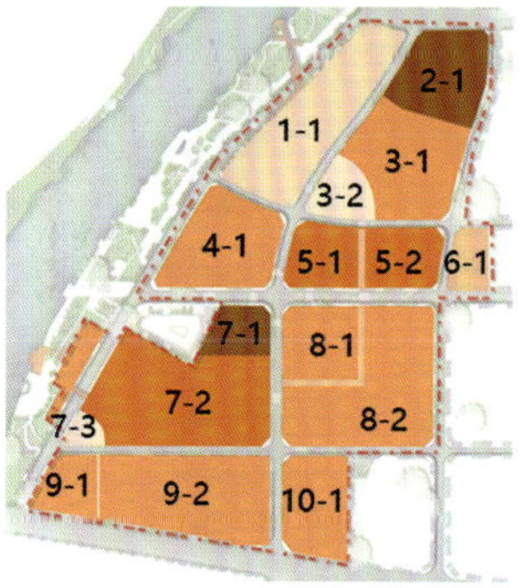

开发强度控制

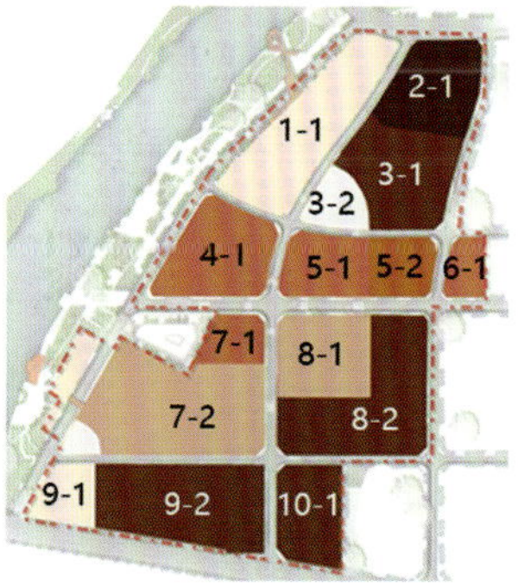

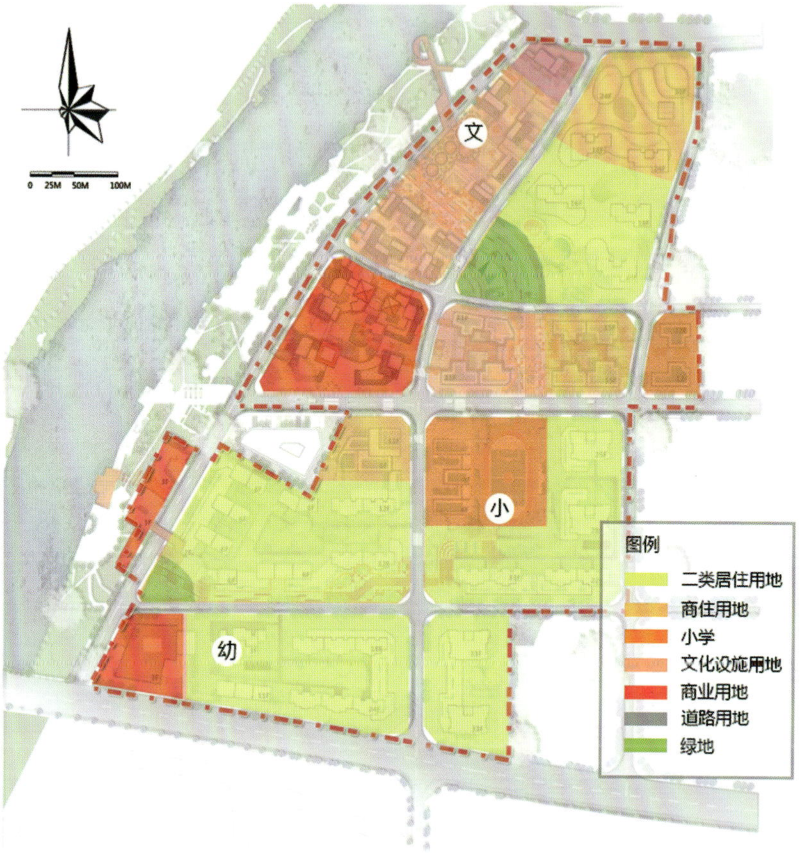

用地代码	用地名称	用地面积（hm²）	占建设用地比例
R	居住用地	14.00	53.4%
B	商业服务业设施用地	2.50	9.5%
A	公共服务设施用地（包括道路）	9.80	37.4%
	城市建设用地	26.20	

总体设计—利益共生环

1. 更新模式探寻

整体更新框架构想

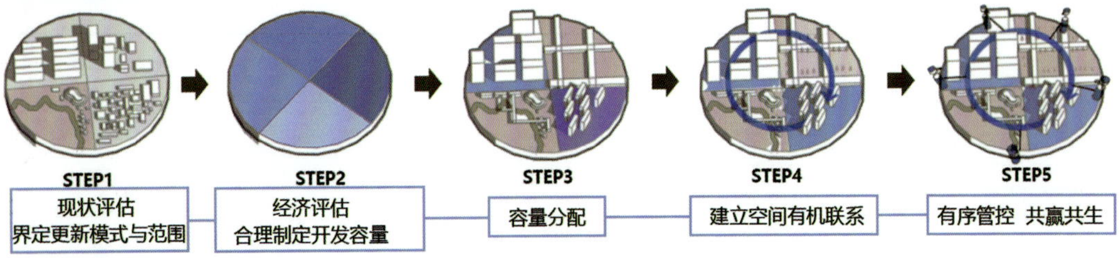

土地潜力评估 界定更新范围

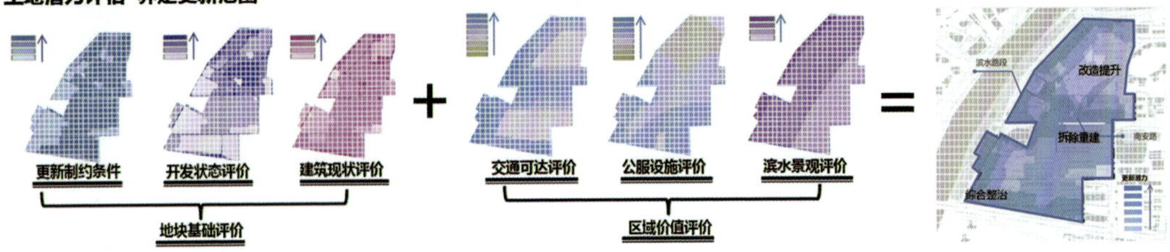

2. 开发容量控制

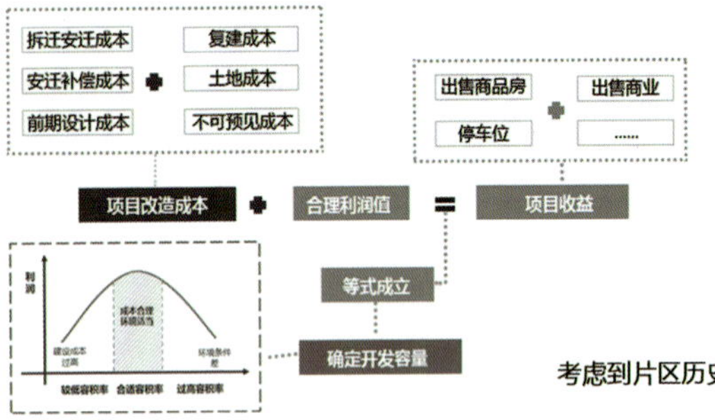

合理利润率=（总收益－总成本）/总收益

居：商：公	改造毛容积率	居：商	利润率
0.8:0.15:0.05	2.6	5.3	20%
0.75:0.15:0.1	2.7	5	20%
0.7:0.15:0.15	2.9	3.5	20%
0.6:0.3:0.1	2.8	2	20%

考虑到片区历史保护、滨水控高开发限制因素较多，该项目利润率宜控制在20%。

3. 有序管控，共赢共生

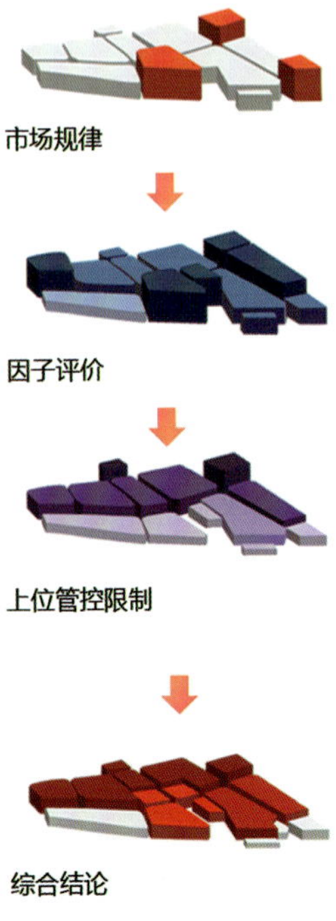

街道界面与尺度控制引导

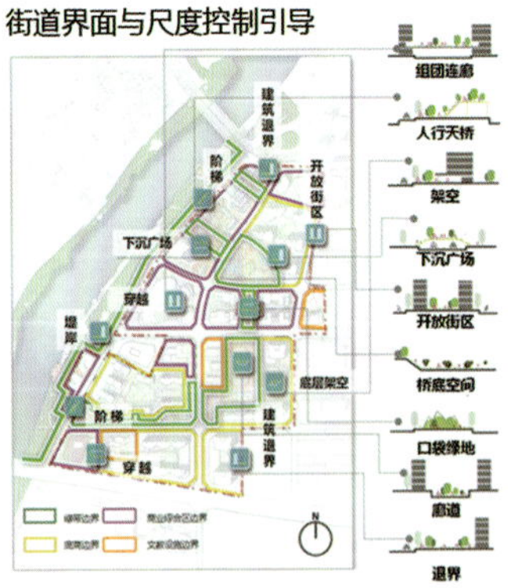

建筑高度与体量控制引导

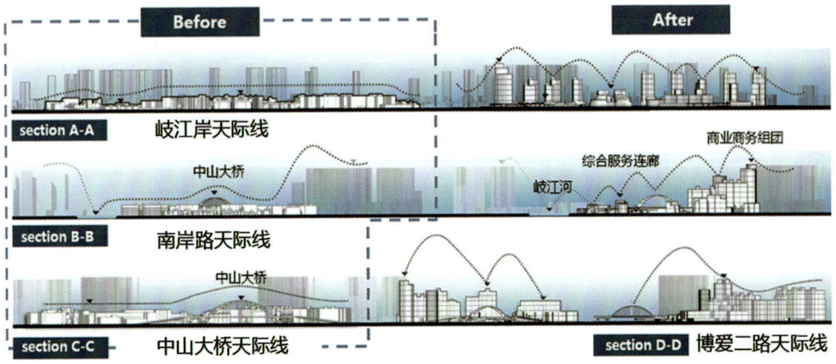

总体设计—生活共享环

1. 出行圈的优化

空间句法校核分析　**交通疏导策略**

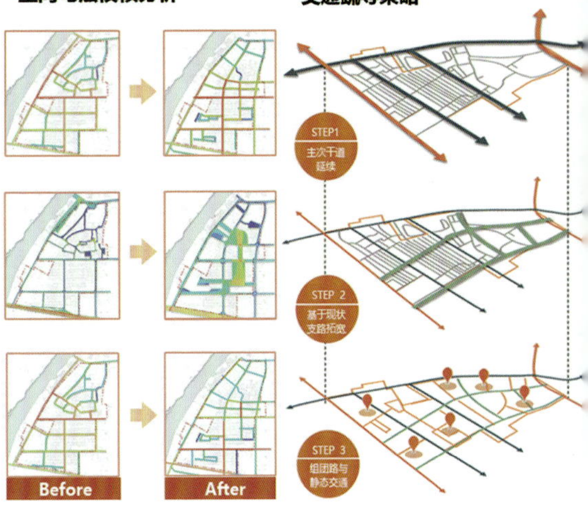

2. 多元文化互动

人群互动流线

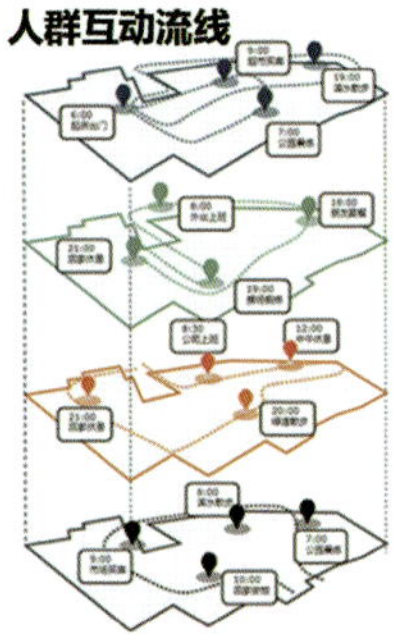

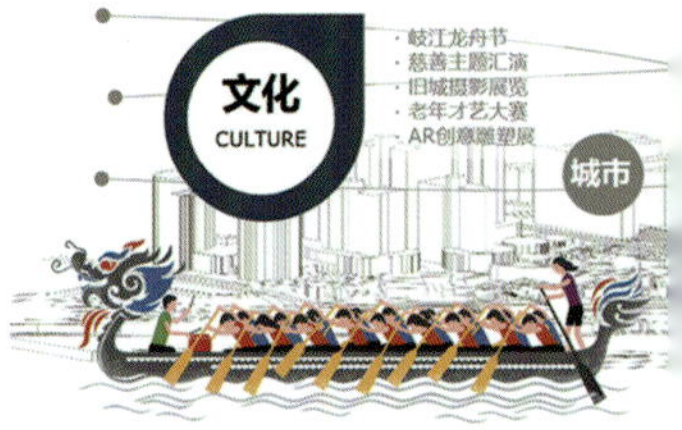

3. 定制式的生活配套服务

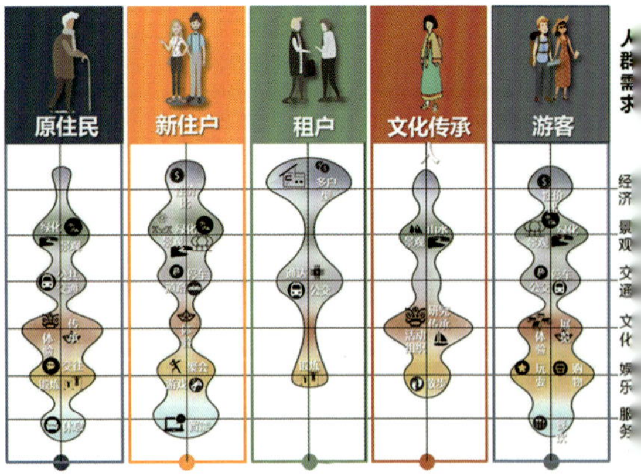

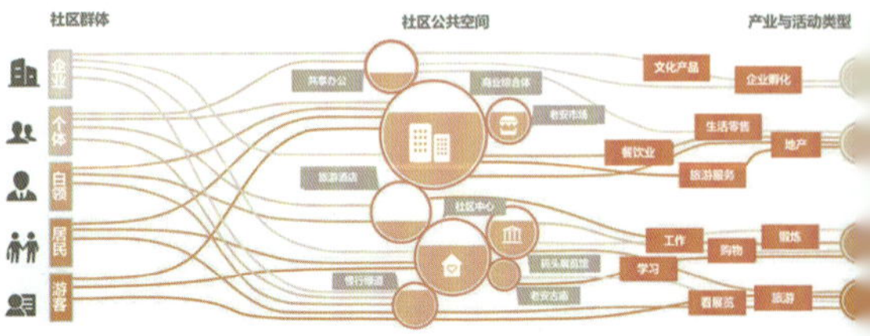

夜间照明设计

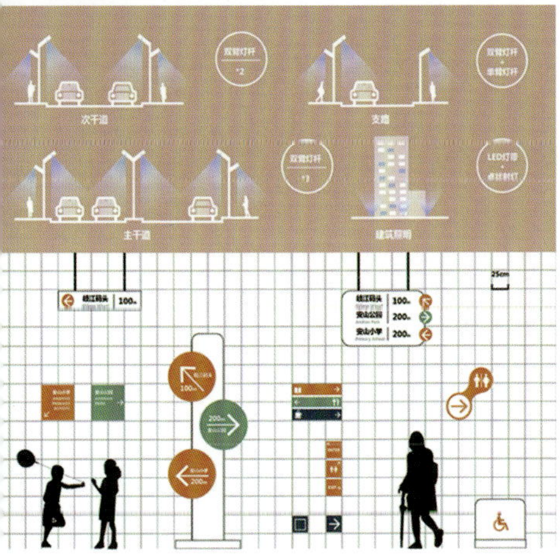

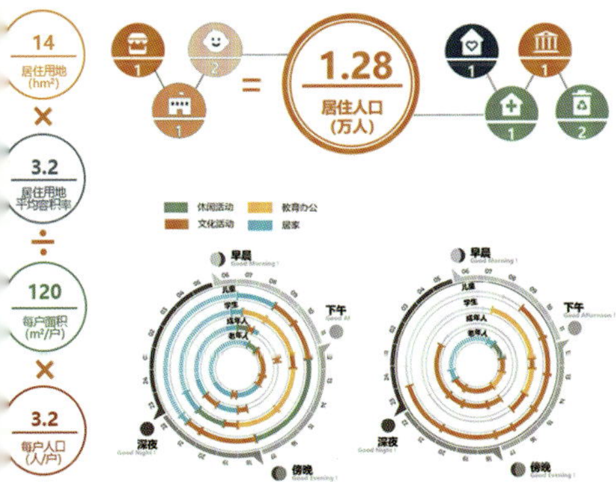

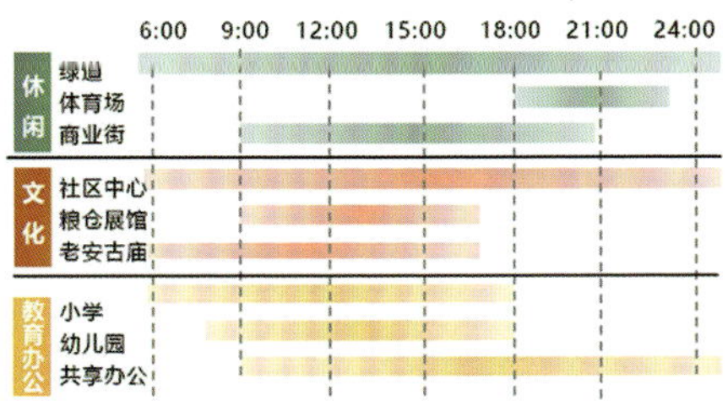

总体设计—生态共融环

1. 绿脉渗透

绿脉衔网 营造生态环境

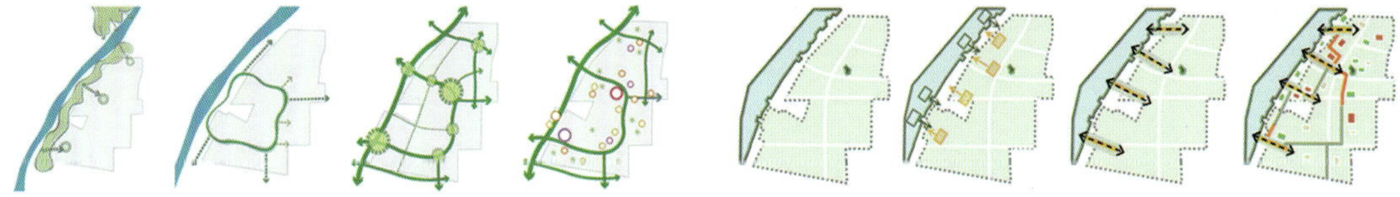

确定景观节点　构建绿环廊道　规划绿网体系　引导更新　城绿边界　城绿复合点　绿轴关系　集聚路径

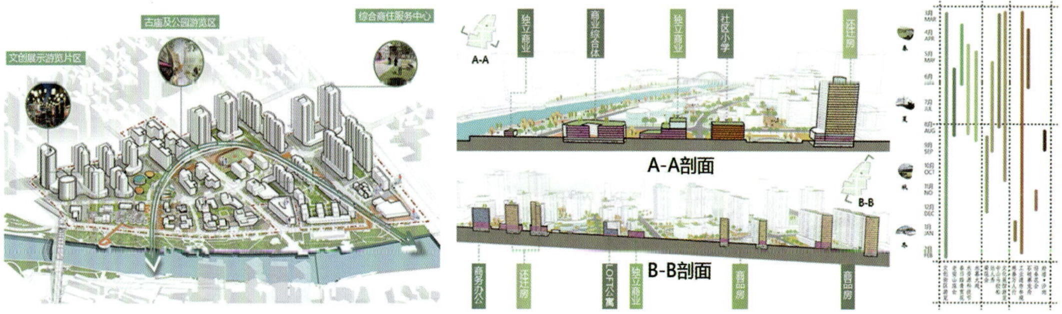

2. 海绵基底

3. 健康社区营造

结合健康社区要求及当下疫情反思，针对健康社区管控提出设计导引

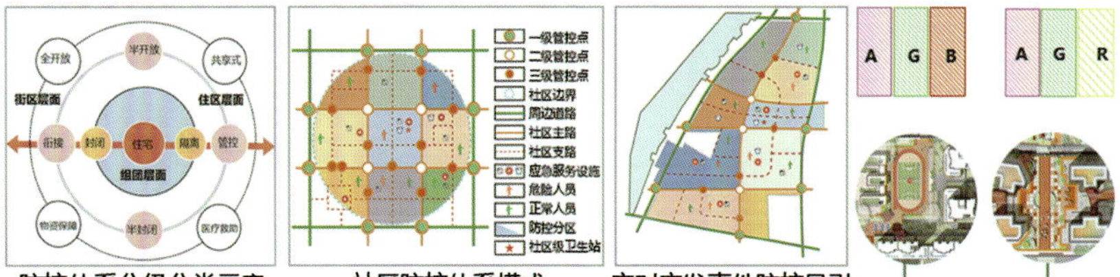

防控体系分级分类示意　社区防控体系模式　应对突发事件防控导引

社区生态规划模式

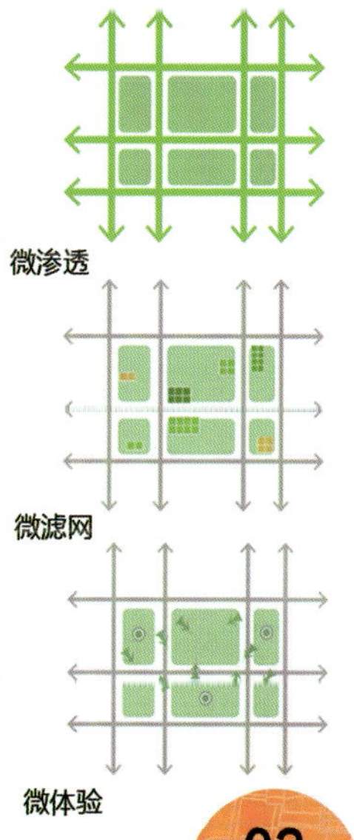

02
衔环篇

鸟瞰效果图

更新框架

01 解读基地 — 筛选发展动力因子
- 基础设施
- 交通区位
- 环境提升
- 公共服务
- 住房保障
- 产业发展
- 空间资源
- 政策红利

02 建立体系 — 地块发展动力评估
- 确定地块发展目标
- 确定地块发展重点

03 阶式成长模式 — 分期开发策略
- 更新 1.0：完善功能、丰富主体、功能完善、村民回归、协同发展
- 更新 2.0：树立核心功能、发挥经济效益、加速开发、连片开发、形成影响力
- 更新 3.0：营造特色、形成突破点、引爆区域、树立信心、打造知名度

04 更新成果 — 更新模式下的城市节点设计

更新潜力评估

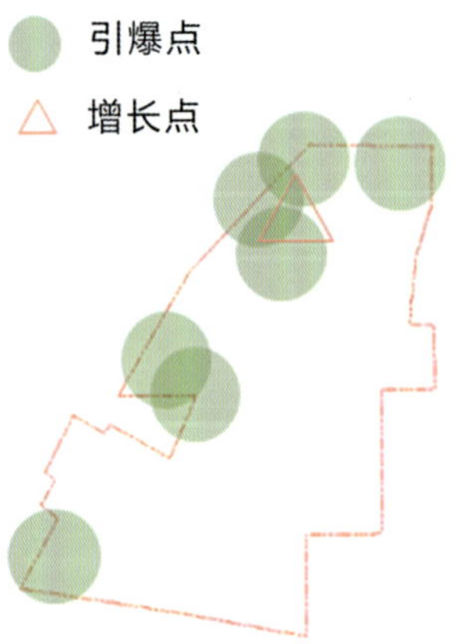

增长引爆点

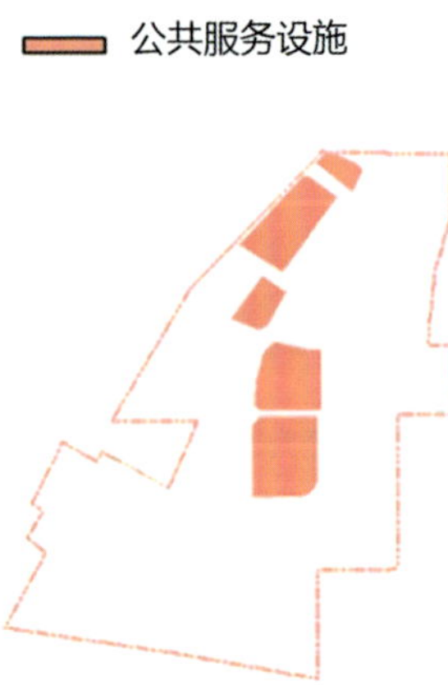

公服设施优先

土地潜力评价

以地块内部文化的空间载体作为片区增长点，土地更新潜力评估作为评价因子，综合评估片区的开发时序。

更新1.0时代 共生时代

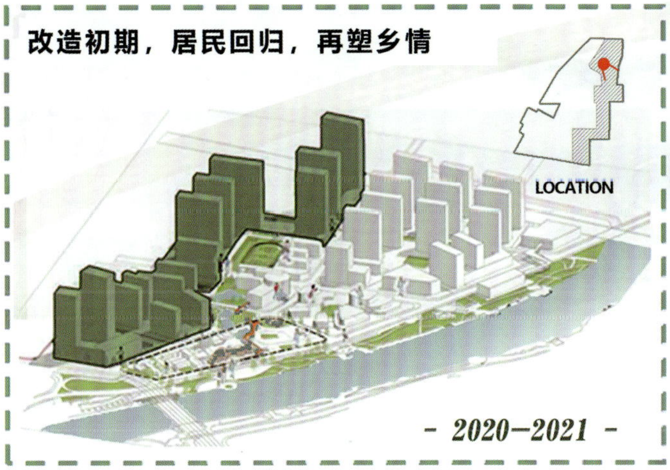

1.0 共生时代

建设首批安置房，安置居民上楼，地面公共空间整治将带动片区短期内公共品质提升。

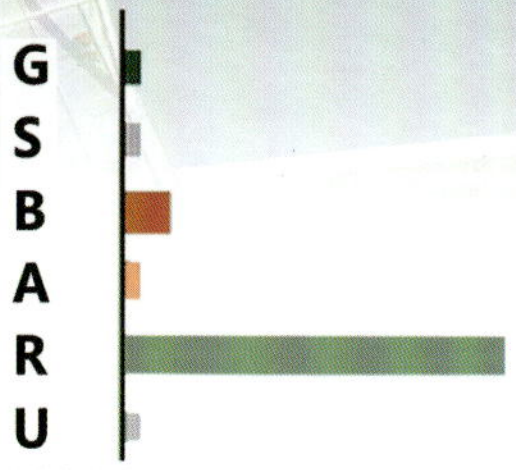

一期范围：9.05公顷

西部片区主要体现居住功能，包括商品房、安置房，以及青年公寓，完善相关商业配套的同时，完善整个片区的公共设施配套。

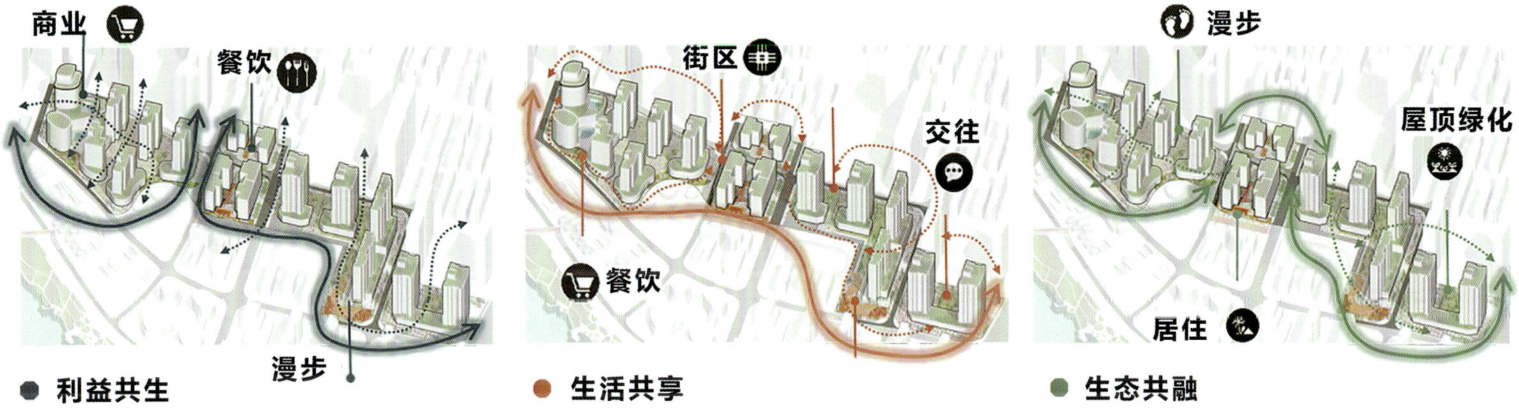

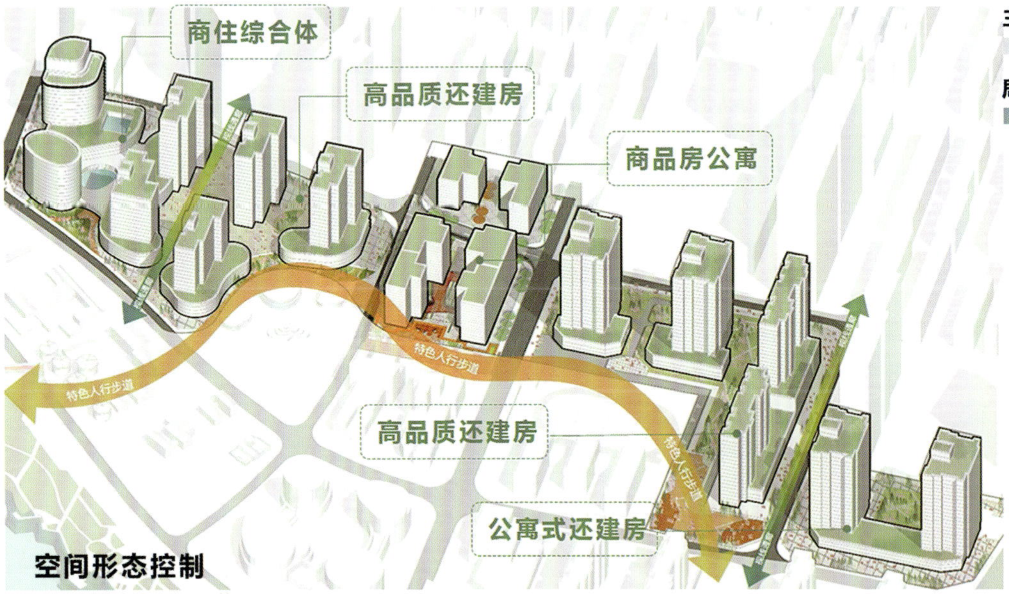

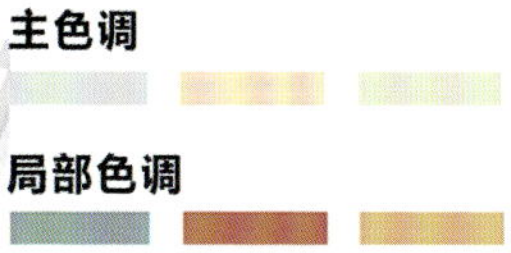

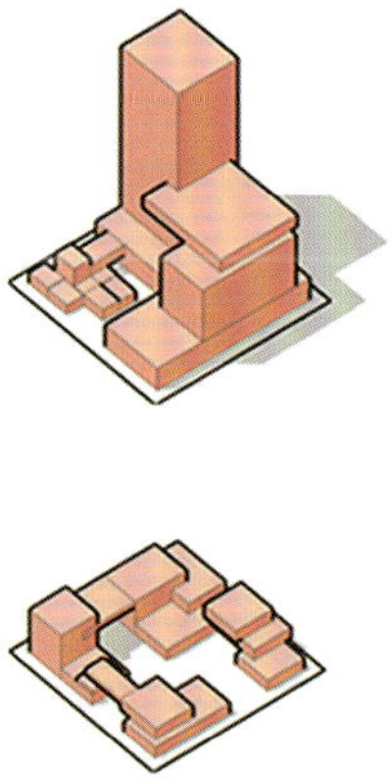

完善功能 丰富主体
功能完善 村民回归
协同发展

↓

住房保障
设施完善

↓

一期建设范围:
总用地面积：95200㎡
预计每平米投入资金 ：4500元
主要建造活动：还建房
预计建造周期：18月

03 环环相生

更新1.0共生时代——节点展示

还建住区

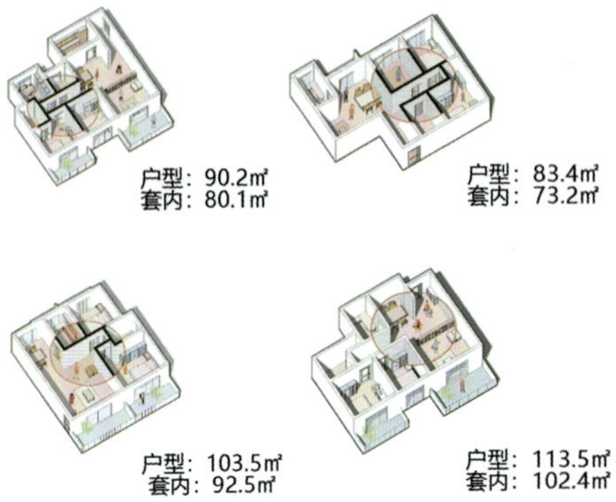

商务办公入口

商务二层连廊

还迁组团绿地

还迁住宅

更新2.0时代 共融时代

2.0 共融时代

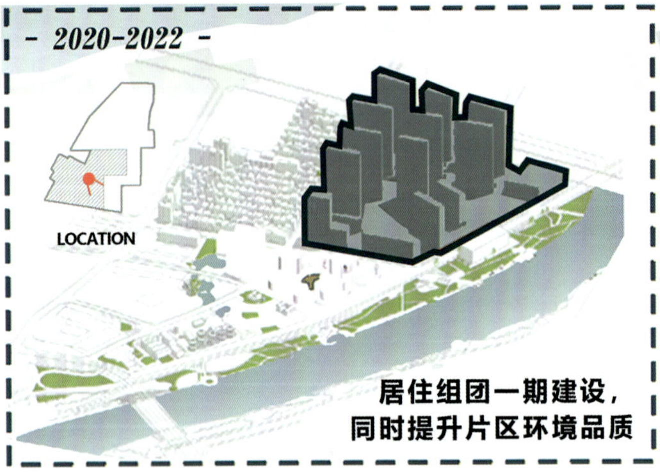

2.0 共融时代

改造中期，沿江地产开发，装置艺术设施投入使用。交通、公服、商业等基础设施也将同步建设。

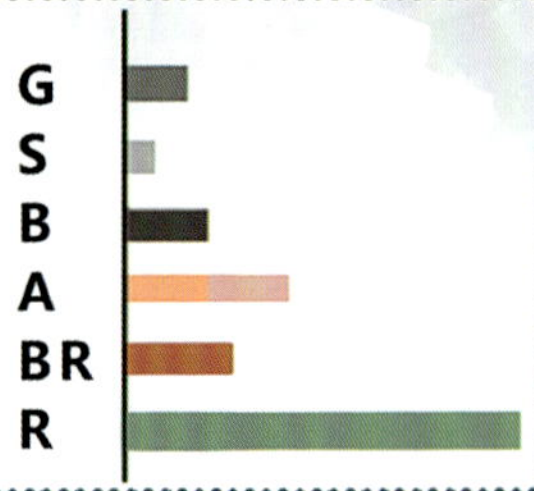

二期范围：10.07公顷

商业及商品房建设能有效带动地产开发进程；并建设小学，以完善片区公共配套带动片区发展，同时提升片区环境品质。

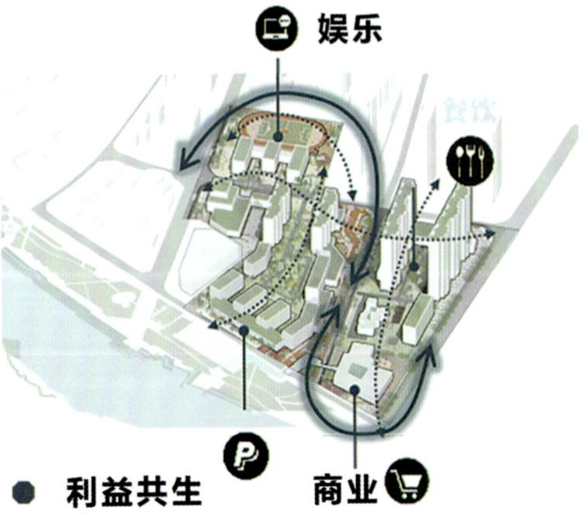

利益共生

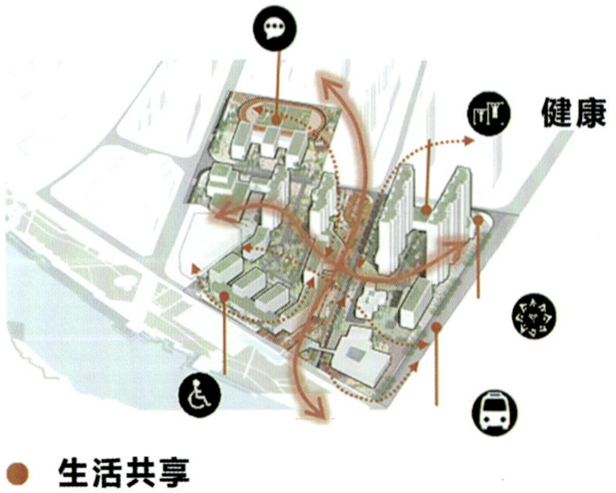

生活共享

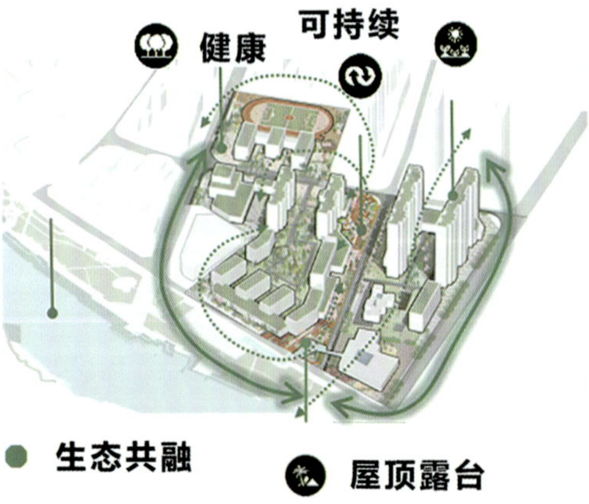

生态共融

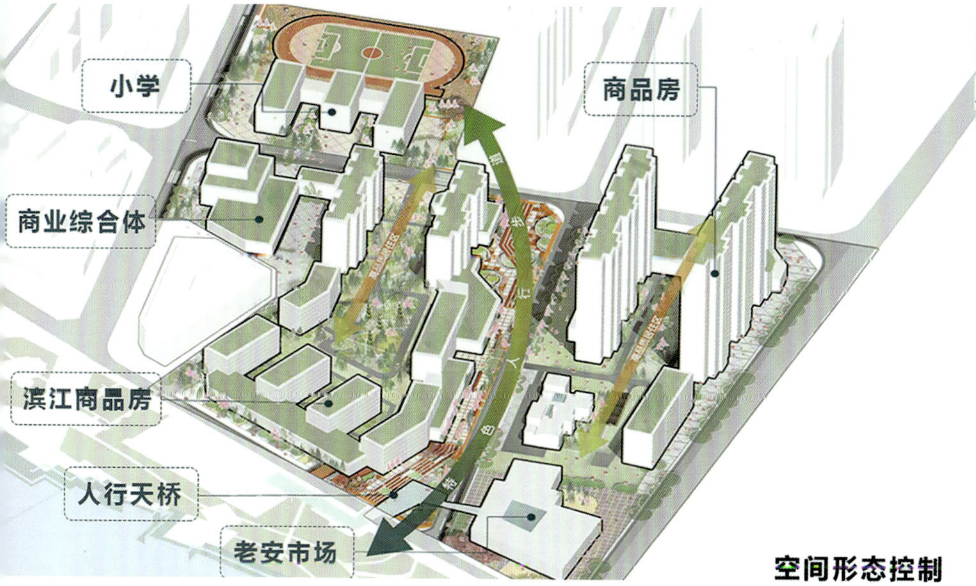

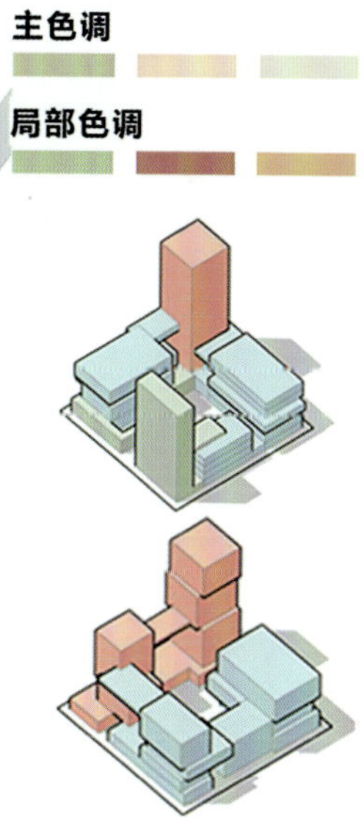

空间形态控制

完善功能 丰富主体
功能完善 村民回归
协同发展

住房保障
设施完善

一期建设范围:
总用地面积：95200㎡
预计每平米投入资金 ：4500元
主要建造活动：还建房
预计建造周期：18月

更新2.0共融时代——节点展示

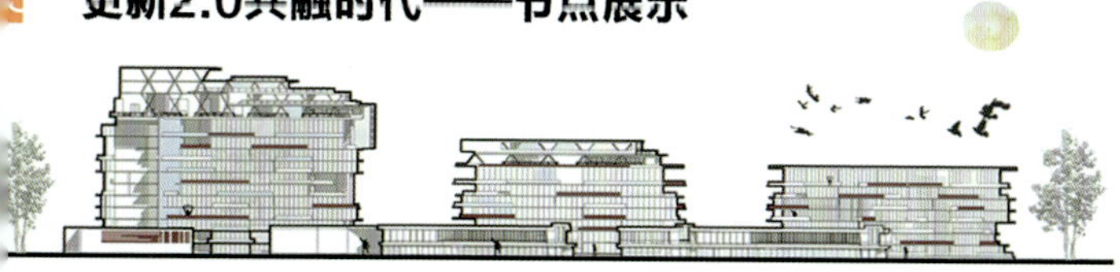

● 滨江住区北立面

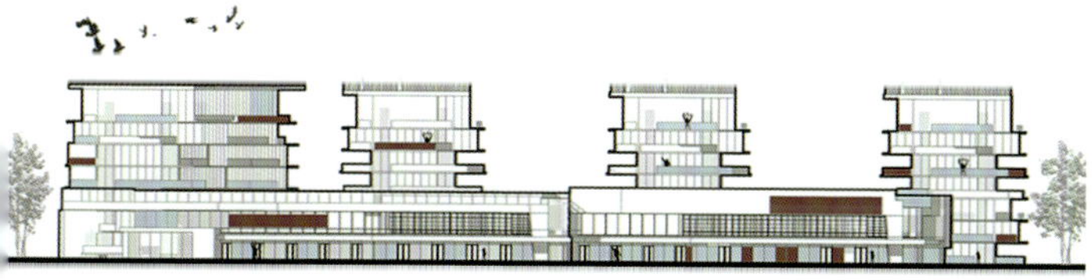

● 滨江住区沿街立面

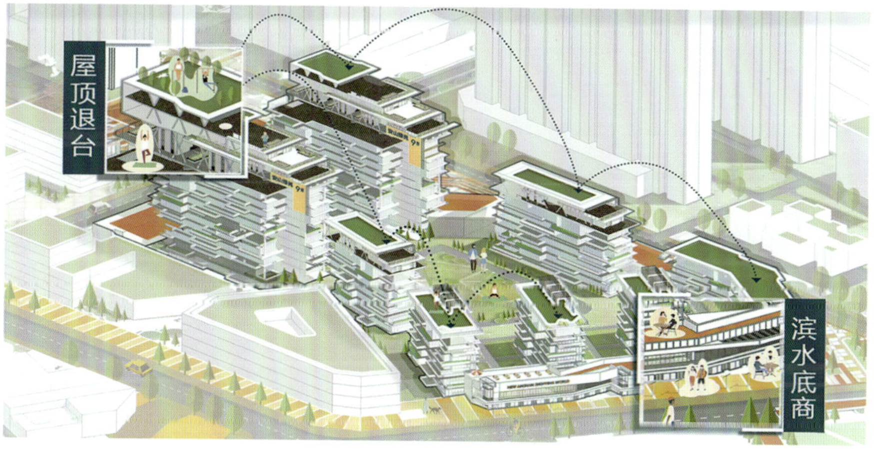

滨江住区

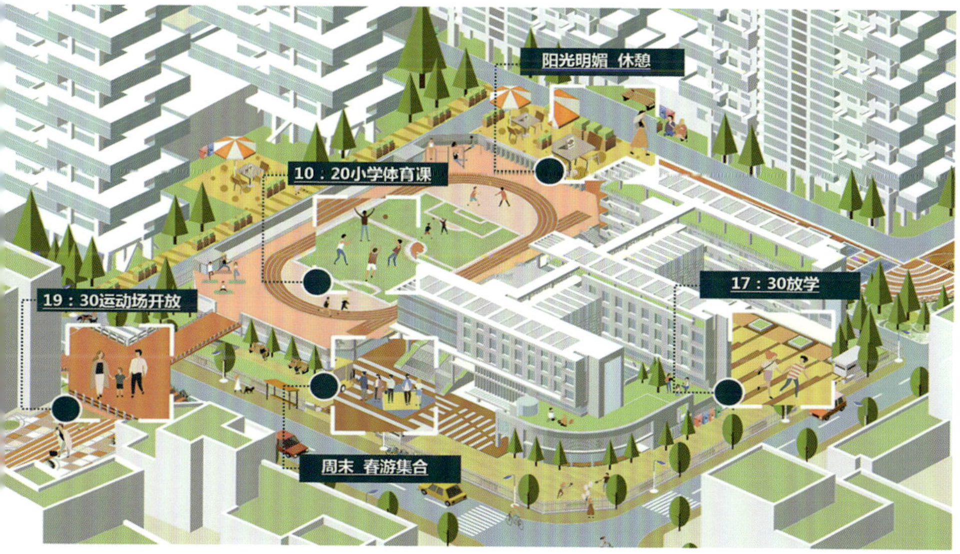

安山小学

● 老安山市场西立面

● 老安山市场南立面

03
环环相生

鸟瞰效果图

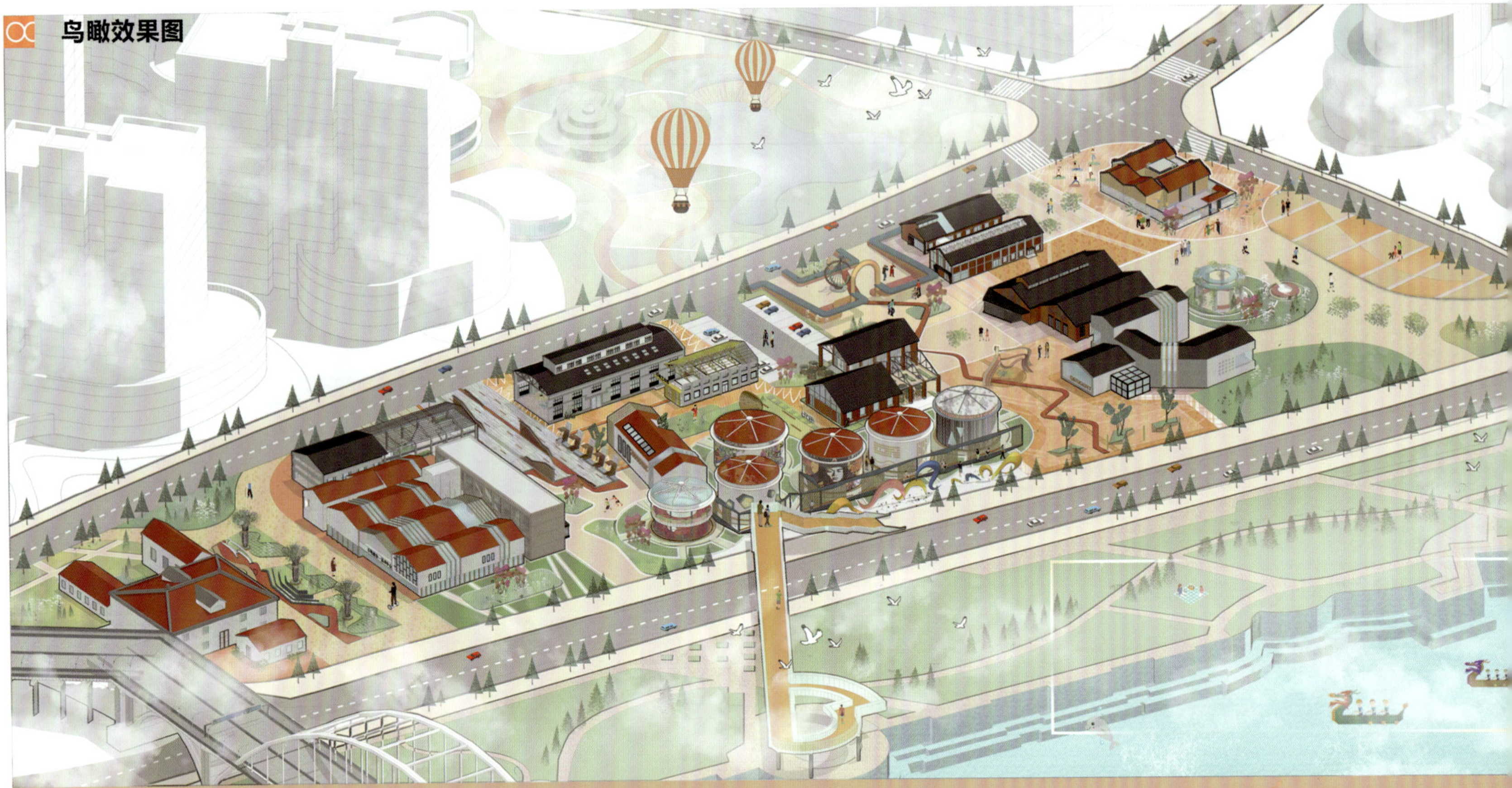

用地面积2.42公顷　建筑面积8477㎡　容积率0.35　建筑密度19.9%　绿地率36.8%

在粮仓片区，定位为区域级文化、艺术、科教服务平台。主要打造老安山至岐江河的视线通廊。保持地块的通透性，增强“一河两岸”水风貌的景观整体性。注入在地性、文化性改造。

平面图

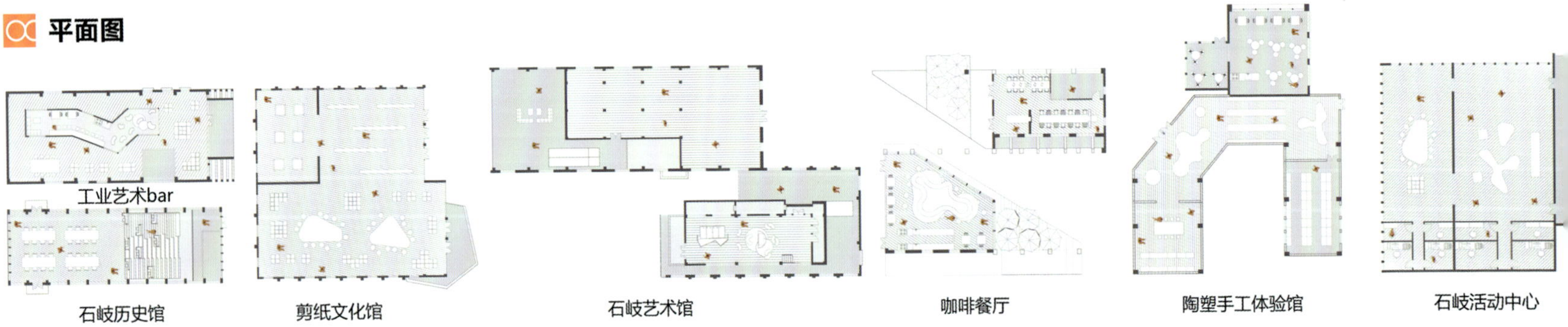

立面图、剖面图

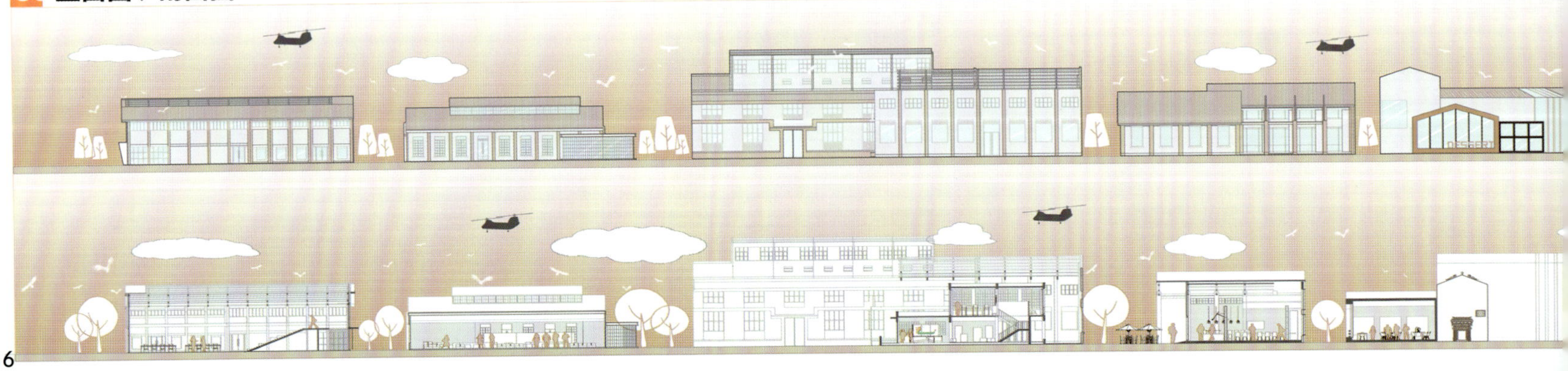

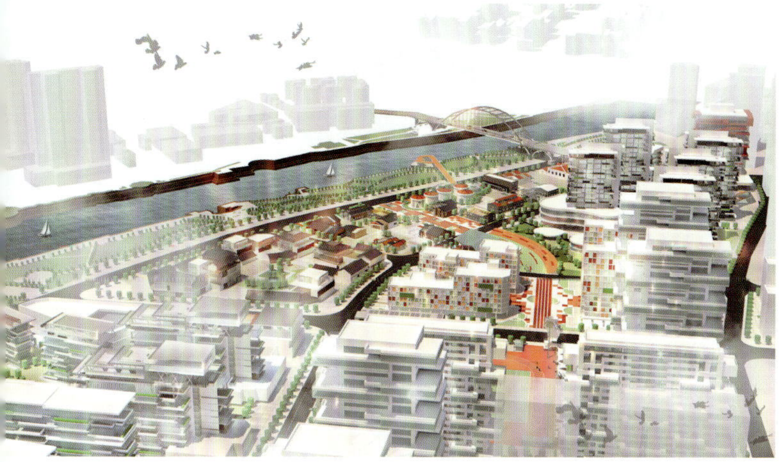

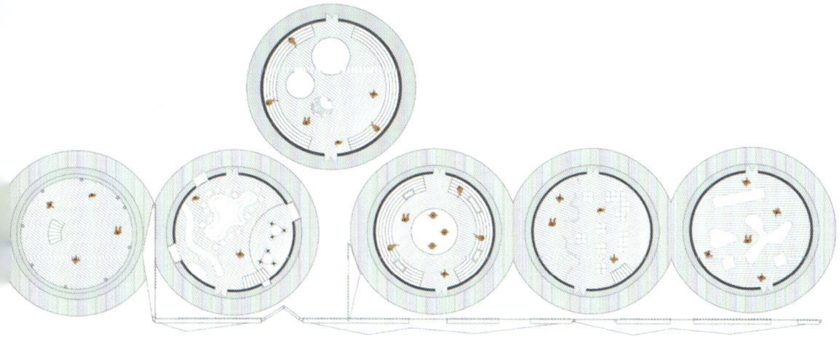

石岐粮仓

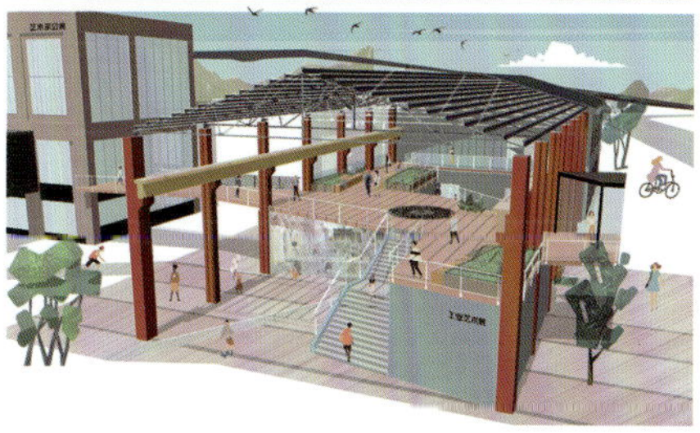

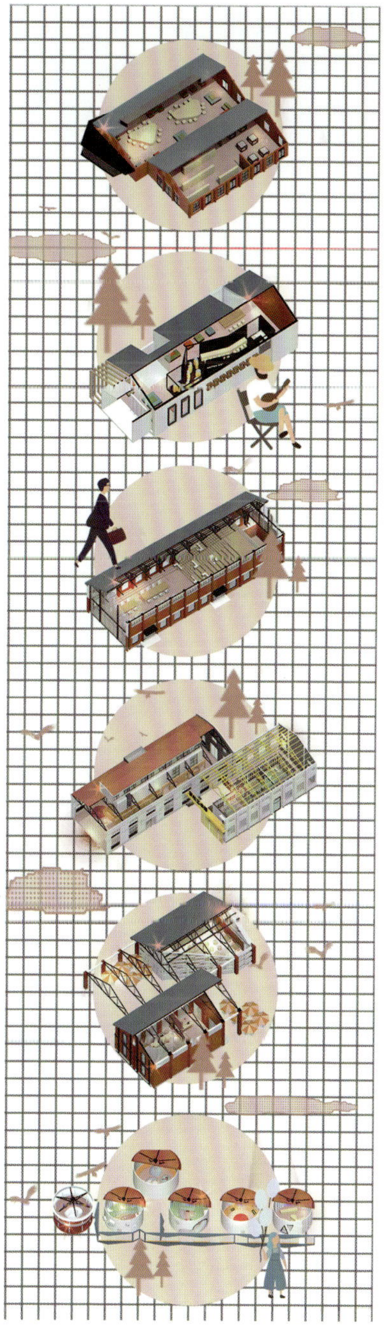

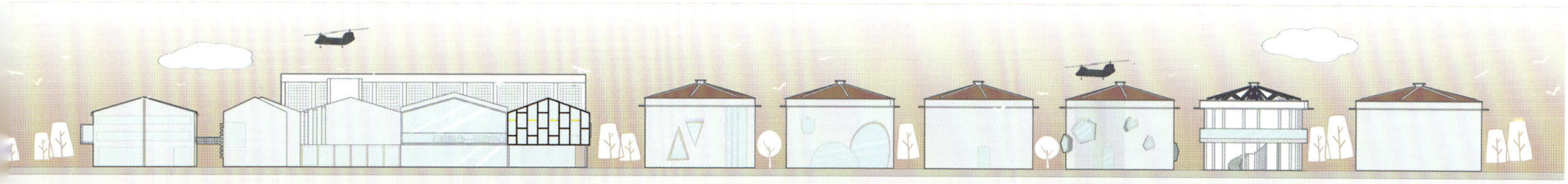

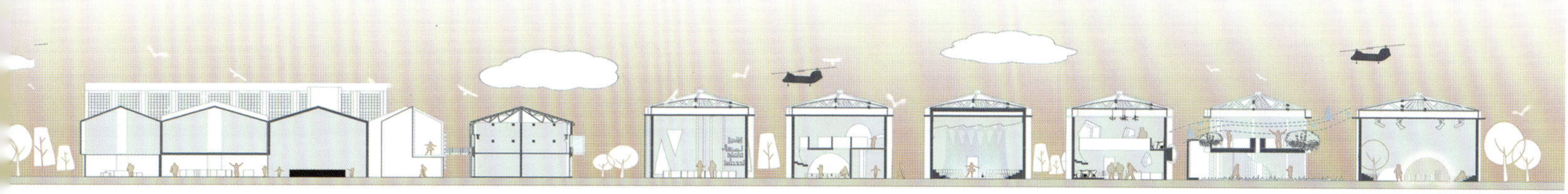

环廊鸟瞰效果图

设计说明

传统封闭式居住区往往存在公共空间缺乏活力、公共设施利用效率较等问题。

改设采用“公共空间=景观+服务设施”的设计理念，希望通过共享廊联系社区与滨水空间，串联社区内部公共节点。

一方面实现社区内部不同群体的交流，打破场地内原有的人群隔离另一方面将更新范围内的公共设施与城市周边住区共享，带动区域发展力，促进旧城活力复兴。最终实现利益共生、生活共享、生态共融的规设计愿景。

环廊剖面展示

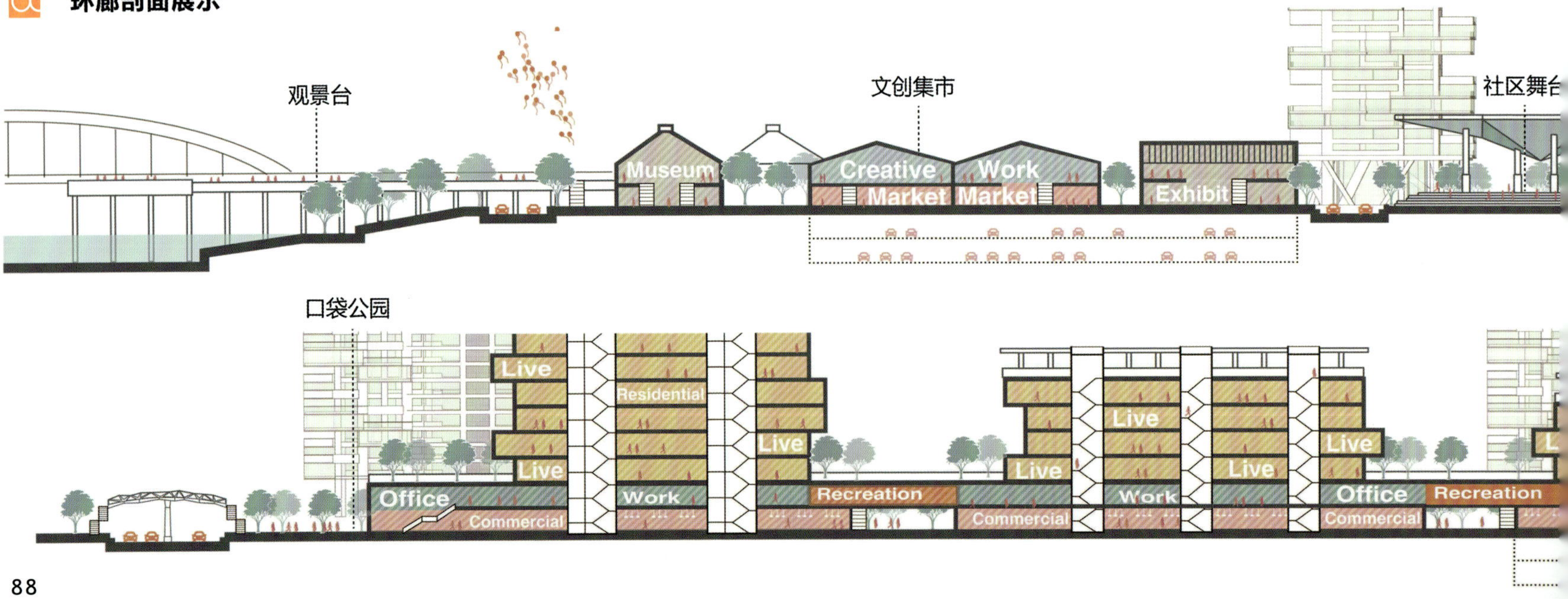

环廊节点展示

0 25M 50M 100M

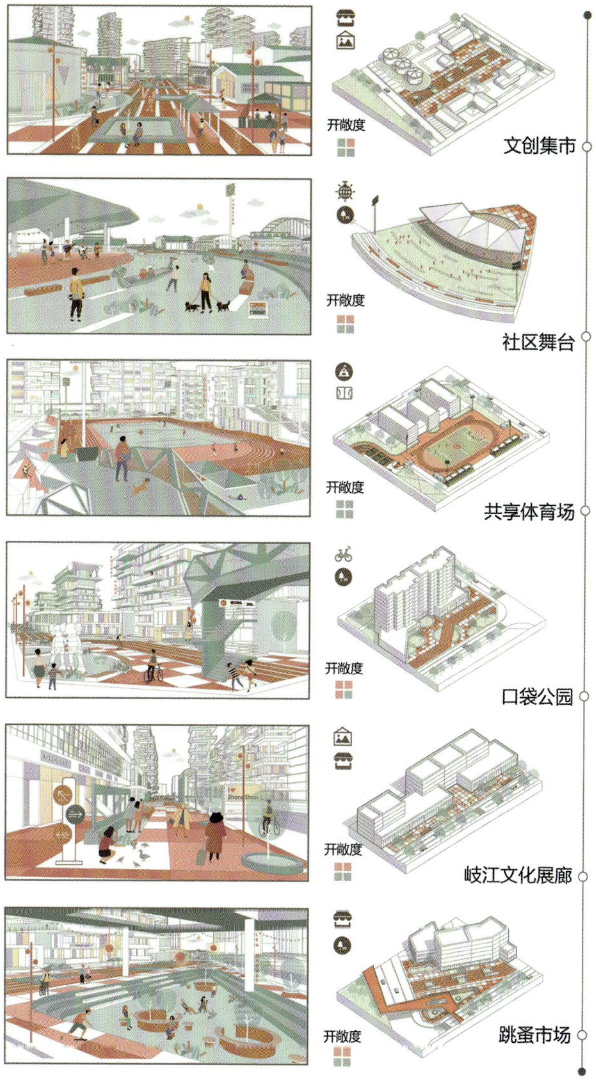
开敞度
文创集市
开敞度
社区舞台
开敞度
共享体育场
开敞度
口袋公园
开敞度
岐江文化展廊
开敞度
跳蚤市场

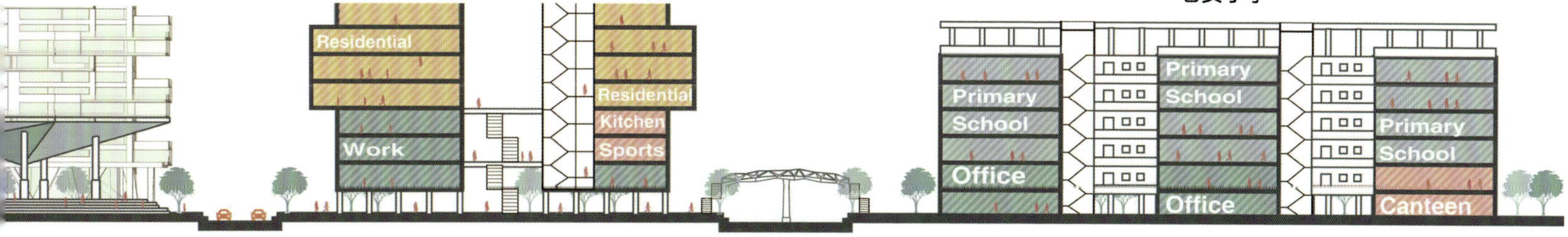
老安小学
Residential
Work
Residential
Kitchen
Sports
Primary
School
Office
Primary
School
Office
Primary
School
Canteen

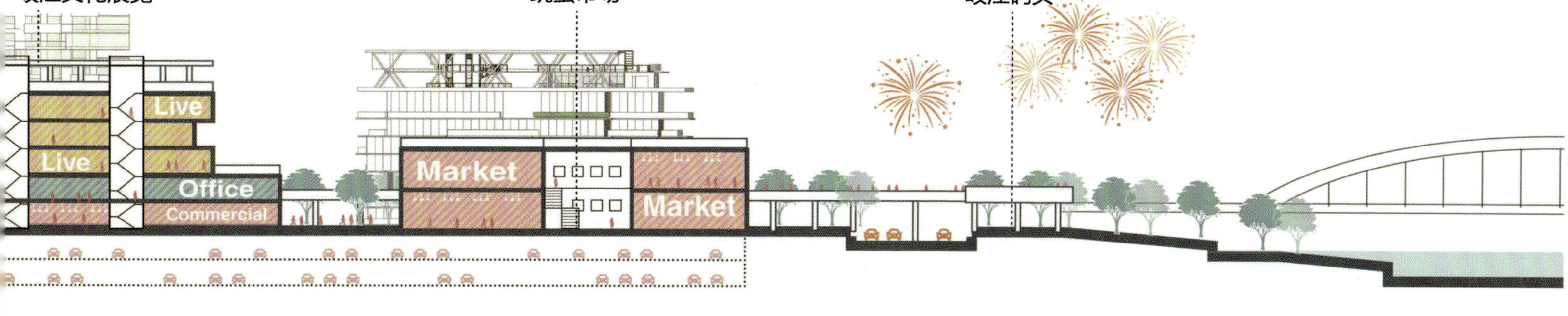
岐江文化展览
跳蚤市场
岐江码头
Live
Live
Office
Commercial
Market
Market

黄惠珠

厦门大学

Xiamen University

尚烨

薛燕府

黄珊珊

伊丽孜热 · 居来提

— 以图攻毒队 —

廖静莹

张文浩

黄惠珠 疫情为毕业设计开展带来了困难，也带给我们特别而难忘的线上合作的种种回忆。从开题之初对着现场照片苦于找不到核心问题，到多次隔着屏幕讨论设计理念，再到做空间设计时因缺乏各种绘图材料而火速网购，不得不感慨我们的学习生活方式都因疫情悄悄发生着变化。毕业设计的顺利完成离不开老师们的精心指导以及队友们的坚持与鼓励，也离不开各位专家、各校老师和同学们带给我们的精彩启发，虽然线下交流无法更多地认识彼此，仍能感受到这是一群可敬、可爱的人，愿大家永远年轻！

尚　烨 很荣幸能在大学的最后一段时光里和同窗5年的好友共同加入了南粤杯联合毕业设计这个大家庭。在这里，我们认识了很多专家及其他学校优秀的老师和同学们，也从专家和老师们的指导与同学们的作品中学到了很多。三个月转瞬即逝，虽然受疫情的特殊影响我因没有办法与大家进行线下的沟通交流而感到遗憾，但是大家的热情与完成的决心依旧不减。通过线上的远程学习我们也克服了种种困难，好在最终我们圆满结束了本次毕业设计。感谢省规院的各位专家倾心指导，感谢各校老师的不吝指教，感谢同学们的辛苦付出！

薛燕府 云端的毕业设计是紧张而又难忘的，虽然留有不能一同画图的遗憾，但也为毕业设计的进行增添了更多的可能性。从房地产方向的需求分析，到利益核算的相关内容，再到模型视频的制作，这次毕业设计推动我学习和掌握了更多的知识。衷心地感谢郁珊珊与王量量老师耐心的指导以及各学校、省规院的老师们的努力和付出，同时也要感谢小伙伴们对本次毕设的尽心尽力，因为大家，我们才成为一个完备的小组。目光所及之处尽是鲜红的凤凰花，回顾一次次理念，一次次改图，一次次答辩，仿佛记忆还停留在昨日，却徒增了更多的别离和不舍，希望大家有缘再会。

黄珊珊 在2020年的特殊时期参与此次六校联合毕业设计，不仅完善了我本科五年来的专业思维及技能训练，还提升了我在线交流学习的协作能力。从毕设前期面临无法实地调研以及现场交流开会的不适应，到如今毕业设计结束后一切都井然有序，我和小伙伴们以及导师们逐渐在寻求高效的学习方法，无数个腾讯会议的头脑风暴，都是大家对于这次毕业设计负责任的最好见证。非常荣幸和开心能在这样一个大家庭中学习进步，在推进自身方案的同时，更能学习其他各高校的长处，感谢南粤杯给予我们这样的机会，让毕业设计成为难忘的回忆。

廖静莹 由于这次毕业设计遇上了疫情，我们毕业设计的进程也受到了影响。无法现场调研、无法现场讨论等问题成为我们完成过程中的重要困难。然而，在老师和同学们的努力下，我们克服了这些困难，并且顺利地完成了毕设，同时在南粤杯六校联合毕业设计竞赛中取得了二等奖的好成绩。我觉得这离不开组长的精心安排和负责任的调度统筹，也离不开老师的细心指导，因此对他们抱以深深的谢意。同时，我也发现了自己在这过程中存在的不足之处，在图面表达上仍需加强，我也将在之后的学习中继续努力。

伊丽孜热·居来提 2020这特殊的一年，让我们的此次联合毕业设计注定不平凡。我很开心能和大家共同面对，并且战胜重重困难，最终取得不错的成绩。线上的交流虽没有面对面那么方便，但通过与大家一次次的深度讨论与汇报答辩，不管是从思维方式的深度与广度上，还是在正确规划价值观的树立上，我收获颇丰。总以为毕业遥遥无期，转眼大家却要各奔东西，愿大家未来都可以做颗星星，有棱有角，还会发光！

张文浩 大学毕业前，能参加一次联合毕业设计，能和这么多优秀的学生一起交流学习，能在这么大的平台展示与发表自己的看法和想法，我感到非常的荣幸，最后的成果也是硕果累累，可以说这次联合毕业设计给我的大学生活画上了一个很好的句号。由于疫情原因，这次联合毕业设计不像往年可以到各地参观学习，但是专业程度和工作成果都是很不错的，我在这次毕业设计和组员一起学到了很多。虽然这过程中有很多困难，例如我们隔着屏幕无法和队员们面对面交流，无法一起画草图做模型，更无法亲临现场一起调研，但是种种原因和困扰使得这次毕业设计成为一次非常特别的值得纪念的珍贵回忆。感谢毕设的各位老师的指导，感谢能和其他学校同学进行精彩交流，感谢我们指导老师用心的教导，感谢我亲爱的队友的共同退进，也感谢我自己为这次毕业设计画上了不错的句号。

活力老安 薪火相傳 “薪欣”向榮

Planning and Design of Laoanshan Urban Renewal Area in Zhongshan, Guangdong

作　者：黄惠珠　尚　烨　薛燕府　黄珊珊　廖静莹
　　　　张文浩　伊丽孜热·居来提
指导教师：郁珊珊　王量量
学　校：厦门大学

规划背景 Background Research

区位分析

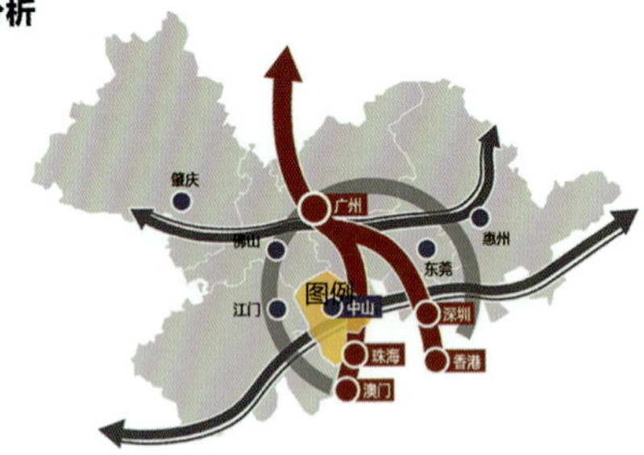

随着深中通道、港珠澳大桥等区域交通的建设，中山市逐步成为粤港澳大湾区的重要一极。

图例
- 区域主中心
- 区域副中心
- 地区主中心
- 区域主轴
- 功能拓展轴

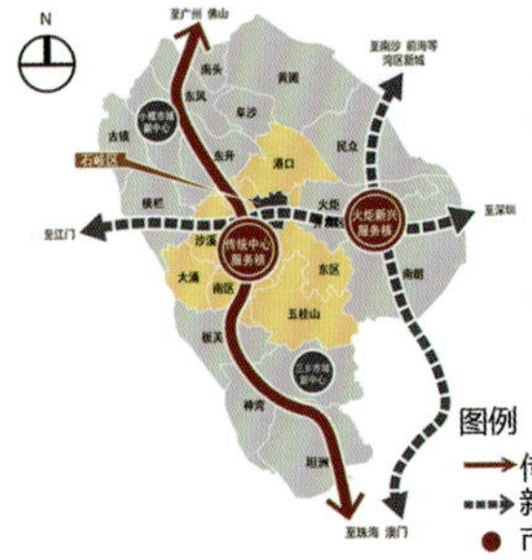

石岐区位于中山市南北轴线中部，是中山市的老城区。南北轴线强化串联中山重点镇与城市中心的发展轴，北向联络广州、佛山，南向联络珠海、澳门。

图例
- 传统区域发展轴
- 新兴区域发展轴
- 市域主中心
- 市域副中心

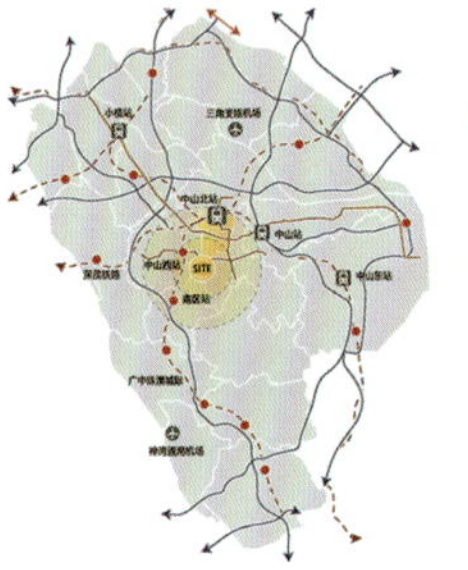

老安山地理位置优越，临近中山西站及轨道三号线。前往中山北站、中山高铁站交通便捷。

图例
- 高速公路
- 城际轨道
- 城市轨道
- 铁路一般站
- 铁路枢纽站
- 机场

研究范围

第一层面：中山市“三旧”改造专项规划

基地位于老城东片区，主导功能与周边区域协调发展，以加强规划片区功能指引。

第二层面：老安山城市更新片区

规划范围为老安山城市更新片区，规划面积为26.20公顷。

发展机遇与挑战

1 机遇一：市场主导下“三旧”改造的利好形势
·市场主体的改造具有丰富经验及稳定的政企沟通模式

2 机遇二：中山市对岐江一河两岸片区更新的迫切意愿
·《中山市岐江河一河两岸城市设计》等规划陆续完成

3 机遇三：国家及地方对工业遗产保护发展的新要求
·《国家工业遗产管理暂行办法》提出了新要求

1 挑战一：中山市传统发展方式难以为继
·中山市以传统专业镇为主的发展模式难以为继

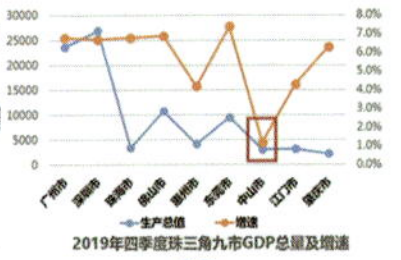

2019年四季度珠三角九市GDP总量及增速

2 挑战二：地方政府新城偏好下的老城中心边缘化
·中山市城市发展重点集中在东侧的火炬新兴服务核

3 挑战三：“三旧”改造涉及主体及相关利益的复杂性
·不同利益主体对城市更新有着不停的利益诉求

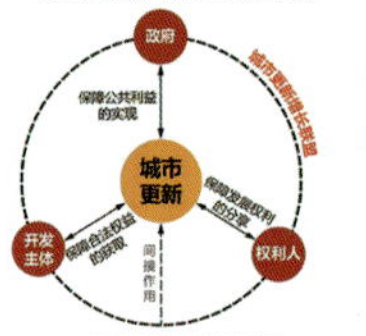

城市更新相关主体利益诉求关系

历史沿革 Historical Evolution

城市空间发展

老安山从县城南郊村庄发展为被围困的老城边缘片区

宋代

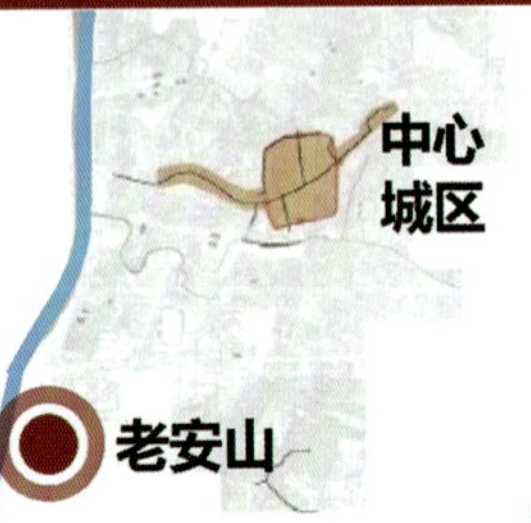

石岐曾为中山县城，始建于宋。因县城空间有限，居民和商业逐渐向城外扩张，老安山位于彼时的县城南郊。

明代

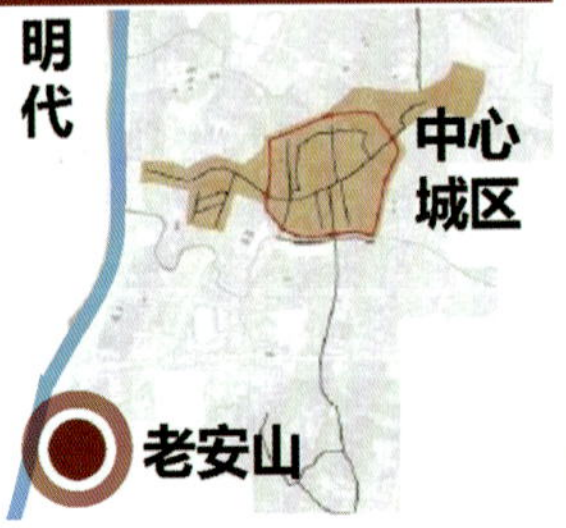

由于家庭手工业和商业的发展，发展重心开始移向石岐河边交通方便的地区。老安山位于繁华的石岐津渡以南。

近代

随着近代通商口岸的开放，石岐河地区聚集了做生意的商人。岐江从天字码头到老安山一带，都设有柴仓或柴栈。

现代

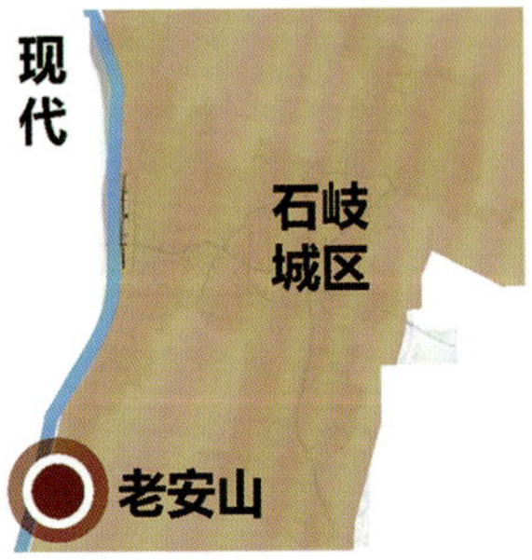

20世纪90年代至今，老安山的工业快速发展，又因传统工业不适应现代化转型而被围困其中。

城市工业发展

岐江两岸的工业遗存是城市发展的重要记忆

- 停止使用，待改造
- 已搬迁，旧址大部分拆除
- 停止使用，已改造/新建
- 基地范围

『柴炭业起源』

乾隆初年，珠三角一带一般家庭一年所需柴薪量最低约为2.25吨。

明清时期，中山的柴既有采自本地，也有沿西江河水运而来，设有柴仓。

鼎盛一时的柴炭店。

明清时期 | 珠三角手工业发展需要大量燃料。柴炭业应运而生。

1949年后不久 | 石岐实行全行业公私合营策略，组建了数间燃料商店，柴仓设于老安山。

19世纪五六十年代 | 石岐城中共有58间柴店，近200名职工。

21世纪 | 石岐的居民大都用上了煤气炉，以至往昔繁盛的煤柴业逐渐消歇，柴仓或柴店亦无迹可寻。

『柴薪与石岐』

『居』一方面，居民的日常生活，要消耗大量的柴禾。

『业』另一方面，发达的工商如玻璃业、糖业，都是柴大户。

柴是石岐居民日常生活的必需品，也是岐江沿岸工业发展的重要燃料。

『柴薪之内涵』

chái 柴

xīn 薪

柴薪的象征

过去的老安山：柴仓所在地
石岐的能量来源

柴薪的实体消逝，柴薪的精神不灭
柴薪之内涵：发展的记忆与动力

未来的老安山：石岐记忆名片
石岐发展新动能

“薪”的传承发展

“薪”指的是什么

过去，“薪”是柴薪
如今，“薪”是老安的空间、人群、文化、产业等发展要素的发展记忆与创新动力

传薪：传承发展记忆
引薪：引入创新动力

"薪"的实体空间

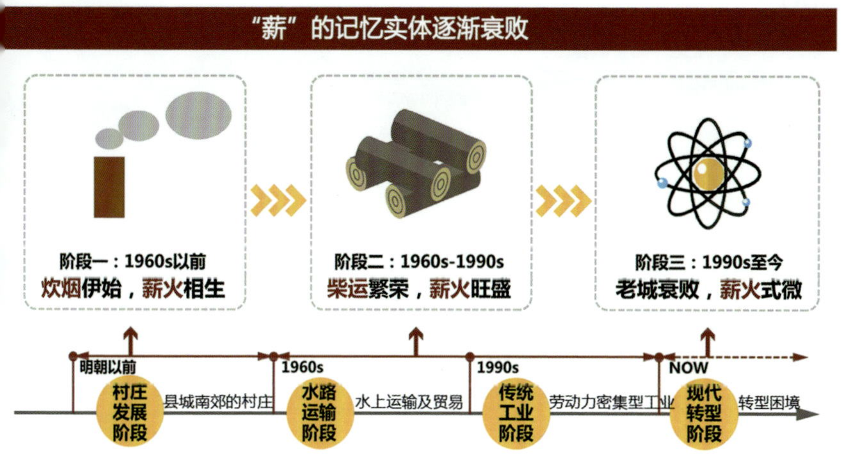

产业之薪：粮仓、玩具厂、针织厂……
空间之薪：旧村居住建筑、新村居民楼、古庙……
人群之薪：工厂工人、旧村居民、新村居民……
文化之薪：信仰文化（古庙）、传统文化（华光诞庆典）、市井文化（老安山市场）……

空间现状分析 Analysis of Current Space

现状土地利用情况

现状土地利用模式低效浪费，集约用地需求

老安山现状土地以村庄建设用地和居住用地为主，还存在、粮仓城中村、安置小区及旧工厂等不同用地类型。用地无序混杂，且存在闲置用地。

现状用地汇总表

用地类别	面积(公顷)	比例
村庄建设用地	13.60	51.91%
工业用地	1.52	5.80%
居住用地	3.92	14.96%
行政办公用地	0.21	0.81%
文物古迹用地	0.03	0.12%
商业设施用地	0.62	2.35%
物流仓储用地	1.64	6.26%
防护绿地	0.20	0.77%
道路及其他用地	4.46	17.02%
总用地	26.20	100.0%

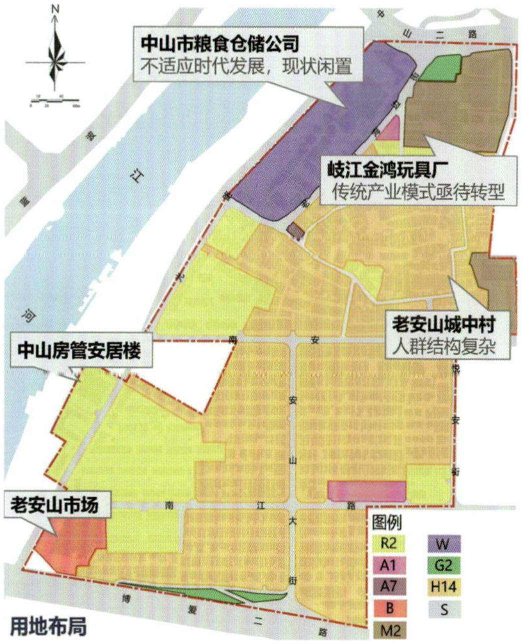

用地布局

空间现状分析

现状空间需求

基地与岐江河、岐江公园等重要景观缺乏轴向联系。基地外围的华光路、博爱二路等道路绿化较为完善，内部除东西向的南安路、南江路外，缺少步行空间，未能满足生活社区休闲需求。

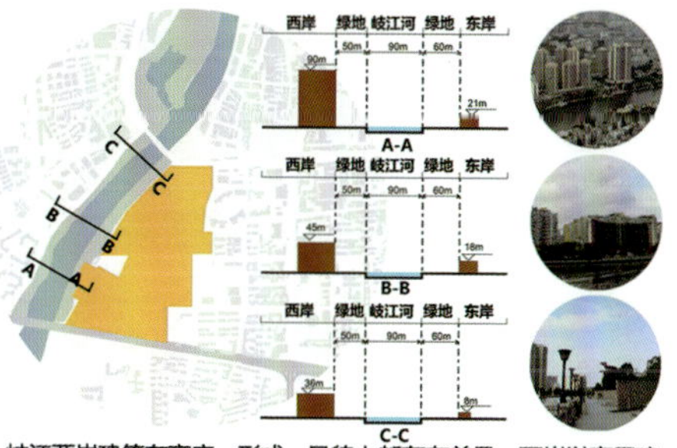

岐江两岸建筑在高度、形式、风貌上都存在差异，西岸以高层建筑为主，基地所在的东岸建筑风貌参差不一，高度普遍较低。沿河建筑天际线缺乏变化，较为单一。

现状交通空间

现状公共服务设施分布

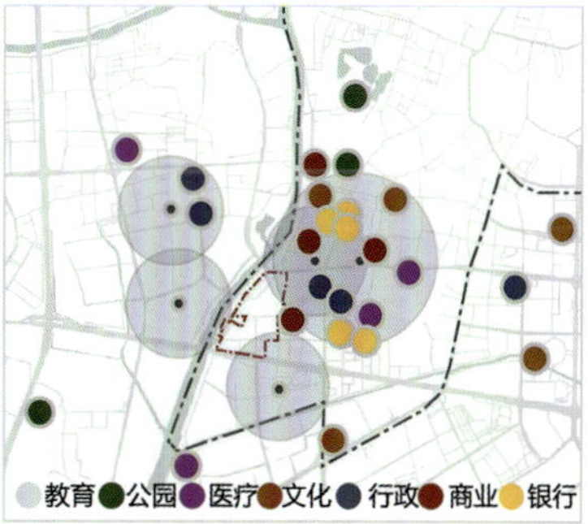

现状公共服务设施与周边的差距

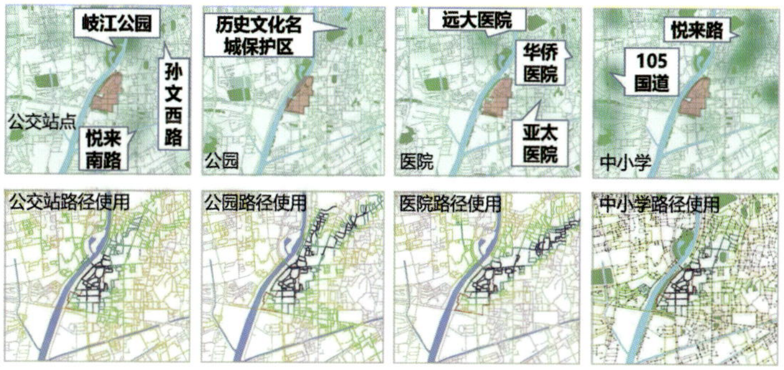

产业现状问题解读 Interpretation of Industry Status Quo

■传薪之难——产业之“薪”凋零

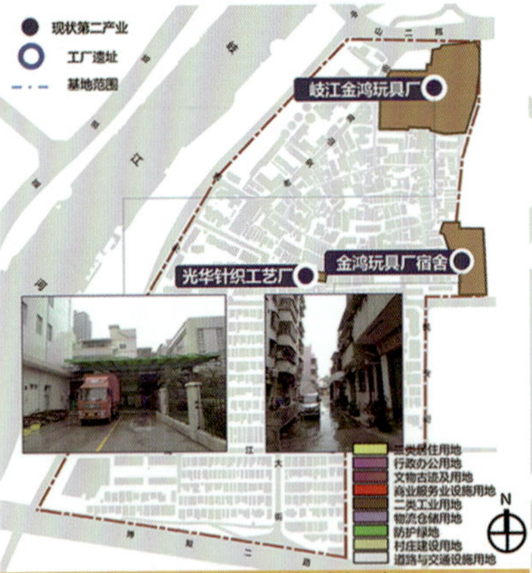

二产低效，功能亟待整治与升级

三产欠缺，类型和质量有待提升

■传薪之难——产业之“薪”凋零

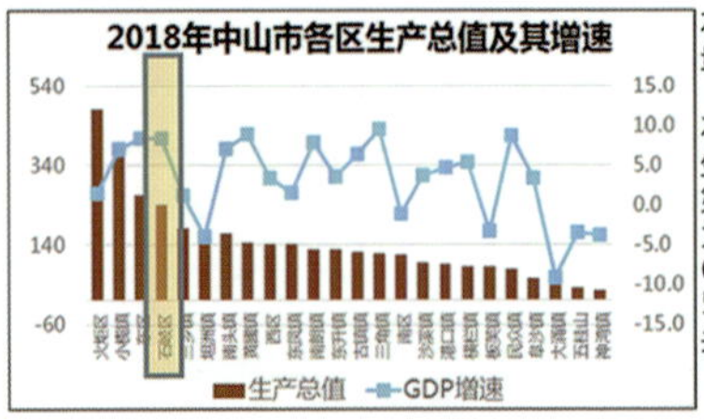

石岐区生产总值及增速居中山市前列

石岐区2018年全年生产总值居中山市第四位，经济增速为8.4%，高于全省6.8%、中山市5.9%。经济发展势头良好

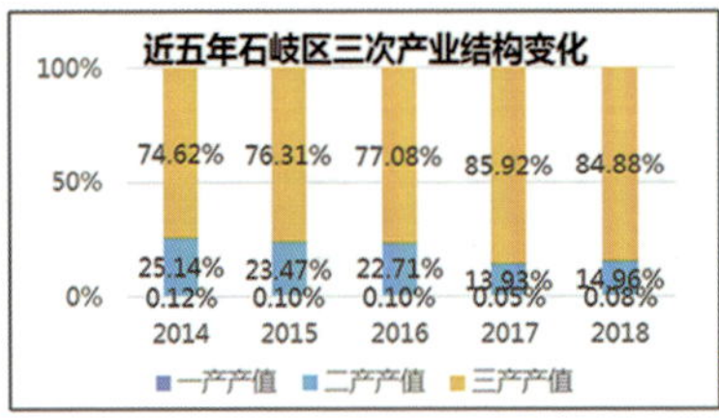

石岐区以三产业为主导，第二产业稳步降低

近五年来石岐区第三产业稳步发展，第二产业波动回落。第三产业结构占比在2018年已接近85%

石岐区快速发展 VS.老安山产业转型困难、发展动力不足

■ 服务业POI点聚集情况：与周边地区相比，片区三产低端且碎片化，无法吸引

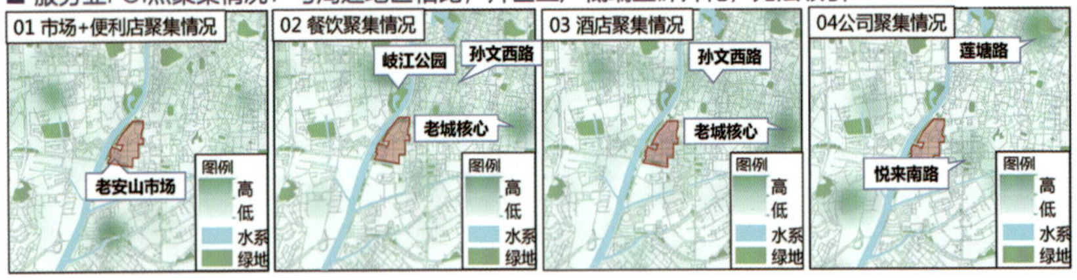

■ 服务业POI点的路径选择：片区内居民对服务业的选择以北向的老城中心为主，片区内服务型公司欠缺

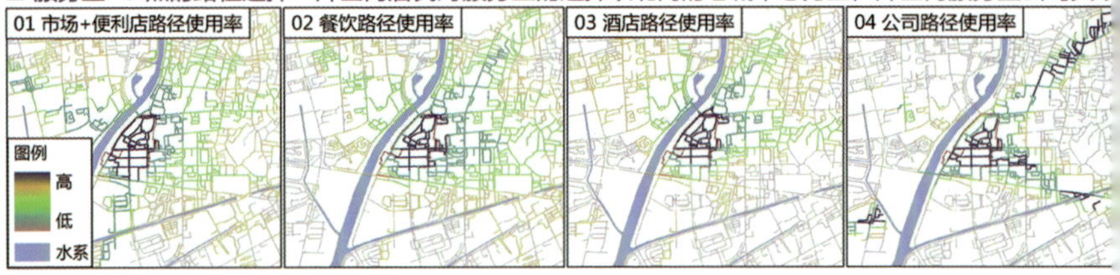

文化现状问题解读 Interpretation of Culture Status Quo

■传薪之难——文化之“薪”消逝

多元文化区域吸引不足，文化外线断裂

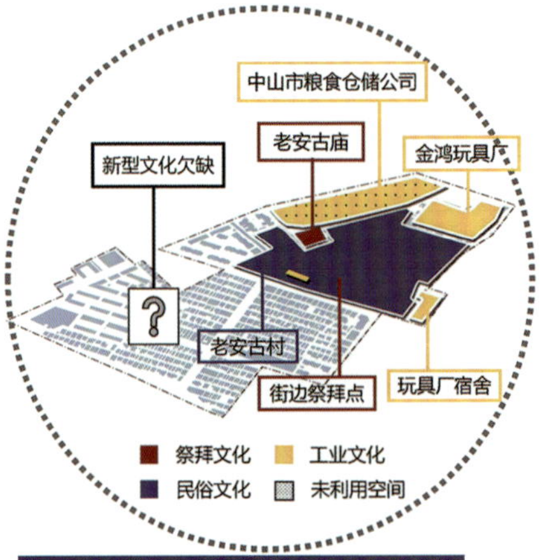

多三大文化潜力挖掘不足，文化内核断碎

龙舟节
面临着如何传承的困境

华光诞
宣传影响力不足

哀光瞽目院
现已废弃，传承没落

街头祭拜
习俗空间没有得到保护

石岐粮仓
工业文化未延

重要文化事件影响力不足

人脉现状问题解读 Interpretation of Network Status Quo

传薪之难——人脉之“薪”破碎

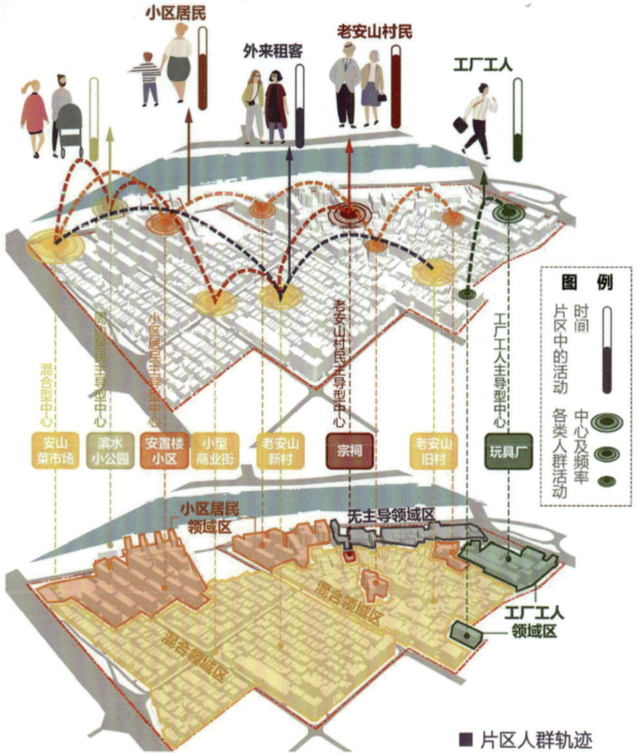

片区人群轨迹

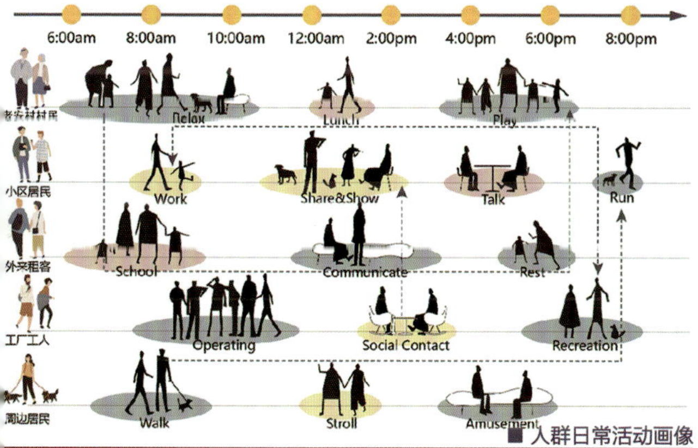

人群日常活动画像

片区人群轨迹交织、但重复度较低，存在着时间、空间割裂问题

引薪之需——人脉引“薪”之渴盼

各类人群		社交基本特征	社交类型	社交目的	社交的情况及需求
	老年人群 Elder	共情认知 ■■■■□ 社交时长 ■■■■■ 社交效率 ■■□□□	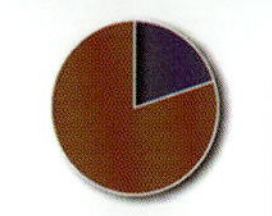		现状社交 ■■■□□ 未来需求 ■■■■□
	中年人群 Mid-aged	共情认知 ■■■■■ 社交时长 ■■■□□ 社交效率 ■■■■□	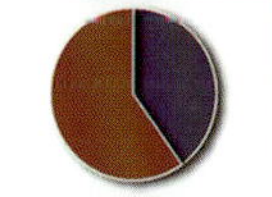	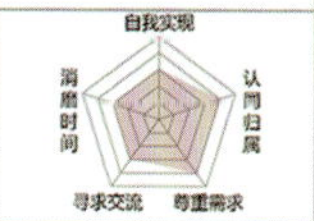	现状社交 ■■□□□ 未来需求 ■■■■□
	青年人群 Youth	共情认知 ■■□□□ 社交时长 ■■■□□ 社交效率 ■■■■■	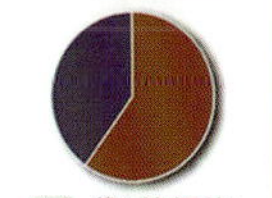		现状社交 ■□□□□ 未来需求 ■■■□□
		■■■□□ 共情度/时长/效率	线上社交时长 线下社交时长		■■■□□ 社交情况/需求

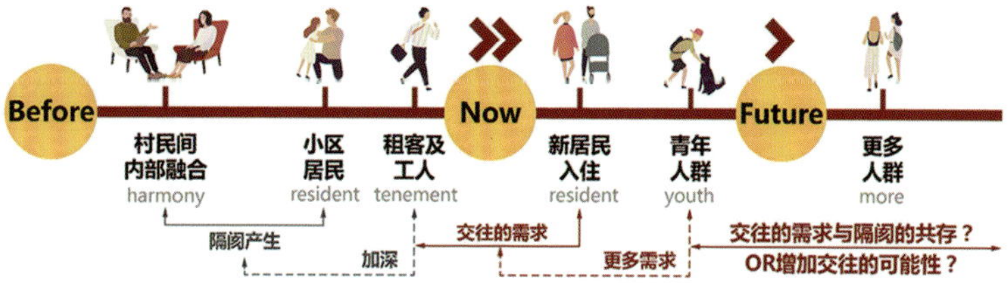

- 现状与外来的各类人群均有交往的需求
- 交往需求与现状隔阂存在不匹配

政府层面各类活动

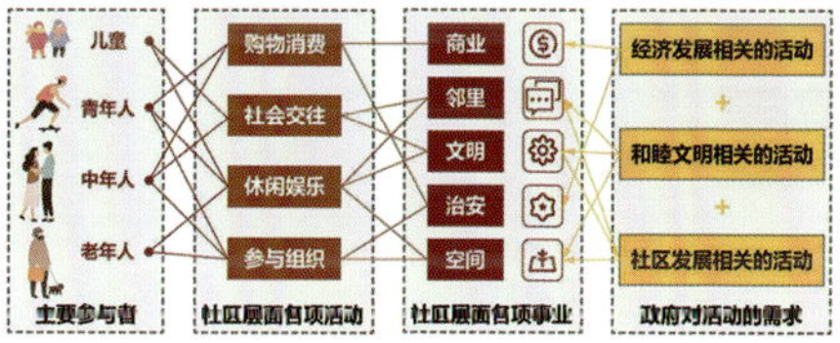

开发商层面各类活动需求

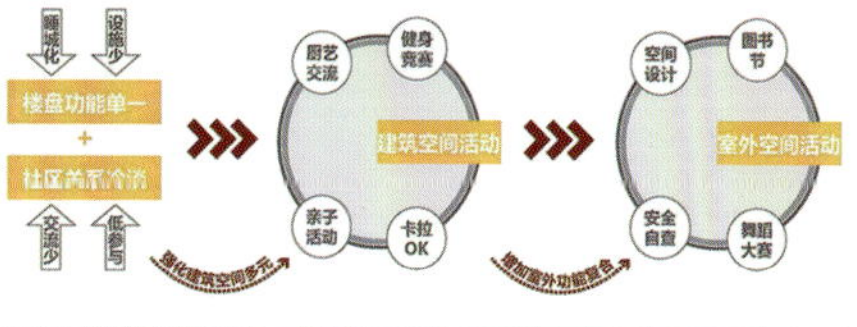

案例一：广东博罗打造诚信经营示范街

以创建诚信商街、责任商街、文化商街、和谐商街为目标，通过诚信创建、文化建设，引导广大商户继承弘扬优秀传统文化融入经营活动。

案例三：上海“美好新华”城事设计节

和居民共建社区花园，召集新华人举办美好社区节，以街区空间作为载体连接更多的新华人，从混乱的通道变为充满人情味的社区共享街道。

人口流失严重，原有关系网络

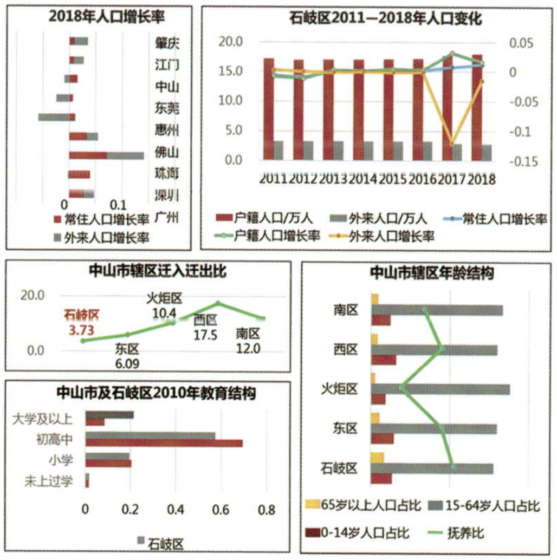

现状问题与需求总结 Summary of Current Problems and Needs

传薪之难——传薪的主体

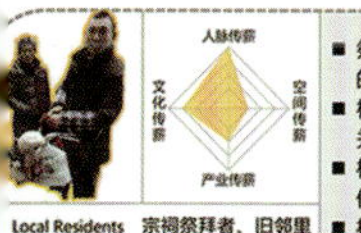

Local Residents **本土居民**：宗祠祭拜者、旧邻里关系传承者、老安山老居民

- 祭拜文化与空间的传薪
- 村庄时代旧人际关系的传薪
- 村庄传统建筑的传薪
- 村庄老店铺、老空间的传薪

Scholar **专家学者**：本土文化学者、建筑文化学者、风俗文化学者

- 传统文化、传统建筑的传薪
- 人际网络关系的传薪
- 部分村庄传统产业的传薪

引薪之需——引薪的主体

Goverment **政府机构**：规划部门、建设部门、城管部门、财政部门、发改委

- 城市公共空间及设施空间的引薪
- 城市休闲空间的引薪
- 文创产业等特色产业的引薪
- 青年人群等外来人群的引薪

Proprietor **商业经营者**：店铺经营者、市场经营者、餐饮经营者、文创经营者

- 外来消费人群的引薪
- 休闲商业空间建设的引薪
- 服务业产业链的引薪
- 文化产业的引薪

规划理念 Planning Concept

■核心困境

多方需求总结

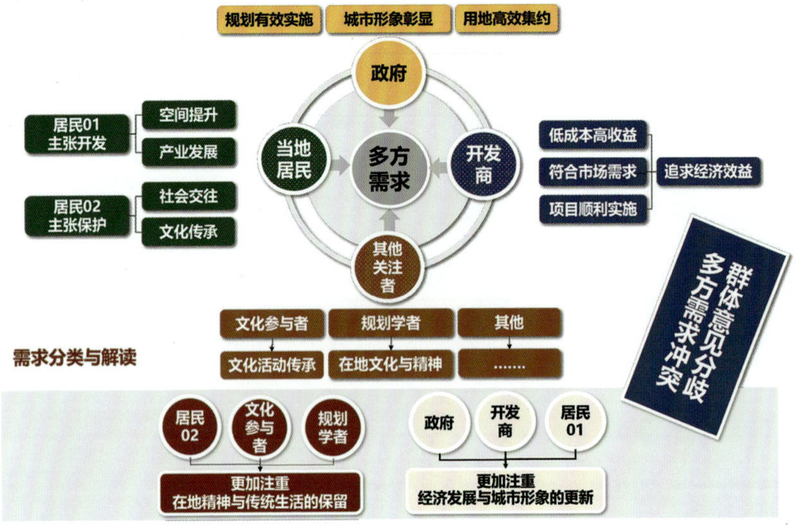

■规划理念

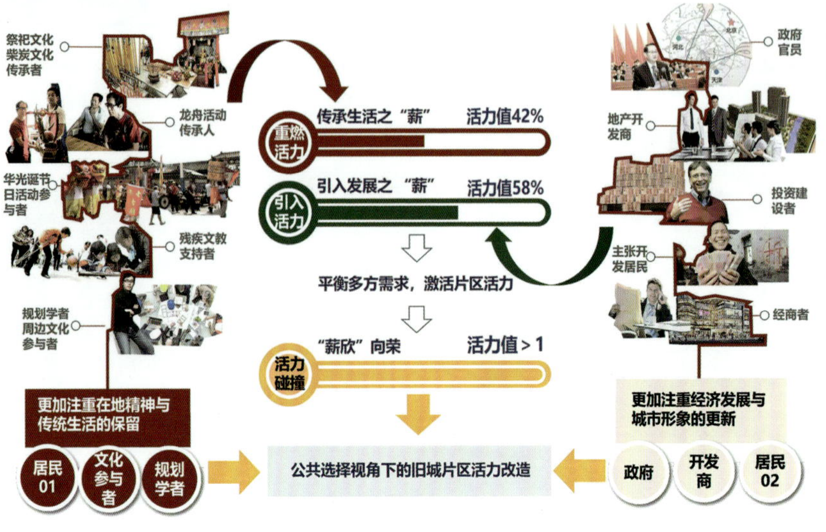

■研究框架

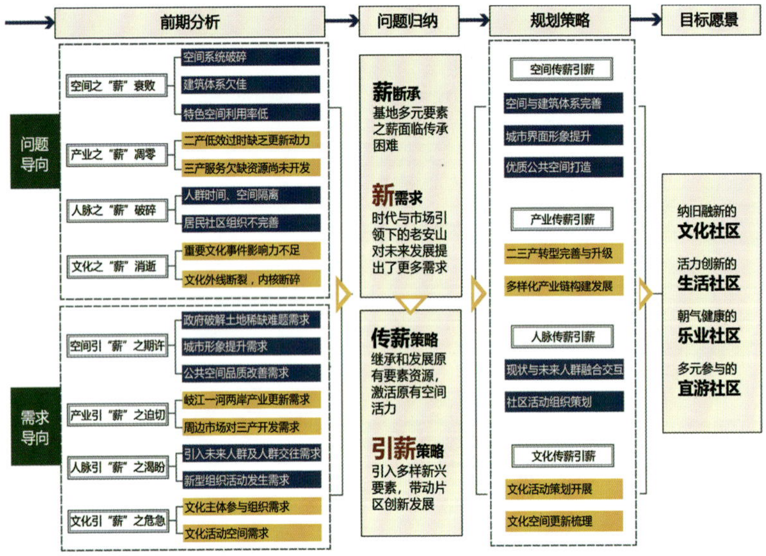

■规划定位

「薪火相传　“薪欣”向荣」

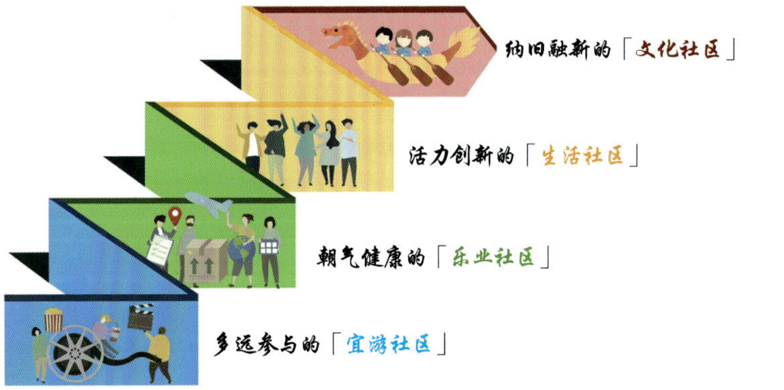

安居、崇文、宜游、乐业的 **活力** 社区

打破多方对立、低效生活的状态，构建多元共享、平衡开发的中心城区边缘空间发展模式

价值判断 Value Judgement

■古村价值分析

■老安古村有大量中山传统民居竹筒屋

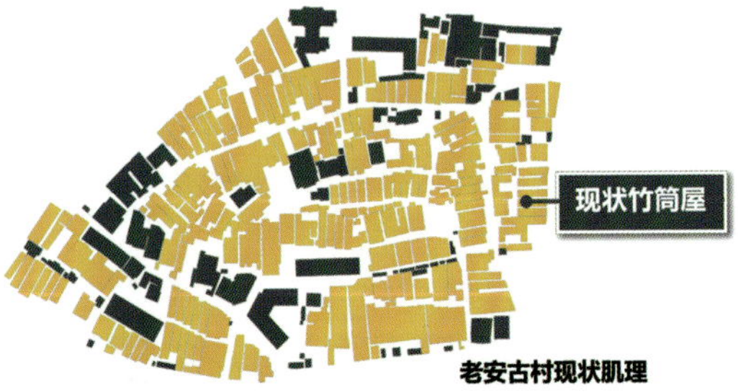

老安古村现状肌理

竹筒屋开间小，进深大，长宽比在1：4至1：8不等，长度可达20多米，广泛分布于珠江三角洲、西江流域以及汕头、湛江等地。

■竹筒屋是近代中山三大传统民居之一

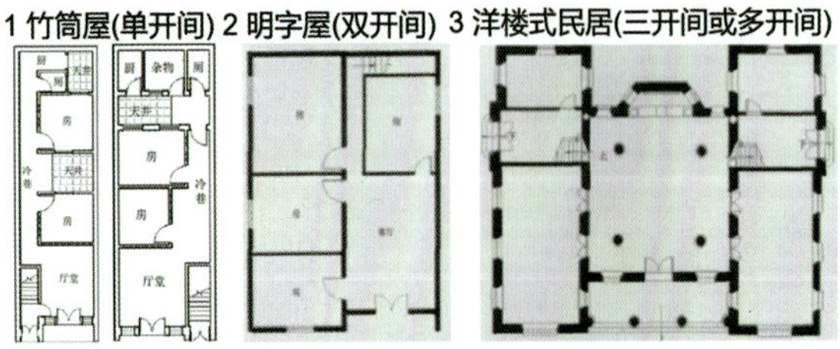

竹筒屋、明字屋、洋楼式民居是近代中山三类主要传统民居。

■竹筒屋具有良好的通风效果

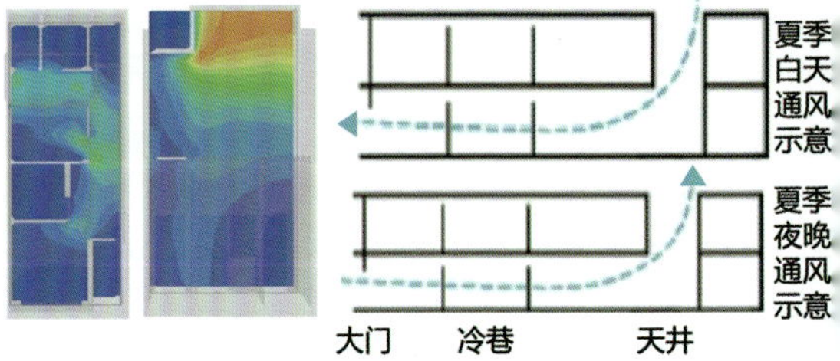

其“正墙开口 — 冷巷 — 天井”组成完整的通风体系。

价值判断 Value Judgement

古村价值分析

■空间更新思路

空间改造：创业孵化基地+商业主街+社区公共空间

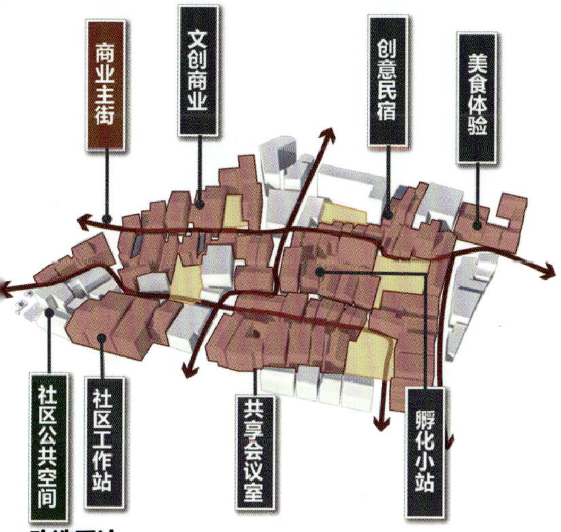

改造手法：
梳理交通→拆除部分质量较差的建筑，腾出公共空间→改造传统民居→对竹筒屋进行功能更新

■活力传续模式

活力传续：青创+古村，以创新活力激活古村文化

古村可打造为特色城市文化IP

■城市文化发展步入营造IP的时代

IP的广泛概念：IP倾向于表达一种有精神观念、有具体故事、有可视化形象、有粉丝规模并且能够变现的创意价值。IP有着持久的文化力量。

IP的创作来源：一个城市IP的文化价值通常依附于地理、自然、产业等地域元素以及历史、风俗等人文元素。

■柴仓——老安山的特色文化IP

柴仓的文化价值及丰富的背景联系

■营造老安山"柴"的IP——空间营造与涵义创新

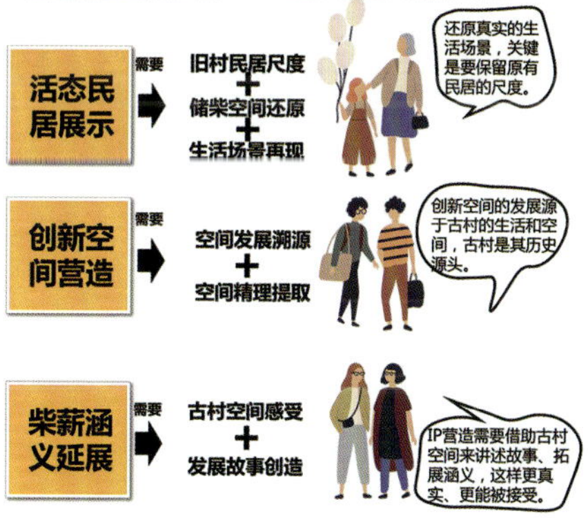

■旧村文化IP的成功案例——沙坡尾

保留古村空间和原住居民并不与经济利益相违背，渔村IP的背后是深远持久的文化影响力

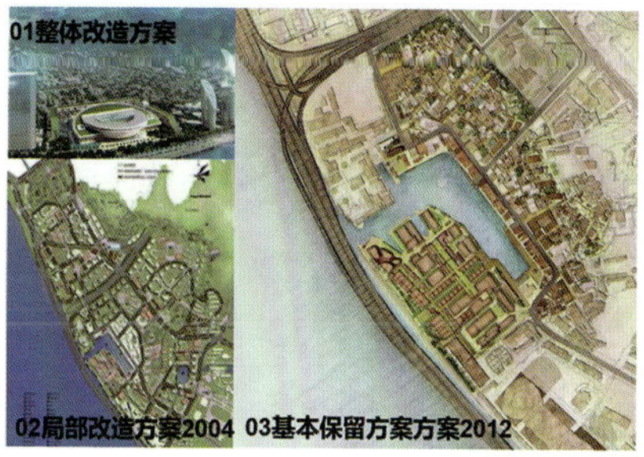

沙坡尾的历史可以追溯到明代以前，沙坡尾作为天然避风之所，沿海渔船"朝出暮归"，渐渐地渔民进出多了，便成了港口。

"三旧"改造单一模式对古村的影响

■单一经济导向下的价值引导无法满足多主体诉求

政府和市场财力投入差距悬殊，不同利益主体价值诉求在单一经济导向下无法平衡

■多方主体协调的保护实例——百万庄

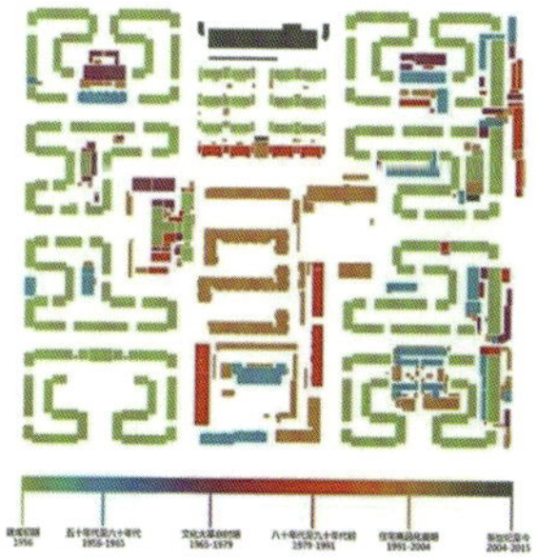

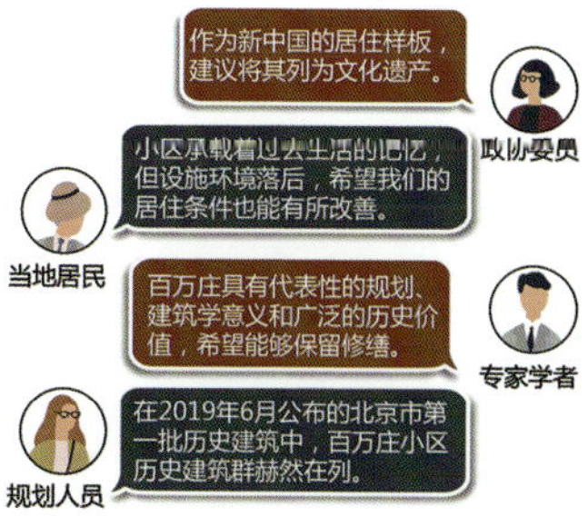

城市文化景观多样性

■保留古村丰富了城市文化景观

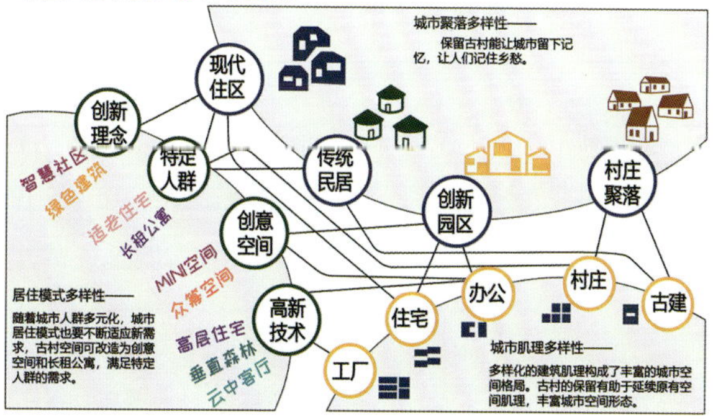

价值判断 Value Judgement

宏观政策走向与市场特征

■ 福州 助力商住房置业

政策环境——支持商住项目
福州市政府发文强调支持商业办公房地产消费，给予政策优惠补贴。

规范要求——放大居住功能
允许SOHO项目按照民用住宅收费标准收取水、气费用，铺设燃气管道。

市场环境——SOHO供需两旺、逆势升温
以其低总价和低首付成为新热点，持续向好。

■ 杭州 支持设立集体户

政策环境——设立集体户
杭州发文允许人才公寓、酒店式公寓设立集体户，推进设立社区（村）公共集体户。

市场需求——满足创新创业者需要
设立集体户，适应众创空间等单位小、人员流动快的特点，解决实际居住人才或产权人的落户问题。

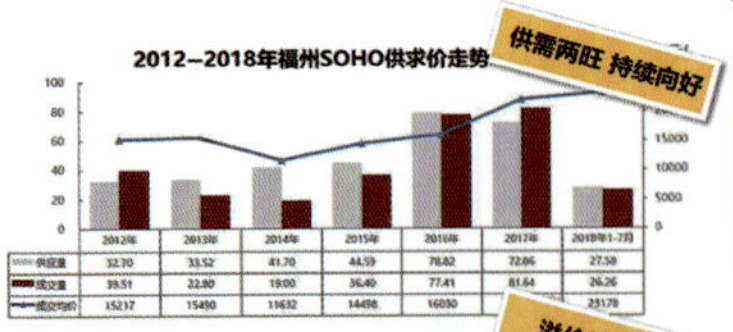

■ 中山 人才支持政策

2020年中山市在《关于加强人才政策支持和服务保障的具体措施》中提出：**解决人才短期租住、长期使用、自住投资等不同需求。**

中山市SOHO案例——石岐区SOHO世纪项目

底商 》 办公 》 居住

年轻 时尚 灵活

沿河而建 围合式街区 轻餐饮主题

智慧办公 空间通透 开放年轻

户型灵活 租售同步 多元需求

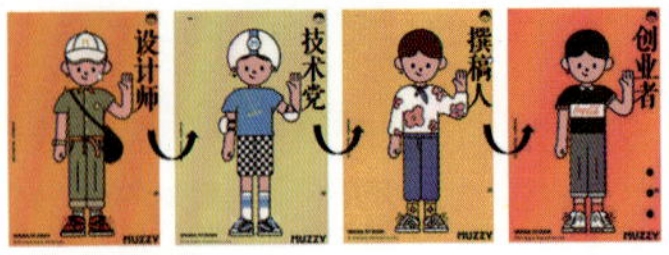

市场人群画像

福州SOHO增值幅度情况

增值能力稳定

城市	项目名称	入市时间	当时开盘均价（元/m²）	当前二手均价（元/m²）	增幅
福州	东二环泰禾soho	2012年	12000	22000	75%
	五四北泰禾soho	2011年	14000	20000	42%
	金融街万达soho	2010年	14000	21000	50%
	仓山万达soho	2011年	13000	19000	46%

备注：数据来源易居企业集团·克而瑞

SOHO项目产品特征

■ 商住两用、商品房需求外溢

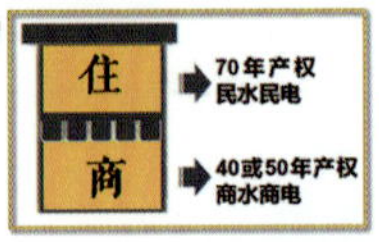

➢ **商住两用房：**
——SOHO住宅的一种延伸，使居住者在居住的同时又能从事商业活动。

➢ **SOHO（Small office Home office）：**
——自由、弹性而新型的生活和工作方式，代表前潮的生产力和新经济；
——包含商、住、办公合一的SOHO公寓等商住两用房的住宅形式。

住宅需求外溢的主要渠道

不限购： 没有社保限制，不限购不限贷。

售价低： 开发成本价较低，相较商品房有更大的价格优势。

两大价值： 具有“自用”和“投资”两大功效，可自住、出租、转售。

区域价值和发展实力

住宅价值： 老安山周边配套完善，区域价值显著。

发展实力： 本土房企的品牌效应，大湾区中心地带的区域效应，及“大众创业，万众创新”的自由创业效应。

SOHO公寓宜租宜办公

空间灵活： 具有开放性，流动性强，户型间全方位组合，无设计障碍

年轻时尚： 小户型、高举架，设计感强，追求艺术性或商业化；升值空间大易出租。

利益核算

■项目现状指标

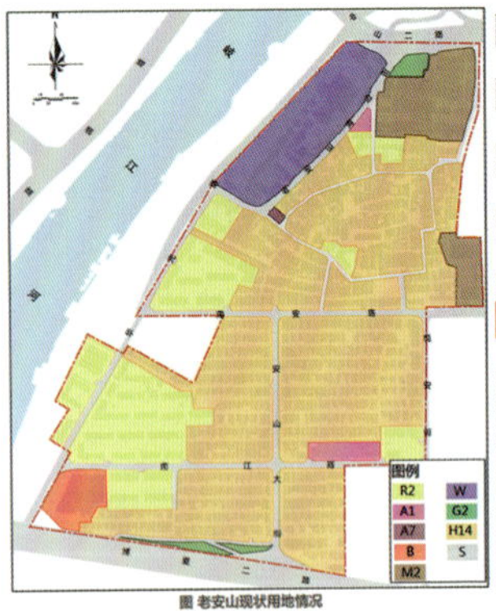

图 老安山现状用地情况

	建筑面积/m²	用地面积/ha	容积率
A1	9989.11	0.21	4.76
A7	217.64	0.03	0.73
B	3369.36	0.62	0.54
M2	43195.21	1.52	2.84
R2	110712.70	3.92	2.82
R3	195481.76	13.60	1.44
W	16346.85	1.64	1.00
G2	-	0.20	-
S	-	4.46	-
合计	379312.63	26.20	1.45

☐ **政策背景：**
《中山市“三旧”改造项目地价计收实施细则》2019版
《中山市“三旧”改造区片市场评估价成果》2019版

☐ **价格参考：**
用地周边0~4km以内，包含悦来南区片、中山公园区片等11个区片市场评估成果。

■项目改造的开发成本标准设定

序号		项目	标准	备注
1		土地成本	-	依据2019年公示文件进行计算，参考周边三旧改造拍卖情况
2		现金及实物补偿	-	见现金及实物补偿表
3		前期费用		
	3.1	项目整体性报批报建费	50元/m²	按用地面积
	3.2	勘测设计咨询费	120元/m²	按用地面积
	3.3	拆迁费	60元/m²	按用地面积
4		建造综合成本		
	4.1	地上建筑		
		住宅		
	4.1.1	其中：回迁住宅	4500元/m²	按回迁住宅面积，带装修费1500元/m²
		可售住宅（含SOHO）	3000元/m²	按可售住宅面积，毛坯
		商业		
	4.1.2	其中：回迁商业	4500元/m²	按回迁商业面积
		可售商业	4500元/m²	按可售住宅面积
	4.1.3	可售办公	6000元/m²	按可售办公面积
	4.1.4	公建配套	3500元/m²	按公建配套面积
	4.1.5	历史建筑修缮	7500元/m²	按历史建筑面积
	4.1.6	旧村提质改造	7500元/m²	按旧村保留建筑面积
	4.2	地下室	3200元/m²	按地下室总面积
	4.3	园林景观绿化道路	550元/m²	按用地面积的75%
5		开发期税费		
	5.1	基础设施配套	0.04	按基建投资额
	5.2	工程质量监督费	15元/m²	按总建筑面积
	5.3	工程安全监督费	8元/m²	按总建筑面积
	5.4	工程报建费	176元/m²	按总建筑面积
	5.5	招投标	1元/m²	按总建筑面积
	5.6	工程监理	4元/m²	按总建筑面积
6		不可预见费	0.03	按1-5项合计

■项目改造的售价评估及其他费用

表 拆迁安置补偿费及回迁方案

用地性质	回迁期	临时安置补助/元(月·m²)	搬迁费（2次）/元(次·m²)	签约拆迁奖励 元/m²	回迁方案
A1	36月	30	50	600	1:1回迁公建
A7		-	-		-
B		60	50	600	1:1回迁商业
M2		20	50		1:0.5回迁商业
R2		30	50		1:1回迁居住
R3		30	50		1:1回迁居住
W		-	-	-	-

☐ **可行性分析过程参考：**
《中山市石岐区员峰片区城市更新项目概念规划》
《戴德梁行深圳湖贝村项目可行性研究报告》

☐ **拆迁安置补偿及回迁方案的政策依据：**
《中山市“三旧”改造实施办法》2019版
《中山市征地补偿标准》2018版

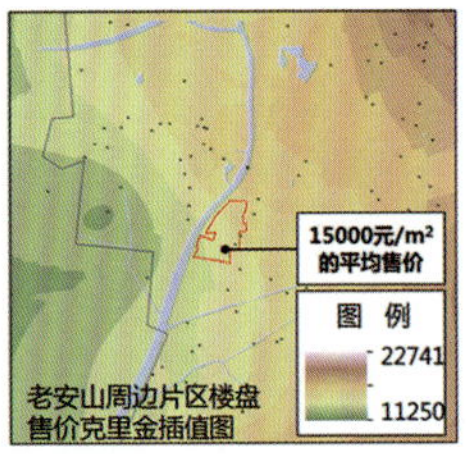

表 地块面积及建筑面积信息

地块类型	地块面积/m²	建筑面积/m²
小学地块	16078.21	6751.92
粮仓+宗祠地块	23041.45	16564.49
旧村保留地块	24469.84	36515.66
剩余地块面积	198410.48	总建筑面积-（1-3项）
合计	262000	地块面积*毛容积率

项目	售价
住宅毛坯	15 000元/m²
新建商业	20 000元/m²
新建办公	15 000元/m²
旧村办公	10 000元/m²
旧村商业	15 000元/m²
地下车位	15 0000元/个

☐ **合理的三旧改造利润率区间时的毛容积率：**

地块占比①：3.16~3.35

地块占比②：3.08~3.29

地块占比③：2.81~3.07

价值综合分析评估

■土地经济价值评估

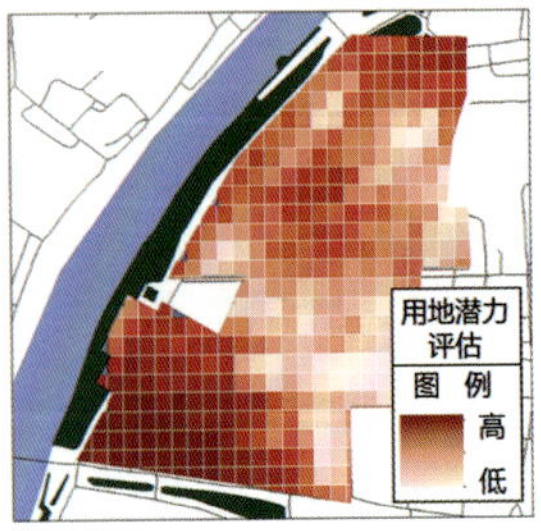

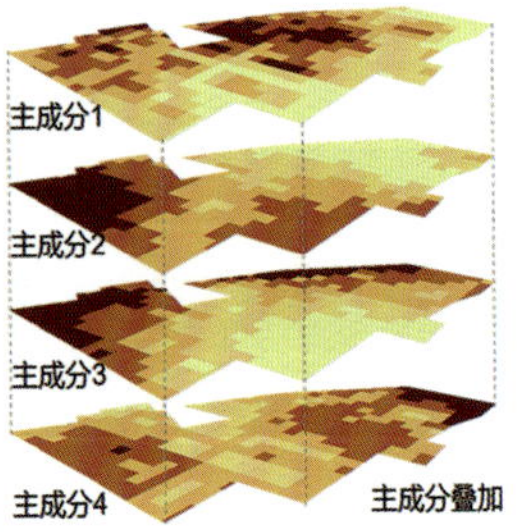

用地潜力评估因素表

邻里因素	基础生活配套	教育设施
		医疗设施
	商业设施配套	商业设施
	景观资源	滨水距离
		休闲设施
交通因素	公共交通资源	公交设施
	道路设施	道路密度
土地特征	基本特征	土地完整性

■土地文化价值评估

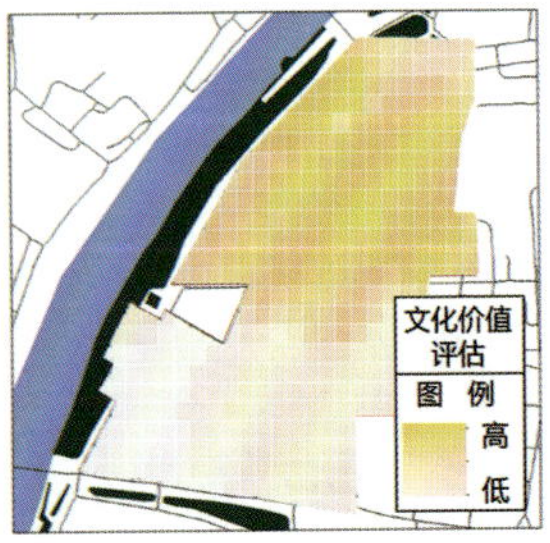

建筑历史评估 微博文化事件热力 文化事件人群热力

■土地价值叠加与开发指引分析

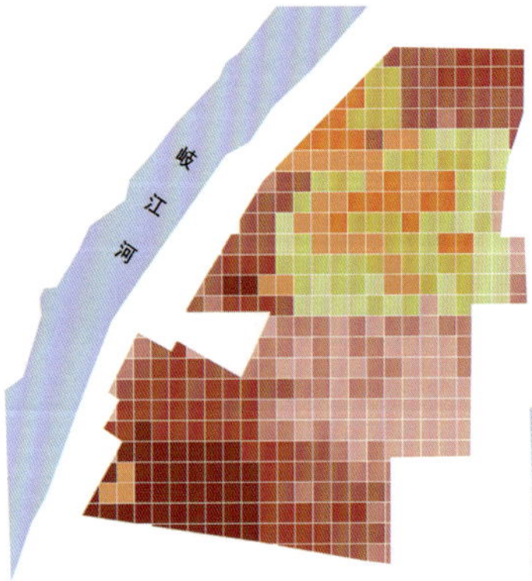

商业办公开发
地块经济价值高，**交通便利**，适合进行**商业办公**开发。

文化休闲开发
地块文化经济属性高，适合进行**文化展示与体验**并结合**商业旅游**开发。

文化风貌保留
地块文化价值高，经济属性较低，适合作为**城市历史展示节点**。

生活服务配套
地块价值较低，适合**公共服务配套设施**，**安置房**、**小学**等的建设。

居住办公开发
地块经济价值极高，适合高**密度办公**或**住宅区**建设。

空间策略 Spatial Strategy

空间传薪与空间引薪

■完善建筑体系

建筑高度错落有致

建筑高度充分注重**城市与滨水界面的天际线控制**，严格控制粮仓周边高度要求。

整体质量较好，古村质量提升

老安山古村及其他保留建筑**质量有效提升**，新建住宅质量良好，环境可观。

风貌建筑造血 传统民居活化

原有风貌建筑**植入更新动力**，现代建筑以打造活力住区为目标，具有时代感。

■蓝绿体系构建

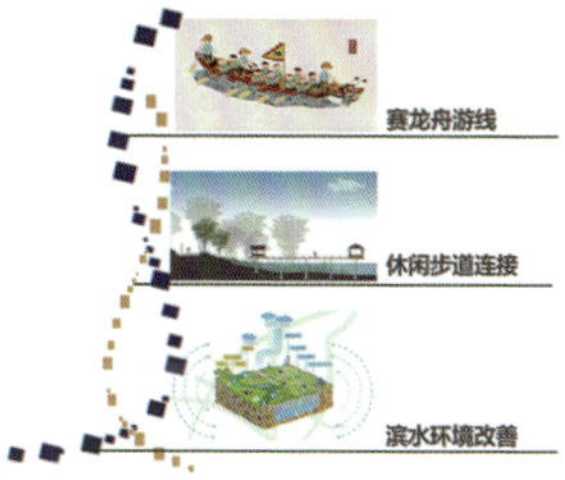

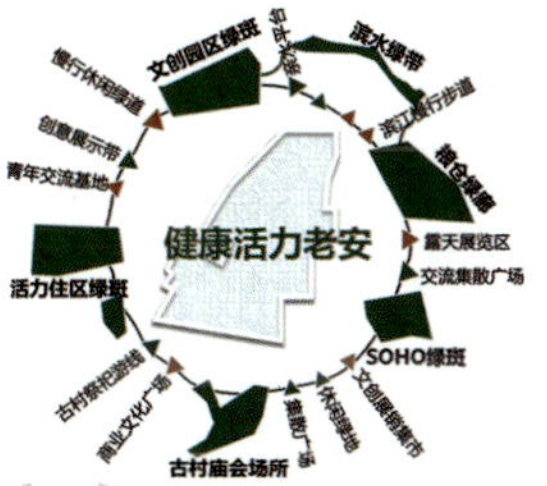

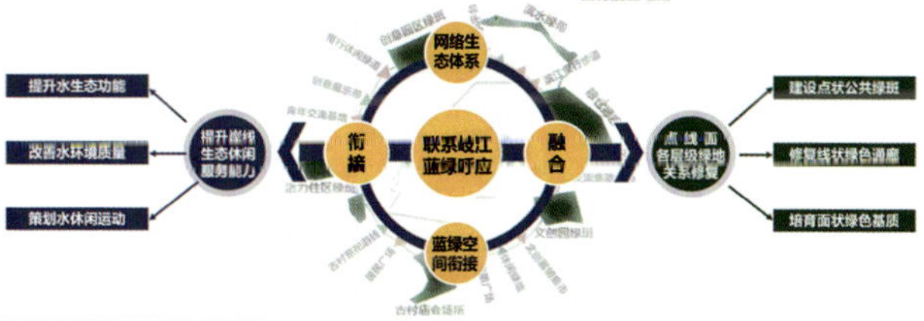

■公共活动空间置入

置入 体育设施、健身器材、活动中心
生成 运动、健身、娱乐活动等活动空间

置入 建筑小品、艺术座椅、盆栽花池
生成 休憩、交谈、娱乐等小型活动空间

■特色空间结构更新

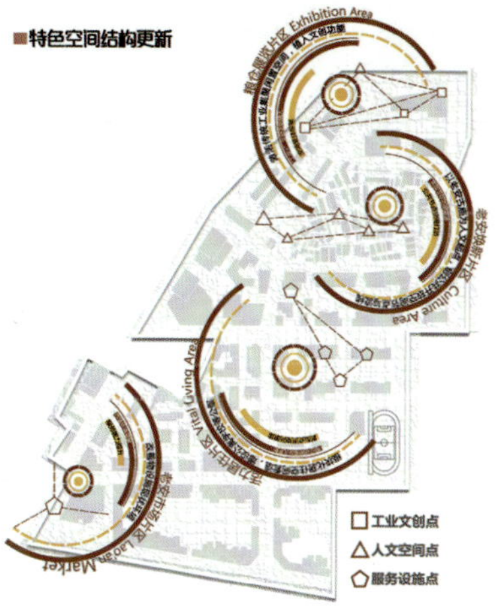

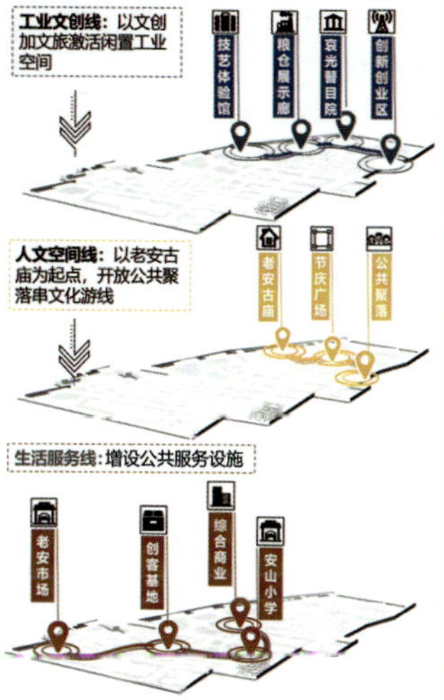

构建贯穿南北、通达江畔的步行空间体系

■构建步行空间体系

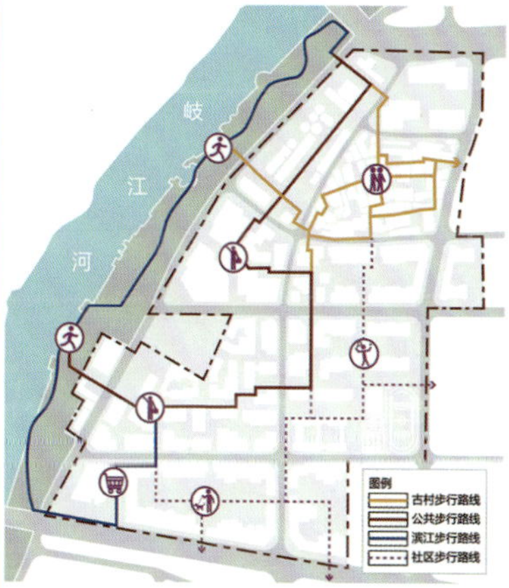

打造滨江、古村、社区及公共步行路线，为居民日常休闲提供场所。横向上，古村及公共步行路线与滨江步行路线东西贯通，纵向上，社区、古村及公共步行路线串联起老安山南北各个片区。

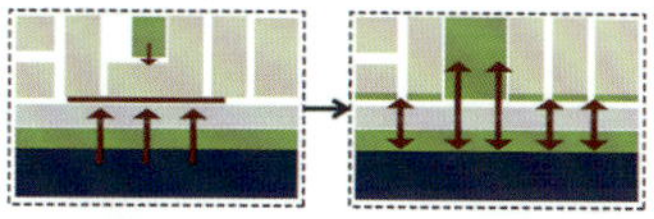

打破封闭界限，使基地内部步行空间与滨江步行空间实现对话

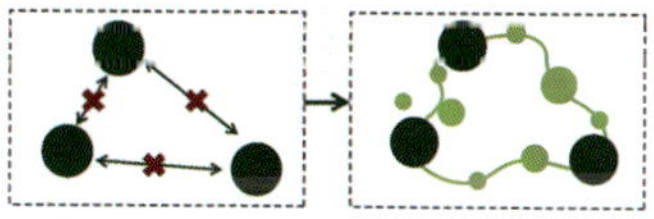

增加开放空间节点，增强节点间联系，构建良好的步行景观

■多元化更新改善用地利用低效现状

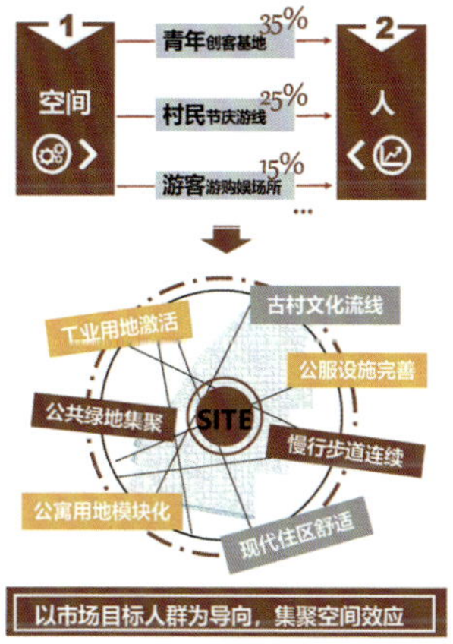

■**人群导向 多元化更新**

规划整合现状粗放分散的功能区，以现状及潜在的目标人群需求为导向，引入商业休闲、安置居住、文创展览、创意产业等新型功能。对于不同功能采取多元化更新模式，有序推进片区改造。

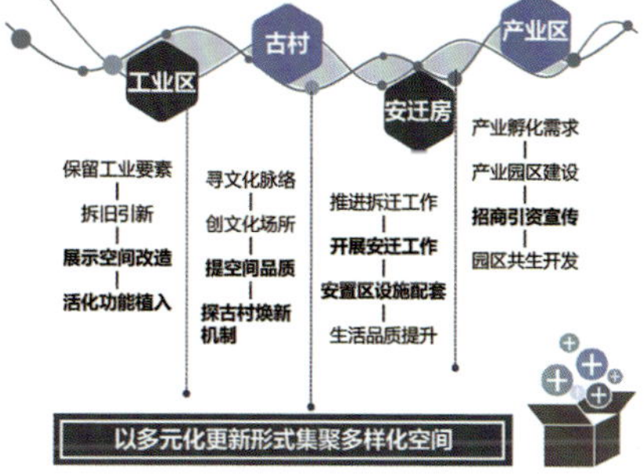

■特色空间更新手法

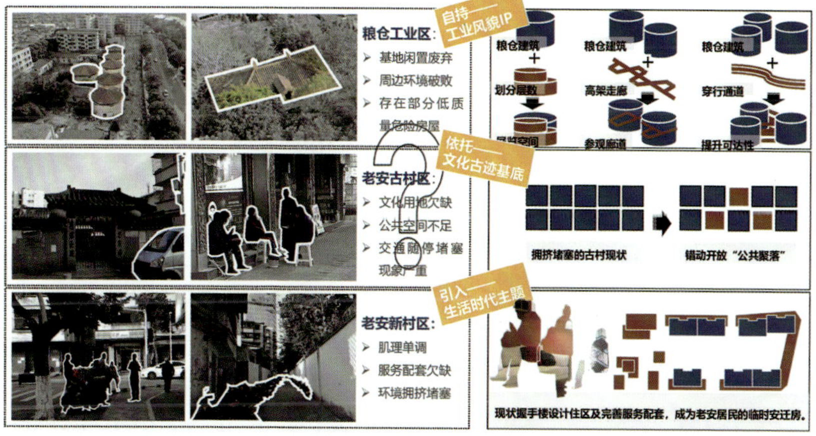

■**沿博爱路建筑界面** 沿博爱路城市界面以高层现代住区为主，打造**具有时代感的建筑界面和街道景观**。

■**沿岸建筑界面** 岐江沿岸建筑界面为石岐粮仓风貌建筑、产业园和现代住区，形成**错落有致、呼应水岸的天际线形式**。

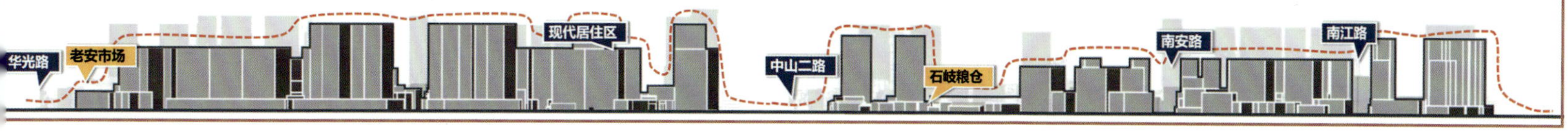

文化策略 Cultural Strategy

■文脉传薪与文脉引薪

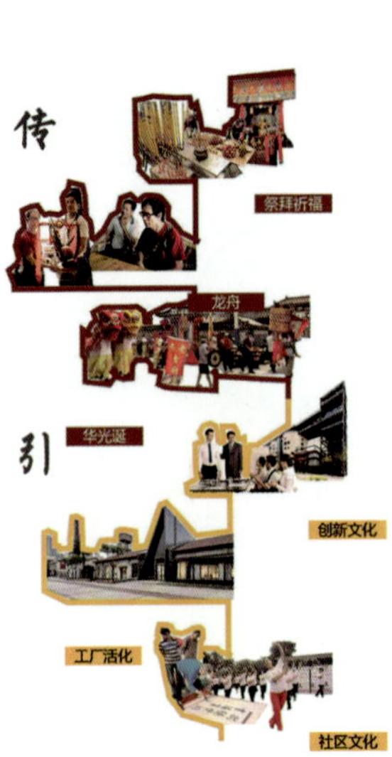

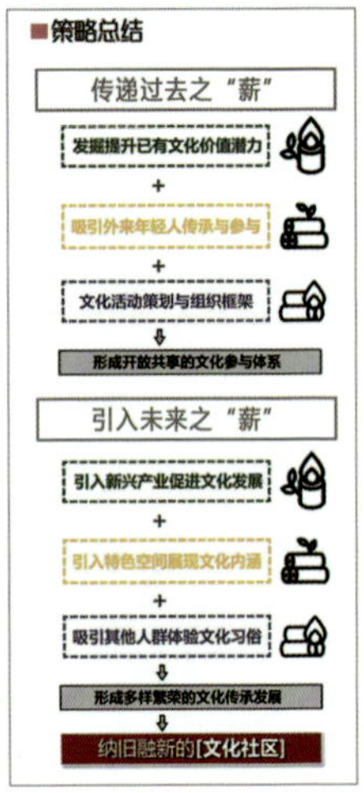

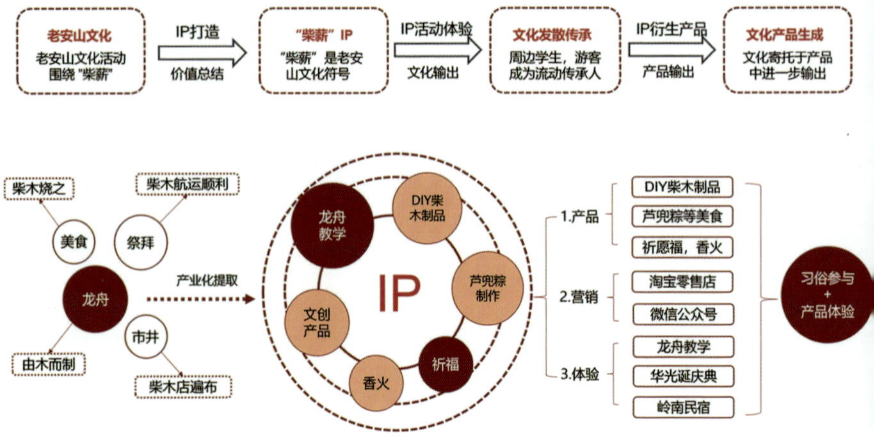

1. 文化记忆提取　2. “柴薪”IP塑造　3. “柴薪”IP产品衍生

人脉策略 Social Relationship Strategy

■人脉传薪与人脉引薪

■未来人群交互分析

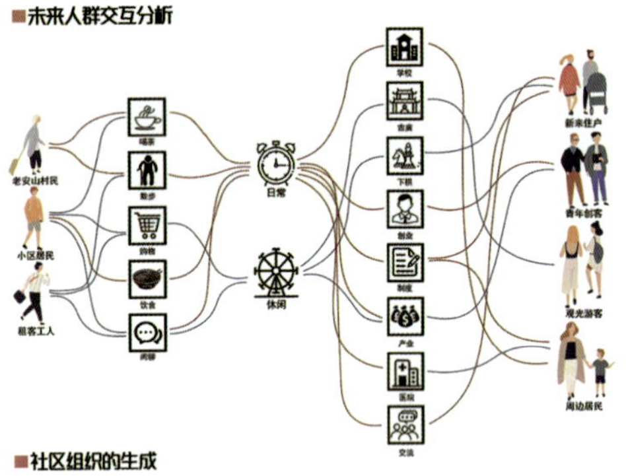

■未来人群需求平衡

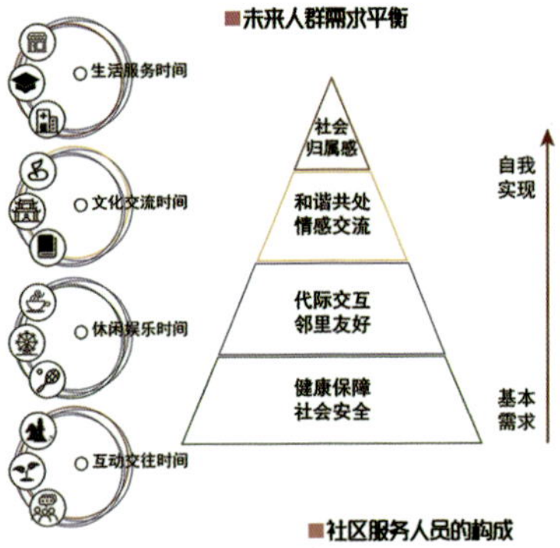

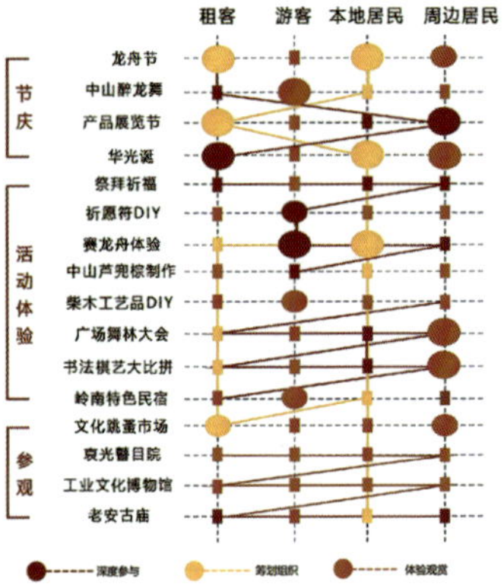

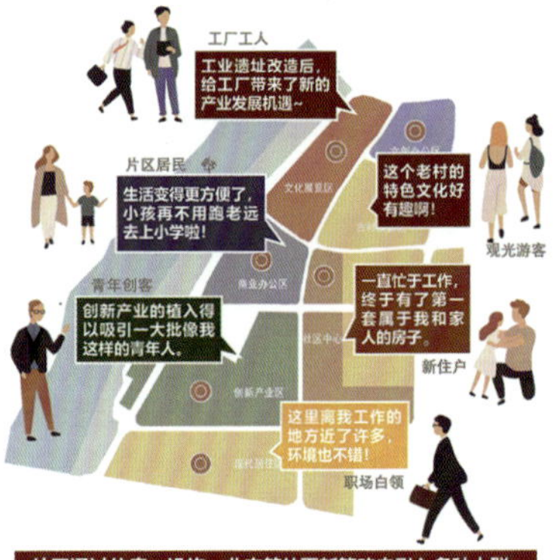

片区通过住房、设施、业态等的更新策略来引入多种人群

■社区组织的生成

■社区组织的内容及主体关系

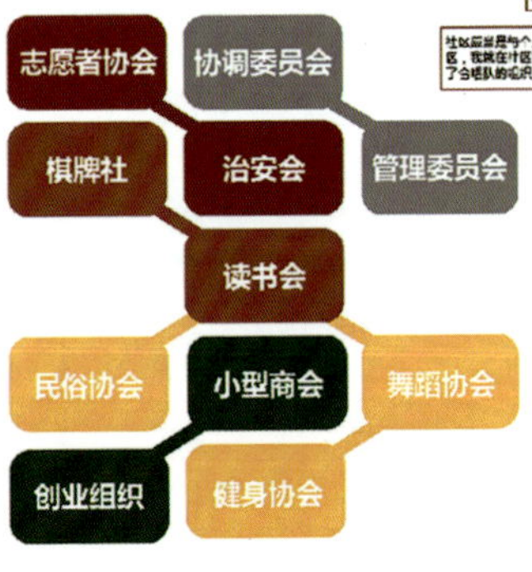

■社区服务人员的构成

相关服务人员	相关职能	隶属组织
社区建设师	社区建管理设	社区建委会
社区医护员	社区卫生服务	社区互助会
社区信息员	信息平台维护	社区管委会
社区调解员	社区关系调解	社区协委会
社区美化师	植被花卉保养	社区建委会
社区速递员	旧物拍卖速递	社区志愿会
社区宣传员	文明治安宣传	社区治安会
社区策划师	社区活动策划	社区管委会

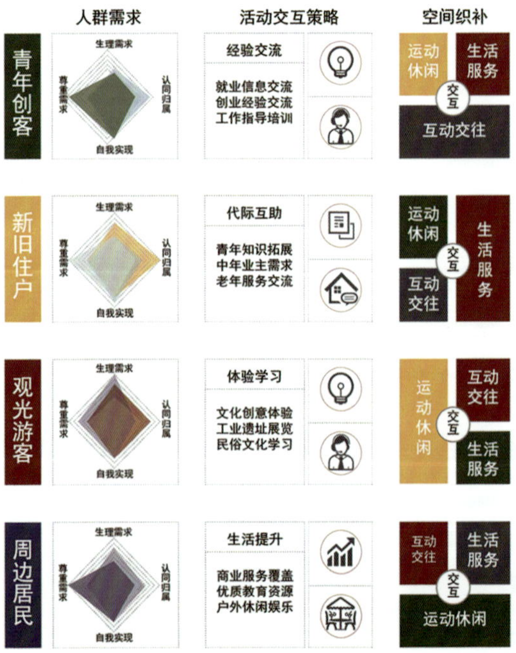

■青年创客与新旧住户的流线策划

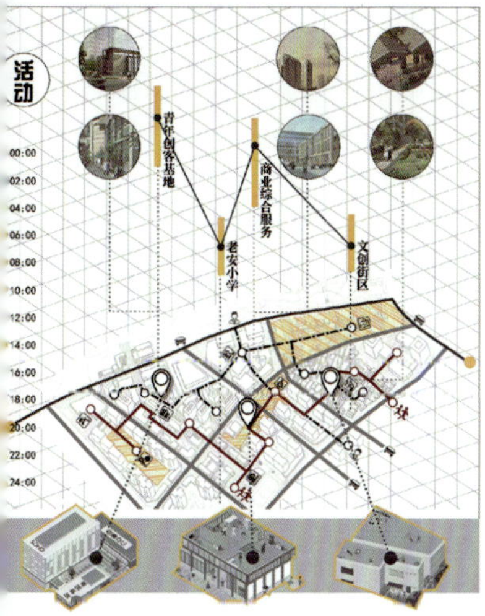

■观光游客与周边居民的流线策划

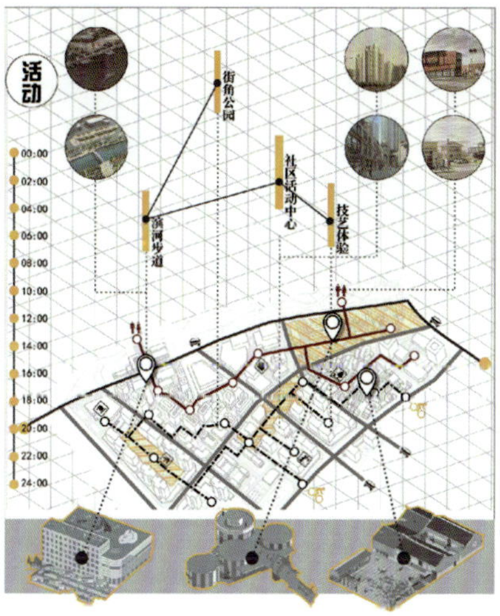

■社区活动的组织参与

■活动的线上宣传方式

■空间层面活动的类型

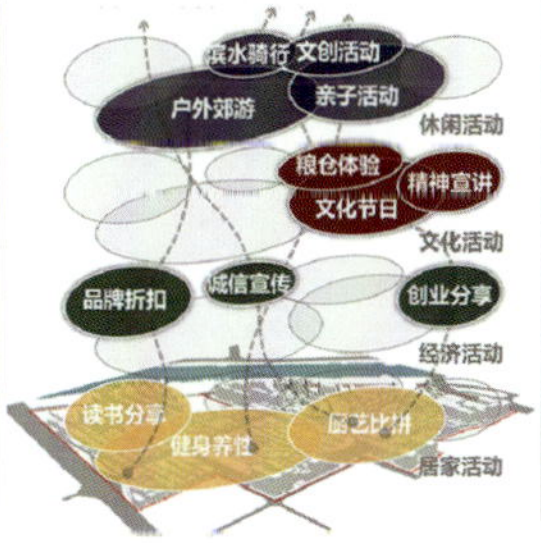

案例一：我们的“老安山”美好社区节——社区公共空间建设讨论会

- 活动主题：共商共议公共空间的建设
- 参与者：住户租户、社区建委会、管委会
- 举办地点：老安山宗祠
- 活动内容：梳理社区中公共空间问题以及设施需求

案例二：社区商会折扣节

- 活动主题：商会成员店放价折扣
- 参与者：社区商会、经营者

案例三：社区创业分享会

- 活动主题：创业经验经历交流分享
- 参与者：社区商会、创业组织
- 举办地点：石岐粮仓、玩具厂旧址

产业策略 Industrial Strategy

产业传薪与产业引薪

■工厂激活目标

■文化展览激活粮仓

工业文化展览 | 文化创意市集 | 工业技艺体验

粮仓文化展博物馆 | 承办展览 | 文化活动推广

虚拟现实交互式体验 | 社区手工劳作社

工业技艺体验 | 定期举办不同主题艺术节活动

■文创产业激活旧工厂

文创产品销售 | 文化形象运营 | 研发创意工作室

共享兴趣实验室 | 粮仓文创纪念品销售

玩具设计+组装+体验 | 儿童空间交往空间

实体店+互联网 线上+线下 O2O模式运营

■整合发展策略

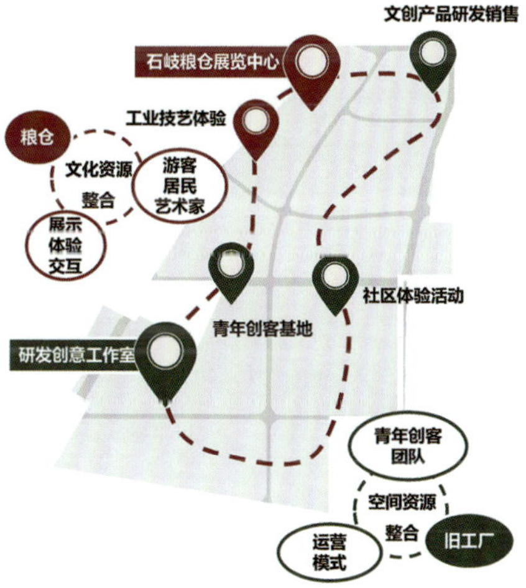

■针对不同人群的住房选择

南侧住房以新建为主，满足新兴人群需求。

北侧住房以改造为主，满足老安山旧有居民居住为主。

■租售结合的运营模式

新建SOHO与青年公寓的运营模式中，**鼓励以租房为主，租金可抵用作未来购房款项，同时以面向青年人的小房型公寓为主。**

现代商品房居住区的运营模式中，主要为房屋出售，针对三口之家或多口之家中等房型为主。

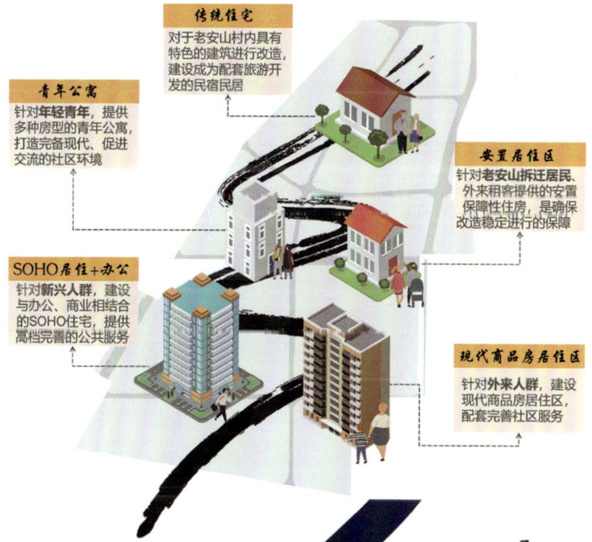

■村庄激活目标

■文化旅游激活古村

古村文化旅游 | 民俗体验旅游 | 历史探寻之旅

风貌民居维护与管理 | 古庙管理 | 文化活动推广

文化典故宣传 | 旅游线路策划 | 文创团队进驻

历史资源整理 | 特色文化节+固定活动时间

■社区产业带动新村

创新产业活社区 | 多样住房树特色 | 青年科创引人才

创新产业+SOHO办公 | 青年科创基地建设

SOHO住宅+青年公寓+多样户型

健身房、社交空间运营等适合年轻人的产业

■整合发展策略

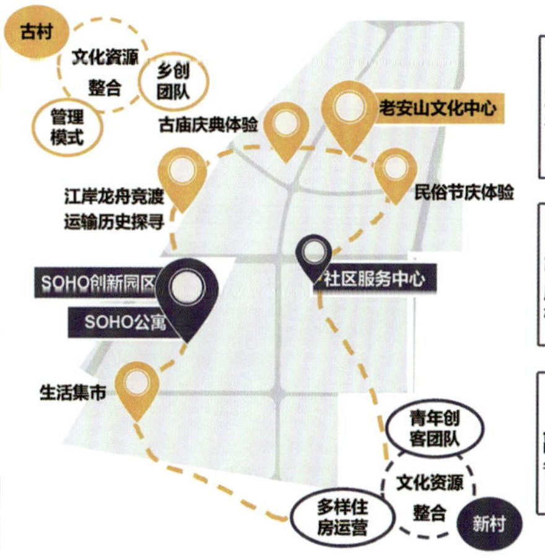

■构建高效联动的社区产业链

■原有资源产业链构建

盘活模式： 模式1：由社区建立联合运营团队，引入当地不同年龄层的活跃力量。模式2：由社区搭建招商平台统一对外招商，由运营商运营。

■引入资源产业链构建

引入模式： 模式1：由社区分析可能需求，借助区政府等管理平台对外发布招商信息，社区监督管理。模式2：社区引资建设，青年住户组织管理。

■产业链融合

融合模式： 在消费、引资、运营、管理的各个环节加强各产业资金流通及消费互动。

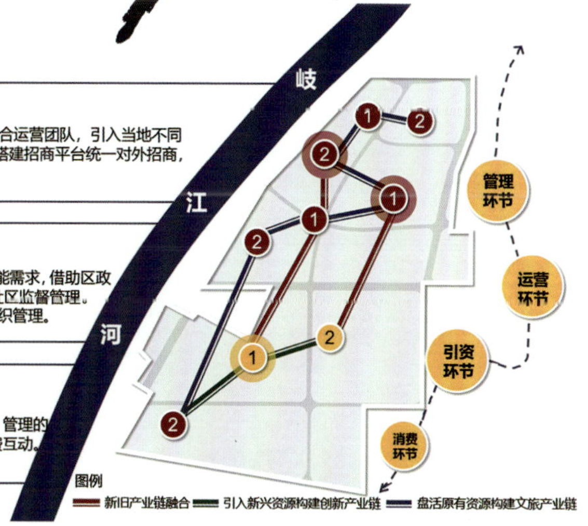

■总平面图

传薪 引薪

设计说明：

过去的老安山作为柴仓辐射周边，柴薪是联系各个片区的纽带。如今我们采用激活工业遗存、打造科创园区、保留传统古村、建设现代住区等传薪与引薪的方式，以"多元传薪发展轴"为纽带，串联各个发展节点；在传承发展精神的同时，连接起老安山的过去与未来。

经济技术指标：

规划面积：26.2公顷

基地总建筑面积：75.45万㎡

建筑基底面积：10.01万㎡

建筑密度：38.1%

容积率：2.88

绿地率：33%

图例：● 传薪节点 ● 引薪节点

1 哀光謦目院(博物馆)
2 石岐粮仓展览中心
3 文创产品展览广场
4 民俗技艺体验馆
5 老安古庙
6 文创商业体验区
7 老安博物馆
8 老安游客服务中心
9 民俗文化步行街
10 综合商业中心
11 社区服务中心
12 安置住房区
13 青年创客基地
14 SOHO办公区
15 街心公园
16 社区活动广场
17 老安小学
18 老安山市场
19 "舞"林大会
20 滨河公园
21 龙舟水上戏台

规划成果 Planning Results

规划分析图

用地代码		用地分类	用地面积（公顷）	占规划建设用地比例（%）
R		居住用地	10.80	41.22%
其中	R2	二类居住用地	10.80	41.22%
A		公共管理与公共服务设施用地	1.57	5.99%
其中	A7	文物古迹用地	0.07	0.27%
	A3	教育科研用地	1.51	5.76%
B		商业服务业设施用地	10.55	40.27%
其中	B1	商业设施用地	5.47	20.88%
	B2	商务设施用地	5.08	19.39%
S		交通设施用地	3.28	12.52%
	S1	城市道路用地	3.28	12.52%
合计			26.20	100.00%

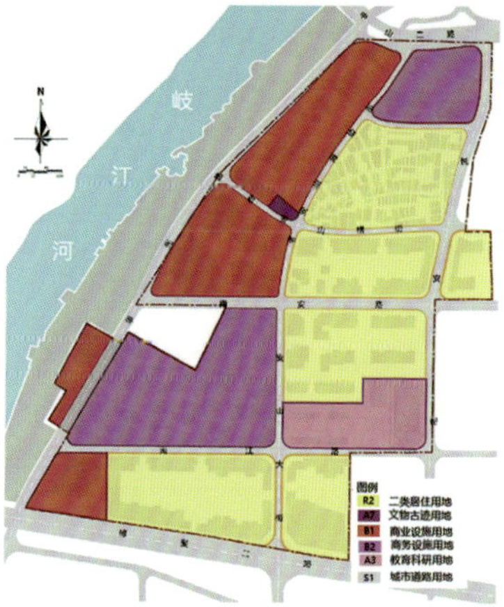

土地利用规划

●规划用地以居住用地和商业服务业设施用地为主，分别占规划建设用地的41.22%和40.27%。

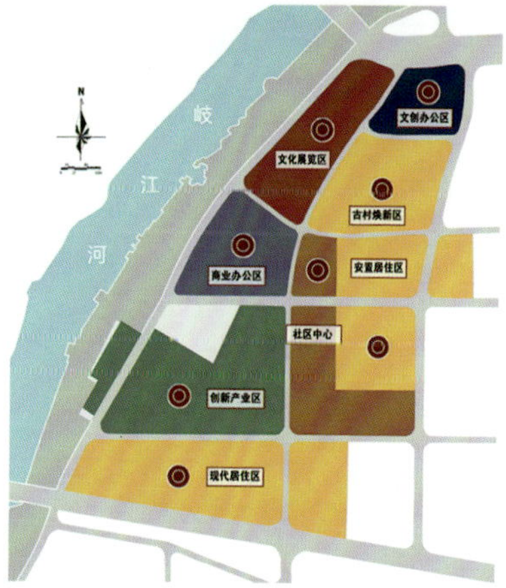

功能分区规划

●八大功能片区：构建片区传薪与引薪的分工合作

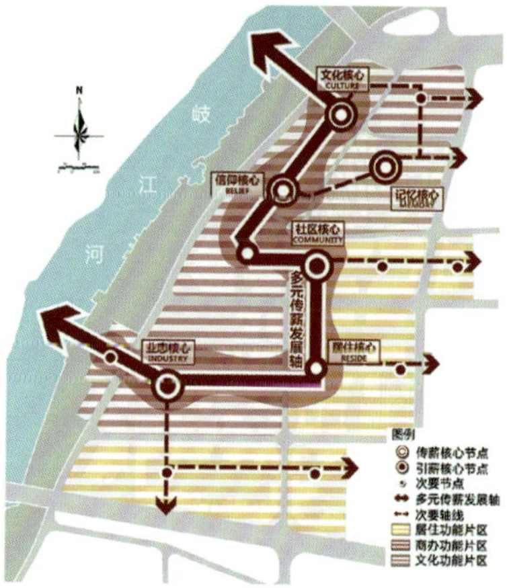

空间结构规划

●一轴六核心：构建传薪与引薪的交流平台

交通系统规划

●三横三纵，以支串轴：以支路串联功能区，串起功能轴

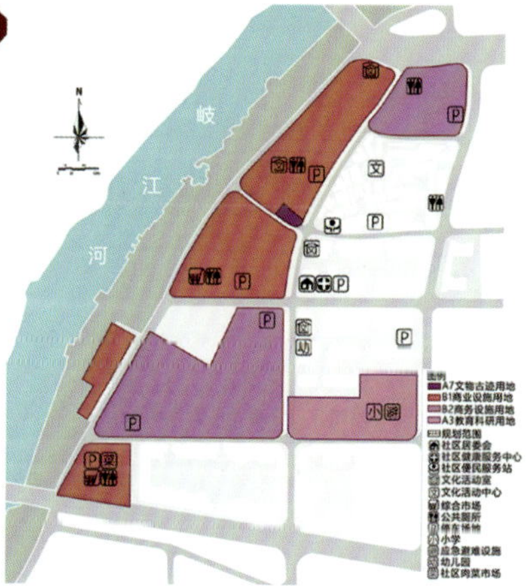

公共服务设施规划

●以社区需求为导向，兼顾旅游服务配套

景观结构规划

●一廊多节点：步道串联景观节点，滨江景观渗入基地。

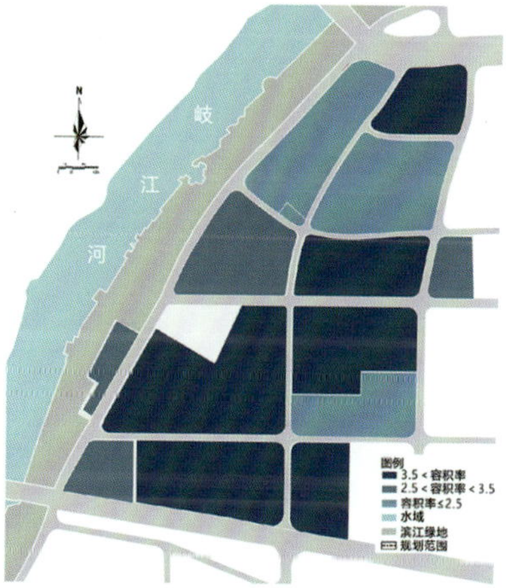

开放强度

●综合考虑用地性质、用地规模等因素确定开发强度。

住宅形式示意

古村焕新区

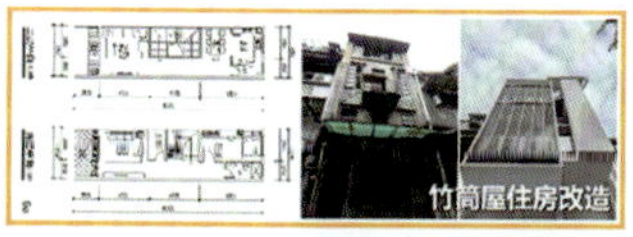

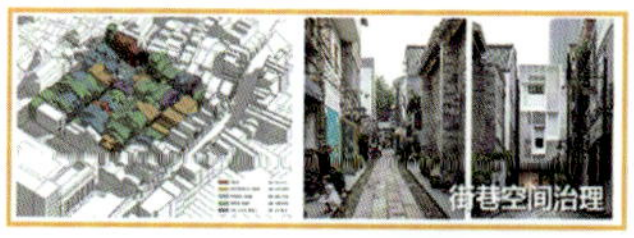

安置居住区

创新产业区

现代居住区

绿化形式设计

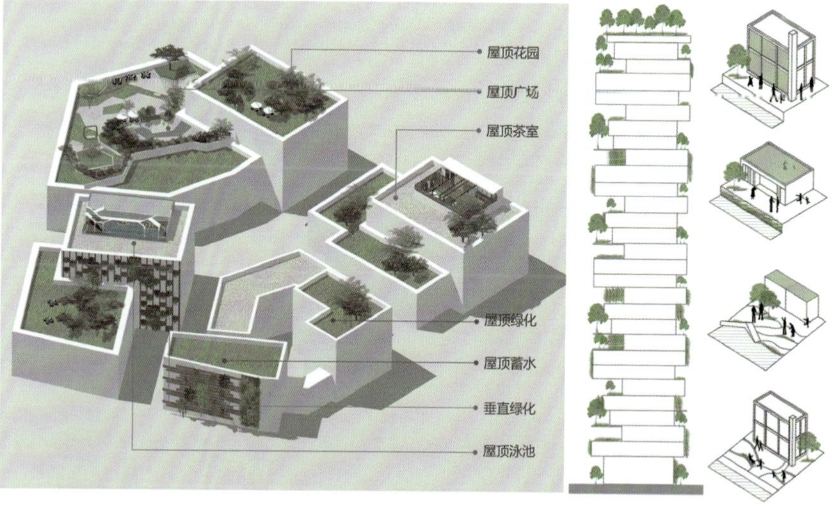

公共空间营造——口袋公园设计

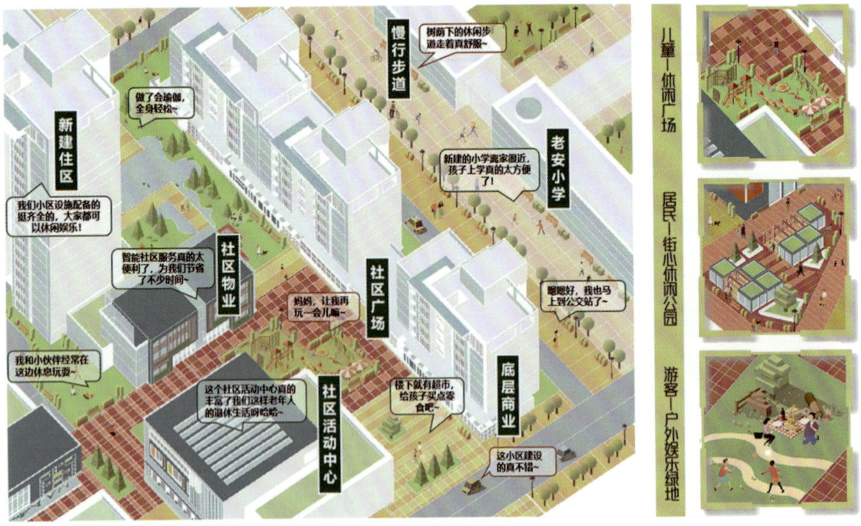

公共空间处理及围合方式

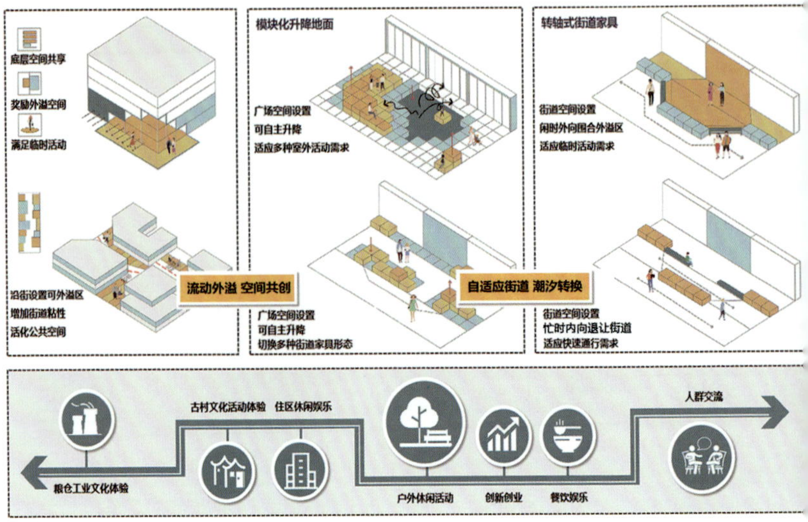

粮仓空间改造

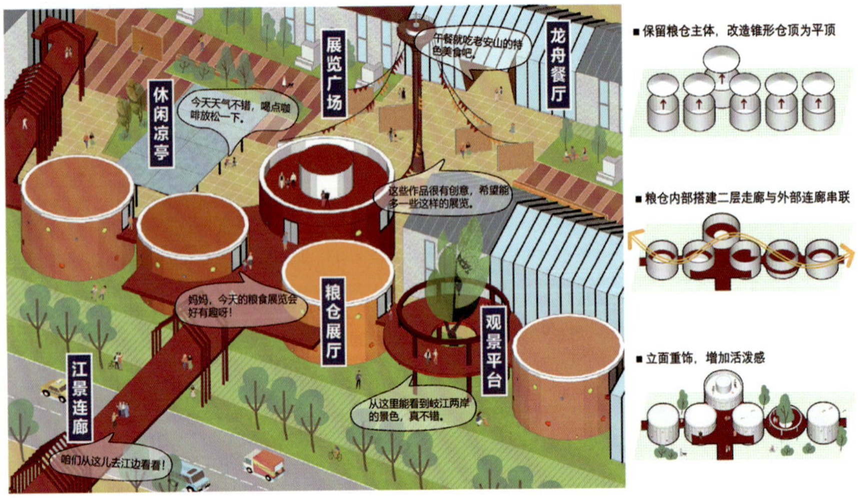

SOHO空间营造

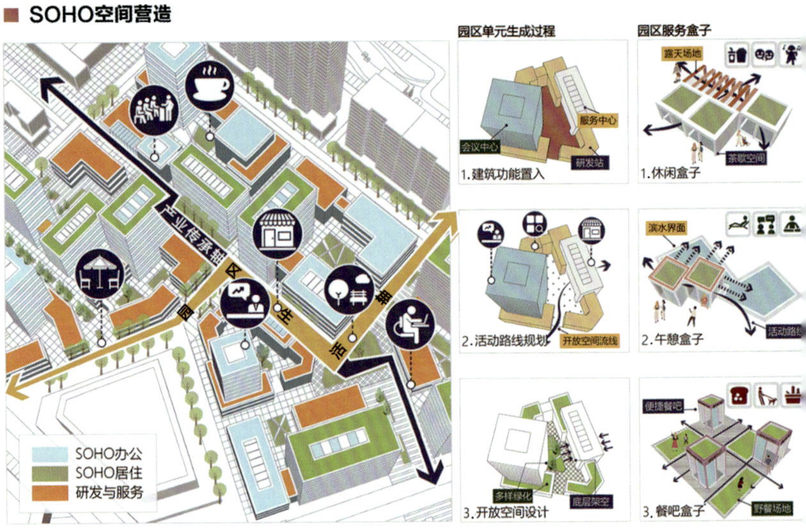

古村空间改造

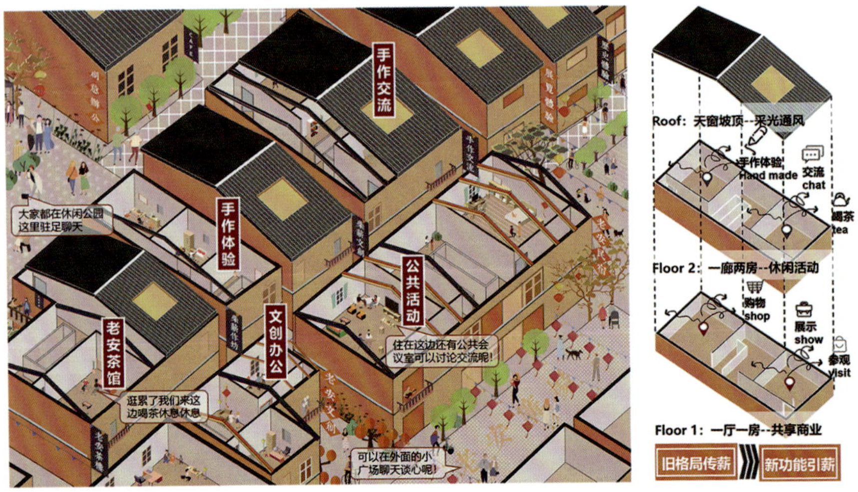

村庄公共空间及竹筒屋改造

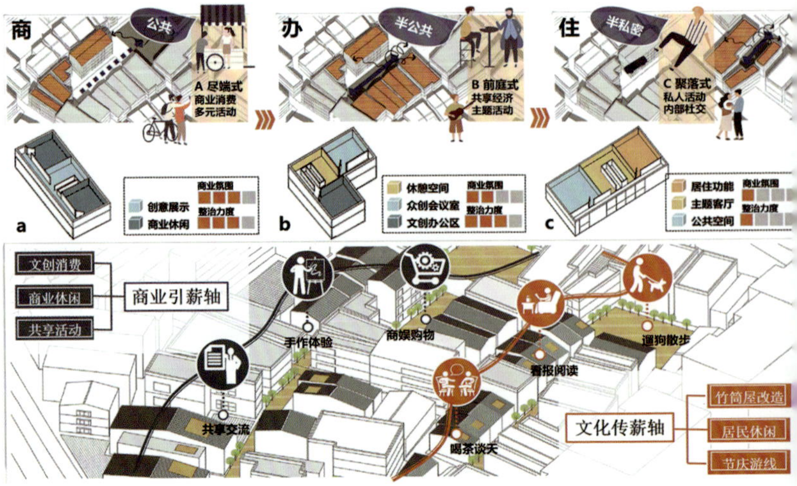

规划分析 Planning Analysis

方案鸟瞰图

文化核心

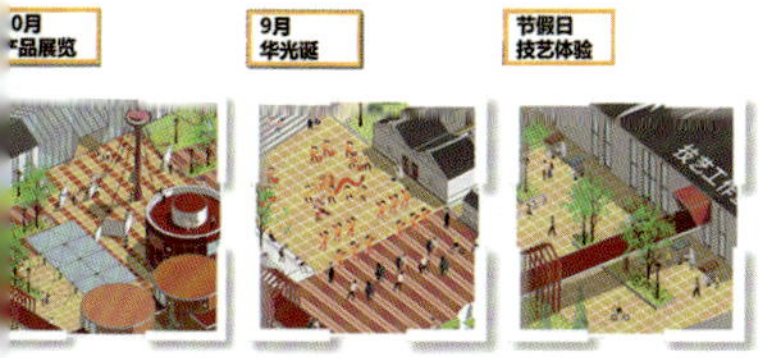

社区核心

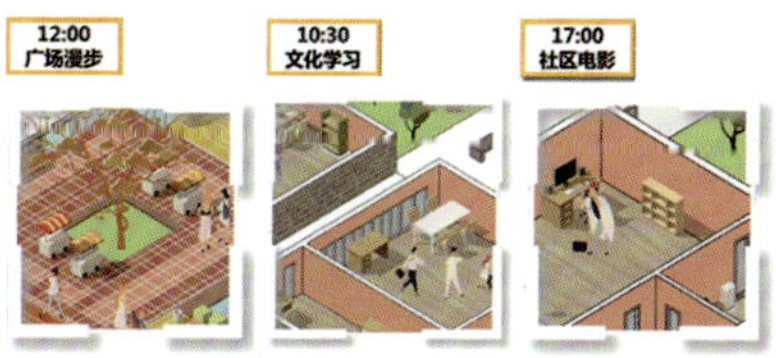

业态核心

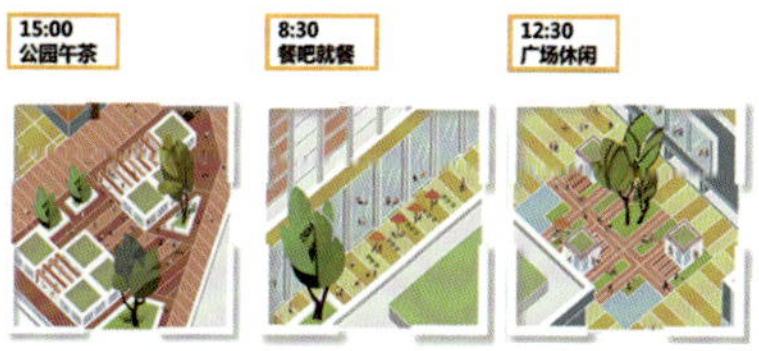

记忆核心

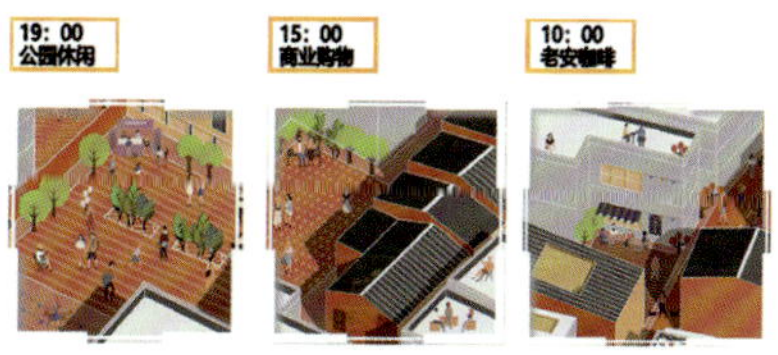

火传承：传承社区记忆、粮仓文化、传统信仰和产业记忆，引入新兴文化、创新业态和活力人才。

高度及开放空间控制：保留粮仓及古村片区，合理控制粮仓周边地块高度；打造贯穿场地内部与岐江河的景观轴线，形成通透的滨江界面。

节点分析 Analysis of important nodes

粮仓节点

传薪：石岐粮仓曾是传统产业重地，文化展览区的打造既是对石岐粮仓工业精神的传承，也是以新的形式保留粮仓文化记忆。工业建筑功能置换，对龙舟节庆、华光诞活动进行传承。同时，也要支持手工技艺的传承。

引薪：工业空间活化，展示粮仓的历史文化，丰富石岐粮仓的日常活动。注入新空间、新人群、新活力。为华光诞的表演，龙舟赛提供开放展示空间，打造文化实践基地和技艺体验，进行文化输出。打造产品展览活动，历史展览注入工厂新活力。

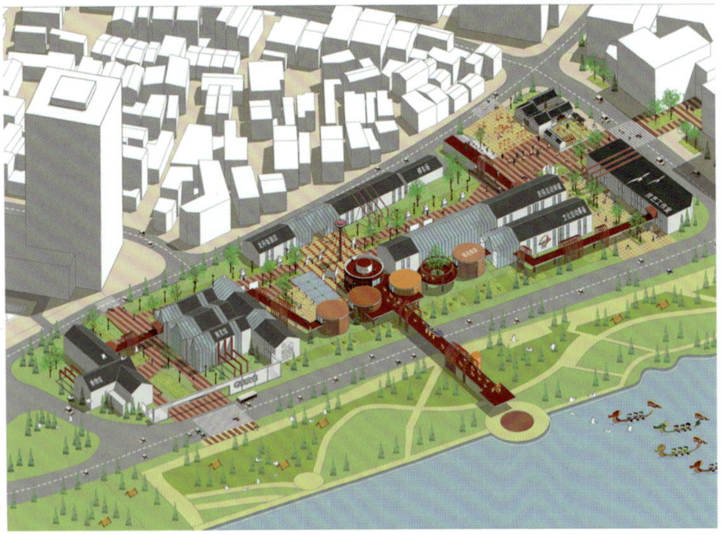

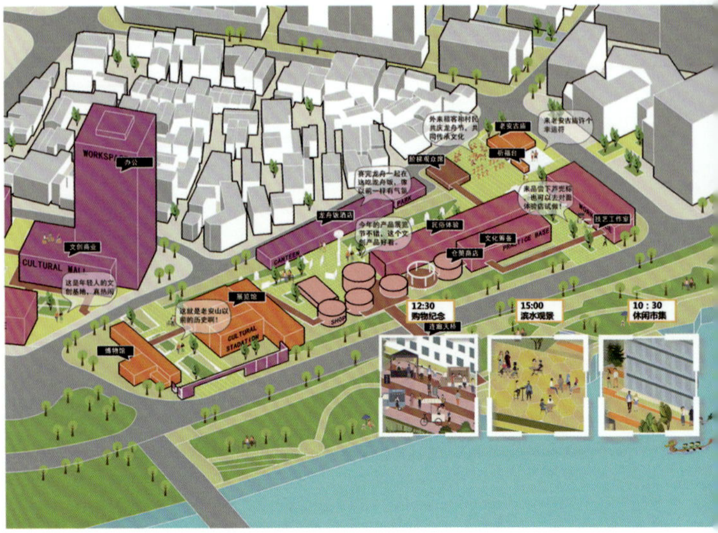

社区中心节点

传薪：老安山片区拥有悠久的居住历史，为老安山数代居民提供衣食起居。居住+公共服务片区的打造延续了生活的记忆。公共服务设施为旧村居民提供了再就业岗位，居住在安置房的村民能够通过社区渠道参与各项社区事务。

引薪：新的公共服务设施植入与社区理念的引入，为老安山片区带来了新的社区活力。史展览注入工厂新活力。社区再组织的构建模式以及各项社区活动事业为片区各类新人脉与旧人脉的相融提供了渠道。为新旧人群交流提供空间基础，实现人群间的互融。

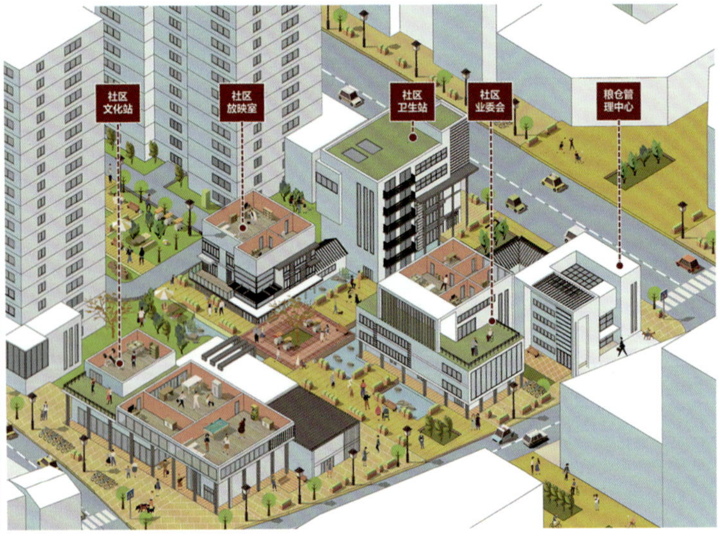

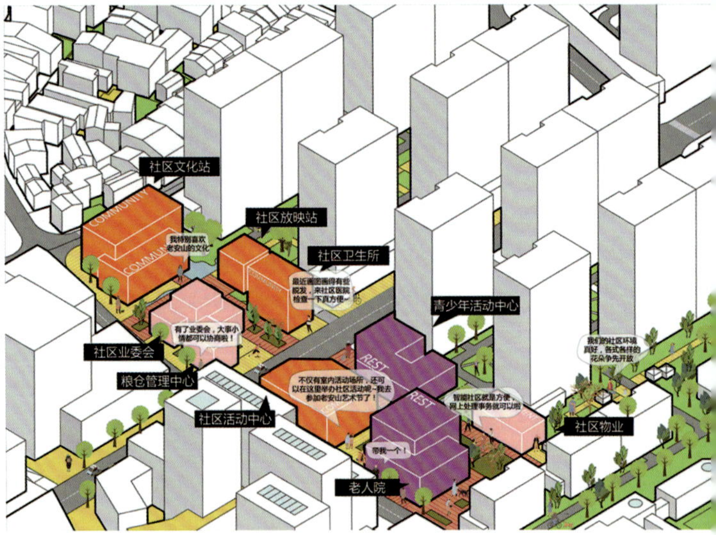

SOHO园区节点

传薪：老安山曾是传统重地，创新产业片区的打造既是对老安山产业精神的传承，也是以新的形式保留老安山的产业记忆。SOHO园区及公寓的管理、园艺、保洁等岗位可向旧村下岗工人开放，留住原有的住户及邻里关系

引薪：创新业态的植入改变了老安山传统产业滞后的困境，带来了新业态、新人才以及新动力。引入创意产业和创新人才、打造创新产业空间。SOHO节点既有办公空间，也有公寓，可以实现短距离通勤，并有较为多元的居住形式和多样、便利的工作空间。

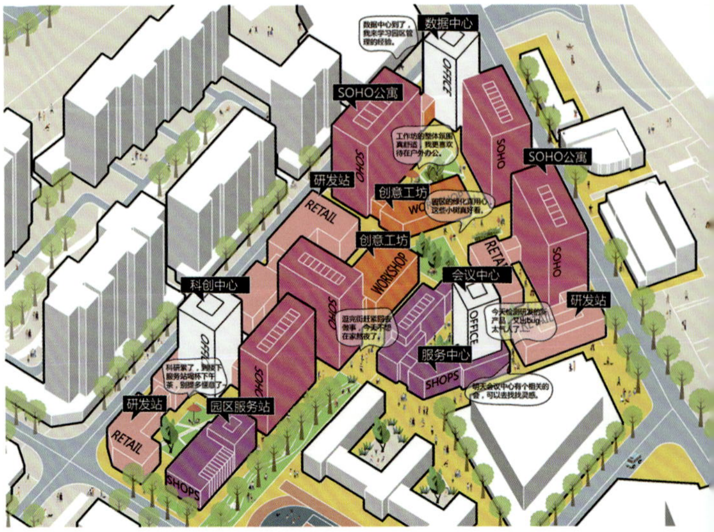

节点分析 Analysis of important nodes

滨江节点

传薪：岐江河是与老安山人息息相关的母亲河，滨水空间的打造是对于老安山人临水而居的生活记忆的延续。结合岐江公园和岐江河，保留原有水畔活动和生活场景，留住人与水和谐相处的生活记忆。

引薪：滨水片区的打造，改变了老安山内部空间与滨水空间相互割裂的现状。形成多样丰富的公共空间、现代便捷的服务业态、独具特色的亲水活动。

古村节点

传薪："柴"从水路运来，柴文化伴随老安山发展各个阶段，文化主街与老安广场等开放空间的打造有效完善文化空间，衍生文化内涵，以新空间承载老文化。老安古庙建筑修缮、打开古庙围墙、开放文化广场、打通中庭连接前后厝，提升文化承载的空间质量。

引薪：紧抓民俗文化内核，以"柴薪"等IP衍生系列文创产品和商业活动，满足了"吃住行游购娱"，引入文创青年家，形成完整消费链，吸引外来资金。

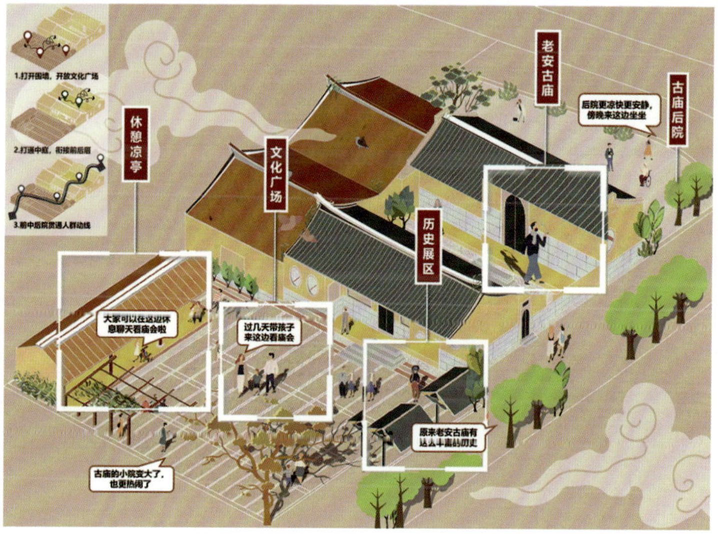

管理运营 Manage operations

开发时序

结合地块传薪与引薪节点，土地开发价值评估，得出片区开发时序图；

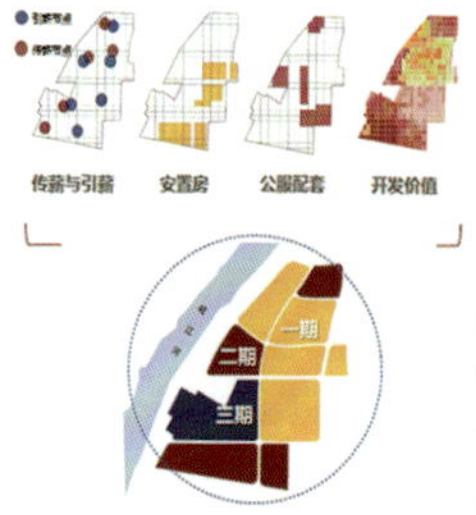

利益复合

■ DCF折现法

□ 拉巴波特认为有五种价值动因影响目标企业的价值，即**销售增长率、经济利润边际、新增固定资产投资、新增营运资本、边际税率等**

$$FCF=S_{t-1}\cdot(1+g_t)\cdot P_t(1-T)-(S_t-S_{t-1})\cdot(F_t+W_t)$$

其中：FCF——自由现金流量；S_t——年销售额；g_t——销售额年增长率；P_t——销售利润率；T——所得税率；F_t——销售额每增加1元所需追加的固定资本投资；W_t——销售每增加1元所需追加的营运资本投资；t——预测期内某一年度。

□ 利用贴现现金流量模型，计算现金流量的现值。

$$V=\sum(FCF/(1+K)_t)+(F/(1+K)_t)$$

其中，FCF——自由现金流量；K——折现率或加权平均资本成本；F——预期转让价格；V——企业价值。

□ 通过利益复核，本轮规划带来的销售收入为38.1亿元，经营收入为33.8亿元，开发成本约为60.3亿元，**内部收益率约为6.50%**

■ 开发收益复核

序号		项目	计算公式	金额（万元）
1		项目销售收入		381490.32
	1.1	住宅销售收入	建筑面积*销售价格	95502.19
	1.2	商业销售收入	建筑面积*销售价格	105847.21
	1.3	办公销售收入	建筑面积*销售价格	104683.85
	1.4	地下车位销售收入	车位个数*销售价格	75457.07
2		项目经营收入		337583.37
	2.1	旧村商业经营收入	出租期现金流的净现值（运用CAPM资产定价评估模型）	64168.05
	2.2	旧村办公经营收入		28793.35
	2.3	自持商业经营收入		32809.64
	2.4	自持办公经营收入		107007.10
	2.5	自持公寓经营收入		104805.23
3		开发成本	成本项1-6加总	602598.59
4		营运成本及税金	管理费用+营运费用	26593.97
5		财务费用		32503.74
6		利润总额	1+2-3-4-5	57377.39
7		所得税	6*25%	14344.35
8		净利润	6-7	43033.04
9		内部收益率		6.50%

■ 计容规划指标汇总

序号			项目	规划指标	备注
1			用地面积/m^2	262000.00	
2			容积率	2.88	
3			总建筑面积/m^2	945728.60	
	3.1		其中：计容建筑面积/m^2	754570.69	
		3.1.1	回迁住宅面积/m^2	306194.46	精装修
		3.1.2	可售新建住宅面积/m^2	127311.30	毛坯（含SOHO）
		3.1.3	回迁商业面积/m^2	24966.97	
		3.1.4	可售新建商业面积/m^2	79950.32	
		3.1.5	新建办公面积/m^2	134470.54	
		3.1.6	公建配套/m^2	28596.95	社区公服设施及小学
			其中：小学面积/m^2	6751.92	
		3.1.7	历史建筑面积/m^2	16564.49	石岐粮仓、哀光瞽目院及老安山宗祠
		3.1.8	旧村改造面积/m^2	36515.66	
	3.2		地下不计容车库、设备用房面积/m^2	191157.91	地下车库、配电房等
			停车位/个	5030	按总建筑面积120m^2/个核算

■ 分期开发规模及分期经营模式

	一期	二期	三期
分期开发规模	103093	243470	66857.1
住宅	7093.64	30054.4	-
公寓	-	90163.3	-
商业	20696	28337.2	21531.5
办公	3615.72	85529.2	45325.6
酒店	-	9385.52	-
公建配套	18607.8	-	-
回迁建筑面积	341151	-	-
住宅	306194	-	-
商业	24967	-	-
公建配套	9989.11	-	-
旧村改造部分	36515.7	-	-
历史建筑部分	16564.5	-	-

分期	功能	经营	销售	合计
一期	住宅	-	7093.64	7093.64
	商业	5174.00	15522.01	20696.01
	办公	3615.72	-	3615.72
	历史建筑部分	16564.49	-	16564.49
	旧村改造部分	36515.66	-	36515.66
二期	住宅	-	30054.42	30054.42
	公寓	67622.44	22540.81	90163.26
	商业	7084.31	21252.94	28337.25
	办公	42764.61	42764.61	85529.22
	酒店	-	9385.52	9385.52
三期	商业	5382.89	16148.66	21531.55
	办公	22662.80	22662.80	45325.60

四川大学

Sichuan University

—好嘛那就鸳鸯锅队—

成　　蕤

樊冰青

韩腾飞

江舒媛

苏　　杰

徐樱瑛

杨文艳

曾　　露

赵思婧

组织担当 **成　蕤**　虽然因为疫情，毕业设计全程都在线上进行，但我们的热情丝毫不减。三个月的奋斗学习，与省规院专家、六校老师和同学们一起交流学习，收获满满。这一段日子会成为珍贵的回忆，也是送给我自己最好的毕业礼物。

景观担当 **樊冰青**　这次疫情虽然阻隔了大家见面，但并没有阻隔大家一起做设计的热情。我在这次合作中学到了很多新东西。感谢省规院专家、各校老师们的悉心指导。更感谢赵老师与谭老师的悉心指导，让我成长了很多。感谢南粤杯能给我一次锻炼自己的机会。

手绘担当 **韩腾飞**　南粤一季习真识，光华照远有人知。特别感谢三个月来省规院、漆老师和各校师生的悉心分享与指导，南粤杯给予我们充分的展示与交流的平台，使我们的思考方式和实践能力得到充分的锻炼与提升。感恩！

文案担当 **江舒媛**　三个月的联合毕业设计充实而忙碌，在与省规院的专家、各校老师和同学们的共同学习、交流过程中我扩展了自己的视野，结交了优秀的朋友，也在老师们的细心指导下交上了毕业前最后一份答卷。我会永远珍惜这份特殊而珍贵的毕业记忆，永不停下钻研、实践的步伐！

方案担当 **苏　杰**　这次疫情期间的线上联合毕业设计，对我来说是一次多方面、综合性的锻炼。在与专家、各位老师和同学们的交流学习中，我不仅提高了设计能力、绘图方法，还锻炼了团队协作、交流汇报能力。感谢赵老师、谭老师以及其他各位专家、老师、同学三个月以来对我的指导，这对我今后的学习和工作都有很大的帮助。最后，祝南粤杯联合毕业设计越办越好！

逻辑担当 **徐樱垙**　感谢在此过程的一切收获与自我提升。感恩六校老师与省规院的耐心指导与一路陪伴，愿南粤杯越办越好，祝各位同学毕业快乐，前程似锦！

建模担当 **杨文艳**　疫情之下，在不日常的团队合作中完成了日常生活的规划设计。感谢可爱的赵老师和谭老师的指导，让我能够反思自身的不足，每天进步一点点。同时也感谢省规院专家、各校老师们这段时间的付出。比心！

测算担当 **曾　露**　历时三个多月的联合毕业设计接近尾声，很开心和同学们在线上朝夕相处，相互交流讨论，这是一段特殊且终身难忘的美好经历。我也收获很多，成长很多。特别感谢各专家领导、高校老师以及赵老师和谭老师的悉心指导！

补图担当 **赵思婧**　很幸运能够和大家一起参加本次南粤杯六校联合毕业设计，特别感谢省规院专家、各校老师们的悉心指导，以及同学们的交流学习与相互鼓励，让我收获了很多成长了很多，再次感谢大家疫情期间的陪伴！

日常生活视角下的多元关系链接

作　　者：成　蕤　江舒媛　韩腾飞　杨文艳　苏　杰　曾　露　徐樱瑛　赵思婧　樊冰青
指导教师：赵　炜　谭　敏
学　　校：四川大学

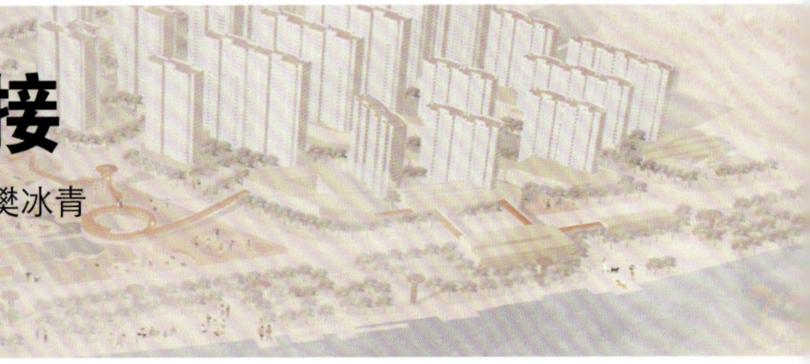

背景研读　老安印象

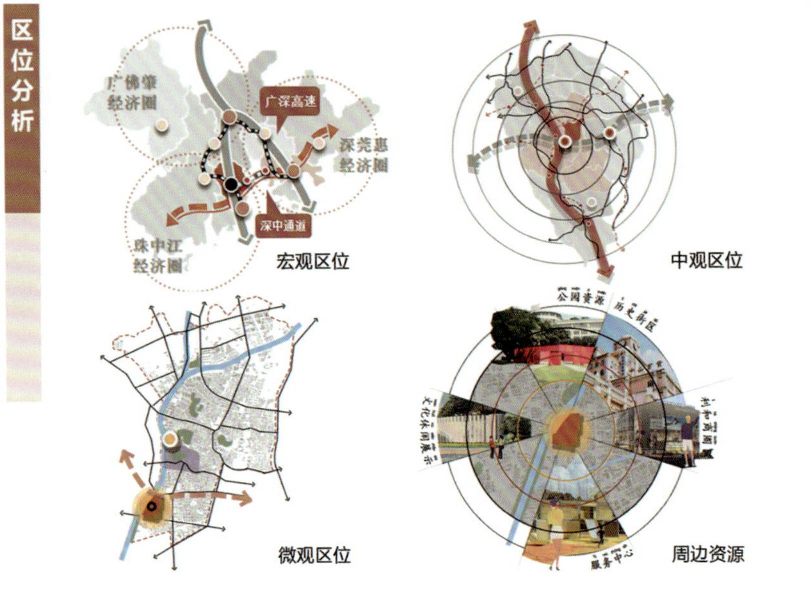

现状分析　人人情感疏离

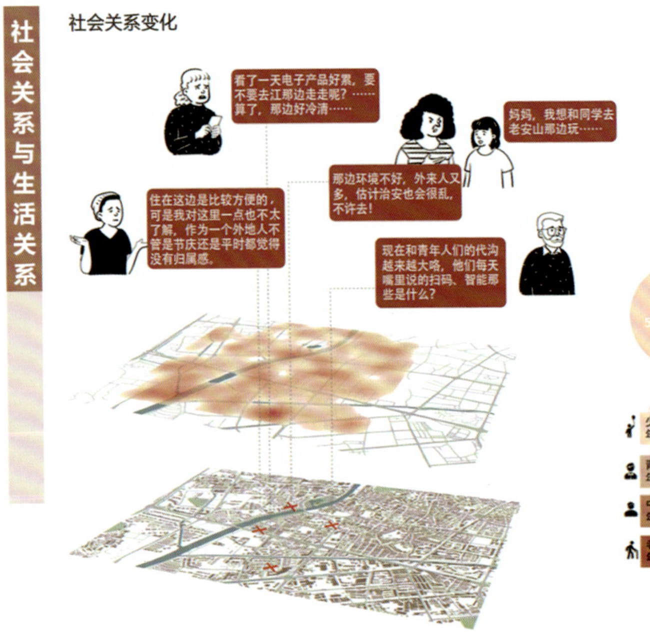

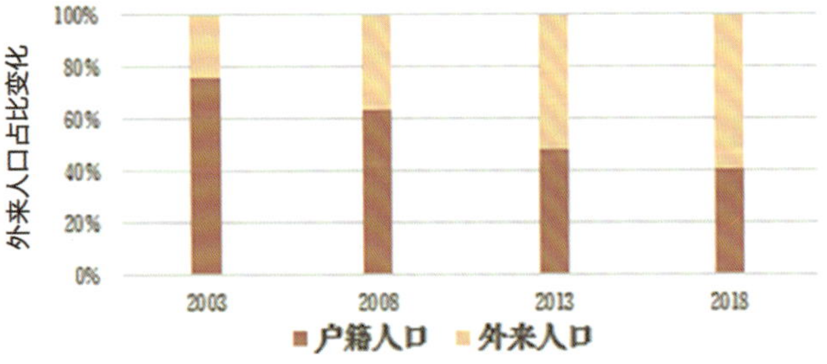

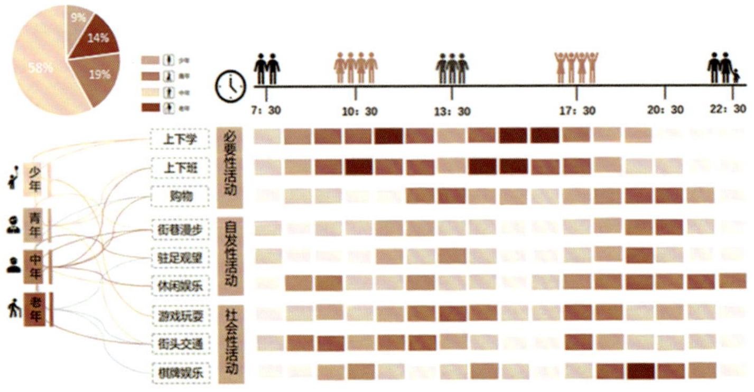

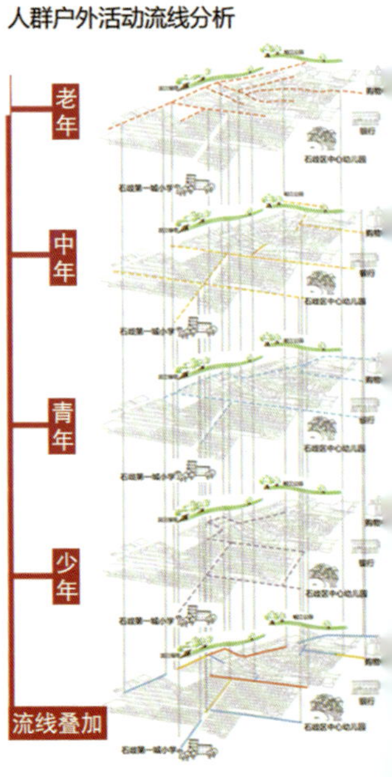

现状分析 人地互动缺乏

滨水公共空间分析

滨水界面分析

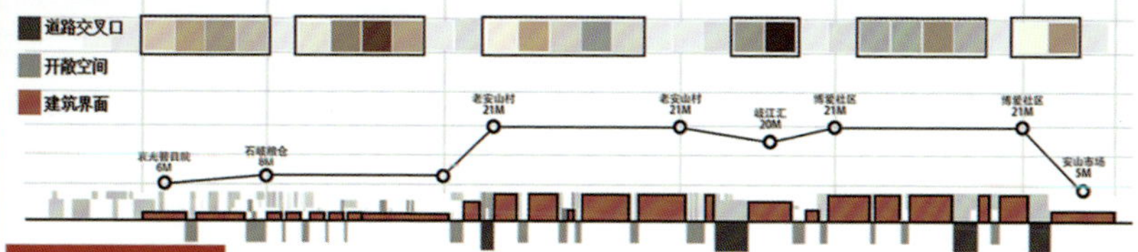

滨水建筑业态及活动分析

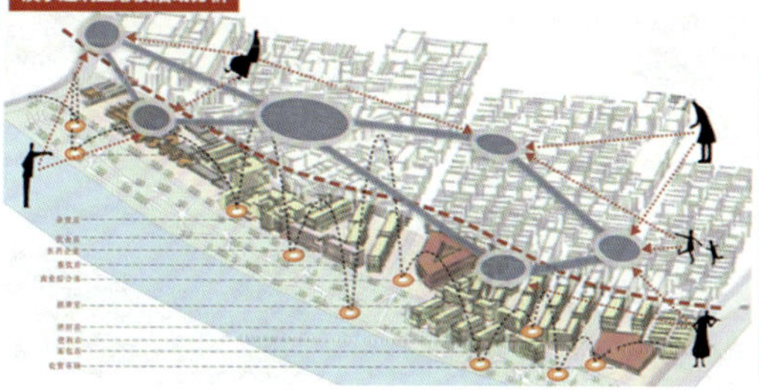

问题总结：

滨水界面较为闭塞，天际线变化平缓，建筑色彩不协调。

滨水区功能混杂，街道缺乏活动空间，人群活动单调。

慢行系统分析

慢行网络结构分析

场地内慢行路网结构混乱，且断头路较多。

慢行网络绿视率分析

场地内步行空间绿视率在0~15%之间，远低于25%的标准。

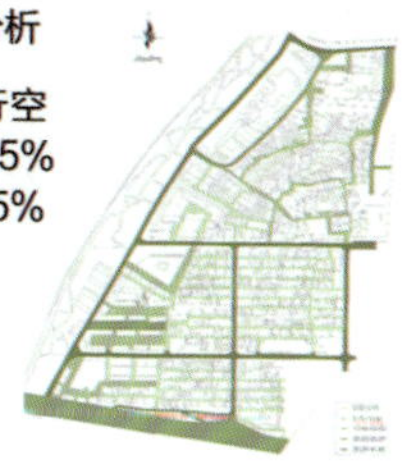

慢行网络空间尺度分析

步行空间围合度在66%以上，空间感受较为压抑。

慢行网络空间视域分析

街道内部空间狭窄，可视度较低，安全性较差。

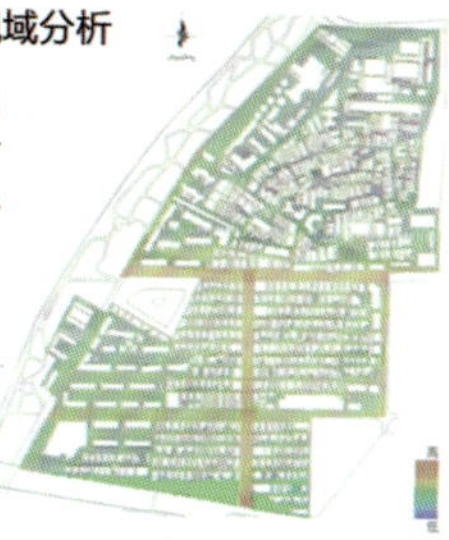

交通现状分析

交通系统现状图

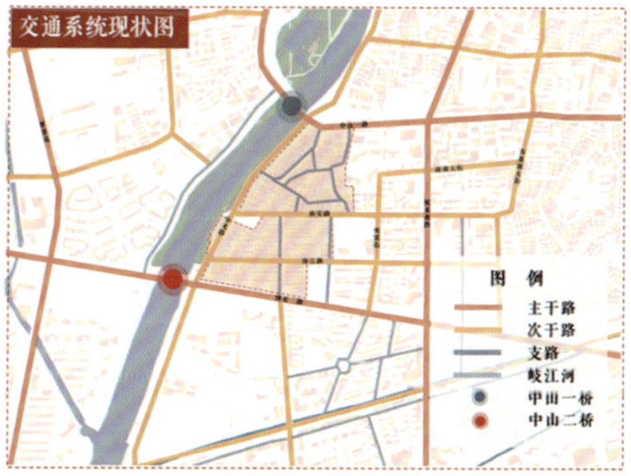

问题：基地外围城市道路骨架基本形成，但与基地衔接较差。

【连接度】2.70 【整合度】1.06 【道路长度】228.59 【拓扑深度】69.57

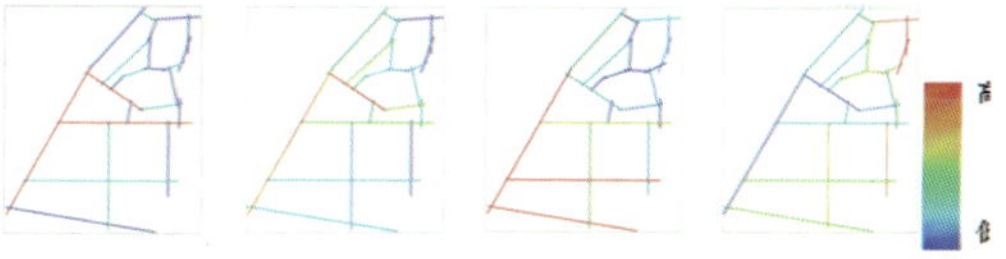

问题：基地内部道路通达性、整合度较低。

城市道路体系基本形成
内部道路不成系统

道路结构：老安村的支路不成系统。东侧出现多处断头路、绕弯路，有待进一步完善。

车行流线：干道网密度低，南北向交通通畅性差；交通量与道路等级不匹配，道路交汇点通行混乱低效。

公交体系：公交覆盖范围不全面，场地东部交通不够便捷。

在地文化分析

在地文化资源 丰富 • 利用 不足

社区文化 缺失

在地文化分析

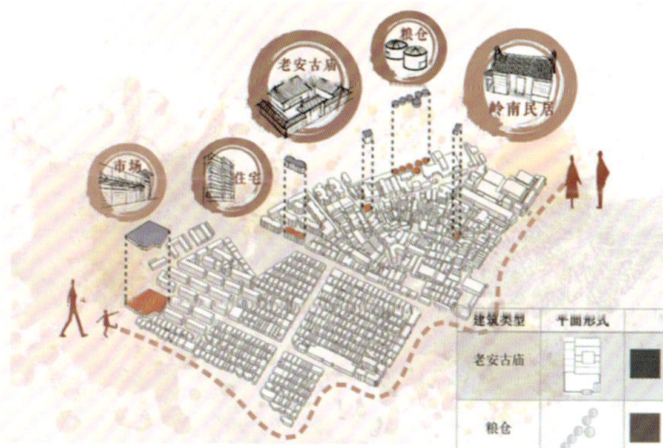

问题：

目前基地内传统风貌与现代风貌并存，形象冲突，地域特色不明显。

基地内部岭南风格民居现状较为破旧，无有效保护与翻新，破坏了地域性特色。

建筑类型	平面形式	颜色	材质
老安古庙			
粮仓			
岭南民居			
住宅			
市场			

建筑地域性分析总结：场地内部有较为明显的建筑地域性特色及有价值的特色建筑。但建筑保护力度较低，基地地域性特色正在消亡。

在地文化分析

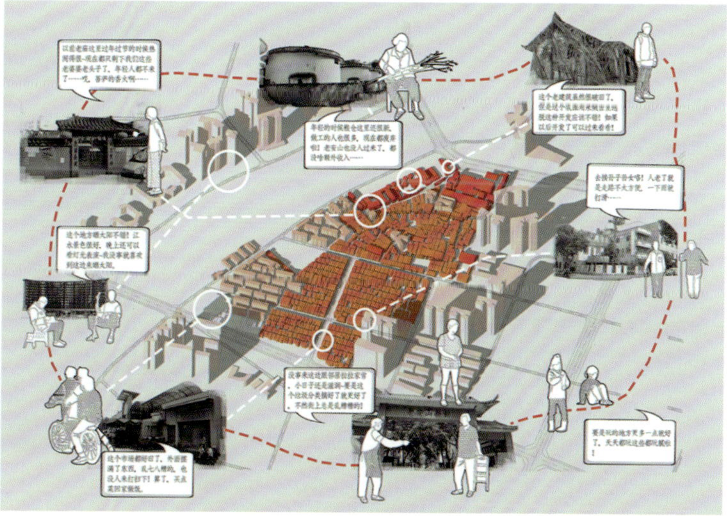

现状分析 地地价值潜隐

土地利用现状分析

用地现状图

土地利用现状汇总表

	用地类别	面积 / ha	比例 / %
城市建设用地	工业用地	1.52	5.95
	居住用地	12.54	47.86
	办公用地	0.36	1.41
	文物用地	0.03	0.12
	商业用地	1.31	5.13
	仓储用地	1.64	6.42
	防护绿地	0.30	1.17
	道路用地	8.40	32.89
	总计	26.20	100

交通价值分析

景观价值分析

商业价值分析

土地价值：基地内各类资源丰富，现状尚未得到充分利用。

二手房均价热力图

单间租金均价热力图

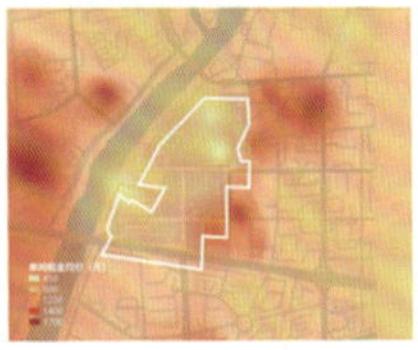

问题：基地区位条件优越，开发潜力大。因为未开发属于租金洼地，目前基地与周边存在土地价值上的断裂。

公共空间分析

公共空间现状图

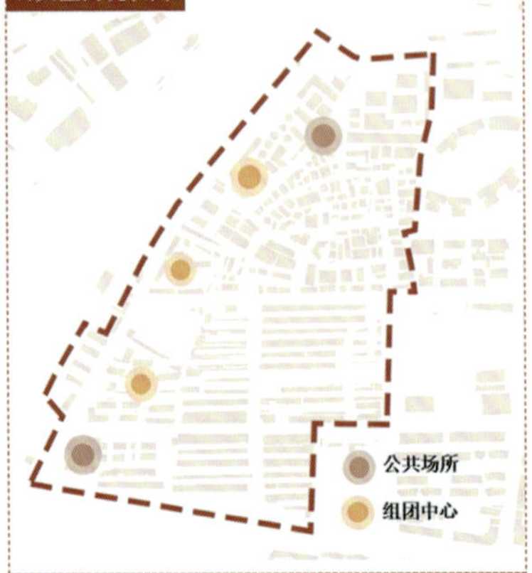

公共空间问题：基地内部缺乏公共空间，导致无明显人群活力点，人群活力未激发。

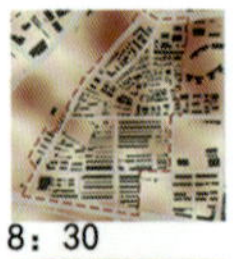
8：30

12：30

16：30

20：30

乡村宗庙

封闭的老安古庙

历史建筑

废弃的粮仓

城市景观

围住的滨江公园

建筑现状分析

建筑肌理分析

街巷肌理

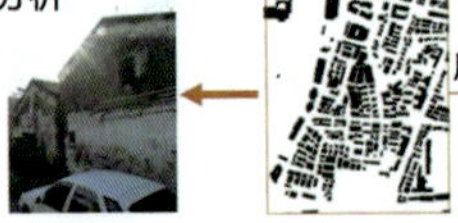

城中村风貌

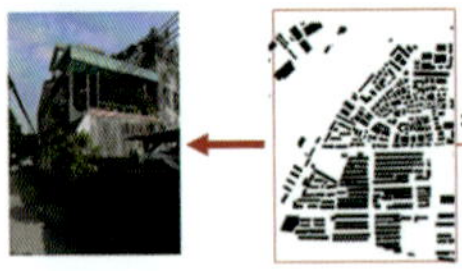

多层居住

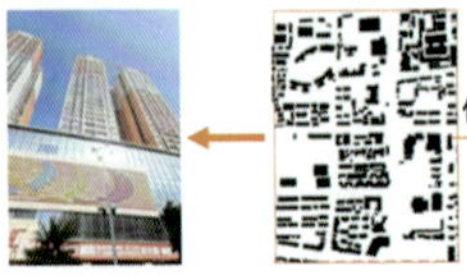

行列式布局

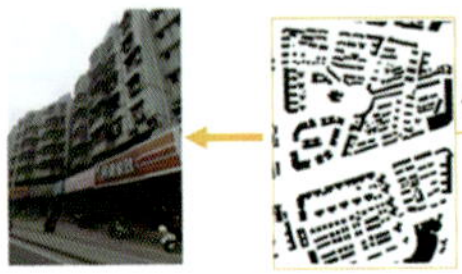

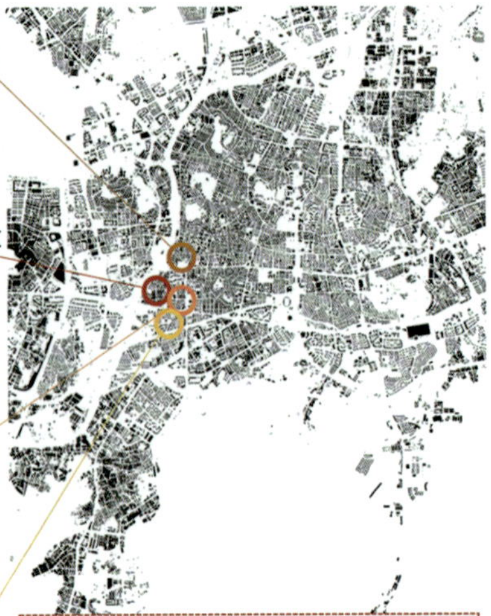

问题：基地建筑肌理、风貌等与周边脱节，地一地关系出现断裂，亟待改造。

建筑风貌分析

基地内建筑风貌多样，文保建筑需要保护，工业遗产需要重新加以利用，焕发生机。

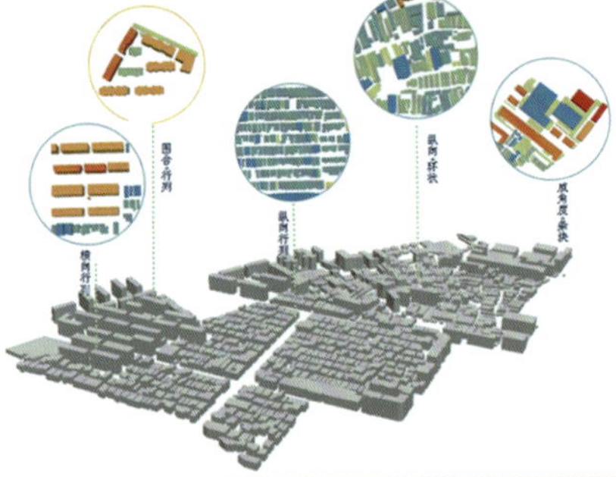

小结：场地北部建筑质量较差，建议优先更新，以拆除重建为主；场地南部建筑质量较好，可考虑二期开发。

建筑类型分析

基地内农村建房、居住小区商业建筑及部分史风貌建筑混杂建筑类型交混。

建筑高度分析

基地内建筑度以1~3层农村建房为主，滨江有6~7层的住宅开发强度整体偏

建筑质量分析

基地南部建质量较好，北部区建筑质量大部较差，空间环境差，改造需求迫

沿江公共空间分析

沿江一带开放空间

1. 粮仓空间开放度低，与沿江滨水公园未产生联系，未能参与到开放空间体系中。

2. 园内空间，建筑单体破败，未能充分体现其遗存价值。

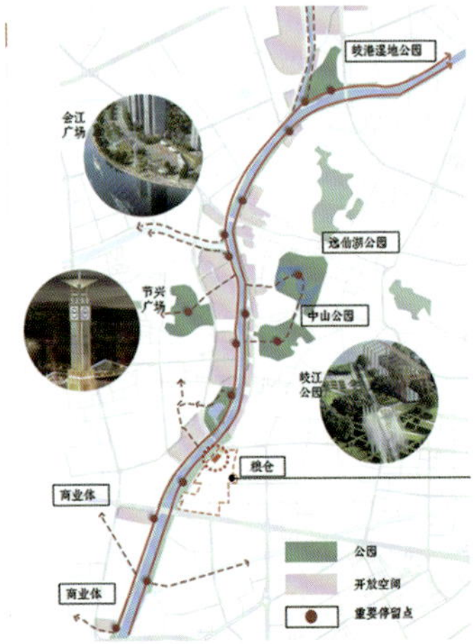

SWOT分析

S

1. 处于一河两岸公共空间体系中，景观资源丰富。
2. 有一定的文化底蕴。
3. 周边配套完善。

W

1. 区位价值未得到发挥。
2. 社区人居环境品质较低，基础设施配套不完善。
3. 文化特色的吸引力不足。

O

1. “三旧”改造政策。
2. 地铁通勤计划内。

T

1. 文脉延续威胁。
2. 拆迁难度大。

策略引导 总体策略

设计策略 回归日常生活

传统地缘

以宗族关系为主的传统乡村地缘关系

关系割裂

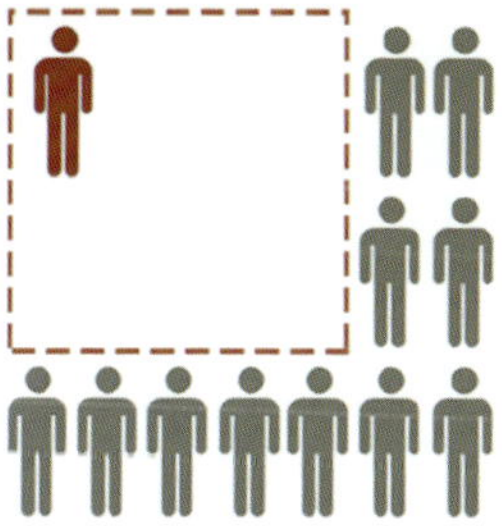

现状关系之间的脱节、割裂

以“线”串联

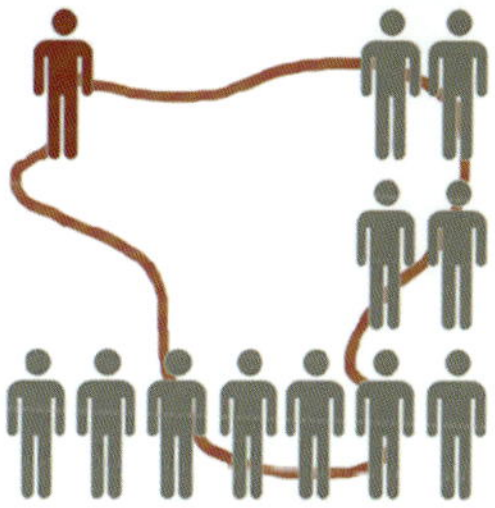

以多元人群日常生活为线索串联

多元成网

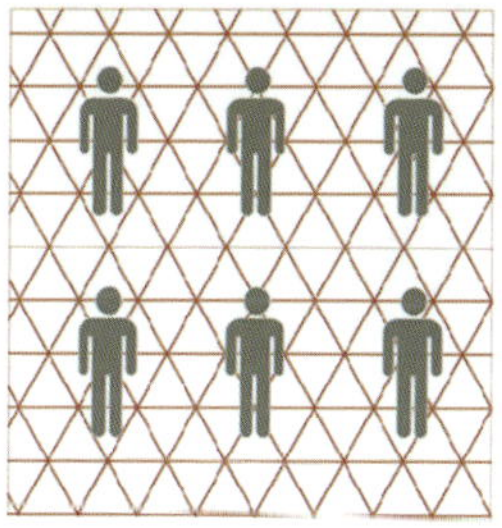

形成地、人之间新型的多元关系网络

理念

目标

从解决场地问题、回应场地需求出发，以老安山多元人群日常生活为核心关注点切入，以“人活”带动“地活”，实现老安山片区的社区更新。

挖掘价值

认识场地资源与用地价值，并根据实际需求合理制定开发策略，协调各方利益

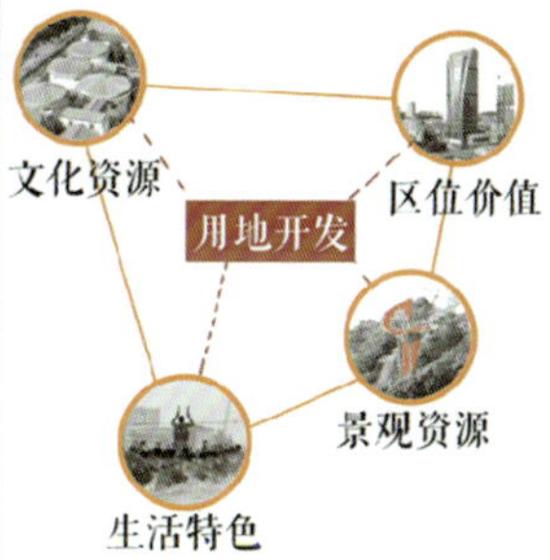

激发活力

从日常生活和多元人群的需求出发，注重对公共空间的打造，激发社区活力

重塑精神

关注当地场所文脉与特征，构建良好的邻里关系，重塑社区网络和精神

地地价值 开发

开发策略 挖掘价值

■链接周边合力发展

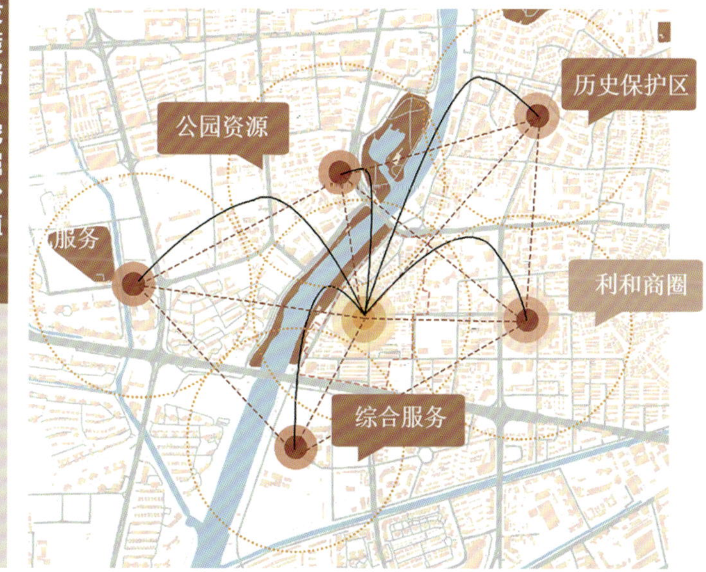

■多样土地价值创造

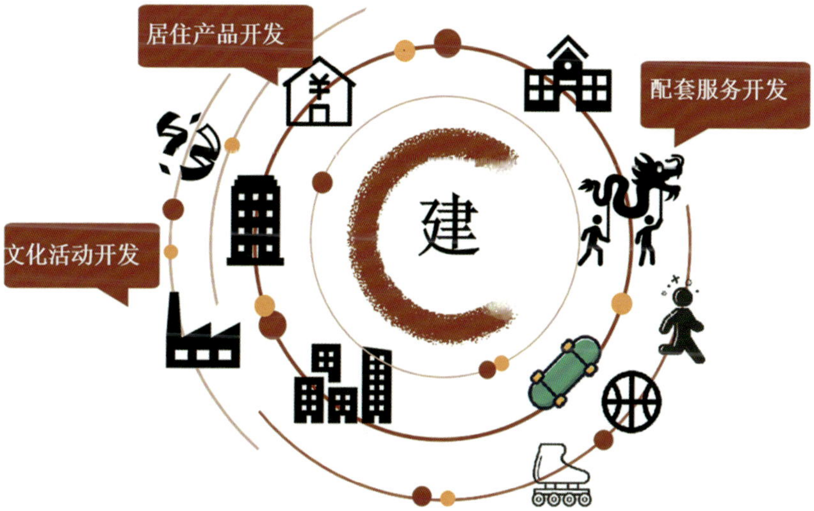

人地关系 互动

交通策略 网络链接

■交通体系规划

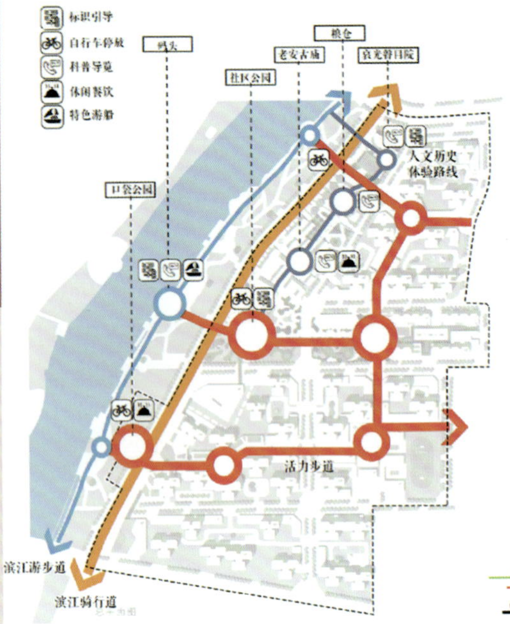

慢行设施规划

为居民生活和游客游览提供多样化的慢行设施，便利生活，提升步行体验。

立体交通系统

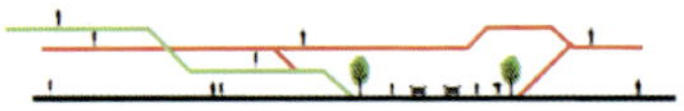

■街道交通功能复合

文化设施 外摆餐饮 街道绿化 ……

典型慢行街道

步行、车行、骑行合一

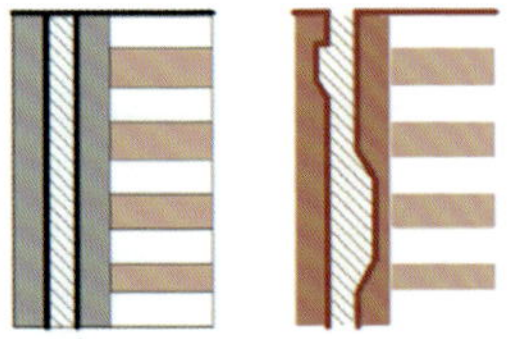

界面变化与消极空间利用

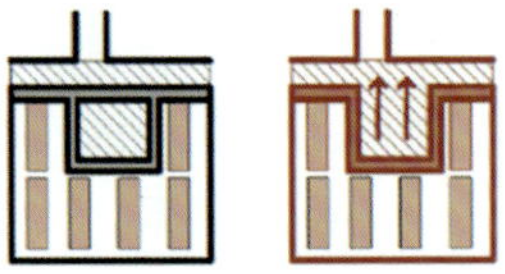

内部空间释放

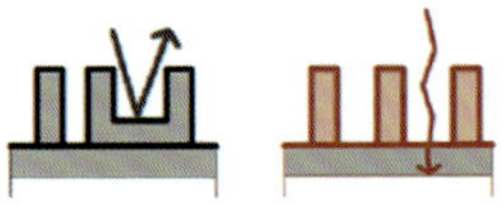

打开围墙，形成通廊

建筑策略 拆留改建

■新建建筑公共化

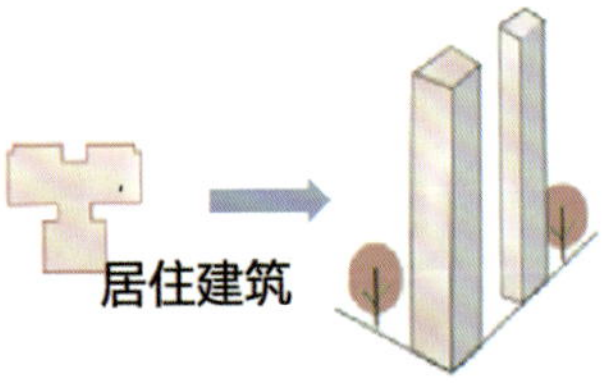

居住建筑

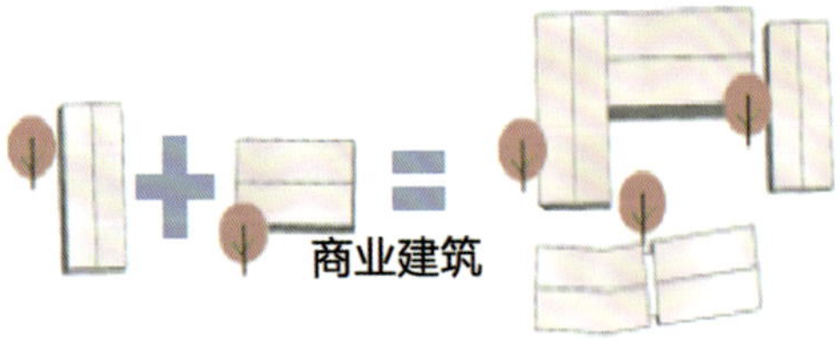

商业建筑

通过软硬区分、廊架、连廊外廊等方式延续界面。

通过节点周围建筑底层公共化提升活力。

■保留重要建筑

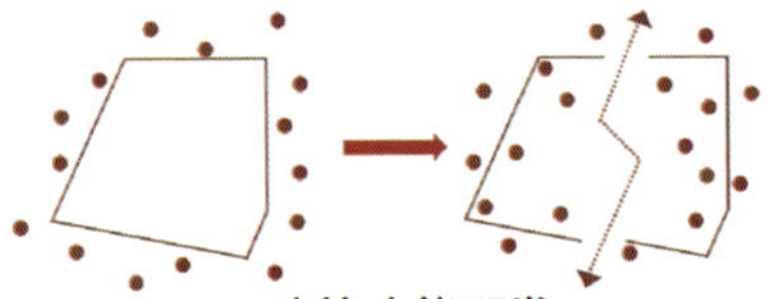

建筑功能开发

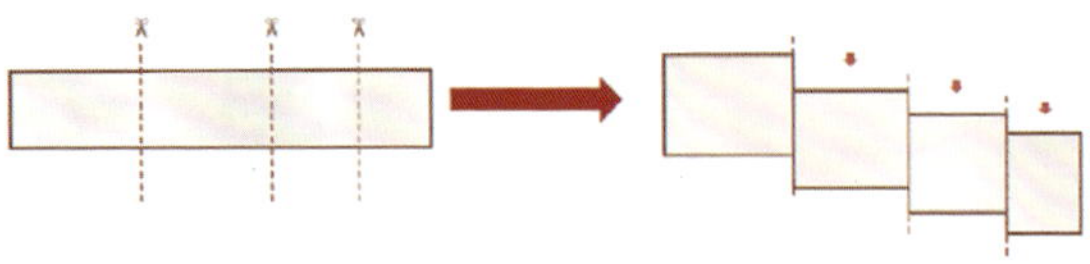

底商空间重构

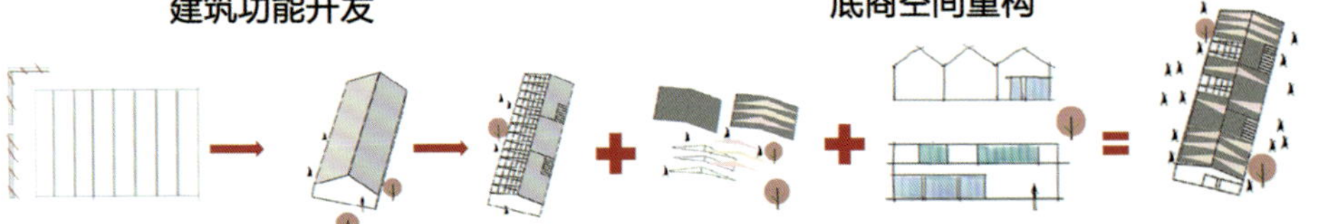

拆除围墙 屋面改造 立面改造 社区互动建筑

粮仓功能注入

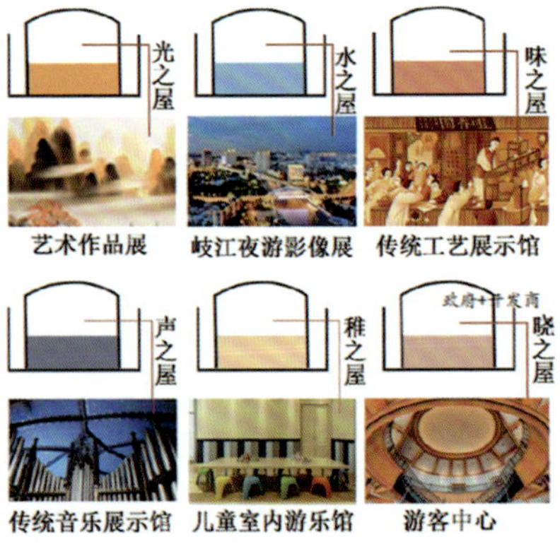

人地关系 互动

■整体景观结构

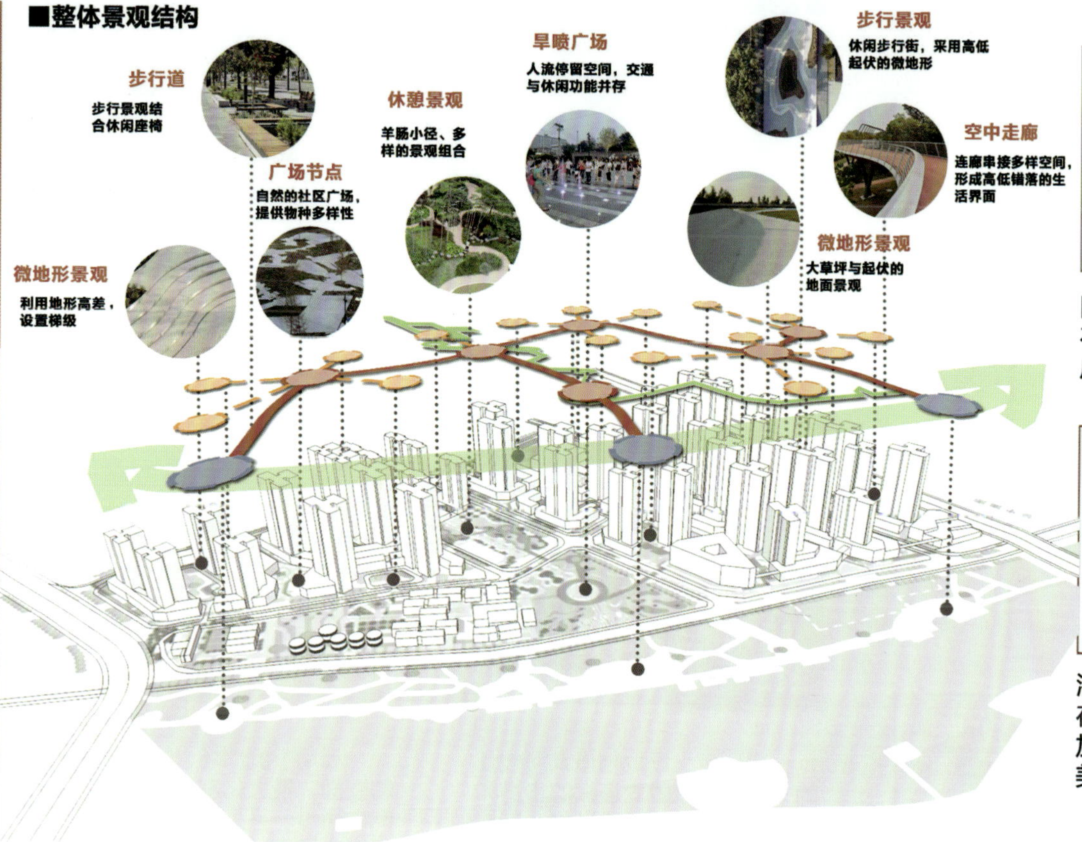

■组团景观手法

限定： 将绿地限定在一定的空间内，形成独特景象。

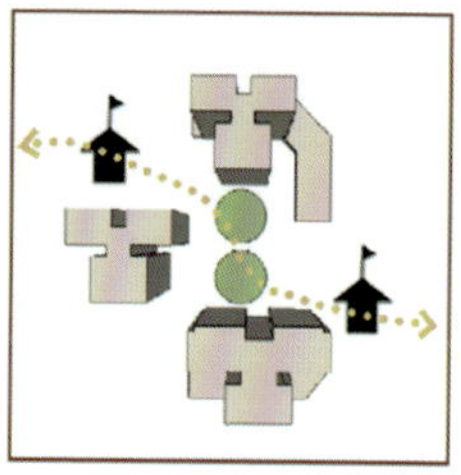

过渡： 通过过渡的造景手法，形成绿地景观序列空间。

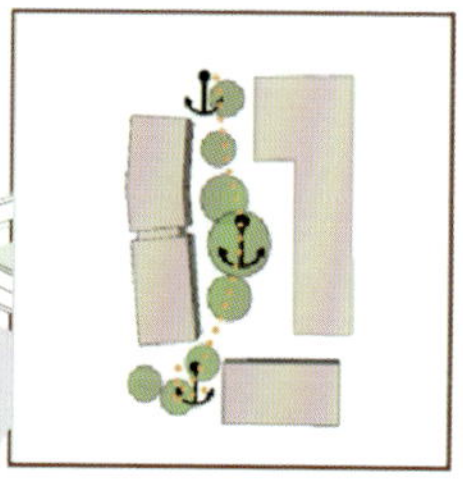

渗透： 将绿地布置在狭小空间地段，增加地块绿化率，增强美感。

隔景： 结合建筑平面形态，利用隔景造景，形成趣味空间。

■滨江引绿设计

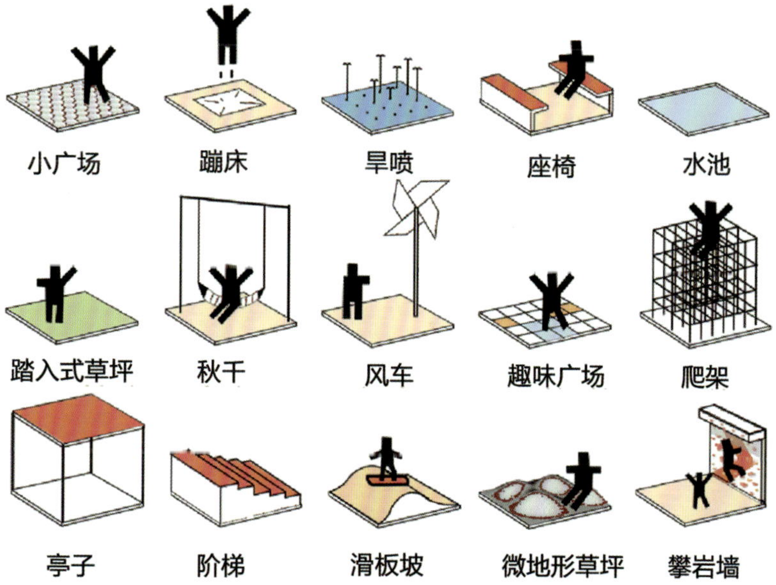

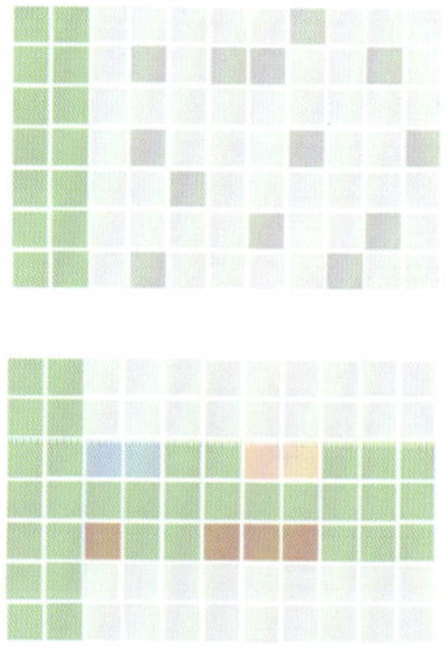

垂直滨江绿带做差异化活动绿带，植入多种活动元素，打造社区内部景观活动带，实现社区内部景观与滨江绿带衔接。

■垂直景观叠合

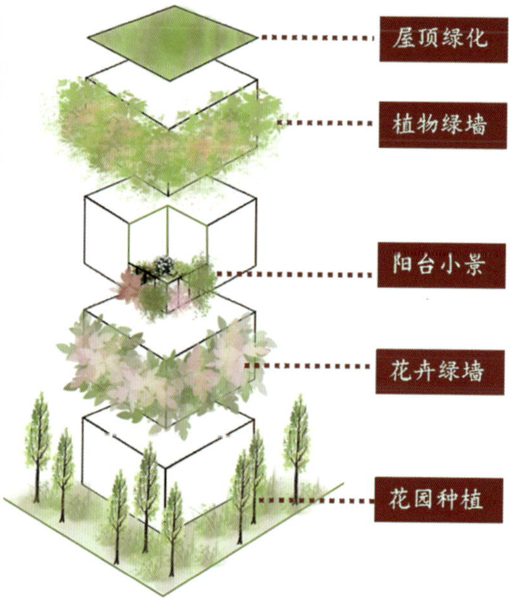

人地关系 互动

公共空间 多样体验

■公共空间系统生成

呼应河流的面状空间

向内渗透的线性空间

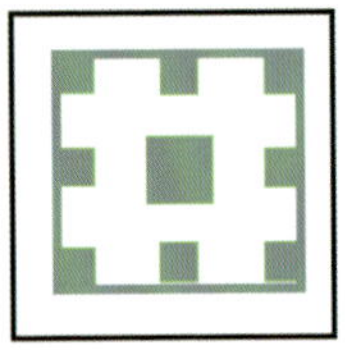

形成连续体系的关键节点

■公共空间层次多样

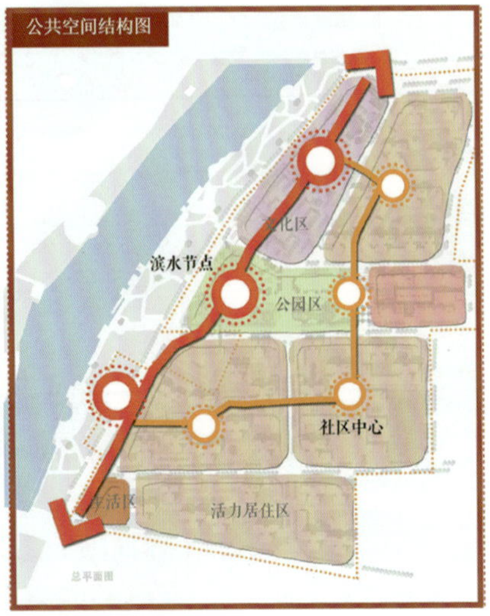

以面呼应
以线链接
以点激活

一带一环，人与绿动。一带即滨水活动带。一环即联系滨水活动带与社区中心的步行环 。

重新定义场地与母亲河岐江的关系，通过建立连续的步道和多条面向河流的视线通廊，形成“内外通透、滨水开敞”的公共空间体系。

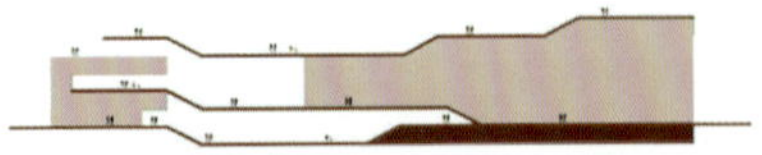

公共空间立体混合，有利于在高密度的社区中最大限度地引入自然，强化建筑与景观、室内与室外的融合。

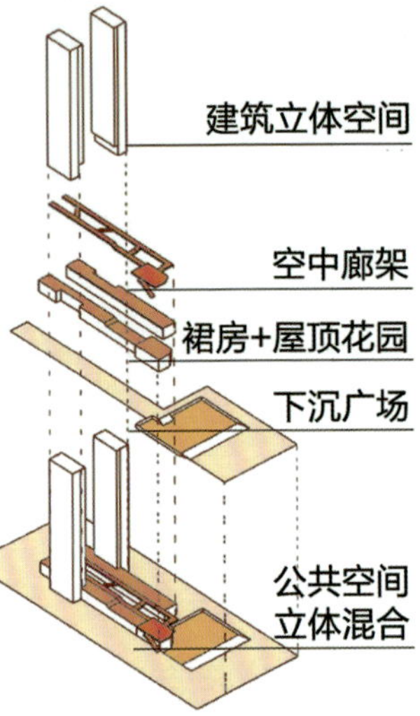

利用下沉广场、裙房顶面、建筑物屋面，最大化室外和半室外活动空间，通过一系列空中连廊、架空层、屋面花园构成丰富多元又宜入的公共空间体验。

公共空间 以人为本

■日常生活画像

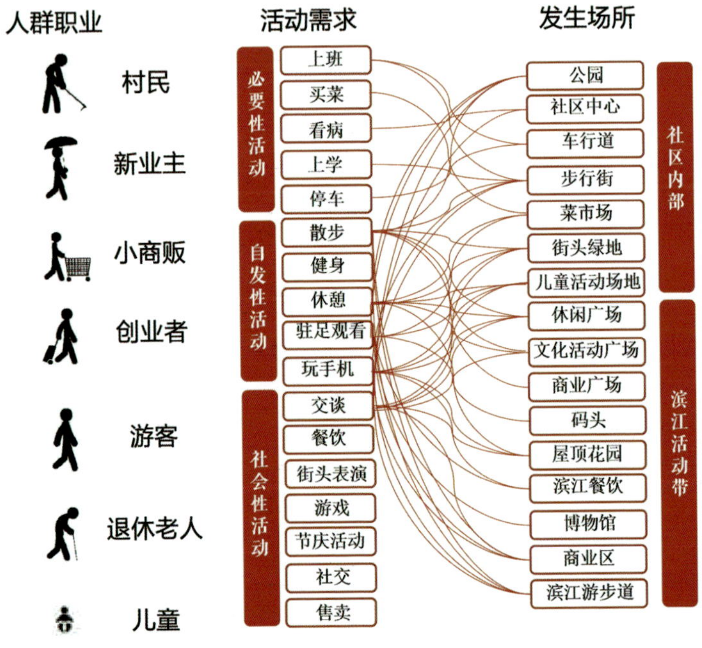

人人关系 链接

■促进社区融合

通过多种活动组织、日常生活场景交融等塑造社区人与人的关系，并为多元人群的社区融合创造良好的交往场所。

人-地互动策略

文化功能生成

运营方案

石岐有海

岐江历史博物馆+社会福利纪念馆

历史科普 | 展示陈列 | 主题教育 | 影像放映

岐揽千秋

多功能创意空间

文艺创作 | 商展路演 | 剧场表演 | 阅读休憩 | 交流培训

穹窿鉴兴

光之屋：优秀文创作品展示

水之屋：岐江夜游VR影像

声之屋：场景沉浸鹤歌体验

味之屋：咀香园杏仁饼传统工艺体验

稚之屋：儿童室内游乐

晓之屋：服务中心 | 游客导览 | 信息宣传 | 物品寄存

百舸争流

活动广场

户外活动 | 拍照打卡 | 社交集会 | 节庆盛典

乡音如故

老安古庙

民俗节庆 | 传统祭祀

开放公园

开放活动场地

体育竞赛 | 健身活动 | 交流交往

重要时间节点文化活动

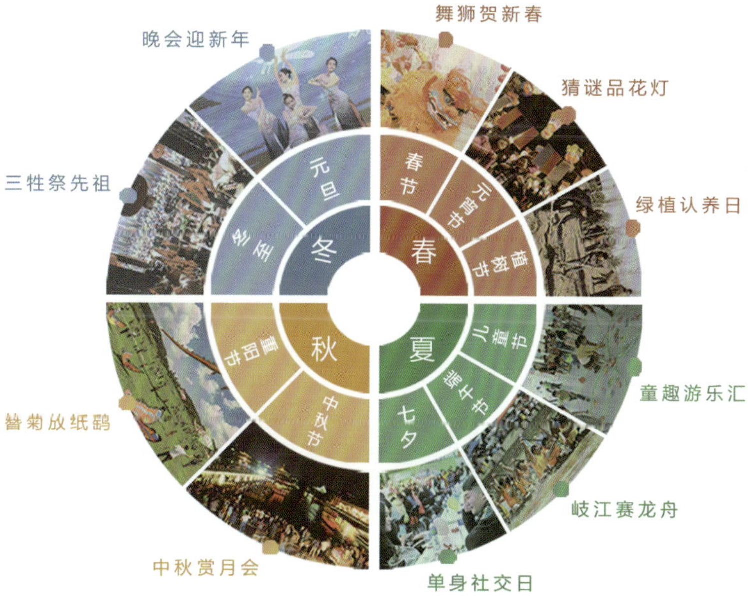

文化策略

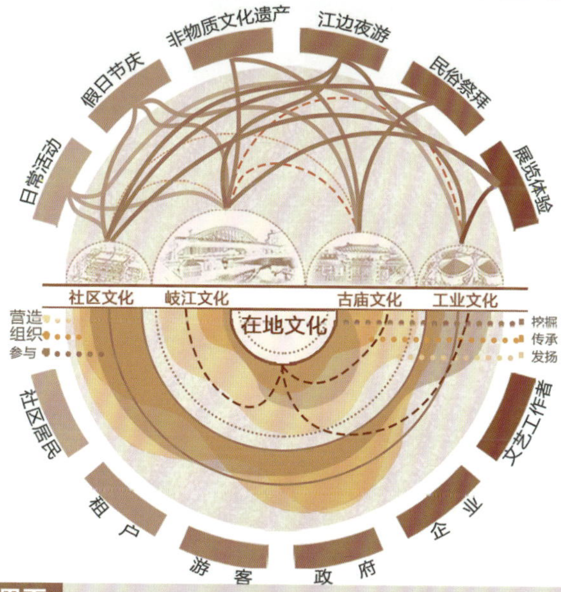

宣传界面

日常周期性文化活动

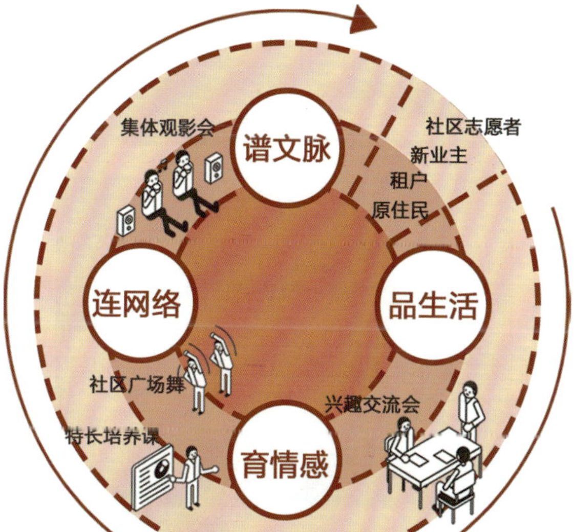

人群流线 设计

少年

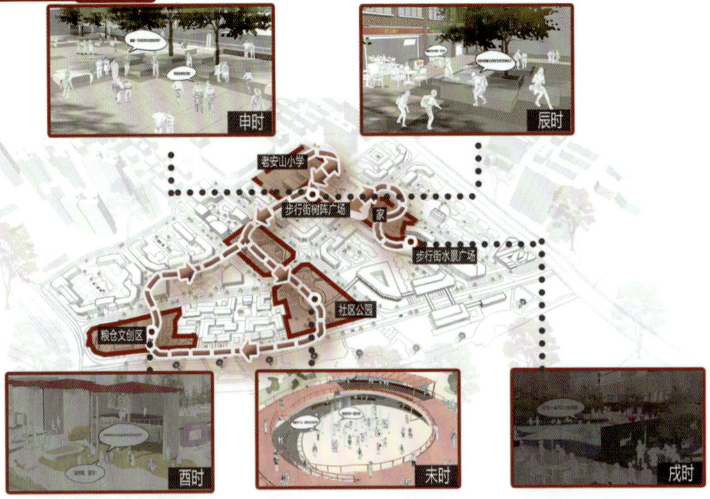

青年

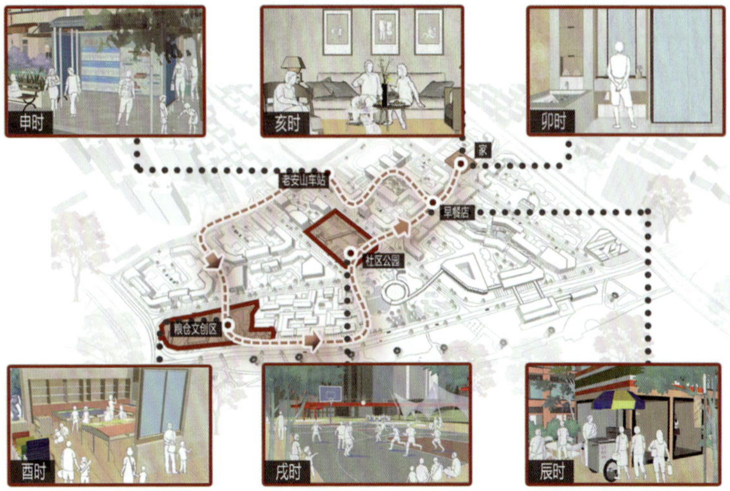

中年

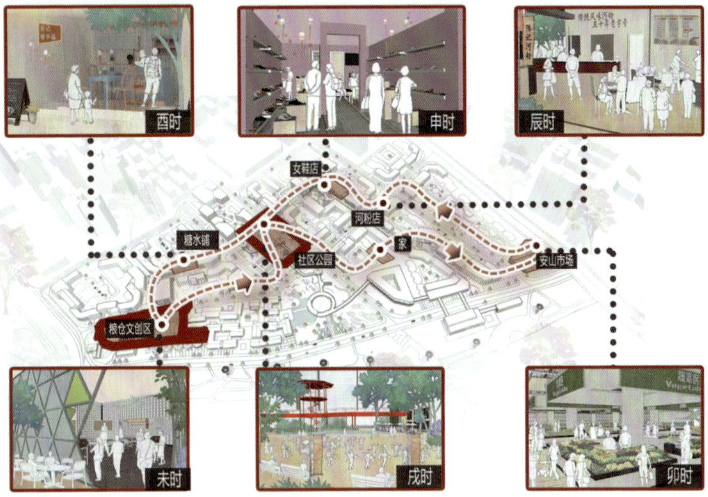

老年

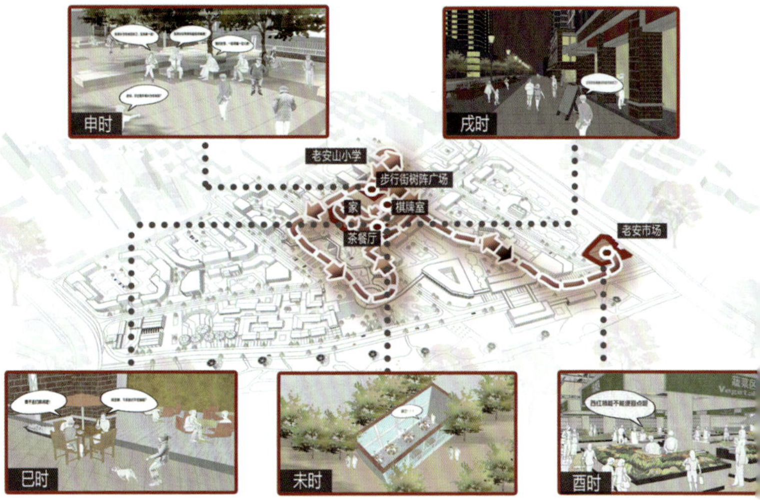

节点 设计

节点总览

强化节点

串联空间体系

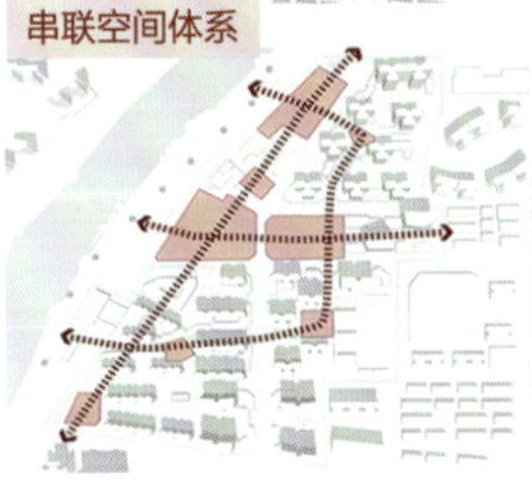

激活节点体系

文化创意区 节点设计

节点总平面

文化创意区 节点设计

游览路线与线索

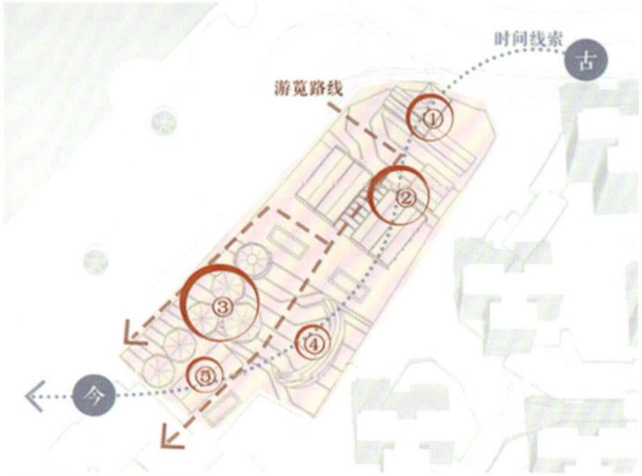

其他建筑改造方案

节点效果图

粮仓功能布局

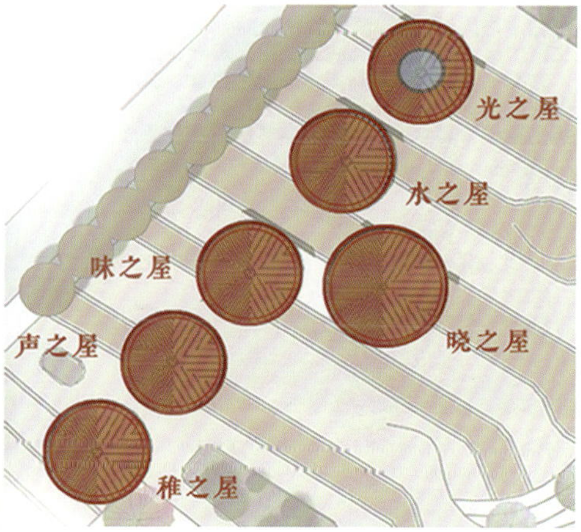

粮仓改造方案

粮仓改造方案

	光之屋	水之屋	味之屋	声之屋	稚之屋	晓之屋
功能	艺术作品 竞品展示	夜游岐江 影像VR馆	咀香园杏仁饼 传统工艺体验馆	鹤歌传统 音乐展示馆	儿童室内 活动馆	游客中心

立面

剖面

平面

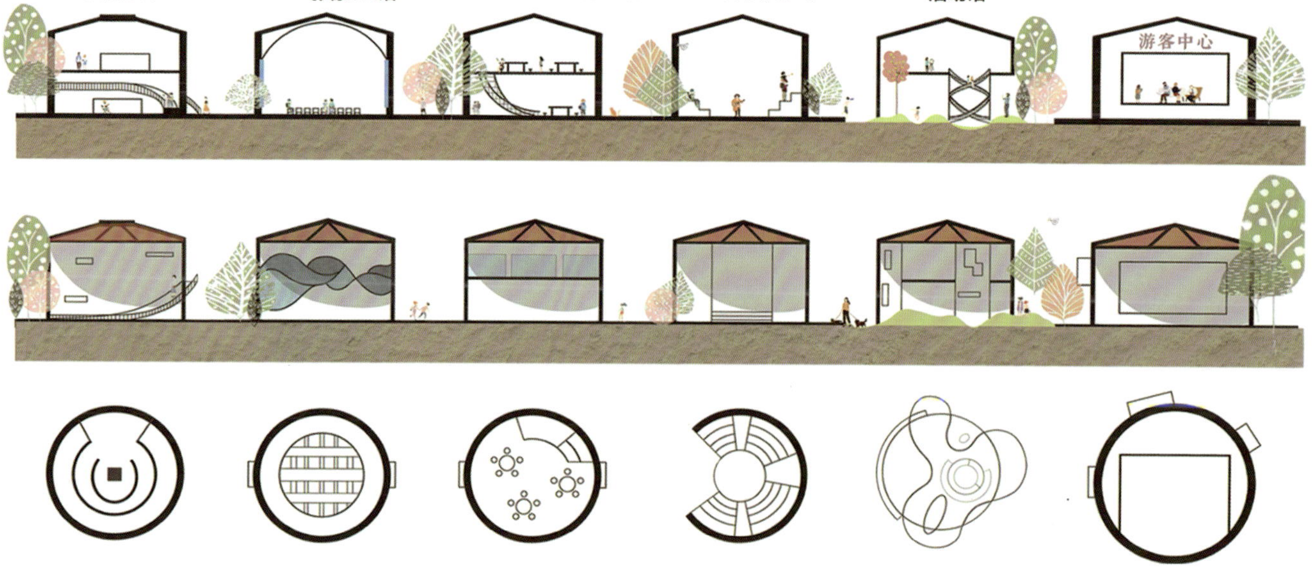

方案生成 三旧改造

三旧改造分析

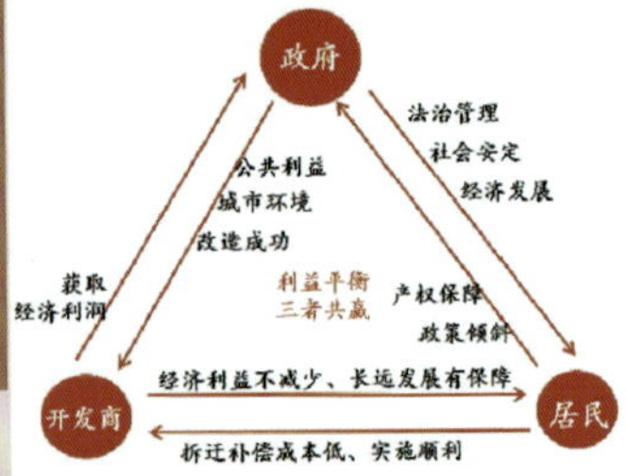

开发容量分析

项目改造成本 ＋ **合理利润值** ＝ **项目收益**

项目改造成本：
- □ 土地成本
- □ 拆迁成本
- □ 补偿成本
- □ 复建成本
- □ 税前成本
- □ 不可预见成本

当容积率=_____时
成本=收益时，则亏盈平衡。

？

项目收益：
- □ 商品房
- □ 出售商业
- □ 出售办公
- □ 停车位

毛容积率	开发成本	开发收益	开发利润	开发利润率
2.75	67.36亿	67.36亿	0	0
3	69.71亿	75.03亿	5.32亿	7%

基于改造成本、改造收益等的选取标准，可知：改造毛容积率为2.75的情况下，项目改造处于亏盈平衡状态。

方案生成 构思

挖掘地地价值

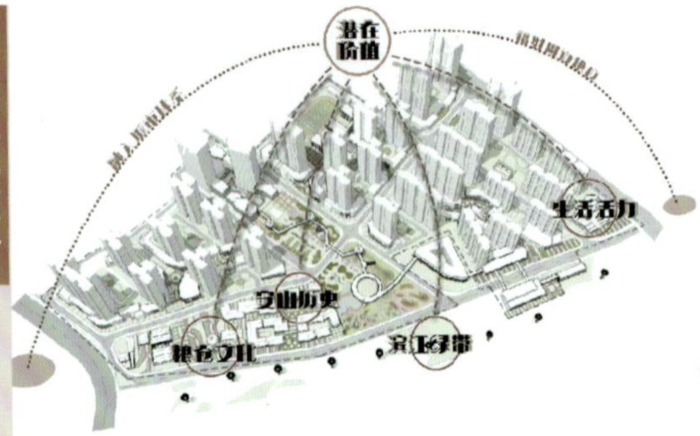

挖掘基地内未充分利用的文化、历史、景观、活力等价值，通过合理高效集约的开发模式，使老安山地区重新融入城市体系，提升服务能力，扩大辐射范围。

链接人人社群

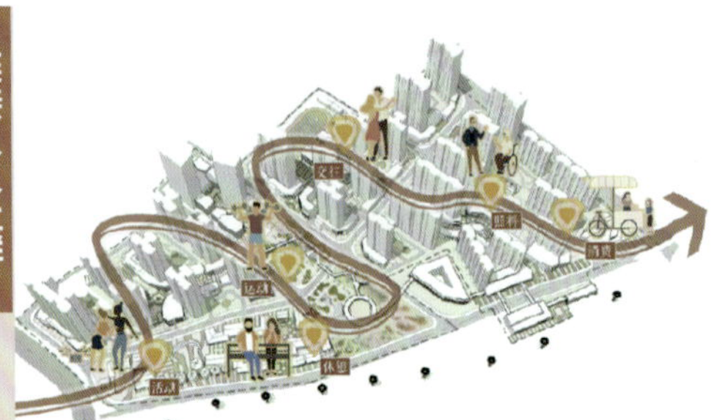

通过居民自组织、创新管理模式、创立线上平台等手段，促进居民间的交往与活动，衔接社群关系。在空间上，通过新建社区活动中心、翻新市场、增加绿地广场等公共空间，设置交往活力点。

重塑人地空间

梳理地块交通，区分景观性、生活性、游览性道路。整合并拓展原有活动空间，新增广场、绿地、商业街等新的日常生活空间。沿江结合开放绿地设计景观轴带，深入基地内部，引绿入城。

再叙人地文化

挖掘、传承在地文化，营造、组织社区文化。在文化空间中，植入旅游开发、民俗传承、创意体验、节日复兴、公共活动等功能。

方案生成 拆改留分析

保留 改造 拆除

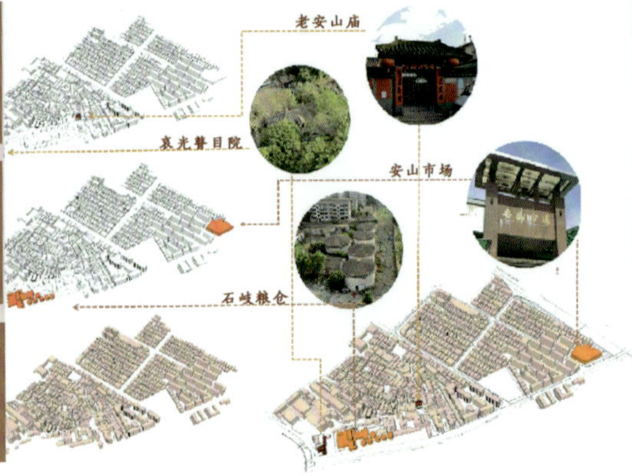

综合开发分析

综合考虑建筑质量、建筑肌理、路网形态、土地开发潜力、历史文化价值、拆迁成本与收益、景观美学、生态保护价值等因素，方案中拟保留：具有集体记忆的粮仓、袁光謇目院、古庙（保护文物）及安山市场外。

拆除重建：其余全部建筑用地（建筑密度高而容积率低）。

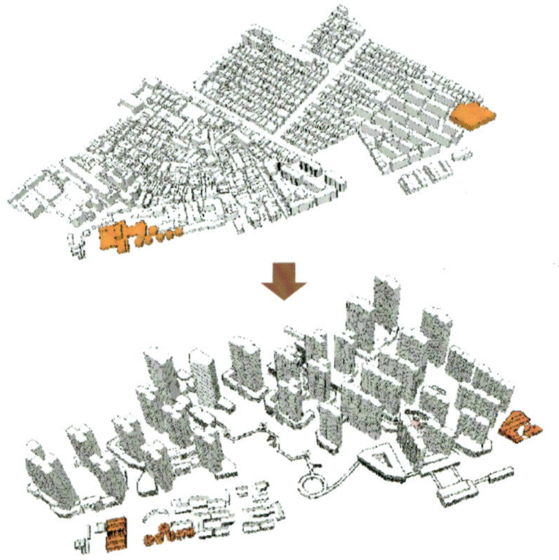

方案生成 分期开发

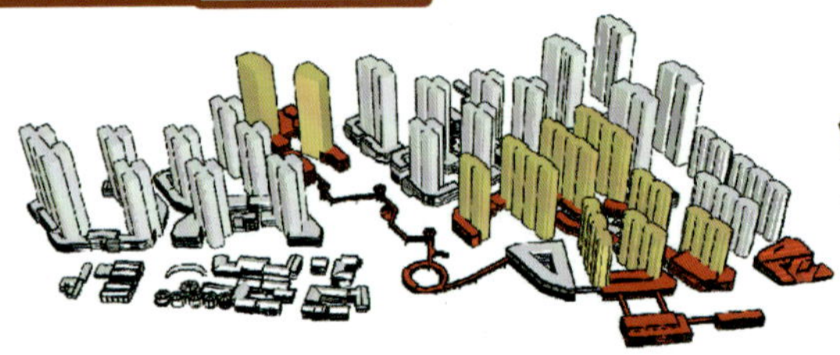

1 安置居民 完善配套

2 粮仓触媒 连接城市空间体系 提升社区内核

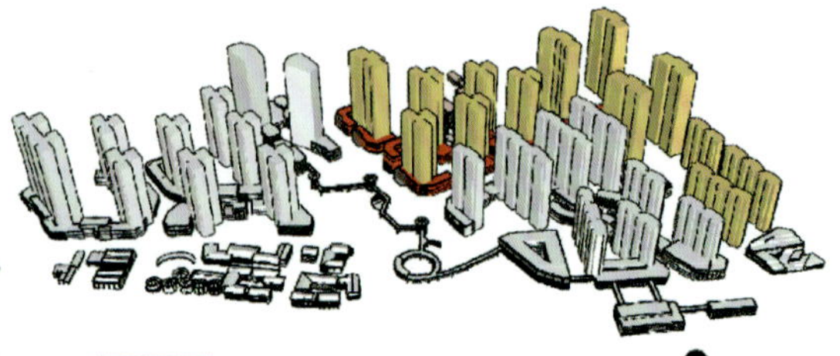

3 品质居住打造品牌 活力空间配套先行

方案设计 分析图

空间结构分析图

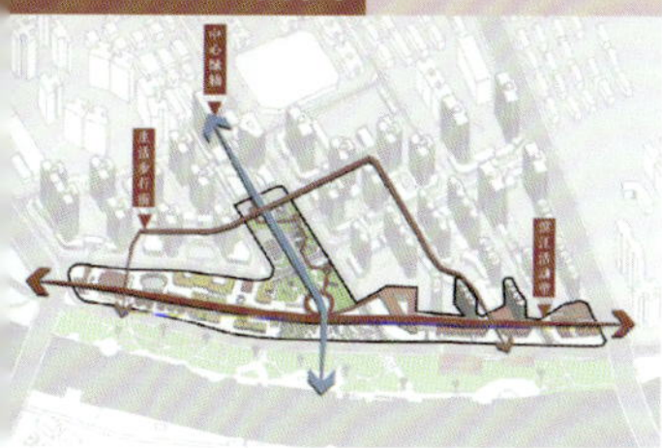

交通系统分析图

景观系统分析图

功能分区分析图

公服设施分析图

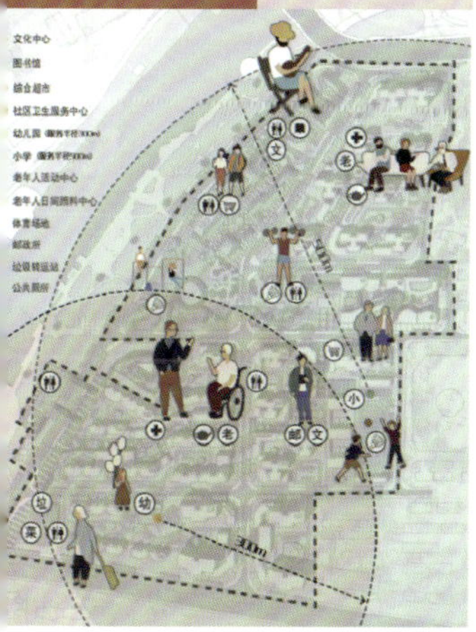

方案设计 总平面

全局鸟瞰图

社区公园 详细平面

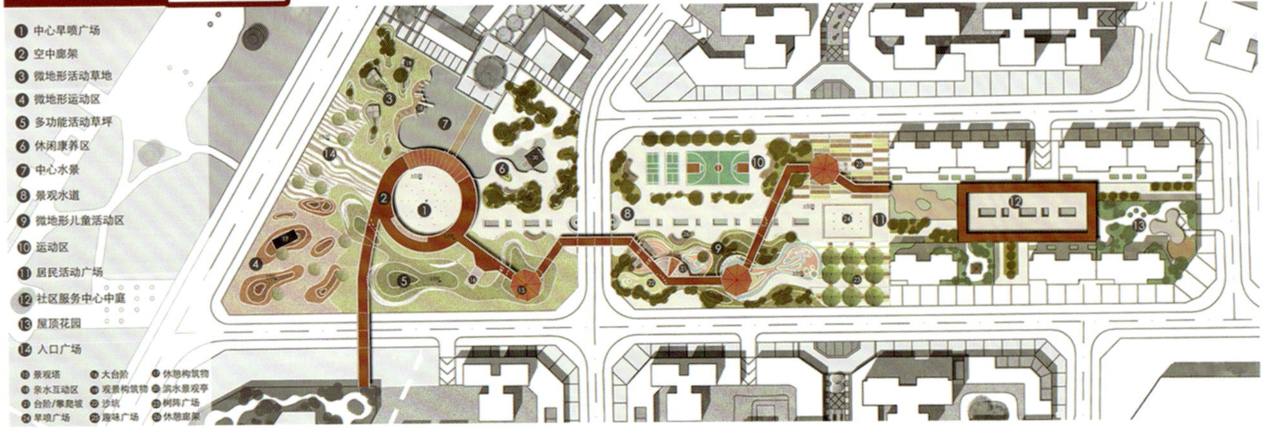

南北步行街 详细平面

南北步行街 场景图

社区公园 场景图

南北生活街 立面图

南北生活街作为地块内重要交通道路，以生活服务为主要功能，在满足居民日常生活需求的前提下，提供富有休憩功能的活动空间和可停留空间。植入趣味互动性小品，设置休憩座椅，考虑中山市气候特点，以遮阴避雨等功能为街道主要特征，设置骑楼，打造美丽街道与安全街道并行的活力街道。在日常使用率高的空间提供更多社交发生的可能。

社区公园 立面图

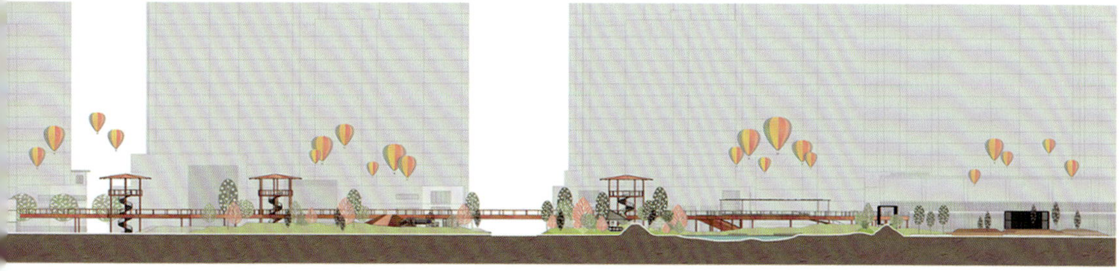

社区公园分为水景区、运动区、康养区等多个功能区块。通过形状多样的微地形丰富活动空间，使社区公园成为适宜各年龄段人群的活动场所。促进多元人群的交往，立面以空中廊架连接滨江与公园内部各部分节点，在完善立体步行网络的同时创造多样化游览体验。

生活步行街 街道平面

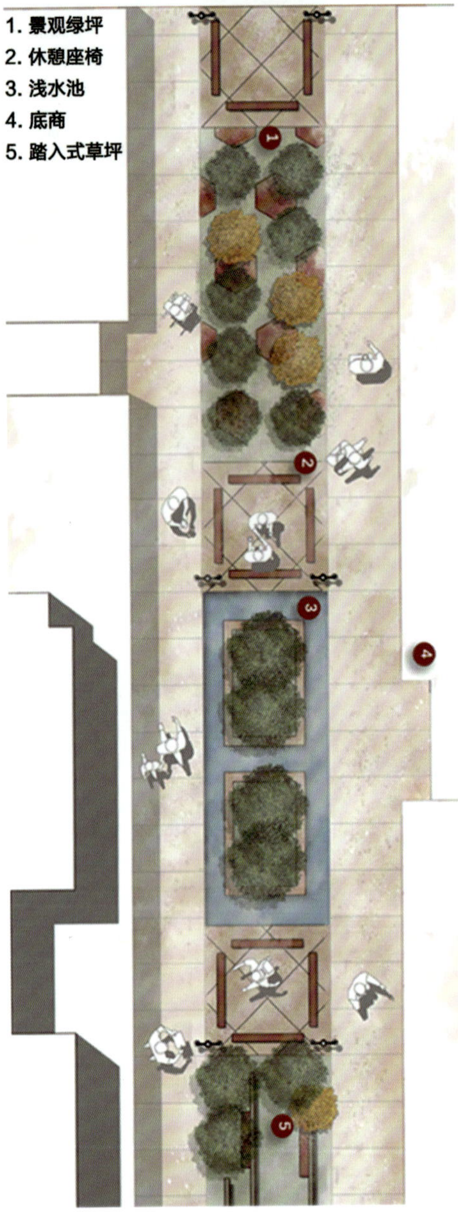

生活步行街 浅水广场

生活步行街 街道剖面

生活步行街 浅水广场

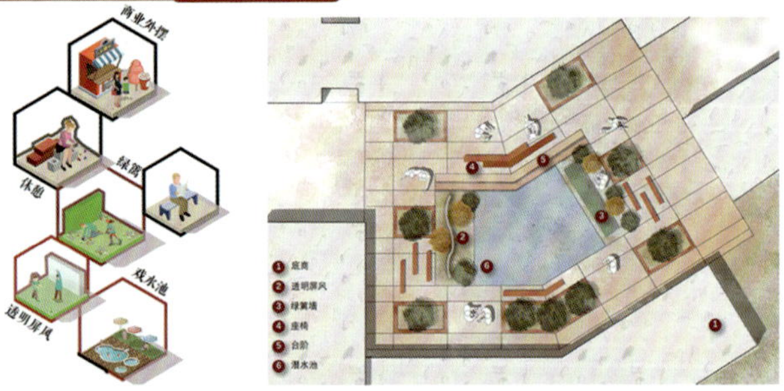

浅水广场与东西步行街相接，以交往、游憩、停留和儿童友好为主要定位。通过商业外摆、绿篱、透明屏风和戏水池等功能性元素的植入，营造良好的停留与互动氛围。为居民的餐食购买、赶早通勤、互动聊天、随处闲逛等日常生活场景提供人性化的发生场所。

生活步行街 生活场景

生活步行街 树阵广场

在中山这个炎热之地，在步行街节点上专门设置了遮雨纳凉的树阵广场，通过树阵的设置改变周边的小气候，以吸引人流。同时与周边骑楼形成对景呼应。

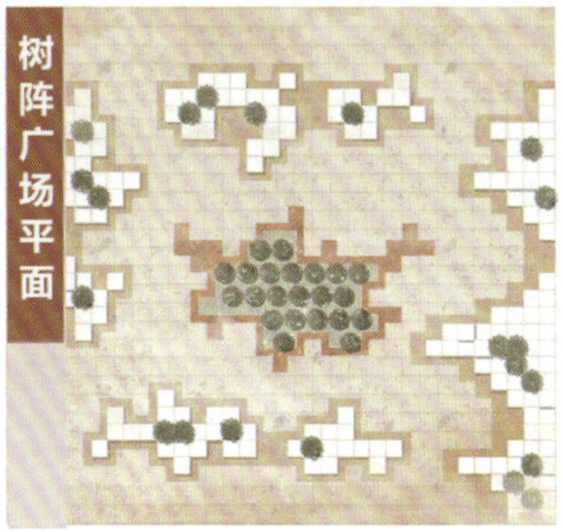

完善节点功能

通过向街道空间内植入多种功能，如休憩、观赏、游乐等，以满足多元人群的日常生活需求。

增设活动小品

通过抬高、下沉、阶梯等地形的塑造以及廊架、屋顶天台等的联系，形成高差变化丰富的外部空间。

突出外部空间高差变化

在节点空间处增设活动小品、雕塑等，增强景观与人的互动性，增强空间的可停留性。

生活步行街 夜景广场

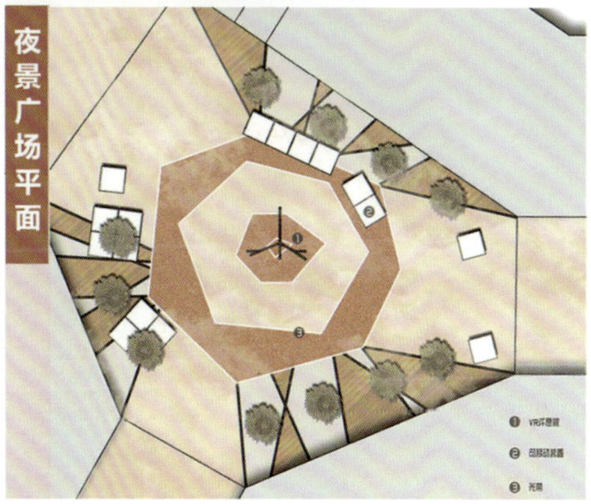

夜景广场重点关注人与场地的互动性，通过完善节点功能、增设活动小品、突出外部空间高差变化等手段，增加场地空间层次，提升趣味性。

中央地带植入可移动装置，实现休憩、街头表演、小展览、聚会、共享集市等情景的组合，结合VR景观和动感光带，丰富当地不同类型人群的夜生活内容。

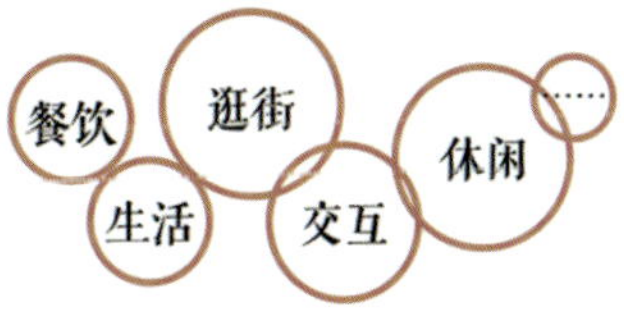

生活步行街 街道家具

在街道家具方面，采用了半透明材质的可移动方盒子作为装置基本元素，通过不同的组合方式来形成不同类型的公共空间。

向其中植入展览、小集市、阅读、音乐等不同类型的活动，根据时段不同可以有不同的选择。同时可通过与场地灯光配合形成夜景广场的感染力。

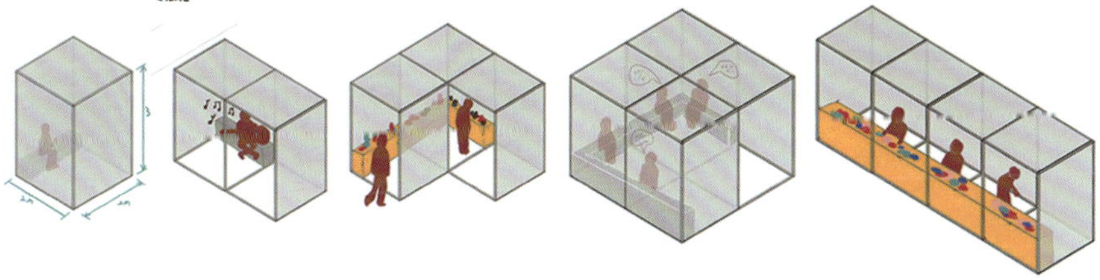

吴天昊

李响

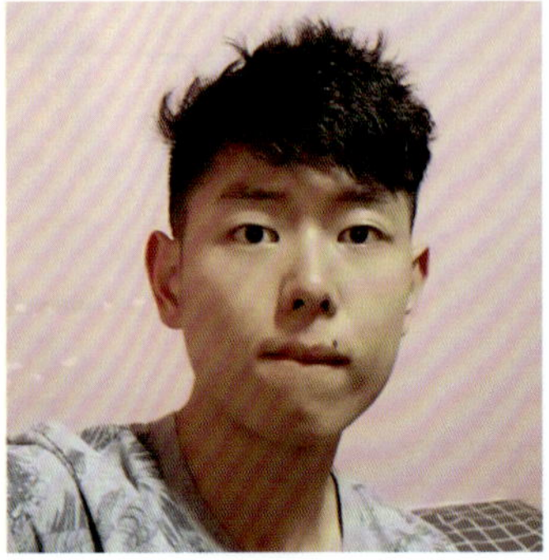

张震

罗心彤

西安建筑科技大学

Xi'an University of Architecture and Technology

罗淇丹

朱明页

黄一芃

王中元

吴天昊 感谢老师们的悉心指导与辛勤付出，很开心能在南粤大家庭与各位同学一起学习交流！三个月来我们收获满满，亦认识到自己的许多不足，带着这一段宝贵的经历，我们将继续努力成长。疫情期间没能一起玩耍，一起“开黑”非常遗憾。希望老师们生活工作顺利，同学们毕业快乐！

李　响 每一次经历都是生活给予的宝贵经验，是成长的必然。这次参加南粤杯竞赛不只是我们大学生涯的最后一次设计，也是最后一次挑战。虽然我们没有做到最好，但是大家的热情，老师的认可让我更加坚定了设计这条道路，未来依旧会不断学习进步。

张　震 六月毕业季迎来的是毕业设计的尾声，很荣幸能够在大学本科阶段的最后一次课程设计加入了“6+1”联合毕业设计这个大家庭。虽然由于疫情的影响，未能前往基地进行实地调研，很多学习活动也取消了，但能够在线上与大家一起共同学习与交流也是一件非常幸运的事情。感谢六校联合毕业设计为大家搭建了一个六校师生间、师生与业界专家间的深入交流的平台，这样的经历难能可贵，我在此中获益匪浅。

罗心彤 “6+1”联合毕业设计对每个人来说都是一次难得的跨校跨专业共同交流学习的机会，一次次的云交流是不同专业各具特色的思维碰撞的过程，也是激发了我们每个人身上更多的可能性的过程。感谢省规划院的各位领导、六校的各位老师们的悉心指导，感谢“6+1”联合毕业设计大家庭每一位成员的耐心聆听，感谢这次成长机会。希望未来的道路上，我们能够更加坚定并且更加踏实地走好每一步，不忘初心，向着心中的梦想勇敢前行。

罗淇丹 很荣幸毕业设计能够加入到这次南粤杯这个大家庭中，我们6所学校学生在各位老师带领下，从三月的春风拂面到六月的骄阳似火，满满当当地经历了三个月的学习生活，即使一直是采用线上交流的形式，更显得这段经历特殊又炙热，不但能从每次老师专家们的殷切关注与指导中得到对方案的深刻启发，同时也收获了各校师生的珍贵友谊。这次的经历十足难忘，为我们本科设计生涯画上一个圆满的句号。不说再见，永远怀念！

朱明页 毕业设计，是大学最后一次自己设计的呈现。虽然这次的题目相对复杂，但经过努力，我们将大部分问题都解决了，也提交了一份自己满意的成果。在设计过程中，老师们的熏陶和教诲以及每次答辩会议的思想碰撞，使我们将方案一步步推进，也对如何更好地解决场地问题进行了钻研和学习。总之，对于这一次毕业设计，我学到了很多。想在此对于我的指导老师和同学们表示忠心的感谢，感谢他们在这毕业设计过程中给予我的帮助！

黄一芃 五年的读书生活在这个季节即将画上一个句号，而对于我的人生却只是一个逗号，我将面对又一次征程的开始。伟人名人为我所崇拜，可是我更急切地要把我的敬意和赞美献给毕业设计的两位指导老师——刘恺希老师、陈姣老师。谢谢你们在这段特殊时间对我的指导与帮助，也谢谢整个南粤杯竞赛的老师们提出的宝贵建议，是你们的帮助让我变得更优秀，我会珍惜这段美好的回忆。

王中元 时光荏苒，岁月如梭，五年的大学生活马上就要过去了，而这里有我熟悉的一切，有我热爱的一切。十分开心在毕业设计的阶段进行了这次不一样的毕业设计。南粤杯带给我的不只是知识上的收获，还有其他院校优秀同学们的表现与老师团队的专业知识与理念。感谢我的两位指导老师——刘恺希老师、陈姣老师。谢谢你们在这半年来的指导与鼓励，也谢谢整个竞赛中为我们提供宝贵建议的老师团队。

折叠城市

作　　者：吴天昊　李　响　张　震　罗心彤　朱明页　罗淇丹　黄一芃　王中元

指导教师：刘恺希　陈　姣

学　　校：西安建筑科技大学

城市折叠

城市折叠一词从时间讨论城市的发展，不同时代的地表机理，城市形态，生活功能。都在无时无刻地发生着变化。所以我们看待城市而言，不能单一层面的看待城市问题，也不能单一时代的去看待问题。

森域

作者

张震　罗心彤

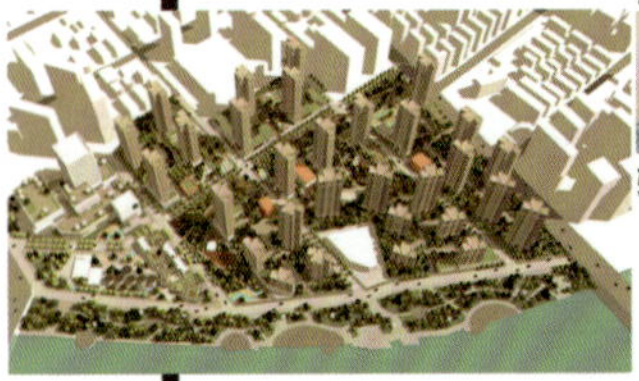

森域组在“一核”、“两带”、“多节点”的规划结构下，活力核心区置于基地北侧，生活居住区成片集中于基地南侧。形成通风口，使生活在此的居民更好地享受岐江资源。贯穿我们森林居住的主题，在场地中植入林地斑块，打通道路林网，调节城市碳循环与氧平衡，同时改善城市气候，涵养水源。

中山HOOD

作者

王中元　黄一芃

HOOD说的是更广泛意义上的neighborhood，生活在一座承载了人们生活奋斗、喜怒哀乐的城，通过中山元素的提取再设计，让社区居民在步行可达范围内既能享受到历史文化的馈赠，又能置身于丰富的绿色空间，获得便利的商业服务。

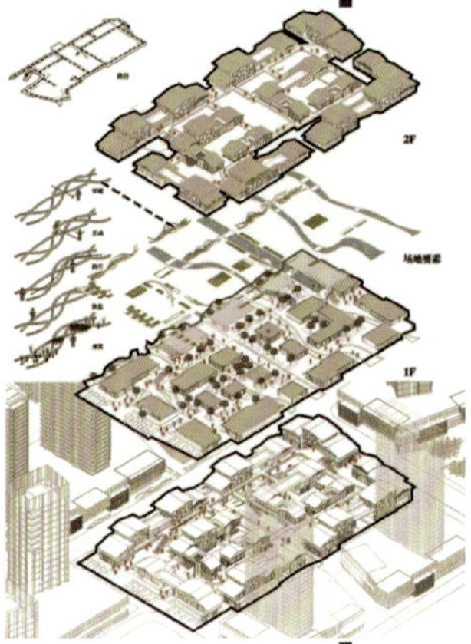

亲自然 BIOPHILIC CITY

作者

吴天昊　李响

以生态环境设计为主要设计基础。在满足功能，开发，流线的基础上结合生态设计完善各功能板块，是各种分区板块有机串联进入整个生态流线。区块内的流线型生态廊道从北至南依次带动产业板块，文化板块，居住板块和商业板块。

云享之城

作者

朱明页　罗淇丹

方案结合设计愿景提出了分为生态驱动、未来居住和多维交通的三种策略。具体强调生态滨水设计，生态岸线处理，营造乐享水岸；将活力注入社区板块，完善服务体系构建；同时结合场地构建了多样复合的交通网络，鼓励健康生活。

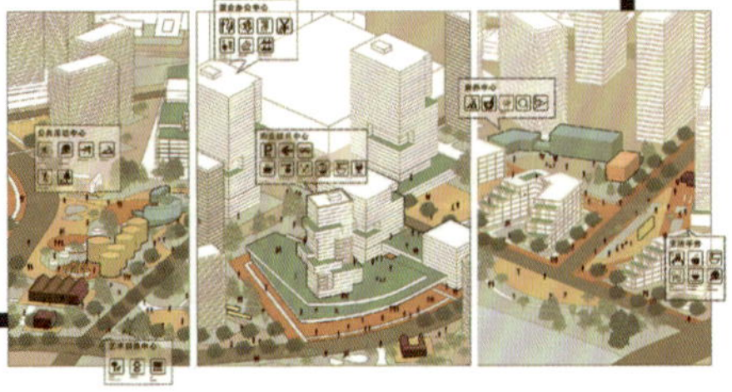

艺术装置

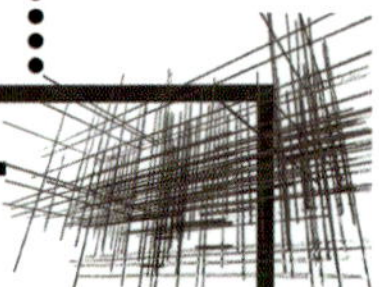

本次的艺术装置从机理的变化，时代的发展，城市的叠加与交融出发思考，进行抽象提取叠加。

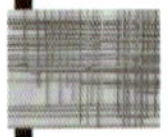

区位分析

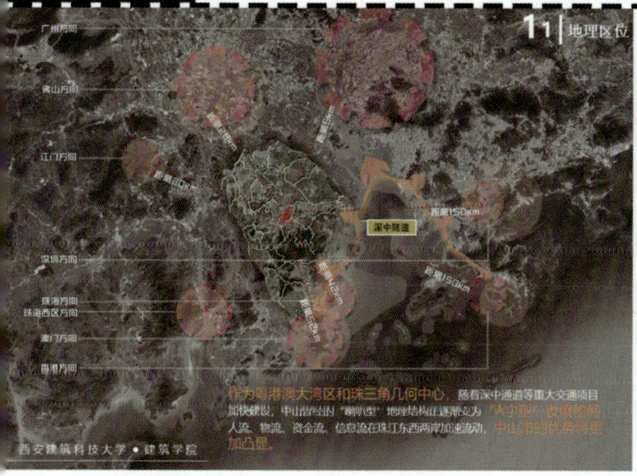

区位背景

区位分析

- 人文分析
  - 人文资源
  - 历史资源
- 社会经济区位
  - 经济产业
  - 交通人口
- 自然区位
  - 地形气候
  - 河流地质
  - 自然资源

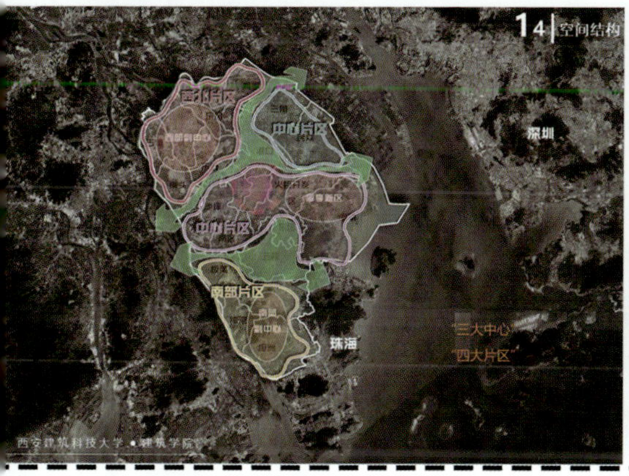

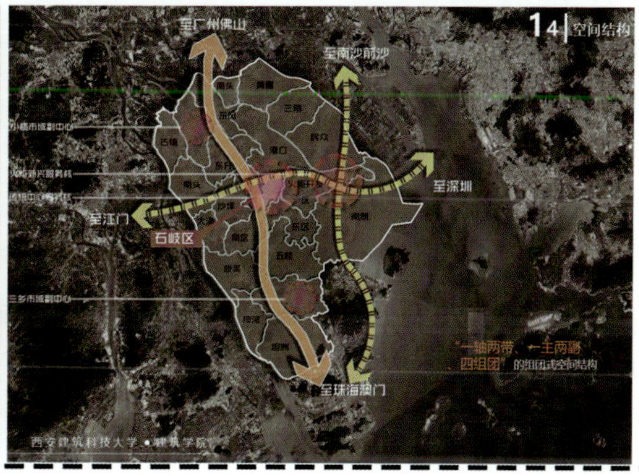

历史追溯

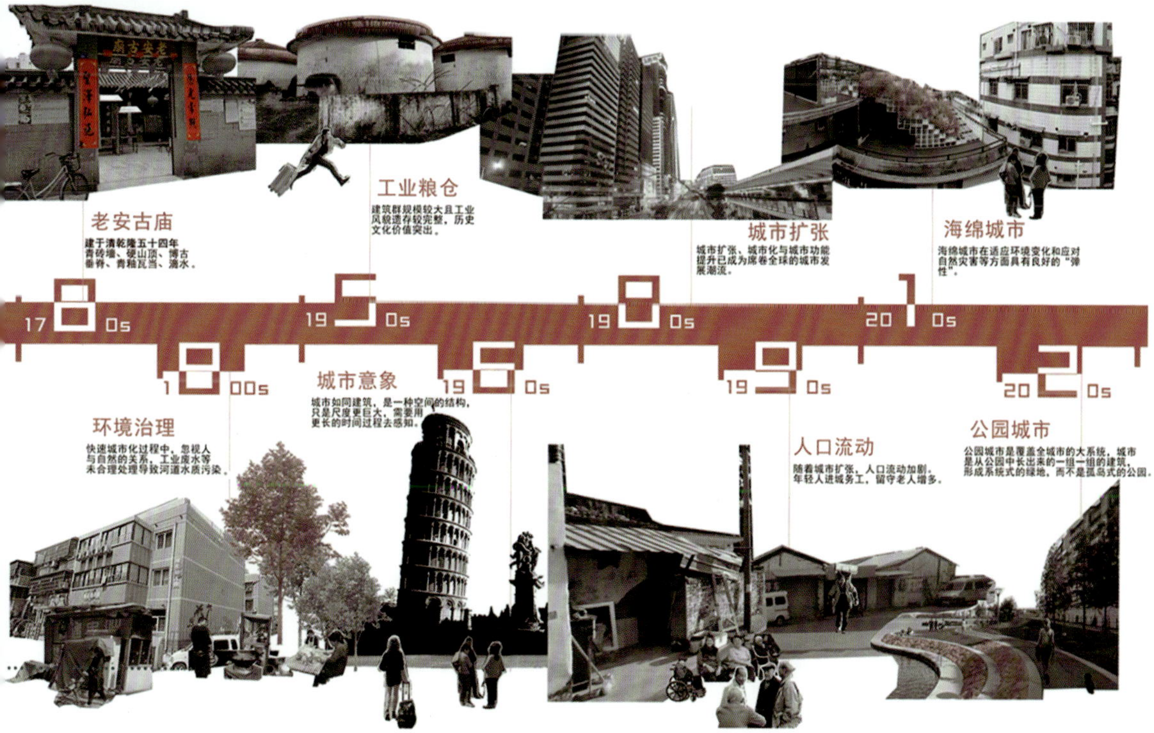

规划解读

规划解读

- 相关规划
- 上位规划

《广东省中山市土地利用总体规划》
《中山市城市总体规划》
《中山"三旧"改造专项规划修编》
《中山市旧城区悦来南片区控制性详细规划》

《中山市历史文化保护规划》
《中山市中心城区五区紫线控制规划》
《粮仓导则》
《中山市海绵城市专项规划》
《中心城区石岐河滨水区景观概念性规划》
《中山市岐江河一河两岸城市设计》

swot分析

现在的老安山

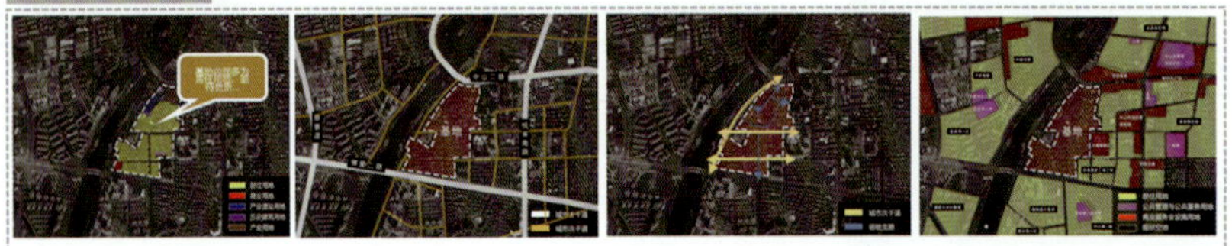

内部多为居住用地 土地亟待更新

交通方式单一 系统亟待更新

内部道路系统混乱 道路亟待重构

周边用地性质单一

现有三处历史文化遗留，并未被合理利用，场地内部与城市文化结合度较低，**文脉断裂**。

居民场地认同感弱，人口流失与老龄化程度逐步提高，人口成分较为复杂，**社会问题较为尖锐**。

"三旧"改造政策

三旧扶持之下，存量更新势头展正猛

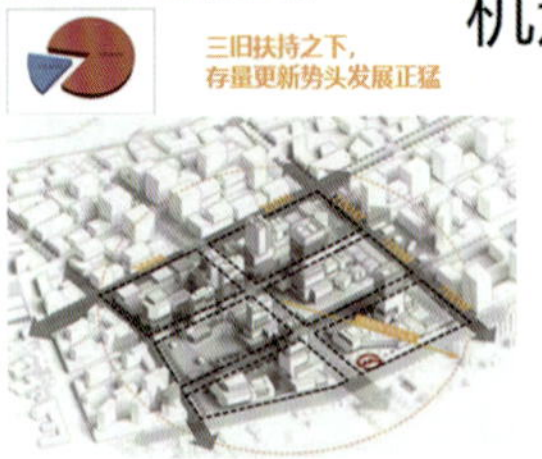

机遇？

现场地紧邻岐江河，周边自然生态资源良好，且处于岐江公园一公里覆盖范围，但基地内部生态环境较差，公共空间缺失，与岐江河缺少紧密联系，**生境破碎**。

快速城市化过程中，忽视人与自然的关系，工业废水等未合理处理导致河道水质污染

环境治理

■ 场地河流水质有待优化

绿道规划

■ 场地内绿化面积小、绿化率低，区域内绿地破碎不成体系，缺少游憩绿地，绿色资源

在城市传统发展理念与建设过程中，传统排水系统无法容纳降雨，从而导致洪涝、热岛效应等灾害

海绵城市

■ 场地降雨量大，场地排水问题

城市健康

城市化过程中随着土地开发，居住区建设而引出的高密度居住、空间公平等问题

滨水区的生态条件未加以利用

城市化过程中随着土地开发，居住区建设而引出的高密度居住、空间公平等问题

公园城市

问题总结

- 建筑衰败
- 河岸利用率低
- 用地紧张
- 街巷活力不足
- 道路不成体系

→ 城市建设老旧 生态融入较差

- 缺乏更新资金
- 产业结构单一
- 同质化竞争

→ 结构亟待优化 同质竞争激烈

- 原住民流失
- 管理不规范
- 流动人口管理难度大

→ 人口流失严重 组织管理紊乱

- 历史文化载体遗失
- 文化体验度低
- 历史文化未得彰显
- 现代文化特色不足

→ 特色内涵不足 宣传体验较差

物质空间 产业空间 社会空间 文化空间

特征总结

整体功能特征： 功能混合，居住与服务并存，传统与现代相交织

空间格局特征： 特征明显，场地内部多种街巷肌理交互拼贴，错综复杂

社会结构特征： 人口流失严重，外来人口管理困难

产业特征： 产业需求较高，分段特征明显，竞争激烈导致增长潜力巨大

文化特征： 文化底蕴丰富，市井，西方，本土，红色等多元文化并存

- 老安山片区基地**面积大**，约26.2公顷，改造潜力较高
- **邻里关系**良好，原住居民家庭情况良好
- 现存的场地**记忆**，舞狮与忆岐龙舟活动
- 场地内有古庙**遗址**，粮仓工业遗存，历史文化价值高，可打造为旅游景点或工业遗址公园，延续历史旧城风貌
- 场地内的地形**平坦**，改造成本低，易于改造
- 场地内原生产业丰富，具有**底蕴**基础

生态 社会 文化 产业

- 场地缺乏具有活力的**开放空间**，人们难以进行户外交流和公共活动
- 场地内绿化面积小，绿化率低，区域内绿地**破碎**不成体系
- 老安村支路**不成系统**，场地被市政道路分割，整体性不佳
- 现状**文化遗址**相对独立，没有充分保护利用，缺少发展动力
- 人口**老龄化**日趋明显，人口结构趋向不稳定
- 场地与岐江河未建立有效**联系**，视线不通畅
- 产业发展仍处于**低附加值**产业状态，产业结构亟待转型优化

生态 社会 文化 产业

- 广东省中山市经济发展迅猛，**经济财力**的有力支持，中山至湾区各市"一小时生活圈"**便捷交通**的建设
- **粤港澳大湾区**政策促进城市间的合作与联系更加紧密
- 中山市**三旧**改造的政策支持，提出促进城市产业转型升级
- 老安山片区是沿江片区**重点**更新改造
- 中山香山八景文化，**历史悠远**，知名度高，可通过保护利用历史资源传承城市历史脉络
- 区域中的绿核——五桂山，**岐江河畔**生态滨水区有践行公园城市的生态条件，可带动场地的发展

生态 社会 文化 产业

- 老城区用地资源**紧张**，建设用地十分**稀缺**
- 场地周围除了一个岐江公园**缺少**其他可游憩绿地，区域缺乏绿色资源
- 广东省地处亚热带地区，降雨量大，**排水**是一个问题
- 基地附近有多个房地产项目，房地产开发面临**同质化**竞争压力
- 河流水质**不佳**，河岸**可达性低**

生态 社会 文化 产业

生态	生态渗透	营造健康城市 完善流域生态系统 提升生态影响能力 为城市提供宜居环境
产业	产城一体	产业聚合 产业复兴 形成核心 唤活区域力
生活	智慧共享	共享生活圈 动态设施配置 构建立体绿色慢行网络
文化	文脉缝合	片区景区合璧 文化交融 文化渗透 打通文化廊道

总体策略

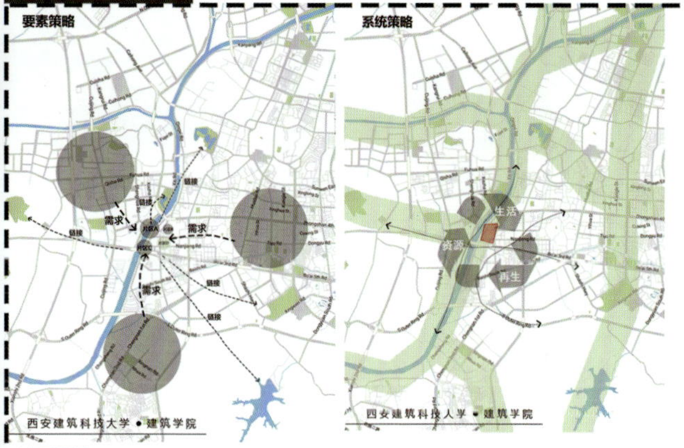

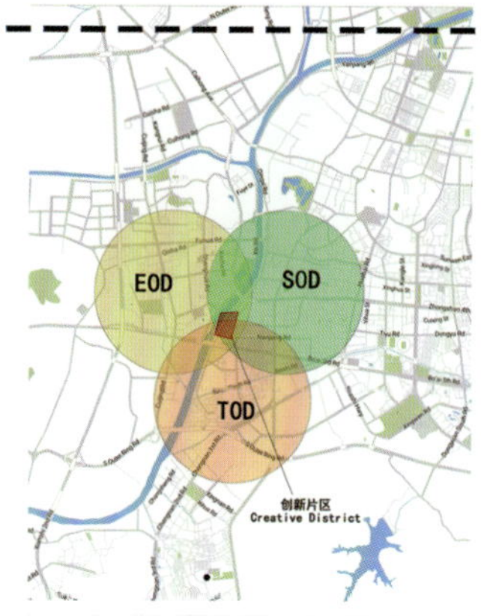

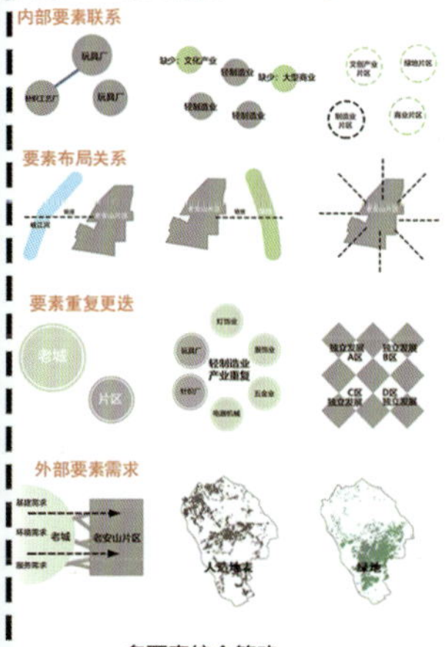

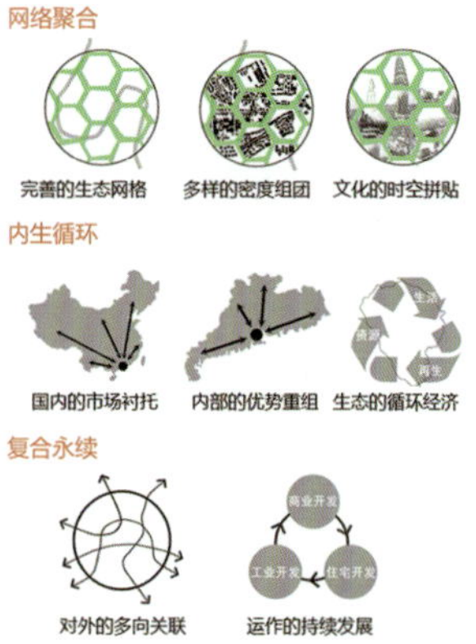

多要素综合策略

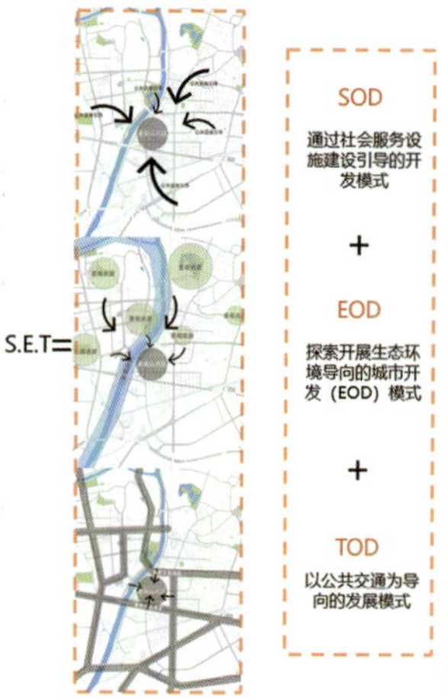

生态策略

抗灾绿地网络

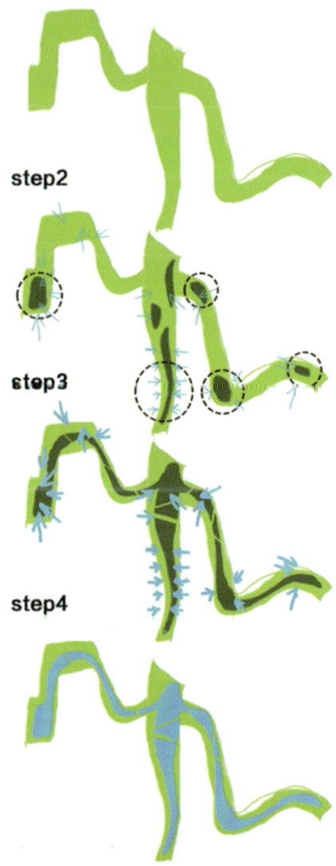

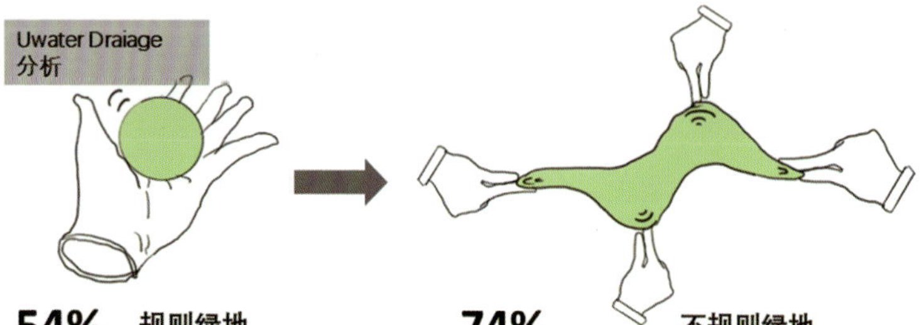

54%　规则绿地

在保持绿地率 50%的情况下，将绿地斑块形状指数从 1 增到到1.4110，场地雨水蓄渗率由 0.54升高到0.74，变化量为 0.20。

74%　不规则绿地

模拟实验显示，在绿地总量和其他指标保持不变的条件下，绿地形状指数越高，绿地斑块越不规则，绿地对雨水的蓄渗率越高，对径流量控制作用越强。

45%　均质化绿地

在绿地率保持为 50%的情况下，绿地斑块均匀度指数从 0 增大到 1，不透水斑块的均匀度指数相应变化，场地雨水蓄渗率由 0.45升高到0.76，变化量为 0.31。

76%　不均质化绿地

模拟实验显示，在绿地总量和其他指标保持不变的条件下，绿地均匀度越低，绿地斑块面积越不均匀，绿地对雨水的蓄渗率越高，径流量控制作用越强。

集中绿地

55%

绿地斑块离散度指数从 1 增大到 4.47，不透水斑块离散度相应增大，雨水蓄渗率由 0.55 减少到 0.30，变化量为 0.25。

破碎化绿地

30%

相关实验研究证明，在绿地总量和其他指标保持不变的条件下，绿地离散度越高，斑块数越细碎，绿地对雨水的蓄渗率越低，径流量控制作用越弱。

亲自然组

森域组

云享之城组

中山HOOD组

装置艺术

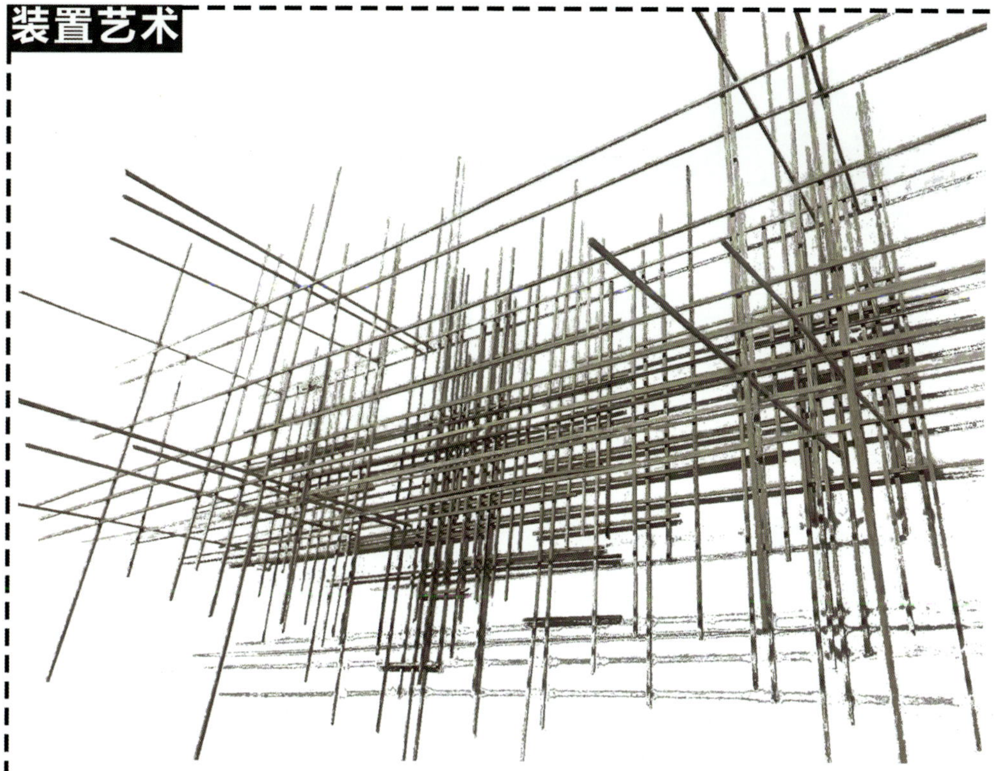

“城市折叠”一词是从时间上讨论城市的发展，不同时代的地表机理、城市形态、生活功能无时不刻发生着变化。所以我们看待城市问题，不能从单一层面看待，也不能从单一时代看待。本次的艺术装置从机理的变化、时代的发展、城市的叠加与交融出发思考，进行抽象提取叠加，主要面设计了三层网格穿插，其间穿插线状元素，分别代表城市大的变迁和小的改变。同时各个时代的变迁存在着相互的影响作用。所以采用垂直线状的结构代表时代中各种发展之间的交织与影响。

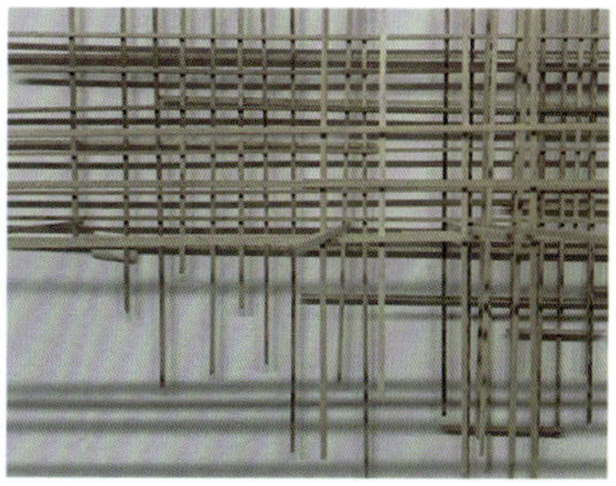

各个时代的变迁存在着相互的影响作用，所以采用垂直线状的结构代表时代中各种发展之间的交织与影响。

城市

+

折叠

多种机理折叠成全新的城市机理。面状结构的叠加效果。

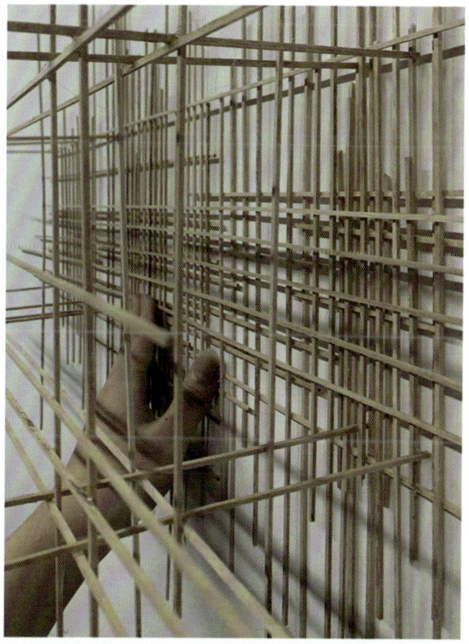

问题分析

停车交通问题：场地内部缺乏停车场，无论汽车还是自行车均自由停放，阻碍人们出行且交通较为混乱。

雨洪管理问题：场地内部缺乏有组织的排水，难以抵抗南方大量的降水问题，内涝严重，内部生态环境较差，缺乏岐江河的生境联系。

业态文化问题：场地内部产业以餐饮业与日常服务为主，结合部分制造业总体来说缺少体系与规模，增大产业服务半径，提高竞争力，是目前面临的主要问题。

公共活动问题：场地内部公共活动空间极其缺乏，大部分人只能在家门口和道牙边进行交流活动，儿童活动场地难以寻觅，只能依赖江边公园，几处潜力区域均未合理利用。

未来展望

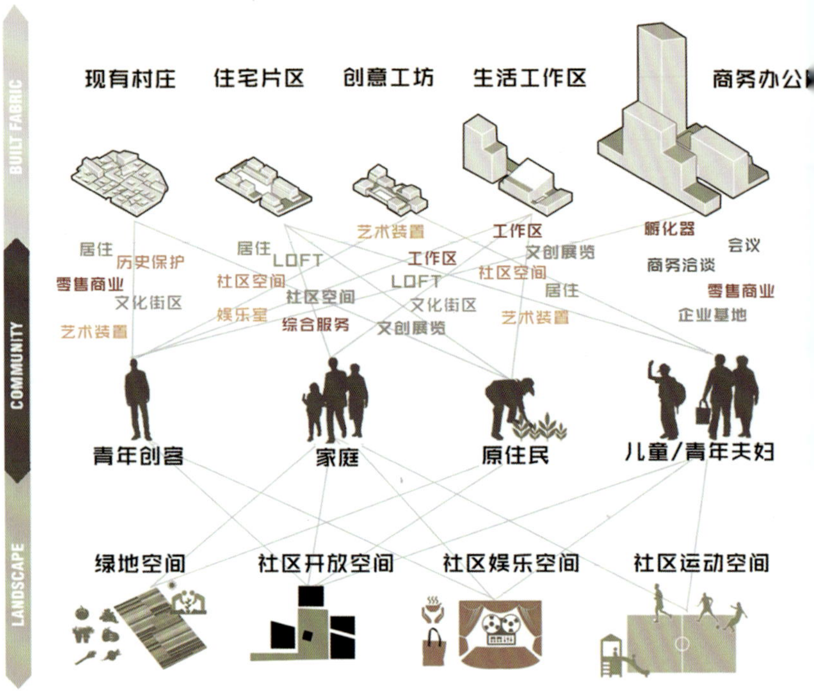

结构生成

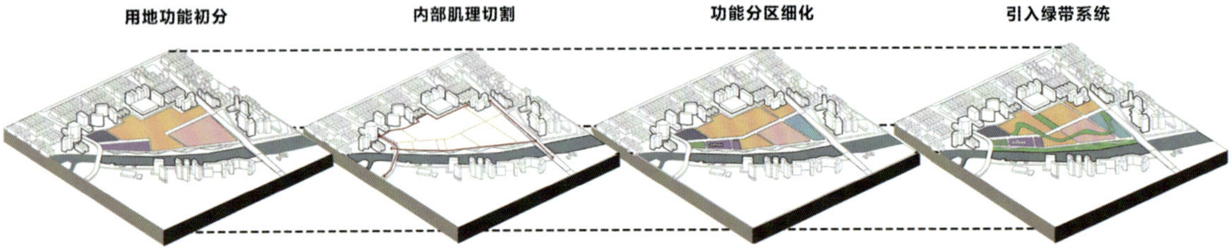

初步分为商业、居住、历史、文创四大板块。

结合现状道路和规划道路对分区进行细部切割。

精细化分区：居住，商业，历史保护区，街头公园，办公区，文创区。

引入内部绿色慢行带和滨江生态绿带。

规划结构

"一核"：生活核心

"两脉"：生态步行廊道、滨江生态廊道

"多中心"：商业中心、办公中心、文化中心

分区设计

商业片区

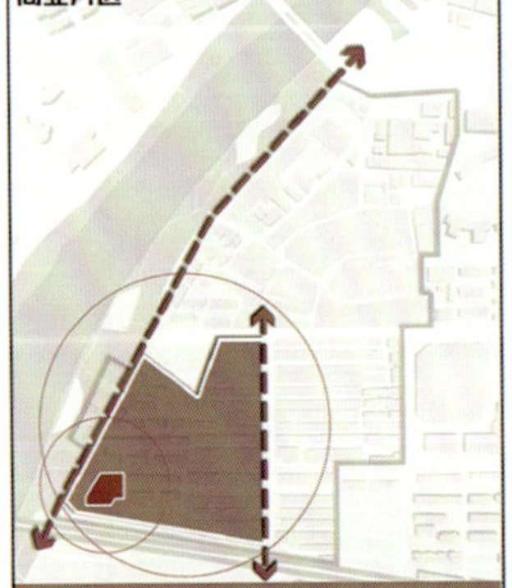

结合原始市场商业氛围，扩大商业办公片区范围，形成两条临街商业面。

文化历史片区

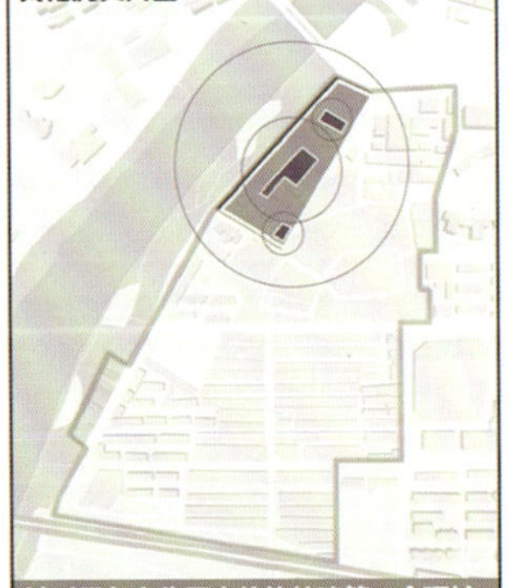

针对具备文化历史价值的建筑，合理扩大保护范围，进行片区保护改造。

居住片区

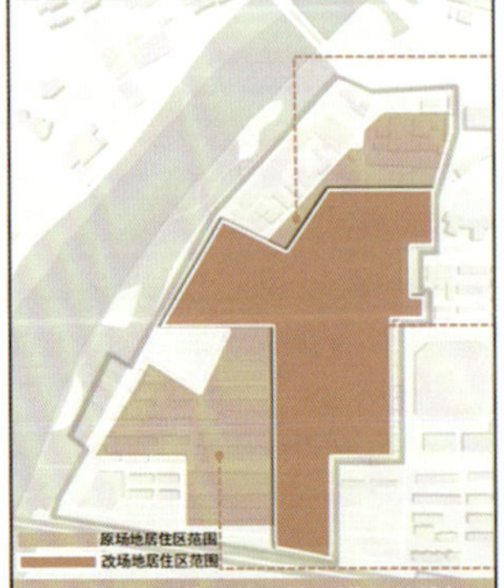

结针对场地现状居住用地，进行整体拆除重建，分期打造安置房以及商品房。

片区道路结构

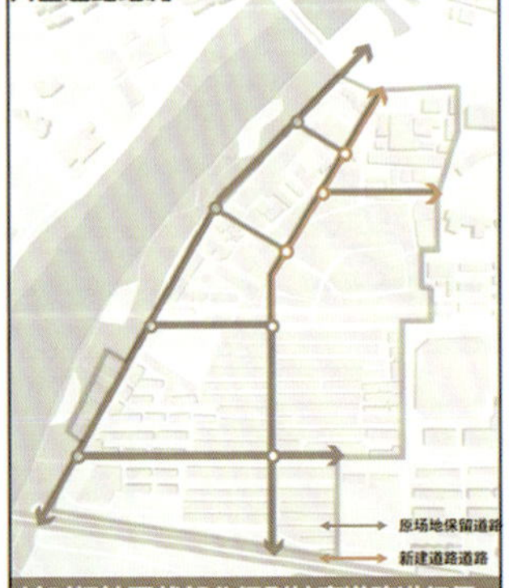

针对场地现状部分级别较高道路进行保留，增设贯穿场地道路，完善流线。

片区绿地布局

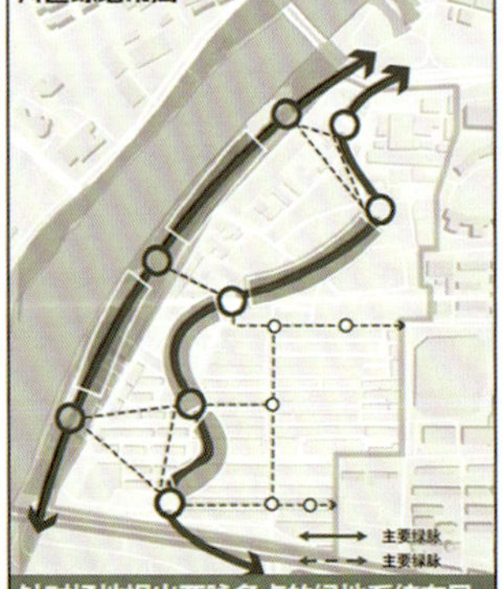

针对场地提出两脉多点的绿地系统布局模式，两条绿带串联不同的功能分区。

总平面图

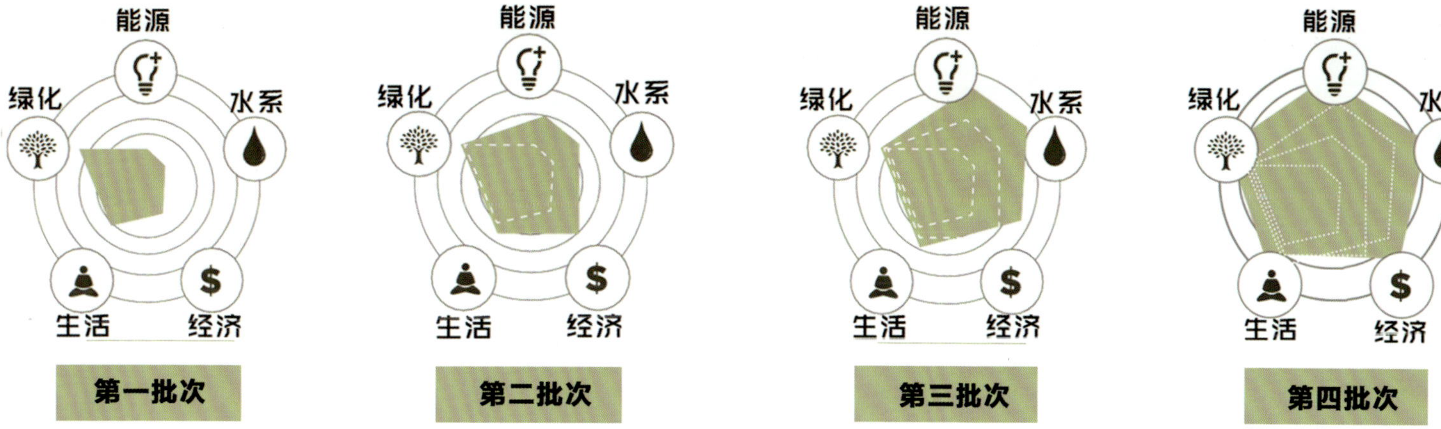

总平面图

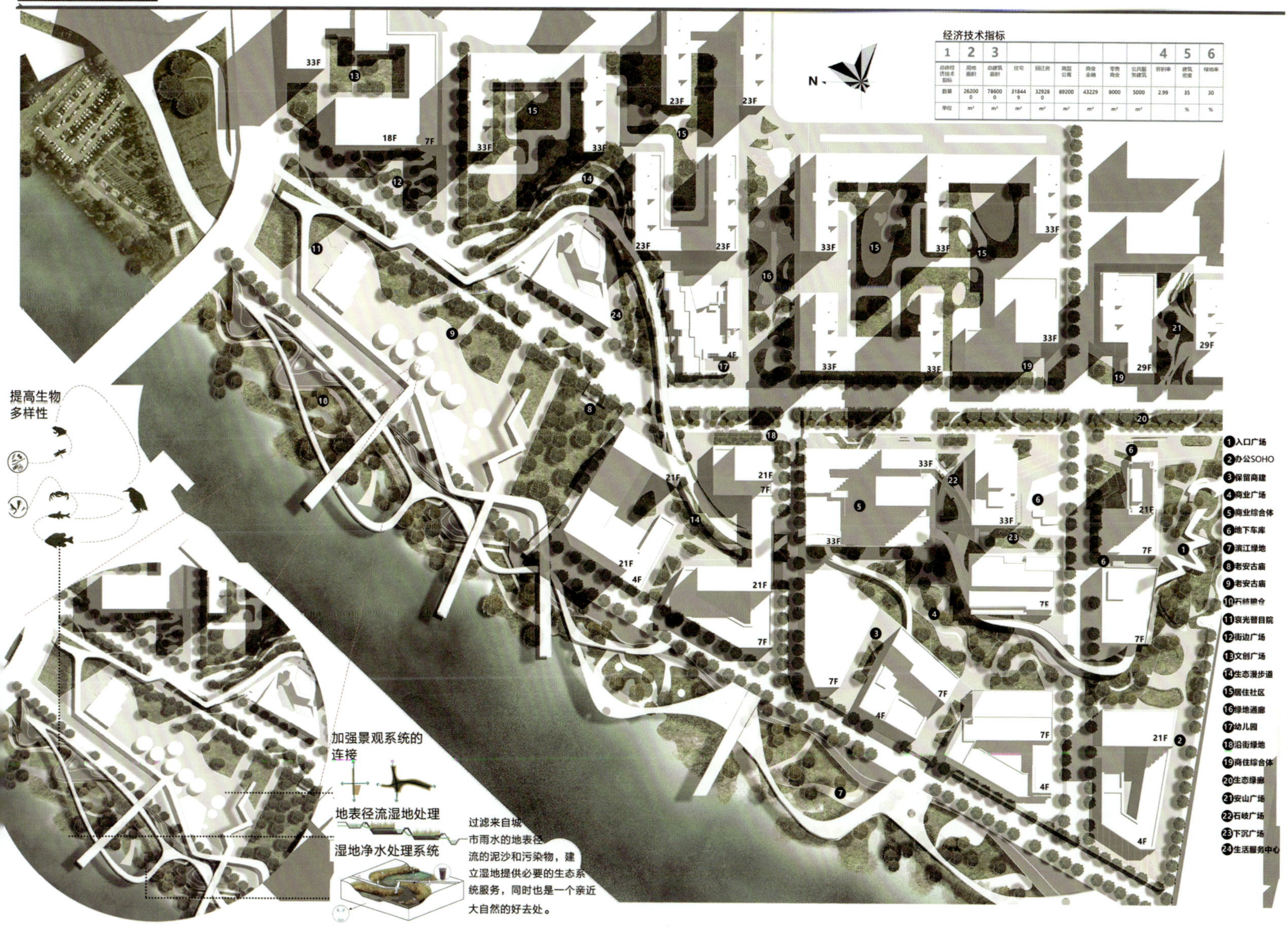

经济技术指标

1	2	3							4	5	6
总体经济技术指标	用地面积	总建筑面积	住宅	回迁房	商业公寓	商业金融	零售商业	公共服务建筑	容积率	建筑密度	绿地率
数量	262000	786000	318449	329280	89200	43229	8000	5000	2.99	35	30
单位	m²	m²	m²	m²	m²	m²	m²	m²		%	%

生态设施布局

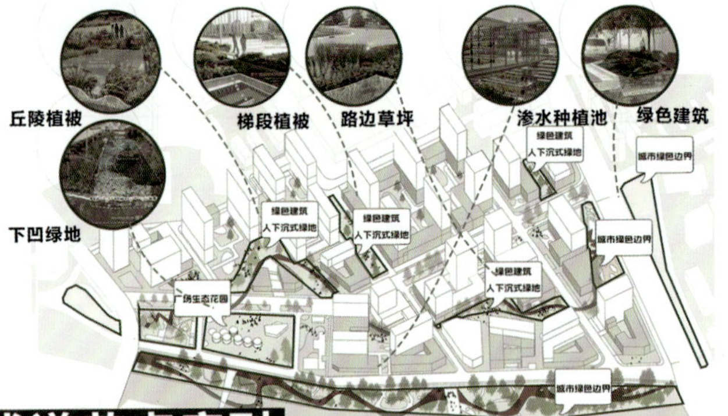

栈道节点序列

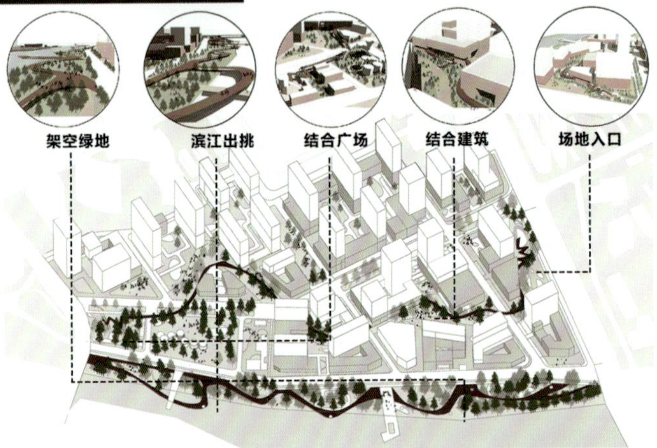

文化活动策划

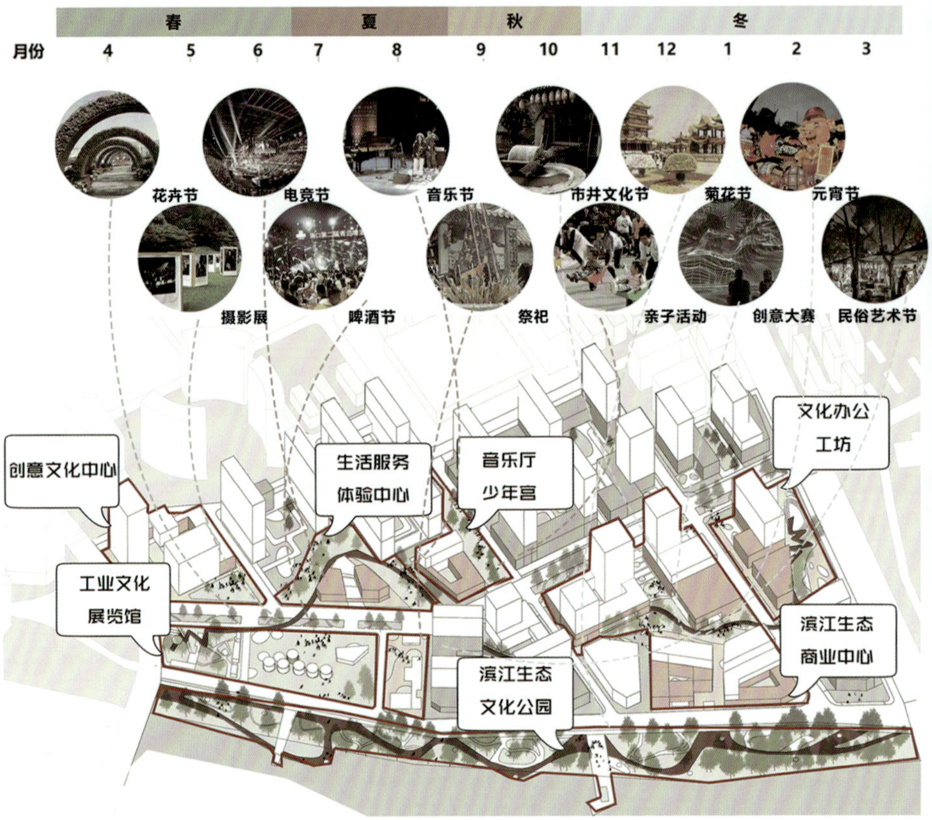

总体鸟瞰

设计说明：场地以生态环境设计为基础。在满足功能、开发、流线的基础上，结合生态设计完善各个功能板块，各种功能分区斑块通过绿带有机地串联在一起。

场地拥有高达30%的绿地率，各类抗洪容灾系统，以及水资源与其他资源的回收再利用功能。场地中还拥有丰富的慢行系统。

“承载中山的水，满足中山人的跑步与早茶。”

雨水收集方式

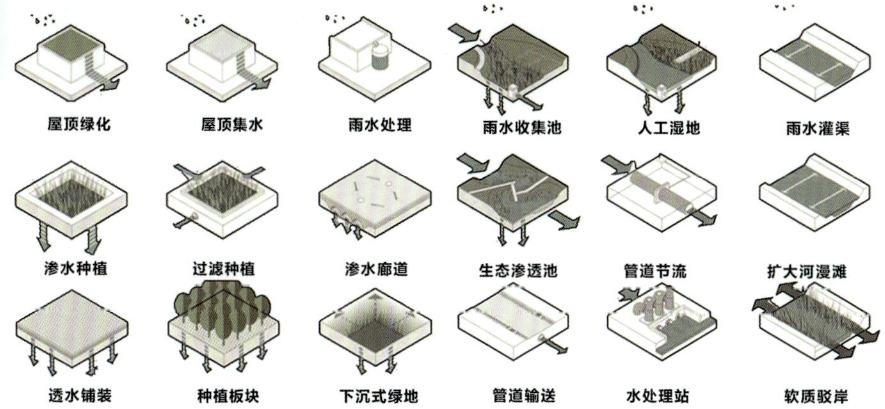

驳岸改造模式

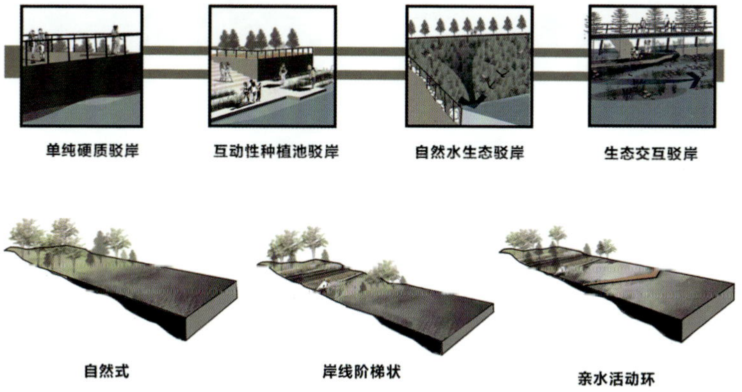

滨江片区效果

滨江生态绿带片区，以空中连廊为主，结合滨水的栈桥，以及生态保育性湿地的相互叠作用，带来丰富的滨江体验，同时具有科普教育意义。

生态设施布局

片区道路1-1

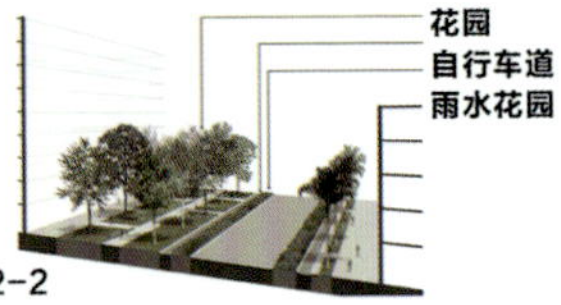

片区道路2-2

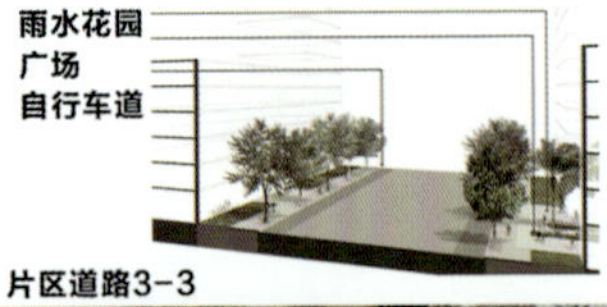

片区道路3-3

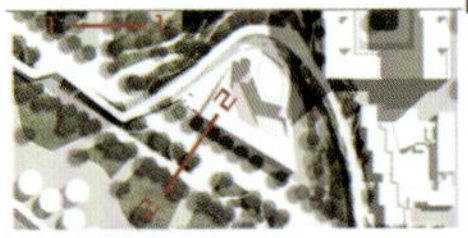
地块索引图1

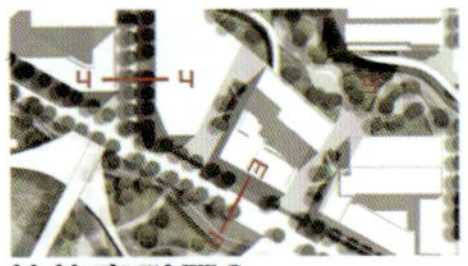
地块索引图2

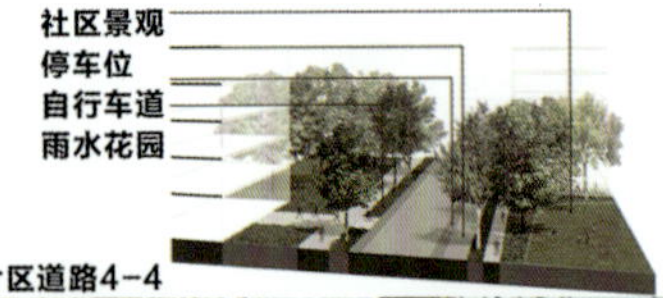

片区道路4-4

节点雨洪管理

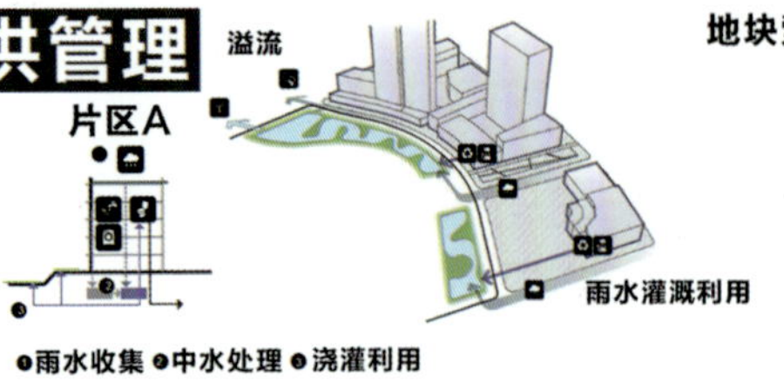

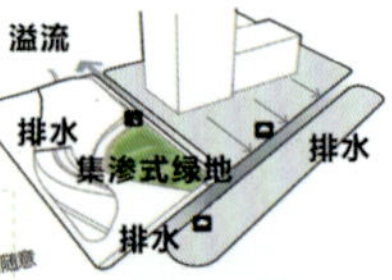

集渗绿地模式图

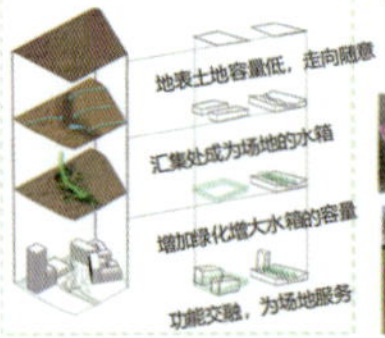

地块索引图

商业片区效果

在商业片区，通过高大乔木，连通的架空廊道，下沉绿地打造生态广场，共同形成丰富的商业绿色景观。

居住片区效果

居住片区的底层空间中，渗水铺装，下沉绿地与植物斑块的结合，满足了居民的生态休闲需求。

片区天际线

边界形成高低起伏，错落的变化天际线，增加场地的丰富度。

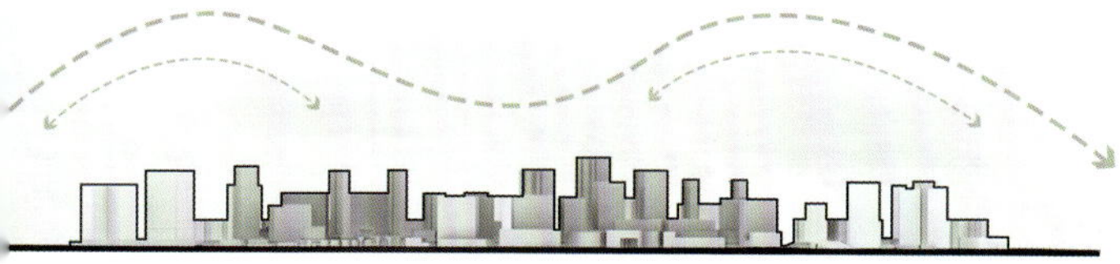

江天际线部分，从河道向城市内部逐渐升高，缓解过高的建筑对河道造成的压迫感。

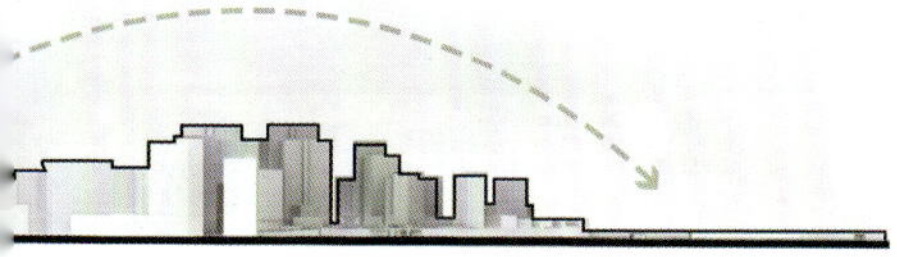

片区天际线

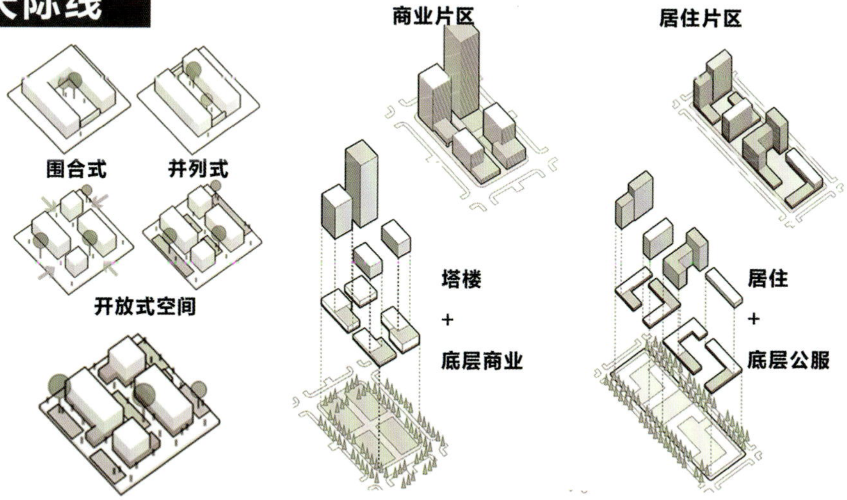

总平面图1：2000

规划策略
片区活力核心
景观绿带
住区活力点
住区活力点
核心轴线
景观绿带
文化遗存
商业用地
商业用地
生活居住
生活居住
景观绿带
生活居住
生活居住
生活居住
景观绿带
生态策略
海绵体系优化
植入林地斑块
文化策略
整合文化空间
岐江公园
整合类型空间
交通停车
功能策略
道路分级
次干道
支路
次干道尺寸
支路尺寸
慢行系统
滨河西立面图
南入口效果图
北入口效果图
东入口效果图
西入口效果图
功能分区
分期建设分析
容积率分析
建筑高度分析
基础建设施分析
历史保护分析
照明分析
景观环境分析
现状
年份
景观成熟
植物生长分析

南立面图

居住生活环专项分析

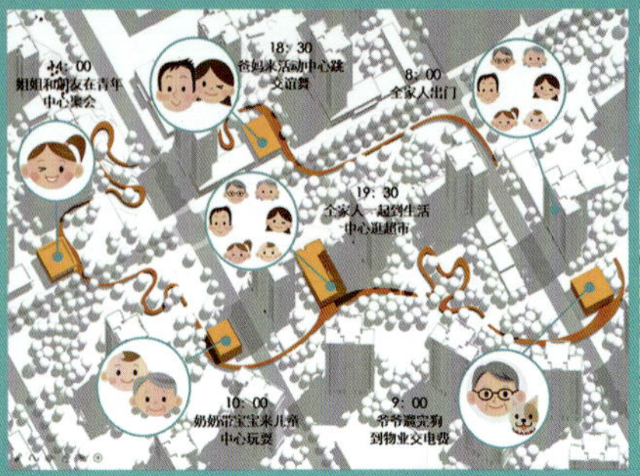

住宅专项分析

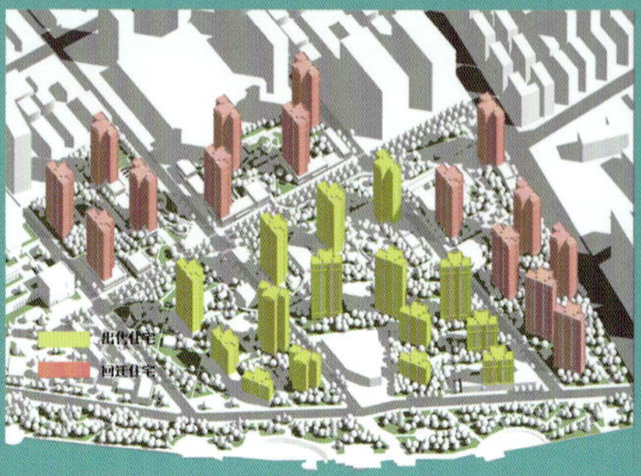

整体鸟瞰图

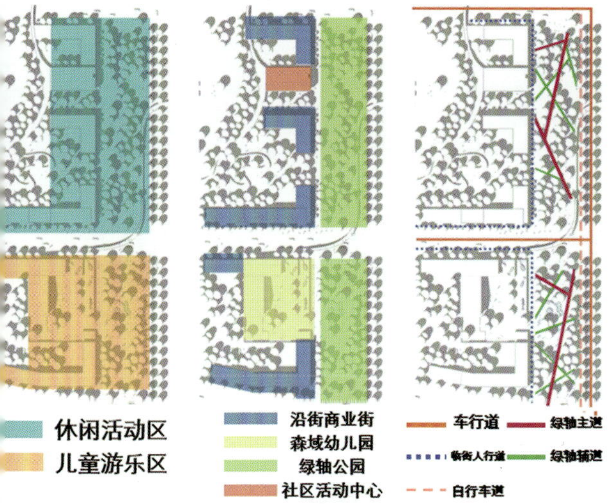

剖面图1-1

剖面图2-2

深化方案鸟瞰图

深化方案平面图1：1200

剖面图3-3

深化效果图1

深化效果图2

深化效果图3

剖面1-1

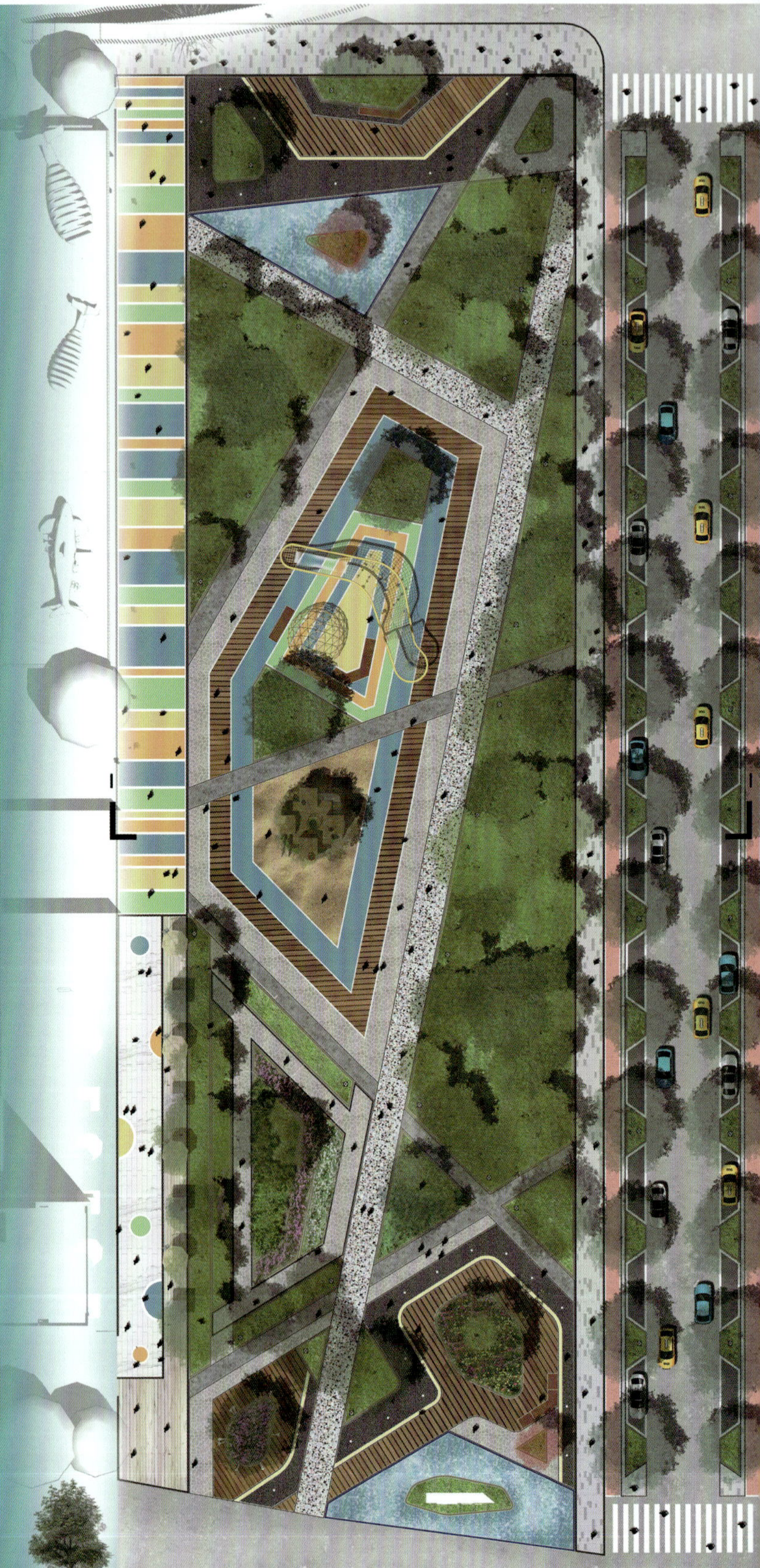

景观深化平面图 1：1000

幼儿园平面图 1：1000

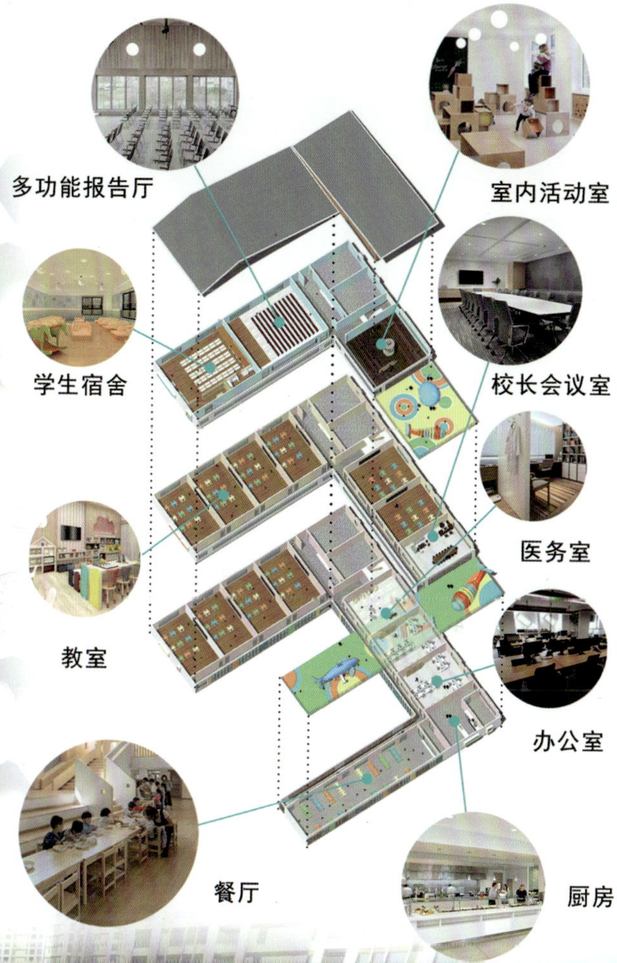

策略框架

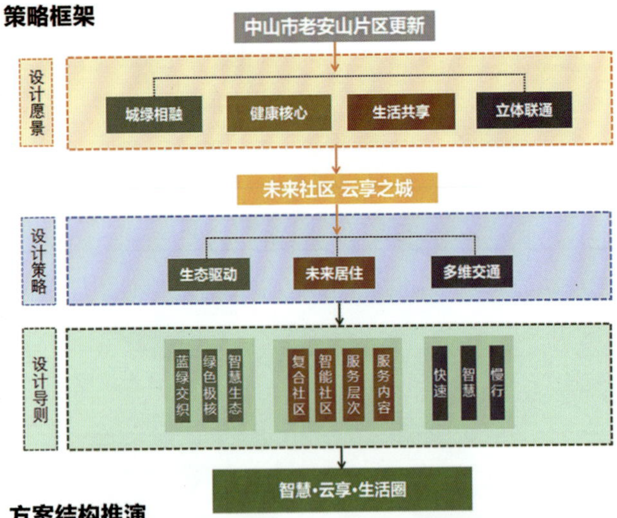

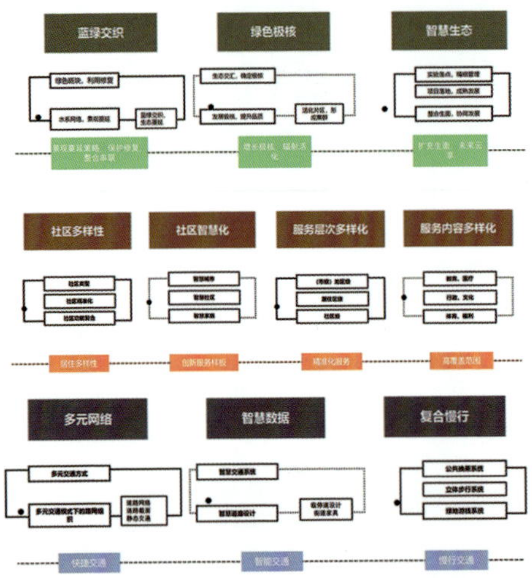

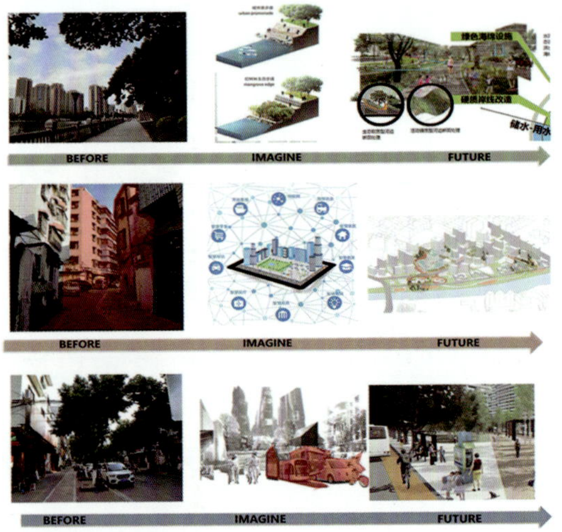

方案结构推演

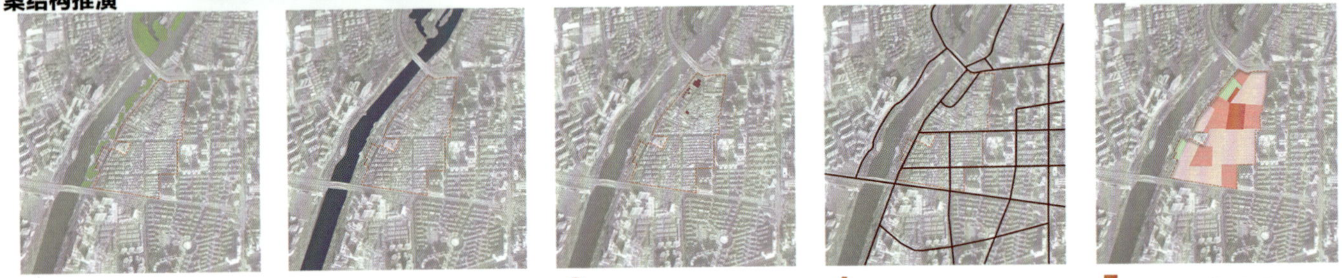

1 控制绿线

首先梳理场地和周边生态基底预留生态绿地。一方面作为初期城市公园，一方面作为城市发展备用地，并留出高压走廊等

2 控制蓝线

结合梳理滨江水带

3 保护建筑

保护场地内重要历史遗址，保留文物古建，并予以美化。其周边环境提升场地活力

4 必要的交通走廊

结合必要规划道路以及云享城市未来交通方式，城市用地预留出可建设复合智能交通的空间

5 用地功能意向

居住功能建议区
公共功能建议区
城市绿色开放区
商务办公建议区

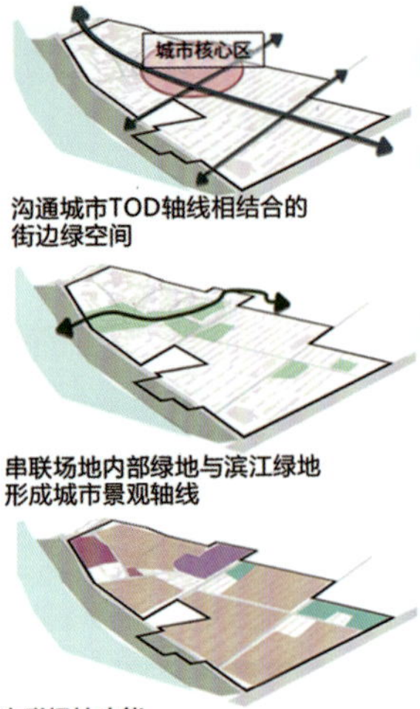

沟通城市TOD轴线相结合的街边绿空间

串联场地内部绿地与滨江绿地形成城市景观轴线

串联场地功能

结合TOD轴线形成街边绿化网络，形成通向江边的视觉通廊

复合功能轴测图

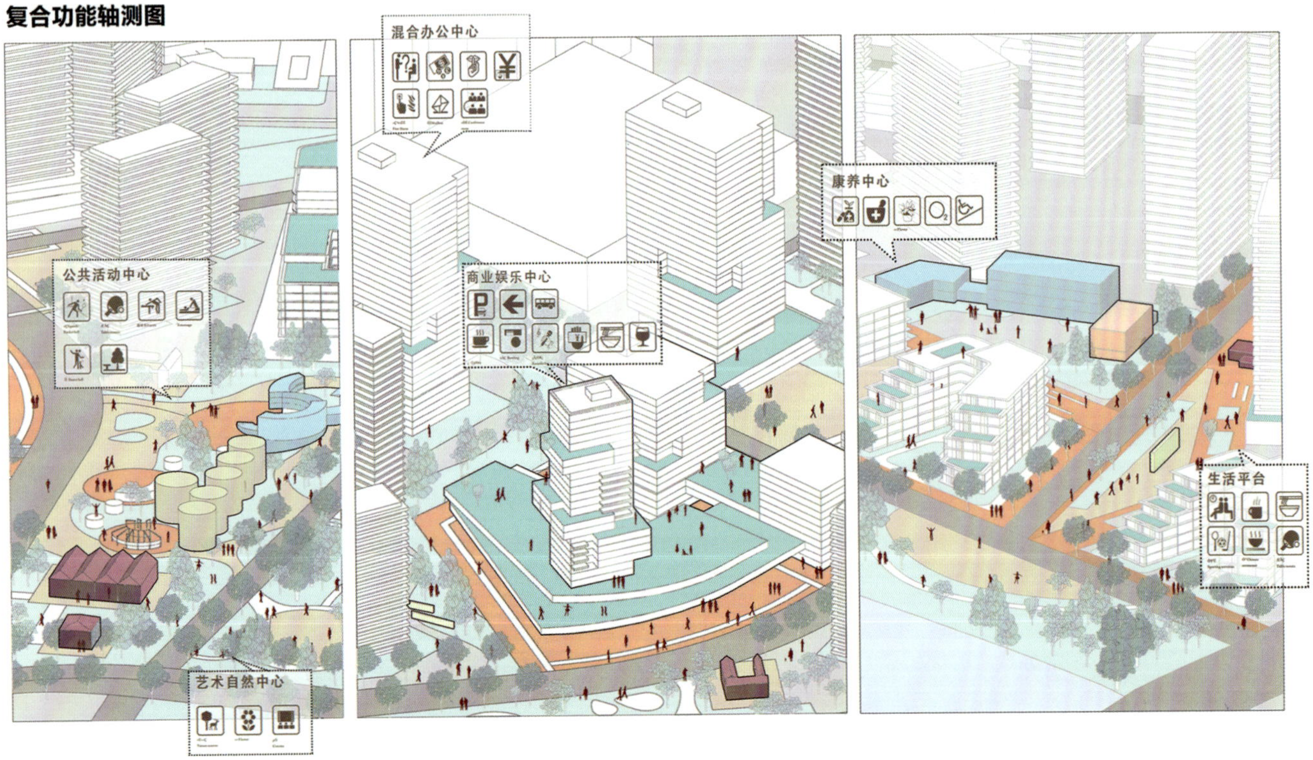

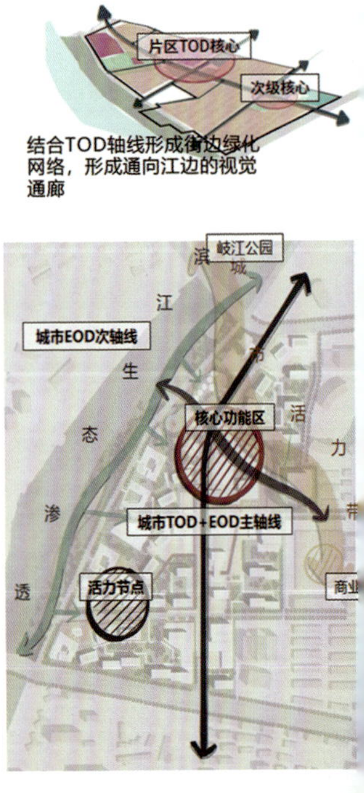

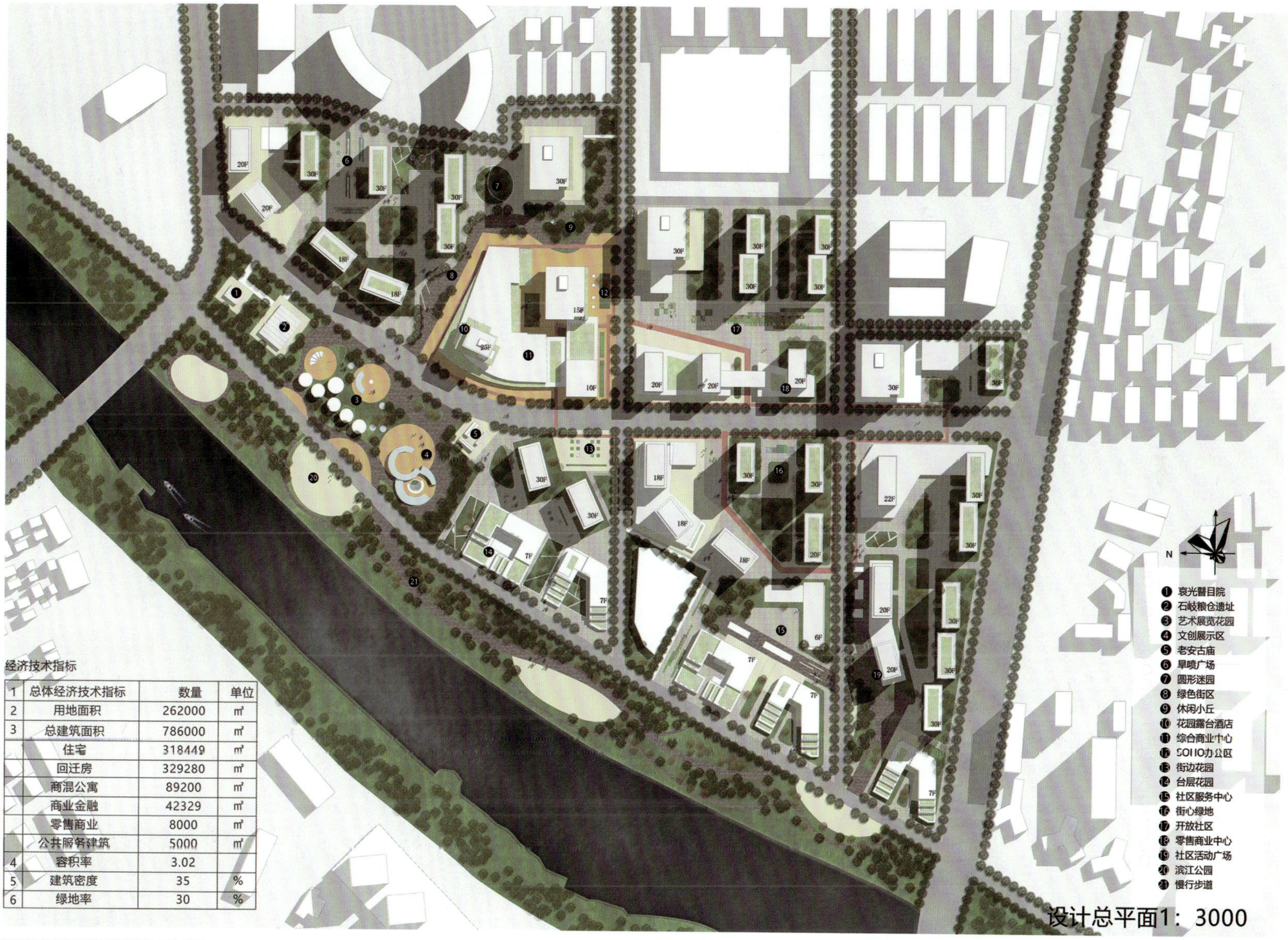

设计总平面1：3000

经济技术指标

1	总体经济技术指标	数量	单位
2	用地面积	262000	㎡
3	总建筑面积	786000	㎡
	住宅	318449	㎡
	回迁房	329280	㎡
	商混公寓	89200	㎡
	商业金融	42329	㎡
	零售商业	8000	㎡
	公共服务建筑	5000	㎡
4	容积率	3.02	
5	建筑密度	35	%
6	绿地率	30	%

6 用地功能布局

- 艺术休闲区
- 历史文化区
- 综合商业区
- 活力康养区
- 生活居住区
- 滨水互动区

7 绿地规划

融合大核心，蓝绿网，主环线的绿地系统规划，作为云享之城的核心基底，及活动承载基底

8 道路规划

- 慢行步道
- 15分钟生活圈
- 绿色漫游道

9 住区组团

核算人口规模与公服配套设施，按15分钟生活圈合理配置

10 活力节点

融合场地各类功能，叠加社区组团，展示场地各类活力节点

全景鸟瞰图

设计说明：

本方案结合设计愿景，提出了生态驱动、未来居住和多维交通三种设计策略。具体强调生态滨水设计，生态岸线处理，营造乐享水岸；以及将活力注入社区板块，完善服务体系构建；同时结合场地构建多样复合的交通网络，鼓励绿色出行。方案一大亮点是围绕不同活力节点打造的15min乐享生活圈，用慢行步道串联艺术、商业、休憩等多功能节点空间，社区居民无论男女老少，都能在这里享受到云端智慧的生活情趣。临江节点上的低层住宅，采用七层退台形式，便于观景，屋顶花园也最大限度地提升城市生态效益，同时也为高层提供多样独特的立体景观。

在这里，自然与生活谱写乐章，人们乐享云下空间。

人群活动分析

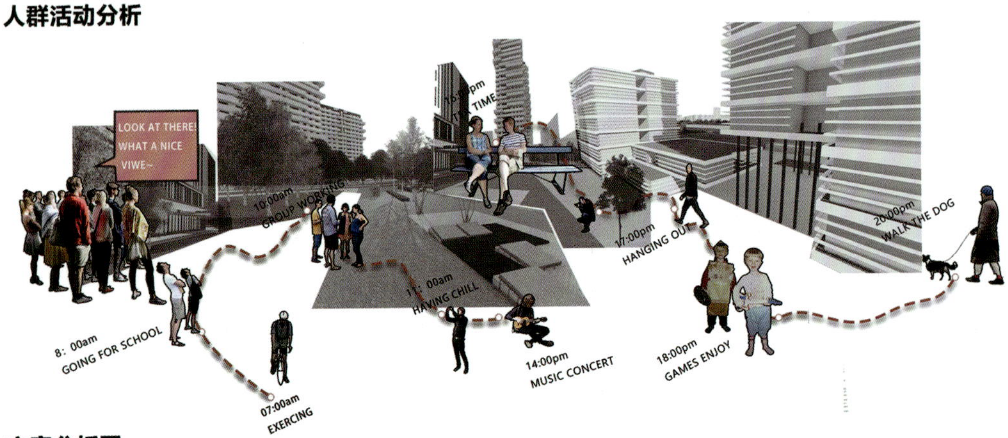

序号	规划城市用地平衡表			
序号	用地代号	用地性质	面积（㎡）	占总用地比（%）
1	R	居住用地		
	R1	一类居住用地	0	0
	R2	二类居住用地	28844	11%
	R3	三类居住用地	126500	48.28%
	R4	四类居住用地	0	0
2		公共设施		
	C1	行政办公用地	4085	1.56%
	C2	商业用地	68734	26.23%
	C7	文化古迹用地	1399	0.53%
	C9	其他公共设施用地	8826	3.37%
3		绿地		
		公共绿地	23612	9.00%
4		总计	262000	

方案分析图

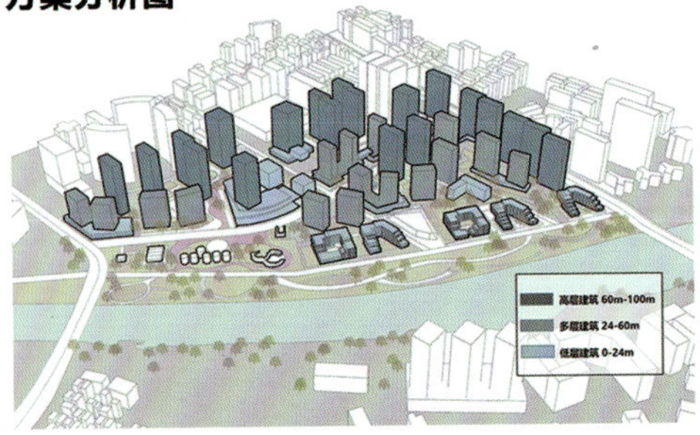

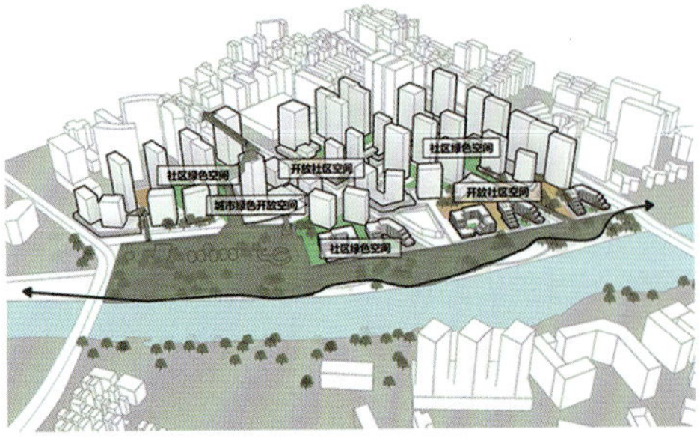

际线展示

景序列1-4

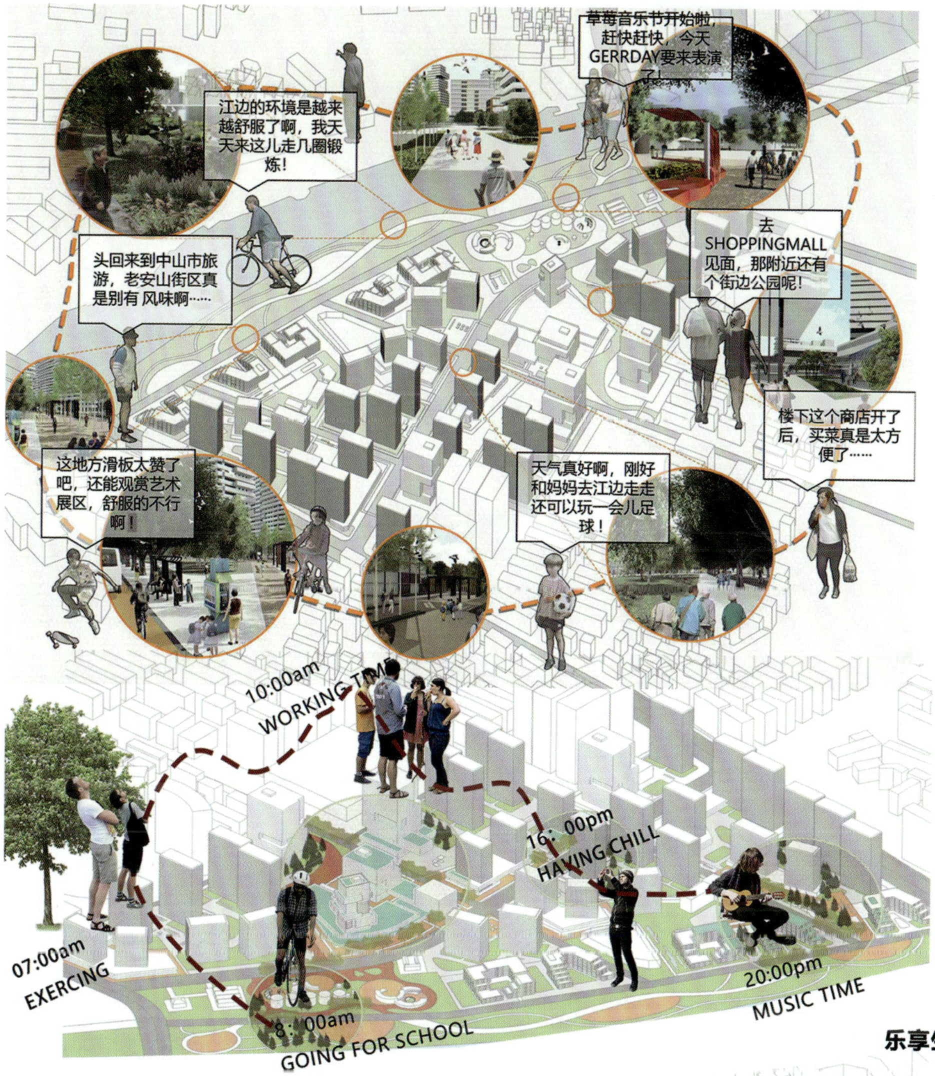

乐享生活圈

鸟瞰效果图

节点平面图

种植分析图

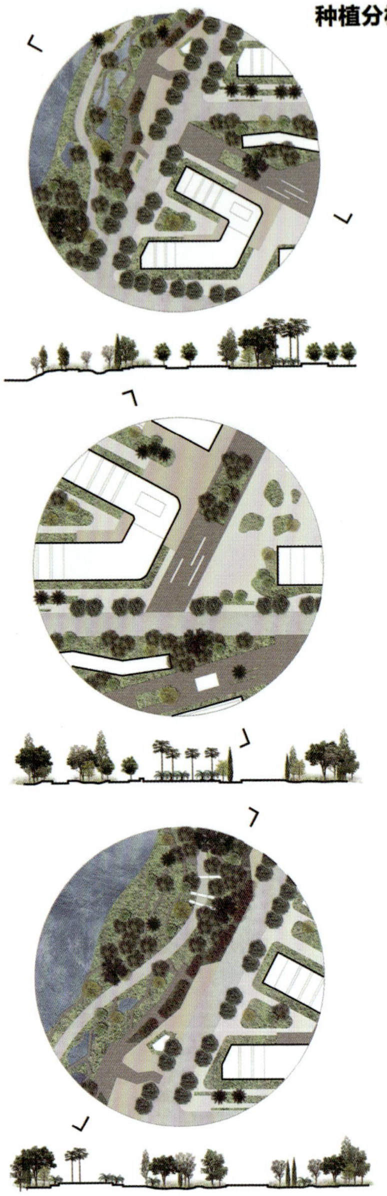

透视图

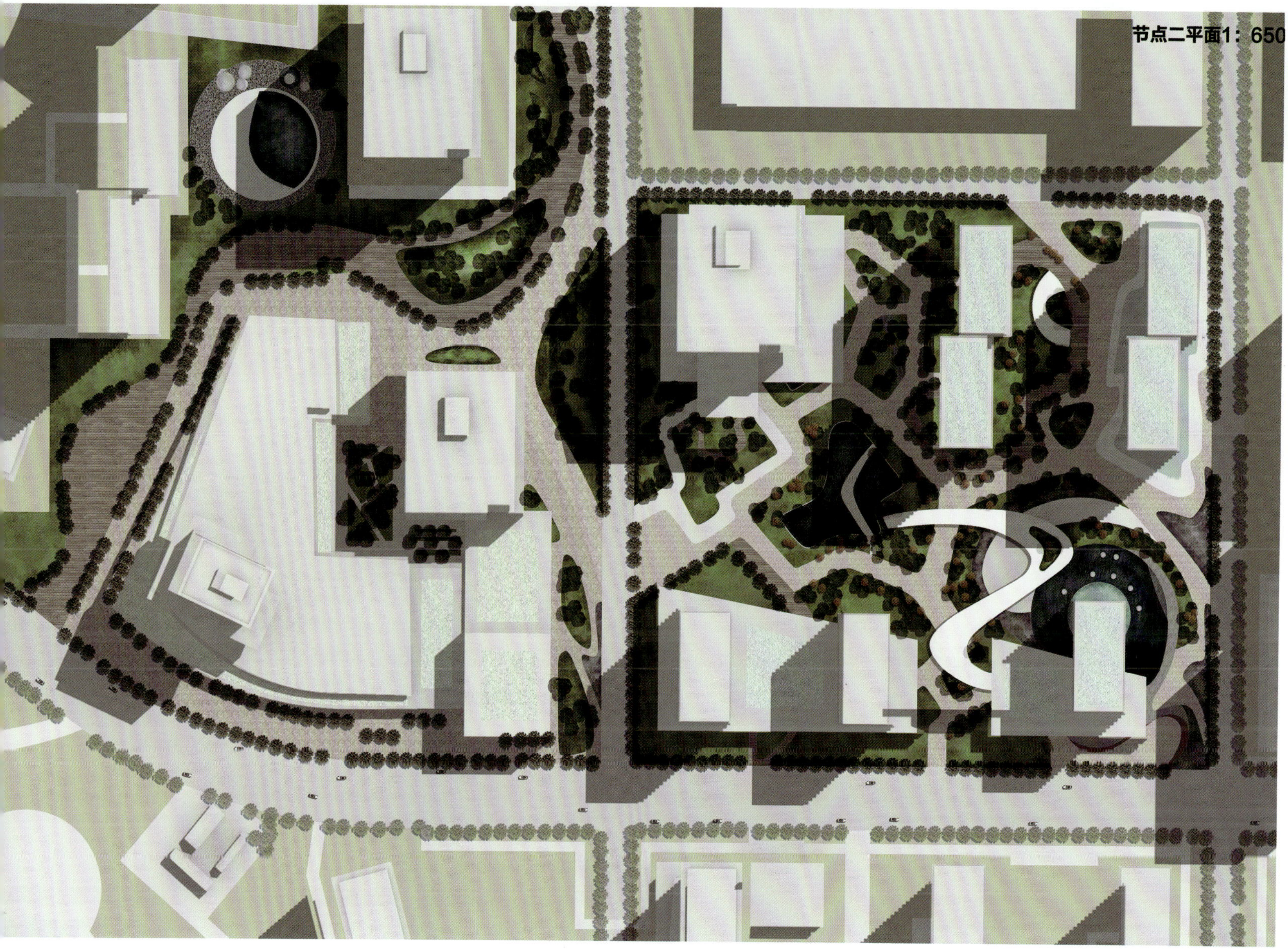

场景序列

用地格局分析

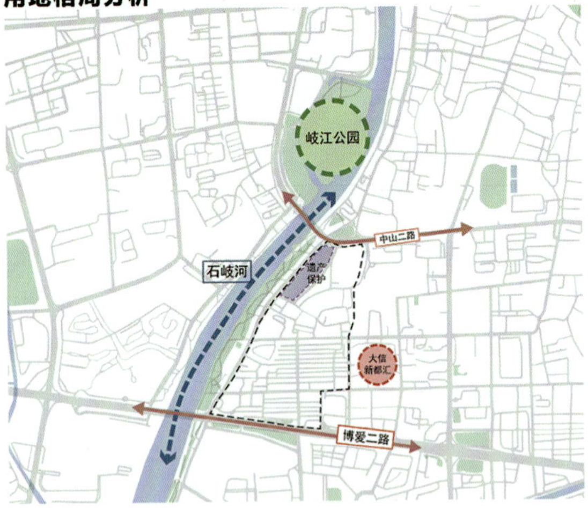

多结构比较

功能分区方案 A

优势：
・场地不同功能地块整体性强，便于统一管理
・居住用地楼层高度合理，最大程度利用了沿河景观资源

问题：
・较大地块的单一功能使街区的综合性降低
・商业用地占比太大

功能分区方案 B

优势：
・场地的综合性得到了提升，街区有明显的发展主轴线
・场地内部的绿地系统构建提升了地块活力

问题：
・场地内的道路秩序混乱，交通压力大
・场地肌理混乱，没有整体感

功能分区方案 C

优势：
・场地内部平衡了商业与居住的用地占比
・交通系统进行了合理的规划
・沿街底商的引入使得场地活力大大提升，中心区商业可辐射整个地块
・商品房与拆迁补偿房位置合理

问题：
・场地南北入口门户空间塑造不够
・文化策略带动场地发展的程度不够

结构图

成本核算

开发成本	取定标准	计算基础	开发金额（万元）
购地成本	200%		161120.00
土地契税	3.00%	按拆迁安置补偿总成本估算	6545.61
现金补偿		含临时安置补偿、签约拆迁奖励等，经测算合计	57746.09
前期费用（勘察、可研、规划设计）	300元/㎡	按总建筑面积	23580.00
回迁商业	4500元/㎡	按回迁商业面积	46600.00
可售商业	4500元/㎡	按可售商业面积	43900.00
回迁办公	6000元/㎡	按回迁办公面积	10867.20
可售办公	6000元/㎡	按可售办公面积	19132.80
回迁住宅	3800元/㎡	按回迁建筑面积，带800元/㎡装修	106299.30
可售住宅	3000元/㎡	按可售住宅面积，毛坯	81684.00
公建配套	3500元/㎡	按公建配套面积	2082.50
园林绿化、景观道路	550元/㎡	按用地面积的75%估算	10807.50
城市基础设施配套费	4.00%	按基础建设投资额（2373元/㎡）	56.48
工程质量监督费	15元/㎡	按总建筑面积	1179.00
工程安全监督费	8元/㎡	按总建筑面积	628.80
工程报建费	176元/㎡	按总建筑面积	13833.60
招投标及预算编制费	1元/㎡	按总建筑面积	78.60
工程监理费	4元/㎡	按总建筑面积	314.40
不可预见费	3.00%	按综上之和	17593.68
开发总金额（万元）		按总建筑面积	604049. 56

利润测算

开发占比（%）	开发面积（㎡）	可售面积（㎡）	单价（元）	售价（万元）
22.9	180000	113327	18000	203988.6
7.6	60000	49508	15000	74262.0
69.5	546000	266280	17000	452676.0
100	786000			730926.6

项目成本（含税）	604049.56万元
项目成本（不含税）	549685.1万元
项目收入（含税）	730926.6万元
项目收入（不含税）	665143.21万元
利润	115458.11万元
税后销售利润率	19.1%

将项目容积率改为3.0，项目处于盈利状态

商业办公居住用地比例为 6：2：18.2

问题解决

该地块存在的问题

人群生活现状
- 城市快速发展：千篇一律的建筑；刻板的功能形式；刻板的功能 → 场地没有特色 → 场地地域性下降
- 人们快节奏生活：办公居住两点一线；依赖交通 → 场地功能快餐化 → 场地趣味性消失

→ 场地缺乏文化意蕴

解决方法

愿景目标	核心策略	面向人群	基本策略
极具中山文化特色的街区	整合、激活文化资源 重拾中山市文化记忆 发挥特色资源打造城市文化IP	周边居民、外来游客 我们能利用什么中山要素	地域特色商业街区 提取并运用中山元素 强调文化漫步街

策略框架

老安山片区更新

NEIGHBOR-HOOD	ECOLOGICAL-HOOD	CULTURE-HOOD
邻里生活	自然渗入	文化重构
高效生活	立体绿化	文化形态
共享生活	生境营造	文化符号

中山HOOD

多维融合	产业需要	功能主导	城河交融	景观都市主义
多元驱动	生活圈	活力街区	复合景观层次	流动城市

方案设计

具体策略

第一步：搜集人们心中的中山印象

第二步：提取老照片中的中山元素

第三步：运用中山元素进行设计

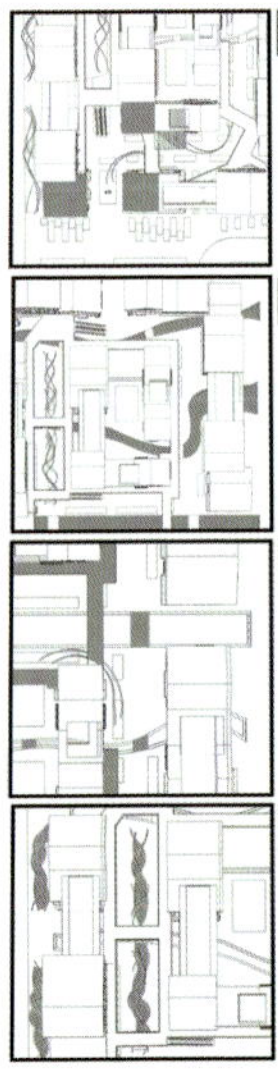

建筑要素

体现中山市老建筑的建筑设计，通过对老照片进行要素提取，经过优化再设计，希望由此唤醒人们的场地记忆及城市情感。

河流要素

体现中山市河流元素中山市地处岐江两岸平时生活离不开岐江对岐江的感情深厚，将河流要素简化提取并体现到设计中来，从而引起共鸣。

桥要素

体现中山市桥元素，中山市地处岐江两岸江面上的大桥成为生活中必不可少的要素。体现桥要素的设计来概括中山。

柴要素

中山市老照片中，柴文化也是重要的元素之一，人们砍柴卖柴顺江运柴，柴元素的景观构筑物，试图唤醒人们的生活激情

功能布局

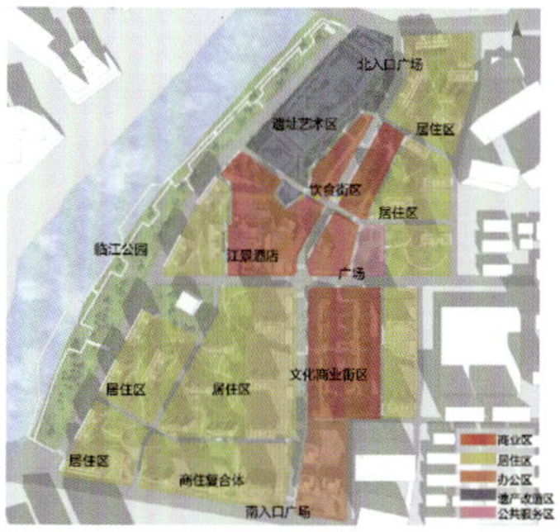

交通系统

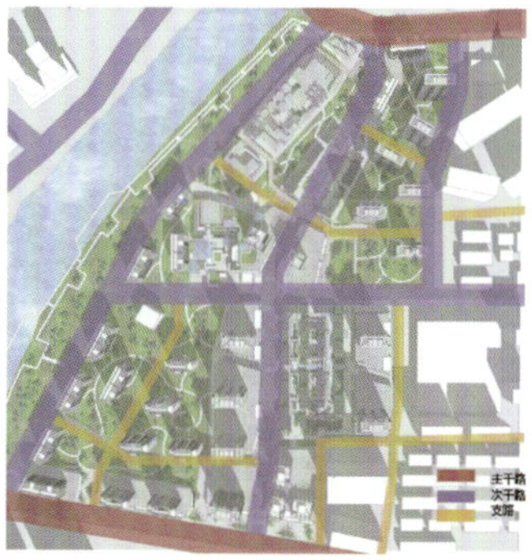

绿地系统

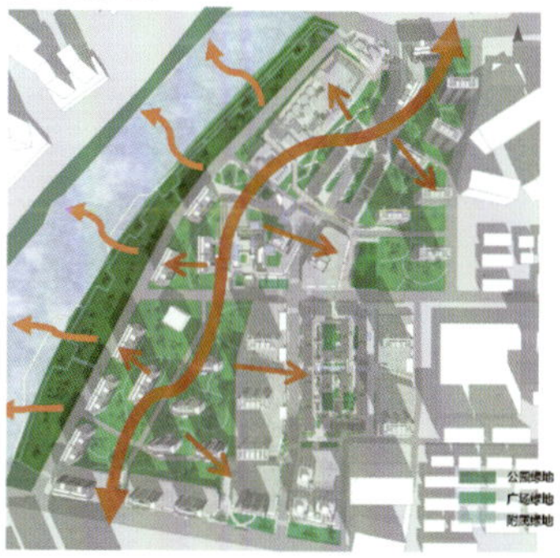

公共空间

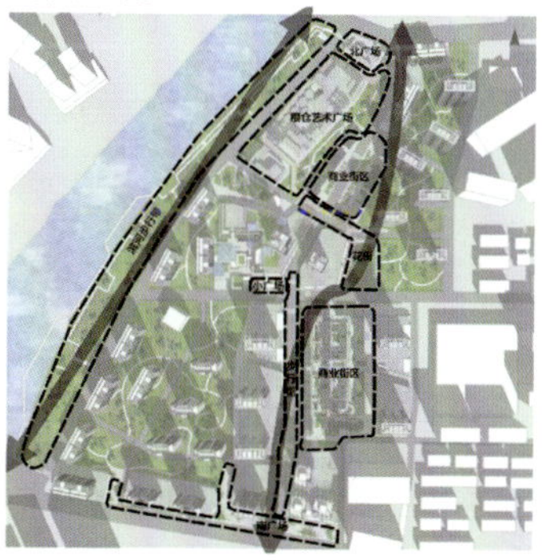

空间秩序 · 功能

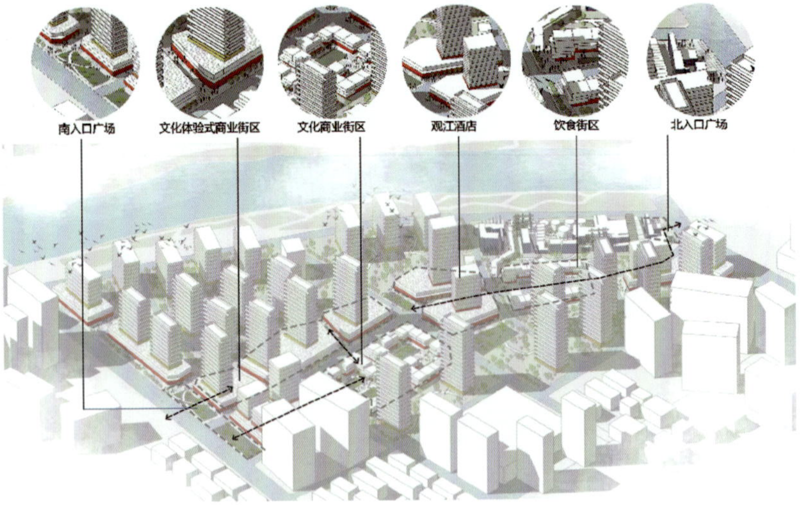

功能秩序节点

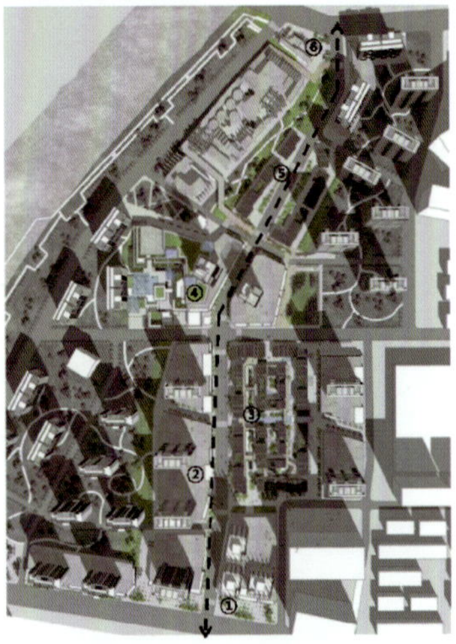

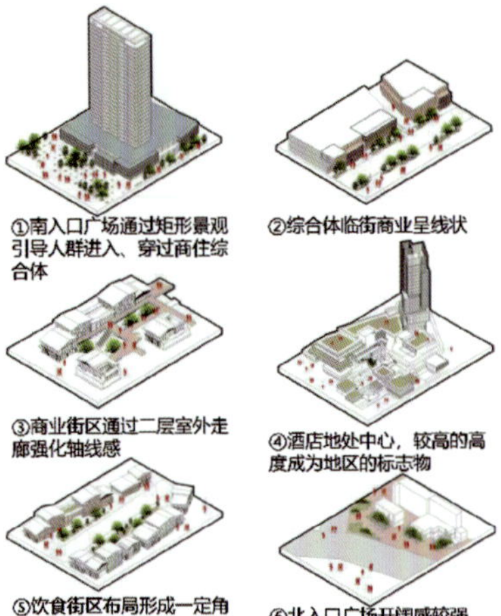

①南入口广场通过矩形景观引导人群进入、穿过商住综合体

②综合体临街商业呈线状

③商业街区通过二层室外走廊强化轴线感

④酒店地处中心，较高的高度成为地区的标志物

⑤饮食街区布局形成一定角度，并通过种植引导人群

⑥北入口广场开阔感较强，引导人群

空间秩序 · 文化

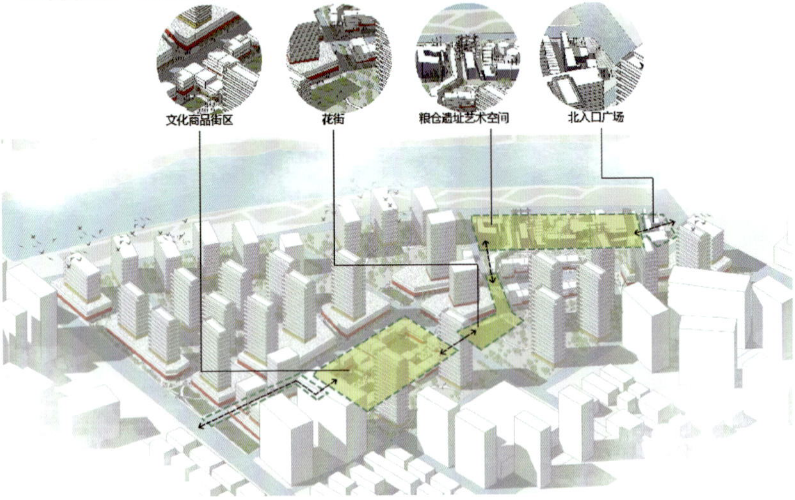

文化秩序节点

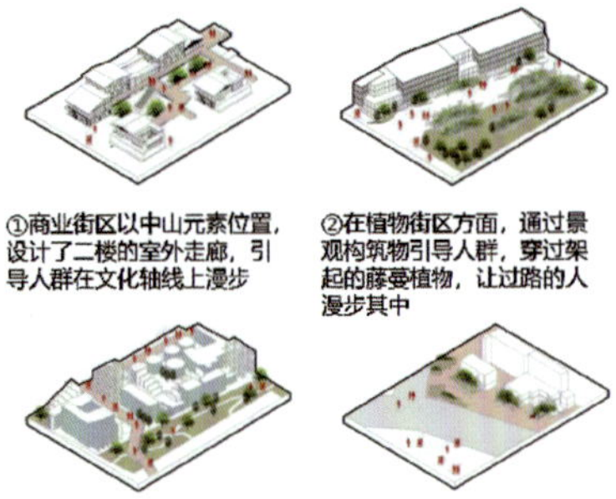

①商业街区以中山元素位置，设计了二楼的室外走廊，引导人群在文化轴线上漫步

②在植物街区方面，通过景观构筑物引导人群，穿过架起的藤蔓植物，让过路的人漫步其中

③粮仓遗址艺术空间保留的原粮仓遗址，并加以改造成为艺术空间，通过架桥的方式引导人群穿越

④北入口广场开阔感较强，引导人群进去粮仓艺术空间

视觉秩序 · 临江

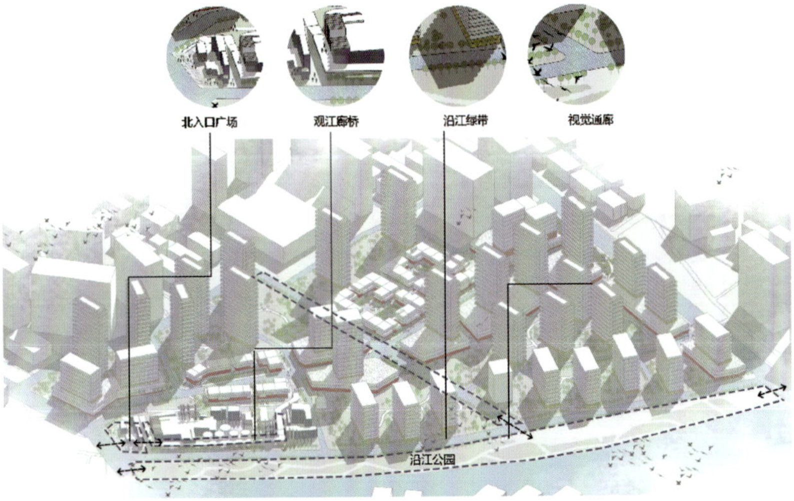

视觉秩序 · 视觉通廊

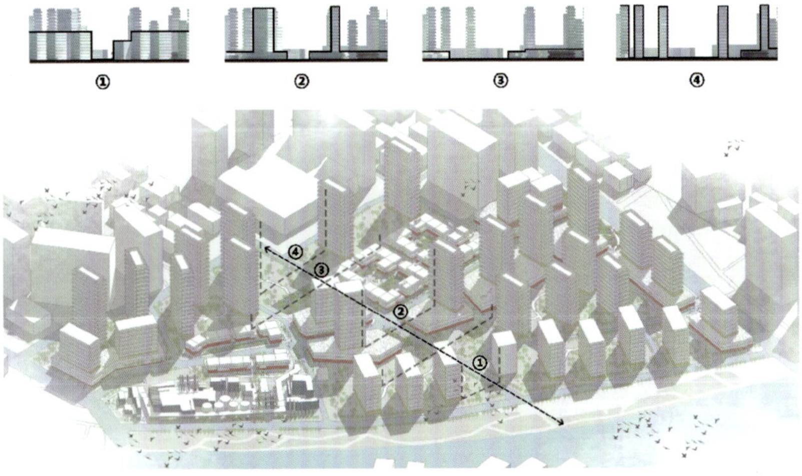

场景图

鸟瞰图

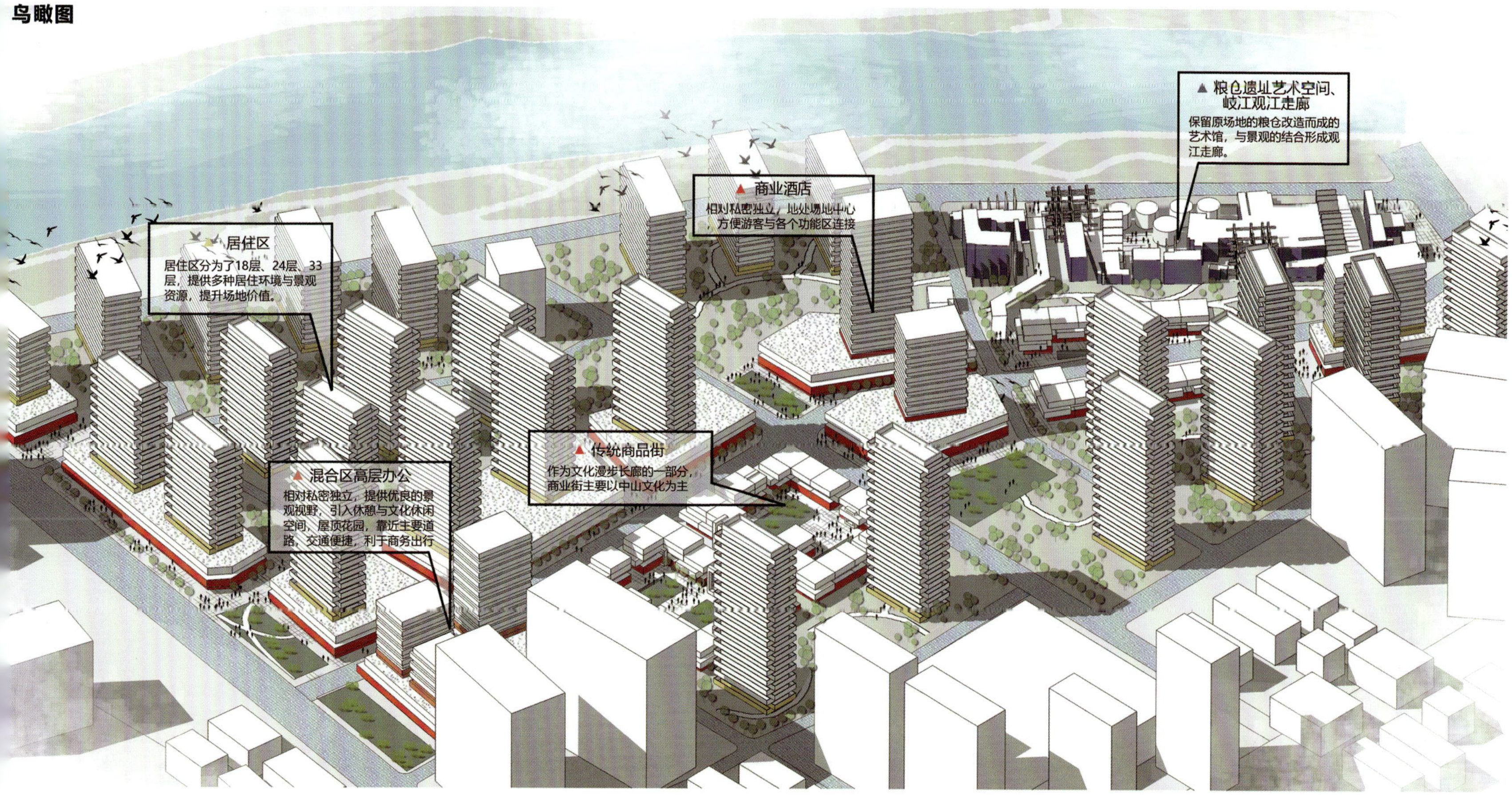
粮仓遗址艺术空间、岐江观江走廊
保留原场地的粮仓改造而成的艺术馆，与景观的结合形成观江走廊。
商业酒店
相对私密独立，地处场地中心，方便游客与各个功能区连接
居住区
居住区分为了18层、24层、33层，提供多种居住环境与景观资源，提升场地价值。
传统商品街
作为文化漫步长廊的一部分，商业街主要以中山文化为主
混合区高层办公
相对私密独立，提供优良的景观视野，引入休憩与文化休闲空间、屋顶花园，靠近主要道路，交通便捷，利于商务出行

节点平面图

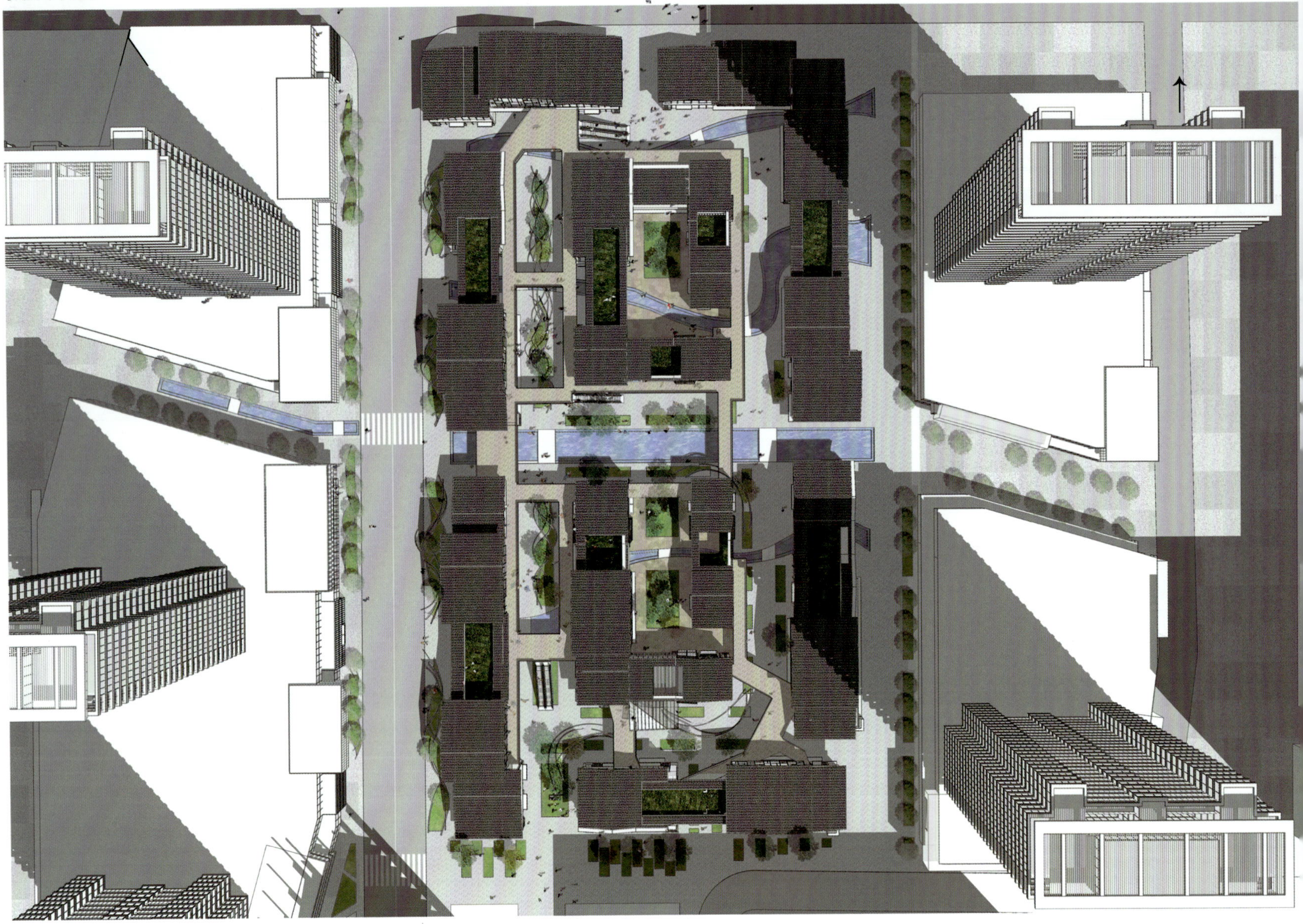

节点设计分析

区域划分

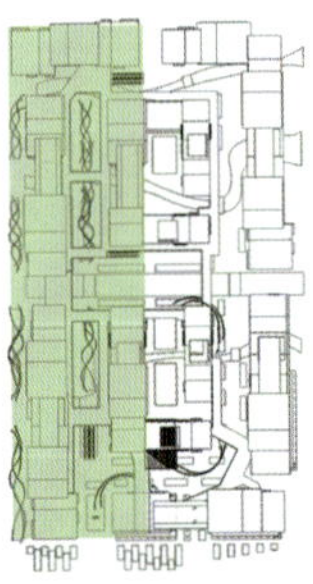

轴线区

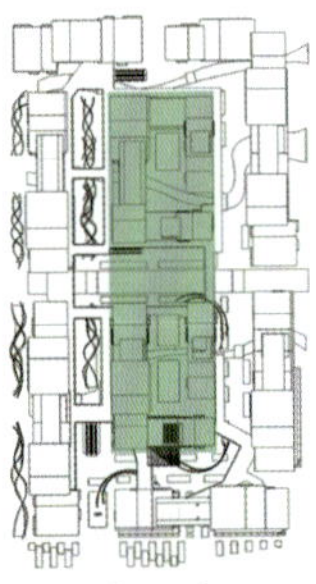

核心区

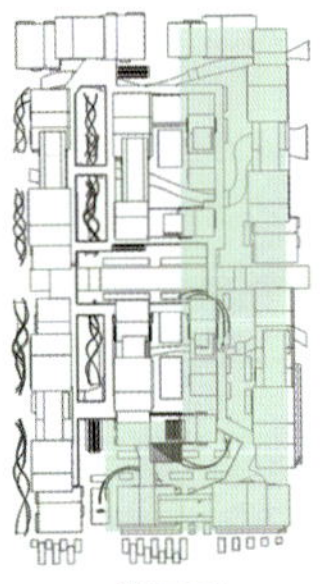

附属区

场地要素

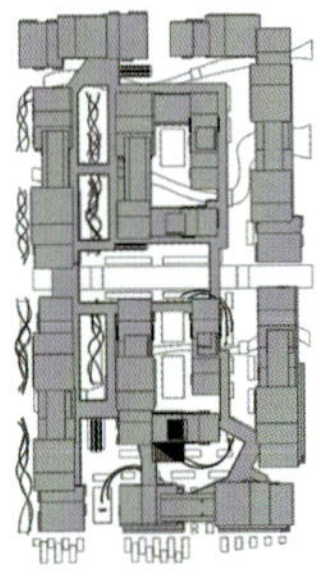

建筑要素

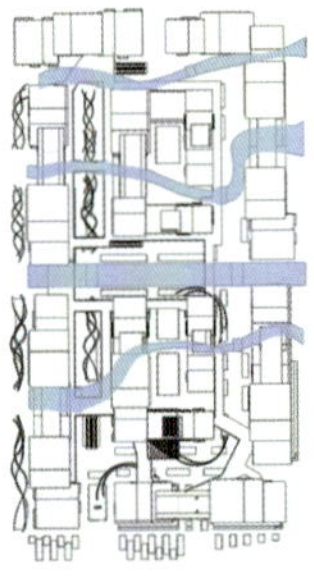

水要素

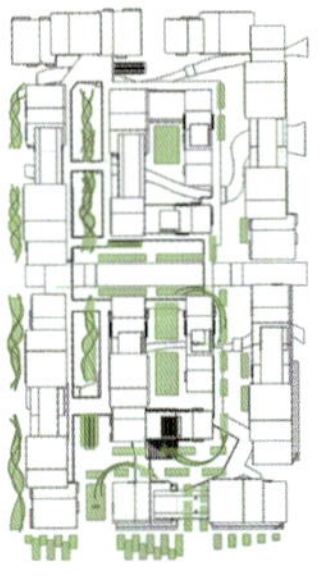

绿地要素

道路系统

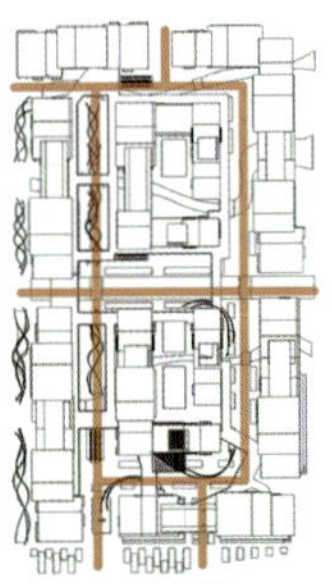

主要道路

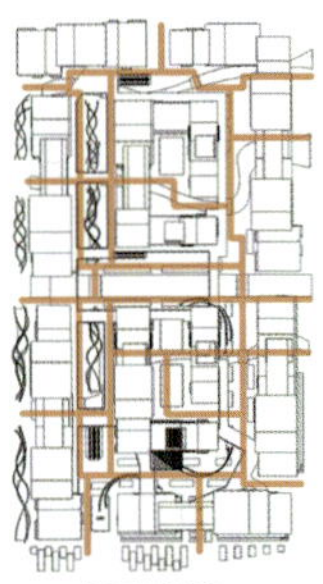

底层道路

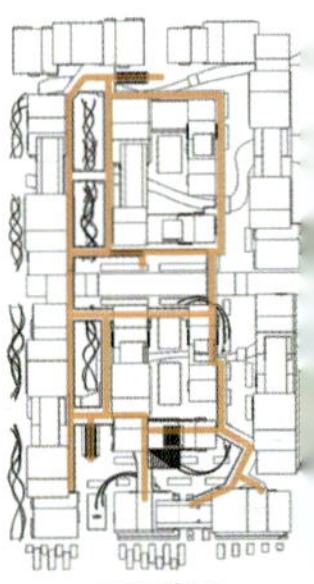

二层道路

分层分析图

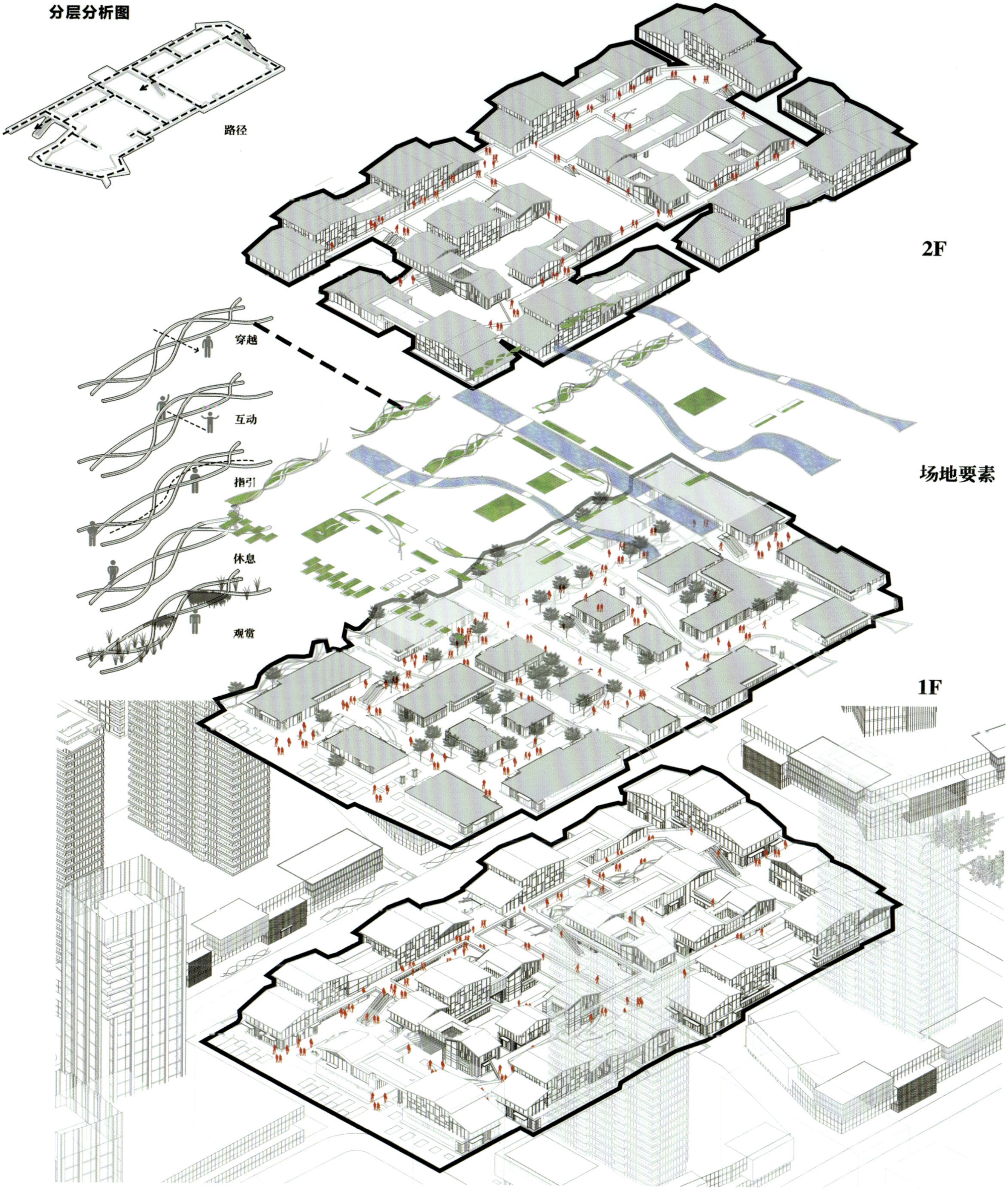

广州大学 漆平

一个非常时期的联合毕业设计，一个非常有难度的课题，一个非常尽心的教学团队，八个非常默契的学生小组，在所有参与者的共同努力下，最终呈现了有高度、有广度、有深度的教学成果，实属不易，可喜可贺。

感动于同学们的坚持不懈，同学们始终保持高涨的热情，展现了各小组独特的风采；感动于省规院专家和六校教师组成的教学团队，高度的责任心和默契的配合，使得整个教学过程流畅而严密；感动于省规院的全方位支持，多年来的不离不弃是6+1联合毕业设计最强有力的保证，为六校的教学改革实践的探索搭建了优质的平台。

又到了说再见的时候，有喜悦，很高兴看到同学们交出了满意的答卷，还有几分伤感，今年的联合毕业设计各校师生还没有来得及见面就要分别，但即使不见，我们通过这次非常时期的教学活动所联系起来的心也不会散，未来我们一定会再次相见，我们不见不散。

四川大学 *赵炜*

得益于大家的协同努力，今年的书籍编撰工作真的是比以往快了很多。其实，本次毕业设计最后能呈现出这样好的效果，让我对认真完成本科最后一次作业的同学们充满了敬意。老师们都会说当年自己做不到这样，这绝不是一句客套话。各种辛苦都在看到各校同学们精彩纷呈的方案之后烟消云散了。此次毕业设计除了要感谢各位专家高水平的精心指导之外，一定要感谢互联网技术，让大家未曾聚首就协同完成了所有的工作。此外，四川大学的研一同学也意外参加了本次毕业设计，也算是一种教学探索吧。不过，无论被冠以什么“云端”之类的美丽光环，抑或是线上直播带货的大获全胜，都比不上没曾享用到的地摊鸳鸯锅那么过瘾。只需关闭软件，关上屏幕就可以结束的聚会不是聚会，漆老师的预言也让我们期待明年再来一场“报复性”的联合毕业设计。

广东省城乡规划设计研究院规划六所 魏剑丹

我是南粤杯联合毕业设计竞赛活动的“老朋友”，也是“新成员”了。2015年第三届活动的时候，我作为省规院规划二所的联络人全程参与。不知不觉间五年过去了，我再次以规划六所联络人的身份参与活动，有种耳目一新的感觉。今年，无论是参赛队伍的规模、专业学科的覆盖面，还是活动形式的丰富程度、对各种新技术的运用，都是五年前无法比拟的。

今年选取的题目有一定难度，是珠三角城市滨水地区的“三旧”改造项目，要兼顾的利益方比较多，需要考虑问题的面更广，也更贴近项目的实际建设需求。今年疫情的影响，对同学们的现场踏勘、专家和老师对同学们的专业指导都提出了很大的挑战。但可喜的是，在老师们的有序组织和专家、同学们的共同努力之下，大家还是联手高质量地办出了一届别具特色的网上联合毕业设计竞赛。相信，这会是一个让大家都终生难忘的宝贵经历！

联合毕业设计竞赛重在“联合”，无论是校企之间、师生之间，还是参赛队伍之间。促成本届活动顺利进行的，也正是大家相互间的理解、信任和无间的合作。从3月1日开题到5月31日的终期汇报答辩，短短的90天时间，“网络”这个友谊之手把大家紧紧地团结在了一起，方案从无到有、从有到优、从优到精，期间的“痛苦”与“快乐”，只有真正经历过的人才会深有体会！毕业设计对同学们来说，既是一次学业的“终点”，也是另外一段更精彩人生的“起点”！

有感于今年大家的有缘相聚，期待明年的南粤杯联合毕业设计竞赛活动更精彩！

广东省城乡规划设计研究院规划六所 邹伟勇

今天是值得庆贺的日子。我们的毕业设计是在3月1号春暖花开的日子启动的，伴随着五一劳动节、六一儿童节一路走来。尤其是在终期汇报，邀请了业界大师李晓江、高杨前辈参加，我们的思想认识有了很大的提升。整个活动都是用视频会议的方式进行的，过程快乐而又令人印象深刻。

在这，一是表达感谢。今年的题目是一个有难度、综合性很强的规划。首先，这是个房地产引领的项目，要平衡好经济效益、公共利益、居民权益之间的关系。其次，基地位于城市的重点地区——岐江河边及旧城中心，需要用城市设计手法营造有特色的城市景观风貌。最后，基地有丰富的历史文化资源，包括了石岐粮仓及老安古庙等，在规划中需要营造有魅力的文化场所。但大家迎难而上，体现了解决问题、创造价值的水平和能力，体现了六校师生团队的丰富经验及扎实的设计功底，给我们留下了难忘的印象。大家都很出色。谢谢大家！

二是表达敬佩。大家在毕业设计中的干劲、激情和创意值得继续发扬。各小组从第一阶段的现状分析及研究，到第二阶段的线上评审，到第三阶段的中期评审，再到最后的终期汇报，给我的感觉是很有激情、很有创意，而且一步步深入，团队之间你追我赶，过程十分精彩。我记住了大家，记住了大家的理念与手法。如西建大的折叠城市、昆工的健康社区、广大的开放街区、厦大的薪火相传、南大的环环相生等。也记住了大家亲切而又有创意的小组名，如鸳鸯锅、六个核桃、飞越草图等。我还记住了大家的汇报风采，讲故事、讲历史，引人入胜，很有温度，团队间的协同性也很好。

三是表达收获及未来希望。这次活动中我们所、我个人也是收获满满。我们希望，未来你们能继续保持今天的激情与精神，就像李晓江院长的寄语，同学们不要忘了身上肩负着为公共利益、公共价值而工作的使命。我们也希望大家继续深入交流合作，或有机会一起共事。

谢谢六校师生，期待六校毕业设计竞赛越办越好，期待以后与大家更多的交流合作！

广州大学 骆尔提

2020新年伊始，一场突如其来的新冠疫情打乱了所有人的生活轨迹，有人说，这场疫情将改变世界，改变人们对世界的认知，改变人们的观念与思维，改变人们的工作与生活方式。疫情期间，大部分的时间都宅在家中，这反而给了我很多时间，帮助我沉静下来思考，好像我一直都没有像现在这样细细地审视我们所生活的这座“欲望城市”，也很少有什么事件能够促使我们去思考我们的社会、我们的城市、我们的科技，还有我们的思想等。当城市“暂停键”被按下，忽然间，那么多的必选项变得可有可无，出行旅游是可以从长计议的，家中也可以品尝各种美食，没有面对面的寒暄照样可以相互交流，不逛商场似乎还省了钱。突然间，生活变得很简单，家庭的温情和思想的交流显得那么有意义，此时，一个名牌包包的价值远远不如一只口罩温暖，记得有一句话，“生活其实可以很简单”，也许，这就是我们城市规划者应该追求的终极目标。

广州大学 李希琳

2020年是让人不能轻易忘怀的一年。令人难忘的，有新年伊始就让全世界猝不及防的新冠疫情，有把我从赶鸭子上架到轻车熟路的网络主播生涯，但让我最难忘的是在2020年3月我有幸加入“城规非常‘6+1’”的快乐大家庭和第一次参与这个大家庭联合毕业设计教学的美好经历。

在这里，我遇到了来自四川大学、厦门大学、西安建筑科技大学、南昌大学和昆明理工大学的老师们和同学们，遇到了来自省规院的同行们，还有来自业内鼎鼎大名的前辈专家们。在这里，每一位老师都是那么热心、专业，即使是在面对来自其他院校的同学时，无论是在专业学习的指导上还是在未来发展方向的引领上，都是一样地循循善诱，不分亲疏。每一位同学都是如此积极投入到毕业设计竞赛中，充分表达自己的观点和特色，敢于表现自我；在教学内容以外繁杂的协调、辅助工作中，又是那么合作无间，不分你我。每一位专家、同行，在繁重的工作之余，依然是不遗余力地为了让我们能够更好地开展教学、为了让同学们更好地锻炼成长，创造最佳条件、提供各种支援，大到课题的精挑细选，小到写在设计图面上的每一笔、说出的每一句点评。

2020年，在这不平凡的一年，在这写在课表中再普通不过的毕业设计教学中，我遇到了美好的人们。愿未来可以和你们继续长路作伴，也愿可以和你们一样美好。明年再见！

厦门大学 郁珊珊

今年特殊的“云毕设”，虽然题目难度大，网络指导不够理想，但是老师和同学们还是克服重重困难，顶住种种压力，呈现出各种优秀的作品。老师们精彩又中肯的点评，各队出彩又惊喜的点子，在本届毕业设计中仍然令人记忆深刻。南粤大家庭里，有风趣幽默、严谨认真的老师们，有优秀可爱、敢拼敢想的学生们，这是一个让人来了就不想走的集体。

厦门大学 王量量

2020年的毕业设计应该是我从教以来最特殊的一次指导毕业设计的经历了， 突如其来的疫情打乱了全部计划。起初，由于无法到现场调研，和学生无法面对面沟通，加上极具挑战性的毕业设计题目，让我对本次南粤杯6+1联合毕业设计的成果非常担忧。然而，本次毕业设计的成果应该说比往年有了很大的进步。能取得如此进步，首先应该感谢省规院的同仁能够始终不渝地支持这项活动，为六校的师生提供交流的机会。特别是在疫情期间，教学团队的几位同仁能够亲身前往现场调研，并把最宝贵的一手调研资料分享给各校师生。其次要感谢各位指导老师。在如此特殊的情况下，各位老师除了要线上指导学生毕业设计，还要组织在线的开题、中期评审、最终答辩等多项工作。最后感谢参赛学校的学子，整个毕设过程中，学生们虽然大部分时间独自在家工作，但每周定时线上讨论，相互之间学到了很多。对于学生来说，这是一次独特的毕业设计经历。希望同学们再接再厉，在今后的学习和工作生涯中能够取得更好的成绩。

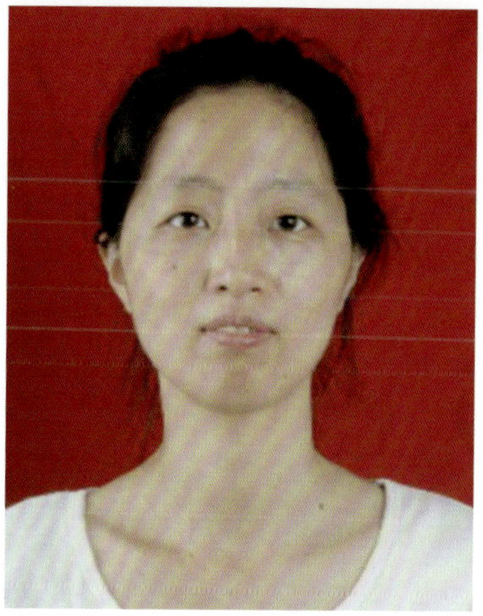

南昌大学 江婉平

转眼间，六个月的时间过去了。回首这段时间的毕业设计教学经历，我不禁感慨万千。2020年是南粤杯六校联合毕业设计竞赛举办的第八年，是我们南昌大学师生加入联合毕业设计大家庭的第六个年头，也是遭遇疫情的特殊一年，更是我20多年来教学生涯中第一次多校联合及线上教学的一年。遇到的困难自不必说，但是我收获颇多。

首先感受到的是“城规非常6+1”大家庭的温暖和博大胸怀，这个大家庭的家长就是我们广大的漆老师，兄弟姐妹们就是广大的骆老师、李老师，昆工的陈老师、项老师，厦大的王老师、郁老师，川大的赵老师、谭老师以及西建大的刘老师、陈老师，还有省规院的邹所、魏所、陈工、吴工。我们秉承“共融、共享、共患，环环相生”的理念，大家多次在“云毕设”与55名小伙伴们漫游畅谈产业、文化、历史、人群、绿化、生态、建筑、土地、空间等各视角场景，切磋推敲专业设计的概念、思路、导引、技巧等各种设计手法。“云毕设”的屏幕显示的是跳跃的图文，传递的是朗朗汇报声、点评声，屏幕背后是师生们付出的心血。

其次收获到的是不同学校的教学思路和教学理念，让我对20余年的教学经历进行了反思并获得了新思路、新观点。在教学过程中，我长期关注的是建筑、空间等物质实体形态和扎实的基础理论知识网络体系的构建，今后我们要向更广阔、更全面、多层次的方向纵深发展，让我们的学生飞得更高、更远。

教师感言 2020

昆明理工大学 项振海

2020年南粤杯在儿童节拉下帷幕。此次联合毕业设计受到疫情的影响，从“云”端开题、指导、汇报到答辩，我们度过了记忆深刻的一次毕业设计。

此次联合毕业设计聚焦广东“三旧”改造，是一个极具难度、综合性非常强的设计课题，牵涉到产业、社会、经济、政策等方方面面。而六校、八组分别从不同视角、不同方向对课题进行了解析，并采用多元的表达技法，将各组方案较好地呈现。各个院校学生同场竞技，相互交流与学习，是一次成功的毕业设计之旅。同时对我来说，“教学相长”，与同学们共成长，也是一次宝贵的学习经历。

最后，衷心感谢省规院以及各位指导老师的关心与帮助，感谢各位同学的拼搏与付出，祝各位“后浪”砥砺奋进、勇立潮头！

昆明理工大学 陈桔

南粤杯6+1联合毕业设计从2013年缘起至今有八年了，从两校、四校到六校，从连州、肇庆、韶关、东莞、梅州、鹤山古劳到今年的中山。我们有幸有一个不遗余力支持教育的企业——广东省城乡规划设计研究院，还有一个乐于奉献的教师团队；我们有缘遇到了一群较高情商和智商的同学，今年在55位同学的共同努力付出下完成了一次难以谋面的“云毕设”！

在此，为同学们送上三点寄语：第一，不要只看起点，更要看终点。希望同学们要有眼界，有多维度的视角，把任何一种结果都看成是对自己的磨炼。谋求工作和岗位，优先选择平台。第二，要自信，要行动，要站在“浪前”。同学们都是六所高校中的佼佼者，我们学了五年，有一技之长，我们“要靠自己的能力，像U盘一样，插到哪个主机都能运转”；我们要能主动前行，不要被后面的浪花推着走。第三，要保持健康的身心，要学会理性思考。画图要有好身体，有了好身体才能继续画图；有了善于思考的大脑，才不会一直当画图匠。训练有素的思维能让我们对问题的把握恰到好处，有意识地培养我们的批判性思维，解决规划设计中的真问题。希望各位同学能走得更高、更远，希望南粤杯6+1联合毕业设计2021年更上一层楼！

西安建筑科技大学 刘恺希　　陈姣

很开心今年加入了“6+1”大家庭。此次我们设计主题“折叠城市”，在设计过程中将风景园林、规划、生态、建筑的概念原理与设计手法“折叠”；在每次的汇报总结中与“6+1”各校师生思维碰撞，因为疫情没办法见面团聚交流，但互联网给了我们“折叠”的机会。感谢省规院和所有参加的老师，每次评图与视频点评都给了我们组同学和我们两位“新”老师新的启发。感谢每次参与视频会议筹备的各位老师的辛苦付出。感谢所有的同学，你们的年轻向上与奋进团结是“6+1”大家庭的活力源泉。感谢我们的小组成员，因为学校毕业的要求，需要每位同学完成8张A1的工作量，工作量过大以致最终答辩未能将设计过程与细节全部展示给大家。在此为他们始终对自己高要求、大胆创新和精益求精的态度点赞，他们在本次毕业设计中更全面地体现了西建大学生重视以前沿理论为基础，以方案创新为目标，以追求卓越设计为要求的扎实功底，他们未来可期！一定会走向更高的平台！

The story just beginning，见字如面，不见不散！

后　记　赵炜

受疫情的影响，最为遗憾的无疑是本次毕业设计的大部分师生没能够去往现场调研并交流，这对城市更新类型课题的完成是严峻的挑战。好在由于多年来，已经形成了严格的过程管理，加之广州大学师生们现场调研成果的共享，以及各校同学们对线上数据的深入挖掘和分析，各校还是圆满地完成了毕业设计任务。

位于县城南郊的老安山片区，包括南北两片高密度的新旧村落，周边则被表征现代性的高楼大厦所包围。片区具有滨江的景观生态优势，内部用地包括居住、商业、工业等功能，形态犬牙交错。基地中有文保单位老安古庙、历史建筑哀光替目院以及工业遗存建筑石岐粮仓。从城市发展的现状来看，这些历史文化遗存的价值并没有得到充分的认知，而仅仅作为残存的碎片拼贴在旧城的肌理之中。同时，道路交通拥堵、基础设施短板、生活性服务业态水平较低、服务设施品质不高等常见的旧城问题在本片区也都存在。不少居民已经搬迁，将他们的住宅出租，片区的经济社会情况错综复杂。

片区在控规中的用地属性主要是居住用地，因此，各方案都表达出围绕历史文化特色来构建高品质住区以及新型邻里社区的基本思路，但针对老旧村落、厂房等保护和利用的具体规划，各方案也有较大的不同。调查研究发现，老安山片区有历史悠久的赛龙舟等社区活动，将生产、生态和生活的各种要素通过文化活动的纽带融合在一起，形成了当地社区的传统文化，并构成中山城市水文化的重要组成部分。除此之外，大家认识到，在历史发展进程中，已经形成的一些工业设施和遗存，应当被予以充分地改造利用，注入新的功能并形成活力，在更广泛的区域发挥作用。

在对历史人文、民俗习惯、当地的生产生活方式等进行深入研究的基础上，各方案对片区活力复兴、空间重塑、城市运营等重要方面都提出了规划的构想和创意。在空间上突出了南北带状的滨水空间，强调了东西走向的轴线，甚至内部成环，试图将滨江的资源与周边区域形成更好的联系；在日常生活的重构方面考虑了多元关系的链接，探索了如何利用相关的触媒，促使现有的特色元素之间，以及元素与周边区域之间产生良性互动的机制；在具体建筑的“留、改、拆”等方面做了不同的方案，并进行了仔细的经济核算。

岐江故曲，安山新韵。未曾蒙面的老安山片区，给师生们留下些许遗憾，不过，在特殊时期的毕业设计方案畅想中，也留下了今后造访和回顾的可能，让我们期待。